整机电镀技术

刘仁志　欧忠文　师玉英　编著

U0178706

化学工业出版社

·北京·

内 容 简 介

《整机电镀技术》以新的视角详细介绍了电子电镀技术。从电子整机的角度讨论电镀技术的作用和影响，对从整体上提高电子整机的可靠性和进一步提高整机的各种性能，包括功能性、装饰性、环保性和经济性等，具有重要意义。全书共分十章，内容包括电子整机需要的装饰性电镀工艺、防护性电镀工艺、功能性电镀工艺和其他电镀工艺（滚镀、化学镀）等。镀种涉及镀金、镀银、镀铜、镀镍、镀铬、镀合金、塑料与非金属电镀、轻金属电镀等。另外，本书对电子电镀产品质量、效率与电镀设备的关系做了重点介绍，全书的信息量大，有丰富的整机电镀创新资源。

本书凝聚了作者多年的工作经验和技术信息，是电子电镀和其他电镀从业者的技术工具书，也是电化学工艺专业师生教学和学习的重要参考书。

图书在版编目（CIP）数据

整机电镀技术 / 刘仁志，欧忠文，师玉英编著. —
北京：化学工业出版社，2024.4
　　ISBN 978-7-122-45033-3

　　Ⅰ. ①整… 　Ⅱ. ①刘… ②欧… ③师… 　Ⅲ. ①电子设备-装配（机械）-电镀-技术 　Ⅳ. ①TQ153

中国国家版本馆 CIP 数据核字（2024）第 018972 号

责任编辑：段志兵　于　水　　　　装帧设计：关　飞
责任校对：王　静

出版发行：化学工业出版社
　　　　　（北京市东城区青年湖南街 13 号　邮政编码 100011）
印　　装：北京建宏印刷有限公司
710mm×1000mm　1/16　印张 22　字数 443 千字
2024 年 4 月北京第 1 版第 1 次印刷

购书咨询：010-64518888　　　售后服务：010-64518899
网　　址：http://www.cip.com.cn

整机是电子整机的简称，而电子整机则是原电子工业部对所有电子产品的总称，特别是在军工领域，是一个流行的概念。所有电子产品的使用功能都是通过整个电子设备来实现的，因此，从整机的角度对产品的可靠性进行测试是获得验收电子产品参数的重要管理过程；也因此，只有从整机角度对电子产品生产中涉及的工艺加以管控，才能保证整机产品的可靠性。基于此，各个电子产品生产工艺都在为跟进这种需要而努力，电镀技术也是如此。当年由中国电子电镀专业委员会主任蒋宇侨先生提议、本人编写的《整机电镀》就是一个显著的例子。

进入 21 世纪以来，电子新产品层出不穷，智能化浪潮风起云涌，使智能电子产品的零配件的功能需求更加多样化，导致电子产品对电镀的依赖有增无减，以至于有些产品的制造如果没有电镀技术的支持，就没有办法完成。因此，为推动电子整机的现代制造，持续关注和发展整机电镀技术势在必行。

此外，一些新材料的应用需要用到电镀技术，一些传统材料需要在表面获得新镀层的性能，这都使得电子整机在设计、研发阶段就要与电镀工程技术有良好的融合。从整机角度策划和应用电镀技术就显得非常重要。当年出版《整机电镀》正是为了适应这种需要。

现在，更多的整机产品设计研发人员和制造商开始有了整机电镀的概念，对从整体上提升产品的可靠性和保证产品品质有了新的认识。基于此，重新编写《整机电镀技术》一书，体现近十年来电镀新技术的发展与进步。

本书内容包括激光电镀、3D 电镀、陶瓷材料电镀、晶圆电镀和新的无氰电镀技术，特别是无氰镀银等，并且对电子电镀产品质量与效率和电镀装备的关系，在有关章节做了重点介绍。需要指出的是，电镀作为一门应用技术，实践比理论更重要。许多实际操作中影响的因素并不一定都能反映在已有的理论框架和经验公式中。包括通常认为是"杂质"的影响，有时超乎预料。有些所谓"杂质"，其实具有非常重要的正面效果，是未被认识的有效因子。金属离子的电沉积过程，涉及电子进入离子壳层还原为原子的过程，是极为微观的过程，任何微小的扰动都会影响沉积过程。基于这种认识，我们在探讨整机电镀影响因素时，会增加这方面的内容，从而为进一步提高电子整机的可靠性而提供新的思路和路径。

可以预期，随着产品智能化时代的到来，人机互动场景会越来越多，整机产品的可靠性要求也会越来越高。因此，从工艺上整合智能产品设计和加工制造更有必要。而整机电镀正是这种大工艺观的一个实践，相信对强化现代制造非常有意义。

本书在写作之际，恰逢《中国科学院学部咨询评论项目：我国电子电镀基础与工业的现状和发展》启动，我和欧忠文教授作为项目顾问参加了这个重要课题的咨询评议工作。期间，同是项目组成员的重庆立道新材料有限公司胡国辉研究员对本书的写作给予了鼓励和支持，并为本书新增内容提出了宝贵建议，为本书增色不少，在此深表谢意。

由于编者的水平和经验有限，书中难免有不妥之处，敬请广大读者批评指正。

刘仁志
2023 年 7 月

目录

第1章　电子整机与电镀 / 001

第2章　整机电镀概论 / 017

第3章　整机电镀的通用工艺 / 043

第4章 通信类电子整机的电镀 / 103

第5章 智能类电子整机的电镀 / 161

第 10 章　电子整机与环境 / 333

第1章

电子整机与电镀

1.1　电子整机与电镀产业链

1.1.1　电子元器件与电镀

电子工业的发展带动了许多传统工业的发展和技术更新，特别是现代电子技术向智能化的发展，已经完全改变了现代工业的面貌，甚至有人认为现在已经进入了后工业化时代，不少传统工业处于要么就跟上信息化时代的步伐，要么就面临被淘汰出局的局面。在这些面临淘汰的工艺技术中，曾经有不少人认为电镀技术也将列入其中，从而担心起电镀工业的命运。但是，后现代工业发展的事实证明，电镀工业不但没有被淘汰，而且还有所发展，特别是与电子工业有着特别关联的电子电镀业，对电子工业有着特殊的贡献，成为电子产品制造链中非常重要的一个环节。

前面已经提到，电子元器件的制造与电镀有着最为直接的关系，有些重要的电子元器件的生产和制造，如果没有电镀技术，根本不可能完成其制造过程。最为典型的是印制线路板的制造，其流程中很大一部分是与电镀技术有关的，从线路图形的制作到双面、多层板之间的导通孔的金属化过程，无不与电镀技术有关。以至于印制线路板电镀成为电子电镀中非常专业的一门技术，有许多这方面的专著介绍这一技术。

除了印制线路板电镀，还有许多电子元器件与电镀有关，如接插件、连接器电镀，微波器件电镀、电子线材电镀、纳米材料电镀等[1]。

与电镀有关的电子元器件制造还包括许多通用的电镀工艺，从防护性电镀到装饰性电镀以及功能性电镀都有，特别是合金电镀和化学镀，在电子电镀中都有举足轻重的作用。事实上，所谓整机电镀，正是通过电子产品的电子元器件的电镀来实现的。电子元器件的电镀是整机电镀的重要组成部分和基础。但是若没有整机电镀概念下的统一策划，单靠各种元器件分散的工艺技术控制，是难以充分保证整机性能的。

1.1.2 整机电镀与原材料工业

原材料对电子整机的电镀有重要影响，以至于在这个行业流行"电子级"材料一说。它是在实际应用中，发现的影响产品质量的各种微量因素的经验术语。

我国的电子电镀原材料研发与制造起步较晚，还没有形成自己的完整产业链，使我国的电子电镀原材料的供应处于一种两极分化的状态：一方面重要的电子电镀原材料供应主要依赖进口；另一方面很多电子电镀原材料则是由原来已经建立起来的国内传统电镀原材料供应商提供，包括代理某些国内生产的电子电镀化学品，或从其他渠道分装的进口电子化学品。其产品质量和技术水平与国外先进技术存在一定差距。

原材料中的阳极材料只有部分企业采用了进口的专用阳极，更多的企业采用国内通用的电镀阳极材料。国内的电镀阳极材料，特别是电子电镀用阳极材料由于还没有相关的统一标准，只是按工艺规定纯度和加工状态要求选用，因此存在潜在的质量风险。以下对这些材料的情况分类加以介绍。

(1) 基础化学原料

电子电镀中的电子化学基础原料包括常用的酸、碱、盐和各种试剂。常用的工业类通用化工基础原料，如工业硫酸、硝酸、盐酸、磷酸和烧碱、纯碱等，在用于电子工业，特别是电子电镀时，都存在杂质过多和纯度不够的问题，因此，电子工业的电子化学原料多采用化学纯和分析纯原料，这样虽然成本较高，但是在质量保证和可靠性提高上的收益，远大于在原料成本上的投入，因此这种用料原则几乎已经成为行业的惯例。

(2) 添加剂类化学原料

电镀添加剂制造业是从 20 世纪 80 年代发展起来的一个新兴的电镀原料行业，其中电镀光亮剂无论是在装饰性电镀还是在功能性电镀中都有非常重要的作用，有些新的电镀工艺，如果没有电镀添加剂加入其中，就根本无法正常工作。因此，开发和提供各种电镀用添加剂随着现代制造业的发展而快速发展，特别是电子电镀类添加剂，更是一个比常规电镀添加剂大得多的市场，这是因为电子电镀添加剂通常是含有主盐等成分的镀液补充剂，也就是说电子电镀的镀液成分有些是以添加剂形式加入镀槽中的，并且有过渡到所有镀液由供应商提供，用户只是使用镀液而不配制镀液的趋势。这是因为国外电子电镀企业基本上是不用自己配制镀液的，所有镀液都由供应商提供，出现故障时由供应商提供新的镀液，而将故障镀液抽走，回去处理成正常镀液后备用。

这种让专业人员做专业事情的服务模式，表面上看会增加电镀企业对供应商的依赖，并使成本增加，但是电子电镀企业由此也节省一些原材料采购、保管、使用等各个环节的人工和资源，并且可以对供应商提出质量、管理等方面的要求，从而可以提高效率，最终使成本下降。

（3）分析类化学原料

电镀工艺和质量管理都离不开镀液的分析和镀层的检测，而要对镀液和镀层进行检测，就少不了要用到分析类化学原料，特别是电子电镀，对质量有严格的要求，涉及的测试项目又较多，因此，要用到的分析类化学原料比较多。电子电镀所用的分析类化学原料，基本上都是分析纯级别，有些还会用到优级纯的级别或原子吸收光谱纯级别的化学原料。不仅是分析上需要用到这类原料，对杂质非常敏感的微电子电镀工作液的配制，也要用到高级别的化学原料。

（4）基础阳极材料

电镀工艺本身对阳极有较为严格的要求，特别是阳极的纯度，直接影响到电镀层的质量，而电子电镀对阳极有更严格的要求，因此，普通的阳极材料一般不能用于电子电镀工艺。电子电镀的这种需求催生了专业的电镀阳极产业，比如镀镍阳极一直是以国际镍公司（INCO）的产品为最好，其他阳极，如酸性镀铜的微量磷铜阳极、银阳极、锡阳极、锌阳极、合金阳极等，都有专业公司供应产品。

① 阳极篮。阳极钛篮是电子电镀中普遍采用的阳极材料。这是因为钛篮不仅为稳定电镀过程中阳极的基本导电面积起到积极作用，还为阳极材料的自动补加提供了方便。现在很多种金属阳极都制成阳极球或阳极角状，就是为方便往阳极篮中添加。如果在自动线槽边安装自动阳极材料补加器，则可以通过漏斗式补加器将需要补入的阳极球计量地沿槽边的阳极篮口放入阳极篮中。

② 不溶性阳极。在电子电镀的通用工艺中，不少工艺采用不溶性阳极，比如镀金用的阳极，镀特殊贵金属的不溶性阳极，镀三元合金用的不溶性阳极等。不溶性阳极的材料以钛为主，也有采用不锈钢和石墨等作不溶性阳极的。

不溶性钛阳极（包括不溶性析氧钛阳极、不溶性析氯钛阳极）由钛基体和覆盖其上的贵金属或贵金属氧化物等电化学活性层组成，如镀铂钛阳极、钛涂钌铱阳极、铱钽复合阳极等。在钛基上涂覆氧化钌、氧化铱而形成的金属氧化物电极是阳极材料的一个重大革新。二氧化钌对某些阳极反应（如析氯、析氧）具有很好的催化活性，能在槽电压比较低的高电流密度下工作。其最突出的特点是具有很好的化学稳定性，工作寿命比石墨阳极长得多。基体主要采用工业纯钛，可以高精度地加工成任何形状和尺寸，而且在使用过程中尺寸稳定。可以保证电极设备长期在恒定的电压下稳定工作。这类专业不溶性电极由于析氧电位低，与传统阳极相比节能效果明显，寿命长。同时，表面活性层失活后，可以重涂，基体可重复使用。

③ 功能性阳极。这种阳极设计是将阳极制成箱式结构，箱体内可以存放高浓度镀液主盐和补加成分，设计有自动开闭阀门，与镀液成分浓度传感器连接，在需要补充镀液中相应成分时，功能阳极就根据指令释放出相应原料，从而实现镀液成分的自动补加。这种阳极在担负导电以形成电镀电场任务的同时，可以根据指令自

动补充相应镀液成分，是将来阳极的普遍形式。这种构想是作者最先在《现代电镀手册》（化学工业出版社，2010年）中作为电镀技术创新思路提出的。

1.1.3　电镀设备

电子电镀业与普通电镀相比对电镀设备的要求要高得多。有些电子电镀加工如果没有相应的设备，根本就不可能进行生产和加工，如卷对卷的电子连接件、连接线等的电镀，印制板的电镀，磁盘的电镀，微电子器件的电镀等，都必须有专用的设备。这些设备早期全部要依赖进口，现在已经有我国自己生产的各种电子电镀设备供应。与原材料相比，在电子电镀设备方面，国内已经通过引进和仿制国外先进设备而建立了自己的电子电镀生产设备系统。这些生产电子电镀设备的企业多数是从传统电镀设备生产商通过增加服务而发展起来的。

电子电镀的通用设备主要有电镀槽体、过滤机、热交换器、水洗和清洗设备、干燥器。通用工艺的整流电源与常规电镀基本一样。这类设备都是非标准设备，通常根据经验数据进行制作。

电子电镀槽体与常规电镀槽的基本要件是一样的，其最大的区别是所使用的材料不同。电子电镀的槽体材料主要是PP（聚丙烯）树脂，耐热性能比PVC（聚氯乙烯）要好。同时很多槽体采用了双层材料制造，外表面通常采用不锈钢作外槽，内衬采用PP或PVC，有时是彩色PVC，有鲜明的颜色，如绿色、黄色、蓝色、红色等。有时是为了区别槽液的功能，有时纯粹是为了好看。

至于电镀槽上的辅助设备，包括电极、电极座、阳极篮、加热器（基本上都配有温度自动控制装置）等，与常规电镀基本上是一样的。

水洗设备要用到去离子水时需要有纯水机配合，而过滤机则常用备用活性炭的双筒过滤设备。

超声波清洗设备是电子电镀中的常用设备，这与常规电镀较少采用超声波而多采用电解清洗有所不同。

电子电镀生产线手动、半自动和自动都有，但比较流行的是半自动生产线，即所有能够通用而又便于自动控制的流程或工序，就采用自动程序，而参数经常变化的流程就采用手动控制。这样操作比较方便。

电子电镀的专用设备比较多，从电镀电源到印制板电镀设备、从线材或卷对卷电镀设备到电铸设备，还有化学镀设备等，都是常规电镀中不常用的设备。

1.1.3.1　电子电镀电源

电子电镀的电源设备越来越多地采用脉冲电镀电源。脉冲电镀技术是从20世纪60年代中期开始引起关注的，这一技术主要是将人们单方面只重视镀液的开发转向重视其他影响电镀因素的研究，从而将脉冲电源引入电镀领域。脉冲电镀近年发展非常迅速，这与电子电镀的兴旺是分不开的。

脉冲电镀实际上是一种通断直流电镀。脉冲电镀过程中，当电流导通时，脉冲（峰值）电流相当于普通直流电流的几倍甚至几十倍，正是这个瞬时高电流密度使金属离子在极高的过电位下还原，从而使沉积层晶粒变细；当电流关断时，阴极区附近放电离子又恢复到初始浓度，浓差极化消除，这利于下一个脉冲同期继续使用高的脉冲（峰值）电流密度，同时关断期内还伴有对沉积层有利的重结晶、吸脱附等现象。这样的过程同期性地贯穿于整个电镀过程，其中所包含的机理构成了脉冲电镀的最基本原理。实践证明，脉冲电源在细化结晶、改善镀层物理化学性能、节约贵重金属等方面比传统直流电镀有着不可比拟的优越性。

随着电镀理论和电源技术的不断发展，又引入了反向脉冲，这是因为正向脉冲持续时间长，反向脉冲持续时间短，大幅度、短时间的反向脉冲所引起的高度不均匀阳极电流分布会使镀层凸处被强烈熔解而整平，将镀层表面上的杂质以及结合力不太强的离子拉回，从而提高了镀层的致密性。

现在更进一步研发了多段可编程双向脉冲电源，从而进一步提高了脉冲电镀技术的应用价值。多段双向脉冲电源的原理是基于在电镀过程中，不同的阶段需要不同的电镀参数，例如在电镀的初始阶段是不允许有反向脉冲的，因为此时的反向脉冲会使镀件上的金属离子进入到镀液而污染了镀液，所以只有等工件表面镀了一层以后，才可以引入反向脉冲。对于以往的双脉冲电源来说，遇到这种情况，只能等镀了一段时间后，再重新修改电镀参数，这样势必造成操作上的烦琐和失误，同时因为过多的人为因素的介入，使得重复性变得很差。多段可编程双脉冲电镀电源则可以方便地实现这个功能。

多段可编程双脉冲电镀电源是在正负脉冲电源的基础上，将脉冲参数在电镀的过程中分为数段，每段有不同的电镀参数，它产生的脉冲波形如图 1-1 所示。

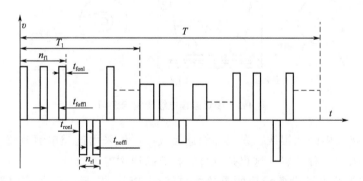

图 1-1　多段可编程双脉冲电镀电源波形图

图中的各标示量的参数如下：

T：电镀总时间；T_1：第一段电镀时间；n_{fl}：第一段的前向脉冲个数；n_{rl}：第一段的反向脉冲个数；t_{fonl}：第一段脉冲正向导通时间；t_{foffl}：第一段脉冲正向关断时间；t_{ronl}：第一段脉冲反向导通时间；t_{noffl}：第一段脉冲反向关断时间。

随着电子控制技术的进步，电镀整流电源还在进一步发展。大功率可调制波形的电源不仅在电子电镀领域，而且在其他行业的功能性电镀中也将有越来越多的应用。同时，随着节约能源技术的开发，节能型电源和太阳能等新能源的电镀电源也会在将来进入实用阶段。

1.1.3.2 专用电子电镀设备

(1) 印制板电镀设备

直板式印制板电镀设备基本上与常规电镀设备是一样的，只是对工艺参数控制的要求会高一些。如镀槽的热交换都装有自动控制温度系统，对于用电量用安培小时进行计量，以方便各种添加剂的补加；基本上都配有循环过滤系统。

但是这种直板式电镀的冲洗不是很方便，电镀效率也较低，因而设备商开发了印制板水平电镀自动生产线。这种水平自动生产线的最大优点是对孔位的冲洗很方便，同时还有利于新工艺的应用，如直接镀铜技术的应用等，因而水平印制板电镀生产设备现在已经是流行的装备。

与印制板生产配套的还有刷版机、退锡机、图形蚀刻机等，都是印制板制造的专用设备。有些不环保和被淘汰工艺的设备如热风整平机等，则已经退出了主流的印制板电镀业，只在一些低端产品市场上使用。

(2) 连续电镀设备

连续电镀设备是电子元器件电镀中的主流设备，包括线材连续电镀设备、IC框架卷式电镀生产设备等。典型的线材料电镀设备的原理如图1-2所示。

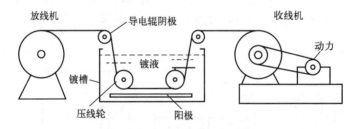

图 1-2　线材连续电镀装置示意图

电子连接线中的镀银线、多股编织连接线都可以采用这类电镀装置。铜包钢通信电缆线也采用这种装置，这也是五金线材业的通用电镀设备。

IC框架卷式电镀设备采用的是轮式电镀生产线，广泛用于集成电路引线框架的选择镀银、镀镍、镀锡铅等工艺。与之配合的是高速电镀工艺，电流密度可达 $50 \sim 200A/dm^2$，引线行走速度可达 10m/min。根据引线框的类型，生产线可分为片式电镀线和卷对卷式电镀线；根据电镀位置控制方法的不同，生产线可分为浸镀、轮镀、压板式喷镀等类型。这类生产线最高可同时设12列通道，即可同时进行12种不同规格的IC引线框架电镀。卷式电镀线和压板式喷镀的行走速度为2～

3m/min，轮式电镀线、轮式喷镀的速度为 2～5m/min。图 1-3 是轮式喷镀机的原理图。

由于引线框架的电镀多采用贵金属电镀工艺，贵金属材料的成本很高，从降低成本和节约资源的角度，都要尽量节省贵金属的用量，因此为了适应这种需要而开发了局部电镀设备。这种设备是在阳极喷嘴与被镀线框之间加一个局部镀的模具，只对需要的地方施镀，从而节省贵重的有色金属。这种装置的示意如图 1-4 所示。

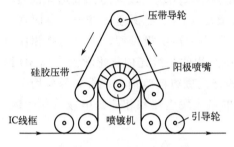

图 1-3　轮式喷镀机的原理图

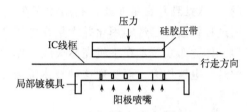

图 1-4　IC 线框局部连续电镀装置示意图

(3) 电铸设备

电铸是一种电化学加工手段，是在一定模具原型上用电镀方法获得较厚镀层，然后将模具原型从镀成品内脱出，从而制成腔式模具的制模生产方法。

以往的电铸基本上是在电镀设备中进行的，因为电铸过程除了对镀层的要求不同以外，所依据的原理和所用的设备与电镀是一样的。但是三维立体成像技术的应用，使电铸制模成为一种重要的模具加工手段，从而开发电铸专用设备也就成为了一种趋势。唱片碟和光碟电铸模具设备可以说是最早的电子音像制造业的电子电镀专用设备。图 1-5 是一种生产光碟碟片模具的电铸设施的示意图。这种镀液循环式套槽现在已经是电铸设备的常用模式。

电铸在电子制造中的重要作用，在微电子产品的制造中更为明显，用于微型机器人的微型机械传动元件，已经采用微电铸设备进行。这是在光刻成型的模腔内进行电铸以获得与模腔同样形状的构件的过程。而用传统加工手段是不可能进行这种加工的[2]。

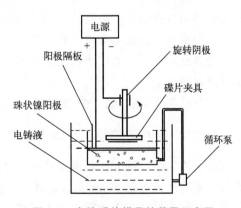

图 1-5　电铸碟片模具的装置示意图

(4) 化学镀设备

化学镀是电子电镀中的重要镀种，无论是印制板制造，还是碟片制造和表面功能化处理等，都少不了化学镀工艺，特别是化学镀镍和化学镀铜，在电子电镀中有非常重要的作用。

化学镀的设备是结合化学镀的特点而设计制造的，通常根据工艺特点及工艺要求进行设计，以确定采用什么材质和需要具备哪些功能，如化学镀镍需要有先进的加热方式，温度能自动控制，以防止溶液过热。化学镀溶液可循环过滤，并可配备滚筒、工件移动或挂篮装置，以适应不同形状或质量产品的需要。

(5) 激光电镀设备

激光电镀是指以激光作为能量源或作为增强手段实现电镀高速化或选择性镀覆的电镀过程。直接利用激光器熔融金属获得镀层实际上是物理镀过程，表面强化（激光热处理）也是如此。利用激光在电镀过程中干涉阴极过程，则可提高相应电镀过程镀速。已经实用化并大量在电子制造中采用的是激光催化化学镀，如 3D 模塑一体化布线技术在手机壳体天线一体化，汽车驾驶方向盘内布线等，都应用了这种激光电镀技术。而实现这种技术需要专业的激光发生器和相应的电镀（化学镀）设备。

(6) 晶圆凸点电镀设备

晶圆凸点电镀设备包括晶圆挂镀设备和晶圆喷镀设备，主要用于半导体晶圆凸点 UBM 金属层制作以及陶瓷基板上的金属层的电镀，改变系统配置和工艺，还可用于硅片制造中表层剥离、漂出氧化硅、去除残留物以及大尺寸图形腐蚀等方面。可以进行电镀的镀种包括镀金、镀铅锡、镀铜、镀镍等。电镀电源采用直流电源或者双脉冲电源。与镀槽配套的有连续循环过滤装置、pH 值自动控制装置和温度自动控制系统，采用去离子水喷洗和氮气吹干，强排风等。

(7) 钕-铁-硼电镀设备

钕-铁-硼电镀生产设备是针对钕-铁-硼永磁体的特点而设计、制造的专用电镀生产线。强永磁体是现代电子产品中不可缺少的器件，其材料特点决定了表面需要电镀，而电镀又很困难的工艺特点。由此产生了针对这些难点而设计的专用电镀生产线，以便做到简化操作，容易控制。这种专用设备适用于钕-铁-硼基体上的单金属单层、多层以及合金镀、复合镀等多种工艺。由于钕-铁-硼永磁体电镀对镀层质量有较高的要求，因此对电镀过程的控制要求很严格。专用设备充分考虑了质量管理的需要，从而在保证镀层表面色泽及外观的同时，保证其有高的耐蚀性，同时还要保证其可焊性能。

对于片状和小型粒状钕-铁-硼材料，通常采用滚镀生产模式。

1.1.3.3 硅片切割用钢丝金刚砂复合镀设备

制作太阳能电池的硅片是单晶硅或多晶硅锭或棒切割出来的，由于硅材有较高的脆性，要切成厚度仅 1mm 左右的硅片，其切割方式非常重要。曾经使用的方法包括激光切割，但其成本较高且效率不高，一度流行的方法是切割线切割模式。近年来，为了提高效率和节约硅材料，采用的是多线切割模式，即一次以几十条钢线同时对硅棒进行切割。显然，光靠钢丝是不可能切动硅片的，人们采用往钢丝上喷金刚砂浆的方法，让不停运动的钢丝上粘附金刚砂来实现对硅片的一次性多片切割（图1-6）。这一直是硅片切割的主要方法，对提高硅片生产效率功不可没。但是，金刚砂浆的大量采用不仅成本较高，而且对硅材的损耗也较大，大量切削砂浆也带来环境问题。如果能让金刚砂固定到钢丝上多好啊，于是就有人将金刚砂用树脂粘到钢丝上，制成树脂复合金刚砂钢丝，果然比砂浆法有所改进。但是，由于树脂复合法无法有效控制线径，且作为金刚砂的载体太软，切削力受到影响，且在高温时会出现熔解、污染硅片，难以推广开来。根据已有的成熟金刚砂复合电镀磨具、工具的技术基础，科技人员开始研制在钢丝上电镀金刚砂的新型硅片切割钢丝。当然如何实现在钢丝上连续电镀金刚砂，成为提高硅片生产效率和提高硅锭利用率的重要课题。经过近几年的努力，现在电镀金刚砂钢丝已经开始在太阳能电池行业流行开来，正在取代传统的砂浆法和树脂复合法。

现在，为了尽量降低切割中的锯屑损耗，要求钢丝的线径越来越细，现在最细的已经只有 0.06mm。在这么细的钢丝上电镀以镍为基体的金刚砂复合镀层，制成线状钢丝锯，是对电镀技术和电镀装备的重要挑战。因为这不是只在一段钢丝上电镀，而是在整卷的长度达几十km的只有 $60\mu m$ 线径的钢丝上电

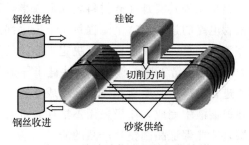

图1-6　传统砂浆法钢丝切割硅片

镀。这种加工过程只能由自动化装备来完成。这种钢丝复合镀的装备非常专业，与普通的轮对轮线材电镀设备有所不同，一个重要的问题是这么细的线材在长距离牵引中张力如何平衡。只要线材在运动中出现局部的张力过大，就会断线，导致电镀生产停止。

一种用于这种钢丝金刚砂电镀的装置如图1-7所示，装置中的张力调节轮的设置非常重要。复合镀采用氨基磺酸镍工艺，复合粒子为金刚砂。采用母槽向镀槽输送的模式保持镀液的运动。钢丝行走的速度根据工艺需要可以调整。

1.1.3.4　芯片电镀设备

晶圆是制造芯片的母体，是由硅片制成的大面积半导体集成块的芯片群。简要地说，晶圆是指拥有集成电路的硅晶片，因为其形状是圆的，故称为晶圆。晶圆在电子数码领域的运用是非常广泛的。内存条、SSD、CPU、显卡、手机内存、手机指纹芯片等，可以说对于几乎所有的智能电子数码产品，晶圆都是不可缺少的。

晶圆制造的工艺流程：从硅矿石中提炼硅—拉制硅棒—切割硅片—硅片抛光—镀膜—上光刻胶—光刻—离子注射—电镀—抛光—切成单片—测试。

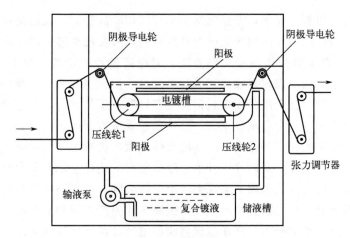

图 1-7 钢丝金刚砂复合镀装置

整个流程其实是在硅材料表面形成半导体集成电路的过程，也就是形成高密度三极管电路的过程。这个流程每一个工序都是关键。镀膜、光刻是制造无数单个半导体管的关键，其光栅格密度决定半导体的集成度，完成光刻后的离子注射则是形成 PN 结的关键工序，但这时这些硅半导体各自还是互不连接的。只有在对这时的硅片进行电镀后，所有晶体管才形成互连，使整个晶圆呈一个大的集成块。电镀通常在镀铜液中完成，阳极采用不溶性或可溶性阳极。要求在晶圆表面形成均匀的镀铜层，才能保证晶圆整片产品的质量[3]。

晶圆电镀装置可分为两大类，一类是将晶圆纵向（通过挂具）放入电镀槽的 DIP 方式[4]；另一类是将晶圆横向（水平）放入镀槽的 CUP 方式。

DIP 方式是将晶圆装入挂具，由于挂具是纵向放入镀槽的，装卸次数少，当搅拌方向不变时，镀层厚度难以保证，另外从镀槽带出的镀液多。

CUP 方式中，晶圆水平放置，具有高速搅拌的优点，可以实现高电流密度下的高速电镀，镀液带出量少。表 1-1 是这两类装备特征的对比。

表 1-1 DIP 模式与 CUP 模式的电镀装置的对比

项目	搅拌	镀液带出	晶圆挂具	晶圆装卸	设备大小
DIP 模式	缓慢	多	必要	次数少	小
CUP 模式	高速	少	不需要	次数多	大

由于对电镀层厚和均一性要求越来越高，采用 CUP 方式电镀成为主流。CUP 模式有将晶圆电镀面朝上放入 CUP 槽底部的面朝上模式[5]和将晶圆面朝下放在镀槽上部的面朝下模式。

完成电镀的晶圆经后处理（抛光等）之后，再根据需要将晶圆切割成不同大小（其实就是不同运算需要的晶体管密度）的小晶片，就可进入芯片的制造流程。

由此可知，电镀在晶圆制造，即芯片制造中，有多么重要的作用。显然，实施晶圆电镀，就涉及电镀工艺，包括电镀液和添加剂、电源、电极等。需要将这些集成在一组设备内，以实现芯片的电镀。

我国芯片制造业已经关注到电镀工艺和设备在晶圆制造中的重要性，并在为提高电镀工艺水平而努力。例如，中国电子科技集团公司第四十五研究所 2017 年提出的一项晶圆电镀发明专利——一种晶圆电镀装置及电镀方法（CN107034505A）。这项专利的要点是在电镀阳极和受镀晶片之间设置两组阻挡装置，改进一次电流分布，即通过对电力线分布的干预来改善电流密度分布，提高镀层均匀性。同时令晶圆在镀液中旋转，这也是提高镀层均匀性和改进离子传递、降低浓差极化的常用方法[6]。

1.2 电子整机与电镀基础

1.2.1 电子整机电镀的概念

电子工业生产制造的各类电子产品可以总称为电子整机。现在，电子整机已经深入到社会生活的各个方面，从儿童玩具、家用电器到航空航天器，地上跑的、天上飞的、家里摆的都离不开电子整机产品。而这些整机产品是由众多的零部件构成的，任何一部电子整机中都会用到各种各样的零部件，这些零部件中不少都要用到电镀技术。但是，单一零件的电镀工艺与从电子整机角度策划的电镀工艺是有区别的。

在前言中我们已经简要地说明了所谓整机电镀，绝不是将一部电子产品整个地放到镀液中去电镀。我们所说的整机电镀，是提出了一个新的电镀技术概念，这种新概念实际是从提高电子整机可靠性的角度，对电子整机的各种零部件所需要的电镀工艺，从以前只针对个别零件的质量保证，提升到满足整机性能的角度来研究和考察电镀工艺，从而提高整机制造的水平。这种从电子整机的全局出发对电镀的考察和研究，无疑是电子电镀领域的一个新的视角，对提升电子整机的水平和促进电镀技术的进步，都是有益的尝试。

有人会提出疑问，既然已经有了一个"电子电镀"的概念，为什么还要提出一个"整机电镀"的概念呢。电子电镀是指用于电子产品制造以及相关制造工艺中的电镀技术和工艺，是具体的电镀工艺技术。而整机电镀，是一种设计理念和电镀工艺的选择路径，是从电镀技术和工艺角度保证电子整机产品可靠性的技术措施，其电镀技术和工艺与电子整机有比较紧密的联系，有些工艺就是针对特殊要求的整机而研制的。事实上，电子电镀无论是用于电子制造，还是用于各种功能性镀层的获得，包括装饰性电镀和防护性电镀，都是与电子整机相关的，因为整机电镀从总体上来说，几乎包含了电子电镀所有的镀种和工艺。从这个角度，也许有人会说，保证了每一种电镀工艺的技术水平，也就保证了整机的电镀技术水平，没有必要专门来研讨整机电镀这个课题。这种说法在道理上也许成立，或者说对于单纯的机械或五金设备是成立的，但是，对于电子整机就不一定成立了。电子产品的电性能或者说设计功能，不是简单的各分立元件的功能的加法，而是有着重要的相互影响或制约，若不从整机的角度来考察电镀工艺和其他任何工艺对整机的性能是无法充分保证的。通过后面各章节的论述，我们就可以清楚地知道，引入整机电镀概念是很有必要的。

表 1-2 列举了电子整机产品和所涉及的零件以及所需要的电镀工艺。该表只是提纲式地列举了相关的零件，仅以标准件来说，电子产品所需要的标准件中有许多属于自攻螺钉，这些螺钉的电镀就涉及好几个镀种，有镀镍的、镀铬的、镀锌的等，镀锌又有蓝白色钝化的，彩色钝化的，黑色钝化的，也有镀锌着色的。至于装饰件，就更是因不同产品的结构而五花八门，不一而足。涉及的镀种有镀装饰铬，也有镀仿金、枪色等，而材料有塑料电镀，也有铝合金的电镀或着色。

表 1-2 电子整机与电镀工艺

整机分类	电子整机	需要电镀的零件	所需电镀工艺
家用电器类	电视机、收音机、音响、数码产品（照相机、摄像机）、智能电冰箱、全自动洗衣机、电子厨具、空调、灯具	印刷线路板，安装板、装饰框、条，提手，把手，旋钮，标准件，自攻螺钉，基板，连接件，碟片	① 印制板制造与电镀；② 装饰性电镀（铜、镍、铬等）；③ 防护性电镀（锌、多层镍等）；④ 接插件电镀（镀金、银等）；⑤ 塑料电镀；⑥ 铝氧化；⑦ 导电氧化
电子玩具类	遥控电子玩具，电子游戏机，电子宠物	线路板、安装板、标准件、天线	
医用电子类	心电图机、CT扫描机以及其他各类电子检测设备	线路板、安装板、基板、标准件、电极与接插件	
体育运动电子类	电子记分、电子测速、电子显示、遥控电子	线路板、安装板、标准件、接插件、装饰件	
办公学习电子类	传真机、复印机、投影仪、复读机、计算器、电视电话会议系统	线路板、安装板、传动件、标准件、连接件、装饰件	

整机分类	电子整机	需要电镀的零件	所需电镀工艺
通信电子类	电话、电视电话、手机、手机基站系统、微波通信系统、无线电系统、传真	线路板、基板、外壳、标准件、连接件、装饰件	① 印制板制造与电镀; ② 装饰性电镀(铜、镍、铬等); ③ 防护性电镀(锌、多层镍等); ④ 接插件电镀(镀金、银等); ⑤ 塑料电镀; ⑥ 铝氧化; ⑦ 导电氧化
机械电气类	加工中心控制系统、数控机控制系统、各类机电一体化产品、机器人	线路板、安装板、标准件、装饰件	
汽车电气类	汽车导航系统、汽车音像系统、汽车遥控系统	线路板、基板、连接件、标准件、装饰件	
仪器仪表类	各种测试仪器、电子显示器、电子传感器	线路板、基板、外框	
电脑与网络	台式电脑、笔记本电脑、大型计算机系统、网络服务器	多层板、机箱、安装板、标准件、连接件、磁盘	
航天、航空、航海	雷达系统、遥测遥控系统、电子识别系统	天线、线路板、机架、连接件、标准件	

1.2.2 电子整机的防护性电镀

电子整机最重要的技术指标是可靠性,这是从军品质量的角度衍生出来的一个重要概念。这个概念现在已经成为电子产品的基本质量指标,而保证电子产品可靠性的技术措施中,电镀等表面处理技术有着举足轻重的作用。因为影响电子产品可靠性的除了机械结构强度等指标外,"三防"指标是最为重要的指标,所谓"三防",是指电子产品防腐蚀、防潮湿和防霉菌的能力。

防腐蚀是"三防"中的重点,而对于电子产品,防腐蚀的主要手段就是电镀。很多电子产品的金属结构件都要用到电镀工艺进行表面处理,如镀锌彩色钝化,就是电子产品机箱、机壳、底板等钢铁冲压件的主要防护性镀层。根据产品的不同需要,有军绿色钝化、黑色钝化或蓝白色钝化等。表面拉手、面板、框条等许多金属配件则采用防护装饰性镀层,如铜镍铬镀层等。所有这些防护性镀层,都需要有一定的厚度和低的孔隙率,以保证产品符合相关防护性能的要求。

用于电子整机产品防护性电镀的工艺见表1-3。

表 1-3　用于电子整机产品的防护性镀层及工艺

基体材料	镀层或镀层组合	采用工艺
钢铁	镀锌和彩色钝化、军绿色钝化、黑色钝化， 镀镍， 镀双层镍或三层镍， 合金电镀， 钢氧化或磷化	氰化物镀锌（主要用于军工产品）， 锌酸盐镀锌、氰化物光亮镀锌， 瓦特型镀镍（氰化铜打底或镍预镀）， 半光镍、光亮镍或半光镍、高硫镍、光亮镍， 铜锡合金、镍磷合金， 仅用于要求不高的标准件或弹簧类产品
铜和铜合金	镀镍或镀双层镍， 镀合金	氰化铜打底
铝和铝合金	铝电解氧化， 铜、多层镍， 化学氧化	低温硬质氧化， 两次浸锌或化学镍打底后电镀
锌基合金	铜、镍、铬	氰化铜打底
ABS 塑料	铜、镍、铬，多层镍铬	塑料电镀工艺

由表 1-3 可见，用于防护性电镀类的工艺，与普通产品的电镀基本上是一样的，但实际上对镀层杂质控制、物理性能、电性能、磁性能方面的要求，与普通电镀是不一样的。

1.2.3　电子整机的装饰性电镀

装饰性电镀在电子产品中一直有着广泛的应用，特别是 ABS 塑料的装饰性电镀，在电子产品中的应用是最多的。这从收音机、手机旋钮、装饰框、外壳到电冰箱、微波炉、洗衣机的拉手和镶条等，都要用到塑料装饰镀件就可见一斑。至于电子产品外装的金属制件，基本上都要进行装饰或防护装饰性电镀。所用镀种包括铜、镍、铬、仿金、合金等。

除了塑料电镀，电子产品的外装饰件如外壳、拉手、面板等也有许多采用金属制件，这些制件的表面处理也多选用电镀加工，主要是装饰性镀铬或镀仿金、枪色、珍珠镍或其他复合镀等镀层。用于电子产品装饰性电镀的镀层见表 1-4。

表 1-4　用于电子产品的装饰性镀层

基体材料	镀层或镀层组合	采用工艺
钢铁	镀光亮镍、铬或代铬（铜锡锌三元合金）， 镀铜、镍、铬， 铜、镍、仿金或其他装饰镀层、缎面镍， 镀锌彩色着色	（氰化铜打底或镍预镀）半光镍、光亮镍或半光镍、高硫镍、光亮镍， 表面镀铬或代铬镀层

基体材料	镀层或镀层组合	采用工艺
铜和铜合金	镀光亮铜、镍、铬或代铬、缎面镍、枪色	氰化铜打底、镀酸性光亮铜、光亮镍、装饰铬或代铬
铝和铝合金	铝抛光电解氧化着色，镀铜、镍、铬，其他装饰镀层，如仿金等	低温氧化工艺、有机染料着色，两次浸锌或化学镀镍
锌基合金	铜、镍、铬或代铬，其他装饰镀层	氰化物镀铜打底
ABS 塑料	铜、镍、铬或代铬	塑料电镀工艺

1.2.4 电子整机的功能性电镀

功能性电镀是电子整机电镀中最为重要的镀层，电子电镀在很大意义上是针对其功能性应用而讲的。因此，有必要以专门的一节来对功能性电镀加以介绍。

导电性是人们对电子电镀层要求最直观的理解。诚然，导电性是电子产品的最为基本的要求，导电性镀层也是电子电镀中常用的镀层。但是实现电子产品所有功能的镀层，绝不只是导电这么简单。

电子产品除了导电性能外，在磁性能、微波特性、光学性能、热稳定性等多种功能性方面都有不同的要求，所涉及的镀种包括贵金属电镀、合金电镀、复合电镀以及纳米电镀等。可以说电子整机的性能，在一定程度上是与功能性电镀工艺有关的。

最常用的功能性电子电镀工艺有镀金、镀银、镀锡或锡合金、镀铜、镀镍、镀铜锡合金等。除了这些用于电子电镀的常规工艺，化学镀和多元合金电镀、复合电镀、纳米电镀专用于电子类产品的功能性镀种也很多。即使是常规的镀种或通用的电镀工艺，在用于电子产品时，也因为产品功能性方面的要求不同而需要对工艺做出适当调整，以适合电子产品的特殊需要。电子电镀的概念正是基于这些要求而提出来的，特别是从整机的角度考虑镀层的选择，要对整机的各种性能有兼容性。同时，随着电子整机新产品或新功能的开发，对功能性电子电镀会提出一些新的工艺要求，因此，电子电镀的功能性镀层的种类会随着电子产品的创新而不断有所增加或变化，表 1-5 所列举的只是其中的常见功能性镀层。

表 1-5　用于电子整机产品的常见功能性镀层

基体材料	镀层或镀层组合	采用工艺
钢铁	镀锌黑钝化、镀镍、镀双层镍或三层镍、镀砂面镍、镀黑镍、镀黑铬、镀铜、镀锡、镀合金、复合物镀层	氰化物镀锌（主要用于军工产品）、锌酸盐镀锌、氰化物光亮镀锌、瓦特型镀镍（氰化铜打底或镍预镀）、半光镍、光亮镍或半光镍、高硫镍、光亮镍、磁性合金、高硬度合金、耐磨或减磨合金、其他功能性合金、镍基复合镀、锌基复合镀、纳米材料复合镀等
铜和铜合金	镀镍或镀双层镍、镀黑镍、镀黑铬、镀砂面镍、镀铜、镀锡、镀银、镀金、镀合金、复合物镀层	氰化铜打底
铝和铝合金	镀银、镀金、镀锡、镀合金	两次浸锌或化学镍、镀铜打底
锌基合金	镀镍、镀锡、镀合金、复合物镀层	氰化铜打底
ABS塑料或其他工业塑料	镀镍、镀铜、镀锡、镀合金	通过粗化、活化、化学镀等实现表面金属化

由表 1-5 可知，合金电镀和有色金属上或特殊材料上的电镀在电子产品的功能性电镀中占有很大比例，这是电子整机电镀的一个重要特点。同时，非金属材料特别是工程塑料也是电子整机产品中会越来越多采用的结构材料，特别是表面复合材料技术，将会为电子整机的功能化需要提供一些新的选择。比如为了减轻航天器的自重而增加运载能力，航天器中的电子整机等各种功能设备的重量都要尽量小，这就要求大量采用轻金属或非金属材料。还有一些一次性的火箭导航设备，也是采用树脂复合材料制作，既减轻了自重，又降低了成本。值得关注的是，早在 20 世纪 60 年代，美国就进行了这方面的试验[7]。现在非金属复合材料则成了重要的结构材料之一，并且已经有成熟的非金属电镀技术[8]。

参考文献

[1] 刘仁志. 电子电镀技术 [M]. 北京：化学工业出版社，2008：1-11.

[2] 刘仁志. 实用电铸技术 [M]. 北京：化学工业出版社，2007：2-87.

[3] 刘仁志. 芯片与电镀 [J]. 表面工程与再制造，2018 (3)：13-16.

[4] 本间莊一, 吉冈润一郎, 蛭田陽一. 晶圆电镀装置 [J]. 表面技术，1988 (12)：124-127.

[5] 门田裕行, 菅野龍一, 伊藤雅彦, 等. エレクトロニクス実装学会志，2010 (3)：13.

[6] 刘永进, 赵宁, 侯为萍, 等. 一种晶圆电镀装置及电镀方法，CN201710203178 [P]. 2017-08-11.

[7] 嵇永康, 周延伶. 贵金属和稀有金属电镀 [M]. 北京：化学工业出版社，2009.

[8] 刘仁志. 非金属电镀与精饰 [M]. 2 版. 北京：化学工业出版社，2012：1-14.

第2章

整机电镀概论

2.1 整机设计与电镀

2.1.1 整机设计时的工艺选择

从作者所经历过的和了解到的整机制造企业来看，能将整机设计与电镀工艺设计有机结合起来的开发人员是不多的。很多设计人员，特别是结构设计人员，对结构材料与表面处理的配套工艺的选择不是很了解，结果出现了一些脱离实际的设计。这些设计从原理上都没有什么大的问题，但是由于对加工工艺与初始设计的相关性没有考虑充分，就会出现影响生产效率和增加成本的设计方案，严重时影响整机的性能。

就拿印制线路板的设计来说，设计印制线路板与印制线路板的制造是有一定相关性的，但是，印制线路板的设计还与整机性能有很大相关性。印制线路板的布线形式，线间距离，通孔数量与孔径，孔位的分布，金手指的位置等，都必须具有匠心才能设计得比较完美。但是我们也看到有很多随意设计的印制线路板，这类印制线路板只以将电子元件连接起来为目的，这本来就是印制线路板的主要功能。但是这种随意设计的印制线路板对电镀的影响也许并不重要，但是对电子产品功能的影响，就很难说了。因为对于复杂的电子整机，线间电容和电感的分布，有电磁场存在的电子元器件在机内的位置等，都是需要充分考虑的。不考虑这些因素的印制线路板，制成和投入使用以后，会成为电子产品中潜在的性能不合格或某些指标总是达不到规定要求的严重隐患，不易被发现。一旦发现，则不仅仅是一批印制线路板报废的问题，整机的拆装返工也是很麻烦和很浪费的一件事，这类因为设计不合理而导致的返工事件，在电子整机厂是时有发生的。

更为严重的是电镀层选用的错误会延迟到产品使用或存放相当长时间后才产生，这种情况在电子整机中也是存在的，比如锡须的问题和金属制件电镀后离子电迁移等问题，都是引起线路短路的严重隐患。这类问题对于分立元器件可能并不存在或无关紧要，但是在组成电子整机后，就会因为金属电偶的匹配不当或存放、使用环境等因素变化带来影响而出现一些意外的情况。因此，整机设计阶段，应该有整机电镀的概念，将诸多复杂因素都加以考虑，将不确定的潜在影响降至最小，从而大大提高电子整机产品的可靠性。

在这方面，作者曾经有过一些重要经验。例如，有一种心形孔的弹性垫片要求镀锌，开始是采用的氰化物碱性镀锌然后去氢，但是在进行抗疲劳例行试验时总是通不过——在心形孔的最窄处发生断裂。而采用没有电镀的样品做对比试验，就可以通过。结构设计人员认定是电镀工艺的影响，要求改进电镀工艺。针对这种情况，工艺人员先是在酸洗中加入缓蚀剂，然后改用酸性镀锌（电流效率比碱性镀锌高），在电烘箱高温（180℃）、2h进行去氢处理，结果试验还是通不过。并且每次断裂都是发生在心形孔门的最窄处。而拿没有电镀的垫片去做试验，就又能通过。说明电镀过程对材料性能的影响肯定是存在的。在这种情况下，如果一味地要求改进电镀工艺，最终也许可以找到一个对材料影响最小的电镀工艺。但是，其成本会大大高于镀锌工艺，这种选择显然是不合理的。经过与结构设计沟通，认为心形孔的最窄边是处在抗疲劳强度值的边缘值区间，不进行任何处理，可以通过试验，一旦进行酸洗和电镀等表面处理，材料强度有所下降，就超出了这个部位的最低值，从而出现断裂。结果通过修改垫片的设计，将心形孔位的最窄边各增加1mm，既不影响装配，又容易通过模具修改而避免重新开模。按这个意见进行调整后，即使采用碱性镀锌，也能通过例行试验。这个例子给我们提出了一个设计裕度的问题，特别是一些有强度要求和动态载荷功能的结构，在设计时不仅仅要考虑结构尺寸和材料性能方面的影响，还一定要考虑加工工艺的影响。我们所说的加工工艺，不仅指表面处理工艺，还包括其他机加工工艺和电加工工艺。这方面也是有教训的。

还有一种钢管天线，表面处理工艺是镀锌后做油漆。一直采用某钢材厂的无缝钢管材料。有一次，一整批天线电镀后钢管出现了开裂，有些是在出槽后就发现开裂，有些是送油漆后才发现，都是一个一个几毫米至几厘米的细长裂口，从酸洗到电镀，再到镀后去氢等，经过核查，工艺没有变动，工艺参数也是在规定的范围，以往的批次都是按现行工艺加工的，没有发现有类似现象。再经过对上道工序的核查，发现这批天线增加了一个校直工序，原因是这批购进的钢材平直度不够，于是计划部门安排在下料后增加一个冷作校直工序。冷作车间在接到任务后，让冷作钳工用小铁锤在铁砧上对这批天线一只一只地进行了一阵敲打校直，然后才送电镀。在了解到这一情况后，再来看天线上的裂口，就发现这些口子基本上都是在被敲打过的部位，因为敲过的地方，有一个明显的锤击后痕迹。将未经校直的钢管拿来电镀，就没有发现这样的问题。这才发现是新增加的冷加工工序使在锤过的地方产生了内应力，而这种应力集中点的氢脆性急剧增加，严重的在电镀过程中就会出现开裂现象。这件事证明加工工艺对电镀是有影响的，有时还非常严重。因此，在对材料进行冷、热加工时，都要考虑对电镀的影响。

由此可知，提出整机电镀的概念，是基于很多生产实践的经验和教训的。运用整机电镀的设计原理来进行电镀的策划，对于提高电子电镀水平进而提高电子整机的可靠性和综合性是非常重要的。事实证明，将这一概念在整机制造中加以应用，可以收到事半功倍的效果。如果能在整机设计阶段就将电镀工艺与所选用的材料、造型的结构特点等结合起来考虑，才是更合理的设计。

2.1.2 结构工艺与电镀

整机电镀概念的应用，首先从结构设计与工艺开始。在电子电镀中，对结构镀层的选择基本上是结构设计和工艺人员做出的。如果没有整机电镀的概念，难免会出现镀层设计不合理的现象。

电子产品的结构设计与其他产品的结构设计最大的区别是电子产品结构是以满足电子性能为主的结构，只有能够满足电性能要求的结构，才是合格的电子产品结构，在满足电性能前提下才有强度、重量、装配和使用性能等方面的考虑。达不到电子性能指标的结构，再好也没有实际意义。当然没有基本物理性能的结构，也不可能实现产品的使用价值。而在结构设计中，结构件的电镀一直是一个重要的分课题，不是根据书本或指导书随便选择一个镀种就可以的。当然，大多数电子产品结构设计者在选用电镀层时都会参考相关的实物、标准和咨询电镀专业技术人员，以符合和满足产品对电性能的要求。但是，仍然存在选择不当的情况。

对于电子电镀层的选择，不仅只是表面镀层镀种的选择，还包括镀层组合的选择，要充分考虑中间镀层的影响，比如镀层间的电位差、磁性能等，对整机性能都可能有潜在的影响。

结构与电镀的关系还与结构的材料以及材料的加工工艺等有关，我们将在不同的电子整机所涉及的不同材料组合中来进一步论述这个问题。由于结构工艺对电镀工艺是重要的影响因素之一，因此不可不加以详察。表 2-1 显示了结构工艺与电镀工艺之间的关系。

表 2-1　结构工艺与电镀工艺之间的关系

结构材料类别	结构成型工艺	电镀工艺	备注
钢铁	冷冲压成型	常规电镀工艺	需要关注加工应力
	机械加工成型	通用电镀工艺	同上
	普通铸造成型	适合铸造件的电镀工艺	需要针对多孔型材料的前处理，包括封孔处理
	精密铸造成型	同上	同上

结构材料类别	结构成型工艺	电镀工艺	备注
铜及合金	机加工成型	通用电镀工艺	
	普通铸造成型	适合铸造件的电镀工艺	需要类似钢铁铸件的前处理和预镀工艺
	精密铸造成型	可用经过调整的通用电镀工艺	前处理的超声波清洗等措施
镁及合金	机加工成型	镁及合金专用电镀工艺	需要专用的前处理工艺
	精密铸造成型	同上	同上
铝及合金	机加工成型	铝及铝合金专用电镀工艺	需要专用的前处理工艺
	精密铸造成型	同上	同上
电镀级塑料	ABS塑压成型	ABS塑料电镀工艺	是成熟的塑料电镀工艺
	电镀级PP塑压成型	PP塑料电镀工艺	是成熟的塑料电镀工艺
	直接电镀塑压成型	直接镀塑料电镀工艺	新型塑料电镀工艺
难电镀塑料	手工成型	改良的塑料电镀工艺	需要选用相应的特殊镀前处理工艺,包括粗化、活化、化学镀
	塑压成型	同上	同上
	CAD/CAM成型	同上	同上
不锈钢	机加工成型	不锈钢上电镀工艺	需要专用的前处理工艺
	冷冲加工成型	同上	同上
其他材料	各种成型方式	开发相应电镀工艺	对难电镀材料需要设立电镀新工艺开发课题

2.1.3 整机电镀工艺

在搞清楚了整机电镀的概念以后,再来谈整机电镀工艺,就比较容易理解了。所谓整机电镀工艺,是根据整机性能的整体要求,在满足设计和结构等各工艺规范的前提下,确定的整机产品中各种零、部件的电镀工艺。

整机电镀工艺是可以分解成各种不同制件的独立电镀工艺，但它又不是各单一制件电镀工艺的简单集合。

我们看到的每一种具体产品的电镀，都有一种对应的通用工艺规范。当我们拿到一个这样的单个产品资料时，它的图纸上会标明镀覆要求和标记。对于一个电子整机，其分解下来的各组件、部件和单一制件，所有需要电镀的产品，都应该是经过讨论并确定了意见后才会签字生效的。

因此，整机电镀工艺就是可以保证部件既符合制件本身的基本工艺要求，又符合整机性能要求的工艺。对一个结构、一件产品的单一电镀件，按常规电镀的要求，只要求镀层符合所采用的电镀工艺本身的要求就行了。但是如果是整机电镀概念下的电镀工艺，则是符合整机性能要求的工艺。这两者可能在有时候是一样的，但也确实存在不一样的情况。正是这种不一样的要求，构成了整机电镀的工艺。

2.2 整机电镀的策划

2.2.1 整机设计的系统工程

2.2.1.1 整机设计与电镀工艺的关系

整机电镀的策划应该由谁来做？这是一个首先要搞清楚的问题。由于设计人员不是电镀技术的专业人员，往往只能将工艺手册等技术资料结合本人工作经历或经验来进行镀层选择，因此，由电子整机设计者来做整机电镀的策划是有难度的。但是，由于这种策划是根据整机设计的要求进行的，因此，单纯由电镀技术人员来做，也难以兼顾整机综合性能的需要。这样一来，整机电镀的策划应该是由一个小组来做，将其列入设计计划书中，作为一个子课题来做，有专人负责，然后通过收集资料和召开讨论会，并在需要时通过相关的验证后，确定整机电镀的工艺。因此，整机电镀不是某一个专业或工艺岗位的事，而是与整机开发团队全体人员都有关的事，是整机设计系统中的一个分项目，需要以系统工程的管理模式加以管理。

根据系统工程的要求，在设计流程中将有一个整机电镀子系统，要对这个子系统的输入信息和资源进行充分分析后，才能选择电镀工艺。对所选择或设计的电镀工艺要经过验证后，才能最后确定。电子整机设计中电镀工艺与整机设计的关系如图 2-1 所示。

如图 2-1 所示，整机设计所需要的各种信息的输入同时也是确定电镀工艺所需要的输入。事实上包括材料、结构构型、线路设计等项目输出，也都应该至少有一个是指向电镀工艺的，因为在这些项目中都有影响或被电镀工艺影响的因素存在。只有充分考虑了所有的因素，电子整机电镀的设计才是可靠的。

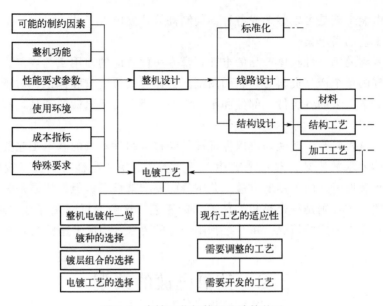

图 2-1 电镀工艺与整机设计的关系

在整机电镀策划中，电镀件清单很重要，列出整机需要电镀的所有产品的一览表，对于简化问题、集中要点是有效的方法。表 2-2 是某整机产品电镀件一览表的示例。

表 2-2 某整机产品电镀件一览表示例

序号	制件名称	图号	材料及牌号	表面积/dm²	质量/g	功能要求或裕度	镀层选择	备注
1	机壳	A-B-01	冷轧钢板	12	2200	—	碱性镀锌彩色钝化	
2	紧固螺钉	A-C-02	普通钢	0.12	50	机加工工艺中的公差控制、镀层厚度控制	滚镀锌彩色钝化	
3	装饰框	A-B-03	ABS 塑料	2.5	120	注塑加工中的除湿和应力消除	塑料电镀装饰性铜镍铬	
...								
n								

为了更好地了解整机结构与电镀的关系，除了用上述一览表的方式列出需要电镀的制件清单外，还可以按整机中的部件或组合，结合所采用的材料和镀层，对整

机中存在的电偶或其他功能敏感部件进行分析。

2.2.1.2 整机中各种材料之间的关系

整机产品的结构要用到各种不同的金属或非金属材料，不同的金属材料由于有各自的标准电极电位，当不同电位的金属，特别是电位差相差较大的金属在一起构成回路时，在适当的条件下，就会发生腐蚀，这就是所谓的电偶腐蚀[1]。发生电偶腐蚀必须同时具备以下三个条件：①存在腐蚀电介质，腐蚀电介质主要是指凝结在表面上的含有某些腐蚀性的物质，如氯化物、硫酸盐等，如空气中凝聚的水膜和海水等；②腐蚀电介质必须连续存在于不同的金属或非金属之间；③存在构成腐蚀电池的离子导电线路，也就是两种或两种以上不同金属或非金属处在一个有电性能连接的状态。它们在所处腐蚀介质中的稳定电位应有一定的电位差，两种金属或金属与非金属直接接触或通过其他导体连接从而构成腐蚀电池的电子导电支路。

这三个条件中的任何一个能被阻止，电偶腐蚀就难以发生。这三个条件中，前两个条件属于存放或使用环境条件，不可能由设计者控制，至多只能根据可能会出现的环境对整机的防护标准做出规定，并依照这种标准来确定所要采取的"三防"措施。这三个条件中的第三个条件，即不同金属之间或金属与非金属之间的电位差，是设计人员可以控制的。这也就是在整机结构中选择合适的金属之间的电偶关系或对金属之间的接触进行控制的问题。一个完整的整机设计任务分解书中，应该包括对各种金属接触电偶的允许和不允许的提示，并在可能的情况下，在整机材料清单中对材料的标准电极电位作出标识。

很遗憾，在我国的电子整机设计中，对电镀工艺的选择存在两种常见的处理方案，影响了整机的可靠性水平。一是在整机设计阶段完全没有考虑电镀工艺的配合作用，只是在设计完成以后，才交由相关加工工艺人员去确定加工工艺，这时给电镀工艺选择的余地往往较小，从而给以后的电镀加工出现某些问题留下隐患。二是虽然在设计时也考虑到了各个加工工艺，但是没有征求电镀专业人员的意见，而是自己去找标准或参考资料，想当然地在设计中确定镀层和镀层组合，直到交付生产时才发现问题，甚至有时要到产品不合格后，才发现是镀层出了问题。因此，在整机产品的策划和设计阶段就要十分重视包括电镀加工工艺在内的所有工艺问题，才是真正高明的设计。

2.2.2 充分了解整机性能要求与使用环境

在整机设计阶段就让电镀工艺提前介入是提高整机设计水平、保证整机产品可靠性的重要措施，特别是结构设计，如果不与电镀或表面处理工艺进行沟通，是难以做出好的结构设计的。而对电镀工艺技术人员，则要在这个阶段充分了解整机的性能要求，以便配合结构设计做出对镀层的选择和设计，有时还要安排相应的工艺试验，才能加以确定。

电子整机的性能要求主要是电性能和设计功能方面的要求，同时还有能适应使用环境的要求。这些要求与电镀工艺是密切相关的。选择电子电镀工艺，必须充分了解这些要求。只有在充分了解这些要求的基础上进行选择，才可能符合电子整机的需要，如在海洋性气候和大陆性气候条件下使用的电子整机产品，其对表面抗蚀性的要求是不同的。在南方潮湿气候和北方干燥气候条件下工作的电子产品的要求也是不同的。如果全部按照一个标准来进行镀层的选择，显然是不合理的。

电镀工艺本身对产品的使用环境是有对应的措施的，这就是镀层厚度的分级。各国标准对镀层厚度的分级有所不同，但基本上是按照良好环境、一般环境和恶劣环境分成三大类。有些将这三大类又细分为小类，以便可以有更为精细的选择。我国基本上是按三大类来规范电镀层厚度要求的（表2-3）。

表 2-3　我国镀层厚度分级（以镀锌为例）

镀层环境分类	镀层厚度/μm	适合工作的环境	中性盐雾时间/h
良好	3～5	良好环境的室内	24
一般	5～7	一般室外	48
恶劣	7～12	沿海、湿热、酸雨、化学环境等	96 以上

日本和美国则采用三大类七小类的分级方法。表2-4是日本镀银层厚度分类的参数表。

表 2-4　日本 JIS 标准中镀银层厚度的分级参数[2]

类别	镀层厚度 /μm	银层单位质量 / (g/dm^2)	耐磨性试验* /min	用途	适用环境
1	0.3	0.033	＞0.5	光学、装饰	良好、封装
2	0.5	0.067	1.5	同上	良好
3	4	0.4	4	餐具、工程	良好
4	8	0.8	8	同上	一般室内
5	15	1.6	16	同上	室外
6	22	2.4	24	工程	恶劣环境
7	30	3.2	32	工程	特别要求

* 耐磨性试验采用落砂法，让40目左右的砂粒从管径为5mm的漏斗落到以45°角放置的镀层试片上，露出底层为终点，落砂量为450g，落下距离为1000mm，测量所用的时间。注意：测量第1、2类镀层时，所用管径为4mm，落砂量为110g，落下距离为200mm。

2.2.3　电镀工艺的选择与验证

出于成本指标的考虑，在选择电镀工艺的时候，现行工艺如果能够适应整机性能的需要，就应该采用现行工艺。但是这种情况只有在紧固件或机架、底板等基本结构件上是可行的。即使是这类需要电镀的制件只是普通的标准件，有时也因为整机的特殊性要求而要选用经过调整的工艺。

大多数场合则是需要对现行工艺进行适当调整，以满足电子整机电镀的需要。这些调整有时只是工艺参数的调整，有时则是镀液成分的调整，有些时候则需要增加某些流程和进行某种限定。

最基本的调整是对电子电镀化学品原材料纯度的要求，电子电镀通常都要求采用化学纯以上纯度的材料，有时要求使用分析纯级的化学材料。对水质的要求也是很高的，基本上要求采用去离子水或蒸馏水，有时还要求用高纯水。对有 RoHS 要求的电子产品，所用原材料还要符合 RoHS 的相关规定。不能因为原材料杂质的积累而最终影响整机的性能，包括环境安全性能。

工艺参数的调整是常见的调整，比如对电镀液的工作温度、电流密度、镀液的pH 值的调整，可以对镀层性能产生不同的影响，控制或调整这些参数，使之达到电子整机性能的要求，是整机电镀工艺中经常要用到的手段。

有时仅靠调整电镀的工艺参数还不能满足整机电镀的要求，需要做出更多的改进。

对于选定的工艺，还需要安排验证才能加以确定。特别是经过调整后的工艺，如果没有验证，不能轻易就定为生产工艺。至于针对整机开发的新的电镀工艺，就更是要经过有小批量试生产的技术鉴定以后，才能用于整机的生产。

在没有整机可以用来进行工艺对整机的适应性能的验证试验时，需要进行模拟性的试验来进行验证。只有经过验证是可行的工艺，才能确定为整机产品的生产工艺。对有些指标存在争议或有潜在变动因素时，则可以将这项工艺定为试行工艺或试生产工艺，以便有充分改进的空间。

2.2.4 正确地使用镀层标记

将正确地使用镀层标记作为一个问题提出来，是因为在生产实践中，随便标记镀层的现象非常普遍。这对于实行整机电镀策划过程来说，是不可接受的。除了部分管理规范的企业，很多制造商对自己图纸上镀层的表示方法是漠不关心的。这绝不是小事，因为对镀层标记理解出错而导致电镀错了镀层的事是时有发生的，而致使理解出错的原因则是那些乱写的标记方法。

比如我们现在采用的是等效的 ISO 标准中的镀层标记方法，所有标记均采用英文单词的字头或缩略语，金属材料和镀层则采用化学元素符号，但是仍然有一些人采用原来的汉语拼音，这会导致将拼音字母当成英语字母，从而搞错镀层。至于厚度标记和镀层组合标记出错的就更多。因此这里专门列出一节对标准镀层的表示方法加以介绍。

我国于 1976 年发布了《金属镀层及化学处理表示方法》（GB/T 1238—1976），

于 1977 年 8 月 1 日起试行。这个方法以汉语拼音大写字母来表示相应的表面处理要求，如 D 是电镀的"电"的第一个字母，H 是化学镀的"化"的第一个字母，以此类推。这在当时尚有其实用性，但在改革开放以后，特别是国外产品和技术大量涌入我国以后，这一标准已经不符合国情，于是在 1992 年由当时的机械电子部提出，由全国金属与非金属覆盖层标准化技术委员会归口，由机械电子部标准化所等单位起草，参照 ISO 相关标准，提交了 GB/T 13911—1992《金属镀覆和化学处理表示方法》以代替 GB/T 1238—1976，方便我国机械电子产品表面镀层和涂覆标记方法与国际接轨。

2008 年，我国又对 GB/T 13911—1992 进行了修订。这次修订有如下改变[3]：

① 按照国际标准和我国标准惯例，将标准名称"金属镀覆和化学处理表示方法"修改为"金属镀覆和化学处理标识方法"；

② 根据 GB/T 1.1—2009 的要求增加了前言部分；

③ 修改了适用范围，本标准不适用于铝及铝合金化学处理标识；

④ 增加了引用标准部分；

⑤ 修改了原标准中的应用示例，采用了现行标准的示例说明；

⑥ 根据镀覆应用范围，删除了铝及铝合金阳极氧化化学处理的内容。

随着技术的进步和市场要求的变化，标准的修订会是一种常态，但是标准又有相对的稳定性和有效性。因此，现在所有标准在正文的"规范性引用文件"中规定凡是标注了日期的标准，其后所进行的修改（不包括勘误）和新版本，不适用于引用标准。但是在引用标准后没有注明日期的，则都适用于所有新版本。同时，鼓励根据标准达成协议的各方研究使用标准最新版本。

2.3 整机电镀的开发性课题

2.3.1 现有工艺对整机电镀的适应性

前面已经提到，现行电镀工艺中，有些工艺是可以用于电子电镀的，这通常是一些基本的和通用的电镀工艺。

但是，这些工艺用到电子电镀产品上时，要对配制镀液的原材料和添加剂的纯度等进行定量的控制，要尽量采用化学纯以上的材料。如果要将工业材料用到现有工艺中去，要进行镀液的相应处理和过滤，对其工艺参数也要做相应的调整，使之符合电子整机电镀工艺的要求。我们在第 3 章中介绍的通用工艺，基本上就属于这种类型。

在电子产品产量日益增长的情况下，电子制造企业的数量也迅速增长，同时也有一些原先不是从事电子产品生产的企业转而生产电子产品。这些企业没有自己的电镀生产部门，或者只有原来是机械行业或五金行业的电镀车间。在这种情况下，电子产品结构件的电镀加工就不得不在非电子电镀专业的电镀部门进行，有些还需要委托专业的电镀企业进行。这些专业电镀企业或电镀车间大部分是为了与机械制造业或轻工产品配套加工而建立的，对电子电镀并没有什么经验，因此，如果不对其提出一些特别的要求，使之对已有的电镀工艺进行调整，或增加某些镀种，就难以完成电镀加工的任务，或者电镀出来的产品达不到整机性能的要求。

近年来也已经出现一些与电子企业配套的电镀加工企业，他们通过一段时间的实践基本适应了电子电镀的要求，从而能够提供为电子产品电镀加工的服务。这些企业在保留传统电镀加工能力的同时，引进或新上了一些适合电子电镀的工艺和检测方法，建立了相应的质量和环境认证体系，从而扩大了自己的业务面，也为电子整机企业提供了可供选择的方案。

2.3.2 通过调整工艺适应整机性能要求

事实上，完全采用现行的通用电镀工艺是难以满足电子整机电镀需要的。要想充分利用现有资源，就必须对现行的工艺参数做出适当的调整，才能满足整机电镀的要求。这些必要的调整在一般情况下，可以在整机电子电镀工艺要求文件的指导下，依据电镀工艺的原理进行。在有些情况下，这种调整需要有实验结果的支持，特别是在用户有指定时，就必须提供相应的有说服力的工艺资料，证明经过调整后的工艺参数是能满足电子整机功能需要的。

以在所有电镀工艺中用量最大的镀锌为例。随着电镀技术的进步，现在电镀锌的技术已经有了很多新的发展，特别是无氰镀锌技术的推广，使用各种添加剂的镀锌工艺越来越多，表 2-5 为我们提供了镀锌的技术与工艺现状。

表 2-5　镀锌技术与工艺现状

镀锌类别	镀锌工艺类别	技术特点	应用
碱性镀锌	普通锌酸盐镀锌	以氢氧化钠为络合剂并加入细化镀层的有机添加剂，主盐浓度低（8g/L左右）	取代常规氰化物镀锌，五金、机械产品中较多采用
	光亮锌酸盐镀锌	同上，再加有机光亮剂	同上
	高浓度碱性镀锌	因为引进新的添加剂而使主盐浓度提高至 20g/L 左右。分散性好	同上，汽车、电子业应用

镀锌类别	镀锌工艺类别	技术特点	应用
酸性镀锌	光亮硫酸盐镀锌	主要靠添加剂起作用	线材、铸件电镀
	光亮氯化钾镀锌	主要靠光亮剂起作用	多用于五金行业
	氯化铵镀锌	主要靠添加剂起作用，分散能力较其他酸性镀液好	同上
氰化物镀锌	常规氰化物镀锌	以氰化物为络合剂	因环保而受到限制，但在军工电子产品中仍被采用
	光亮氰化物镀锌	以氰化物为络合剂，加上现代光亮剂	—
电镀锌合金	锌铁合金	络合剂加添加剂技术	汽车、采矿等行业
	锌镍合金	同上	同上
	其他锌基合金	同上	同上

由表 2-5 可知，虽然镀锌工艺有十多种，但是能在电子产品上放心采用的仍然是最传统的氰化物镀锌工艺。现在大多数电镀厂已经没有氰化物镀锌工艺，而较多地采用氯化钾光亮镀锌或碱性锌酸盐镀锌。这就给电子整机产品的电镀工艺提出了工艺调整的课题。单纯从钢铁制件，如机架或机框来说，采用哪一种镀锌工艺并不是什么特别重要的事，只要能满足工艺规定的要求就行。但是，当这种框架或机架是用于电子产品的时候，从整机角度考虑，就不允许有镀锌脱皮等问题，因为镀锌层如果出现脱皮，落在机箱内的线路板上，就有可能引起线间短路等问题。而如果出现这样的问题，就是比较严重的质量事故。这样一来，为了保证整机的安全，镀锌层的结合力和镀层的脆性就是整机电镀中需要严格加以控制的性能要求。

而要使现在流行的无氰镀锌工艺能适应整机电镀的要求，就要对镀锌的前处理流程采取加强措施，比如增加电解除油等工序。还要控制镀层的脆性，这就需要控制添加剂，特别是光亮剂的用量。并将锌镀层的结合力和脆性纳入检验（至少是抽检）指标，以提高可靠性。

再如镀银工艺，本身是典型的电子电镀常用镀种，但是在有些时候，添加了光亮剂或添加剂的镀银工艺，对于镀层的韧性、表面接触电阻、抗变色性能等都会有不同程度的影响，为了减少或消除这些因素对整机性能的影响，有时就只能采用最为原始的镀银工艺，不用添加影响镀层结晶的添加剂，从而保证获得纯银镀层。其他镀种也有类似的现象。

除了控制添加剂、调整主盐或辅助盐类等手段以外，还可以通过对电镀条件的变化和控制来适应电子整机的需要。比如加强搅拌以提高电流密度、提高温度或降低温度以保证某些性能指标、调整 pH 值以改变镀层微观性能等，都是可以采用的措施，但是这些改变都需要通过验证来证明。因此，调整的合理性是需要有实验为依据的。

2.3.3 整机电镀工艺的开发

在小型化和轻量化整机趋势的推动下，现在许多电子产品的结构件开始采用一些新型材料，包括轻金属合金和非金属复合材料。这些材料上的电镀工艺，不能简单地沿用旧的工艺，而是要引进某些新工艺，或开发出一些可供选择的新电镀工艺。

当一种整机采用了某种新材料时，在整机电镀策划中就要针对这种新材料的表面处理做出评估，看现行工艺能不能满足其性能要求。当不能满足其性能要求时，就要设立电镀工艺开发课题，来针对整机中的某项新零件产品开展新电镀工艺的开发工作。从以往电子电镀技术发展的情况来看，许多现在成功应用的电子电镀技术，都是在整机新结构和新材料应用需要的推动下，开发出来的。以下是一些这样的开发典型。

比如塑料电镀技术的开发和由此引申的非金属材料电镀技术的开发；轻金属材料电镀技术的开发；不锈钢电镀技术的开发；永磁材料电镀技术的开发；用于电子产品的新合金电镀技术的开发；用于电子产品化学镀技术的开发；适应现代小型电子整机等的挠性印制线路板的开发；印制板水平电镀技术的开发；复合材料电镀技术的开发；纳米复合镀和纳米材料电镀技术的开发等。

所有这些新电镀技术的开发，都与电子整机对电镀技术提出的新要求分不开，本书将对这些新技术和新工艺中的大部分加以详细介绍。

随着电子整机产品技术的进步，还会不断有新产品开发中出现的对电镀新镀层或新材料的需求，由此可以预计，随着电子整机的不断升级换代，特别是随着可持续发展的环保型和节约型社会生产模式的建立，更多的适合电子整机产品的电镀技术会被开发出来。这些新的电镀技术将不仅涉及新的镀层，还涉及新的电子制造技术和新的材料技术。

2.4 电镀设备与整机电镀

2.4.1 设备对电镀过程的影响

多年来，我国电镀技术开发将主要关注点放在了电镀配方和添加剂领域，忽视了电镀设备对电镀过程的影响。无论是电镀技术专业研究院所还是大专院校，从事电化学工艺，特别是电镀工艺研究的人员，主要是化学或电化学专业的人员，所开发的课题，也多是与电镀配方和添加剂有关的项目。对阳极过程和工艺控制设备虽然也有涉及，但都不是作为独立课题进行研究和开发的，这种现象使我国电镀业的设备五花八门，处于一种工艺先进、设备落后的状态。笔者在多次学术交流会上提出这个问题，现在越来越引起行业的重视[4]。

对于电镀来说，电镀槽是最基本的设备，尽管我国已经开始大量采用自动电镀生产线，但对于电镀槽，却并没有做过多的研究，完全忽略了镀槽对电力线分布和传质过程的影响，这是亟待纠正的一个失误。

现在流行的长方体镀槽不仅在用料上存在浪费，而且四个直角形槽角部位容易形成镀液滞留，难以在搅拌中有效溶入镀液循环，是不合理的镀槽形状。以同容积的镀槽为例，1500L圆柱形镀槽要比方形镀槽少用10％左右的材料（图2-2）。根据这个原理，我们将长方体同容积的3000L镀槽改成两端是半圆柱体的镀槽，即将3个1m³的镀槽中的一个改成圆柱体，且切成两个半圆柱体，再组成一个椭圆形槽，不但可以节省材料，而且镀液流动性有很大改善（图2-3）。这对于通常要使用几十个镀槽和工作槽的自动线，可以节省大量PVC板材，且有利于镀液的流动和电力线的合理配置。

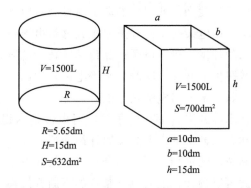

图 2-2 同容积的镀槽，圆形用料只有方形的 **90％**

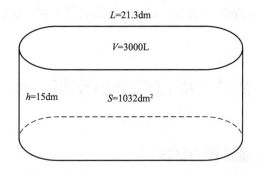

图 2-3 优化后的 **3000L** 镀槽不仅省料，而且液体流动无死角

当然，制作这种圆形端部的镀槽，需要专用的成型工具，这在现代制造中已经不是什么困难的事。电镀企业的排气管路都是圆形的，也同样是基于在节约用料的同时保证气流的畅通。有些单位为了制造简便，采用方形气管，不仅费料，而且同样存在直角部位的镀液滞留问题，是不合理形状。

研究镀槽的形状首先考虑的并不是节约镀槽用料，而是电力线分布的合理性和镀液的流动性。因为根据电镀原理，电力线分布和传质过程是决定电镀质量和效率的两个重要参数。镀槽一经确定，其几何影响就先天存在，成为在这种镀槽中电镀的固定因素，并且往往是不利因素。如果在镀槽设计时对电力线的分布做过解析，就有利于电镀过程。当然这是与阳极的配置和形状有很大相关性的，镀槽设计不考虑阳极配置并预留合理空间，就会出现在实际生产中阳极与阴极（电镀产品）距离不合理的情况。

电镀过程中的另一个几何因素是电镀挂具和工装。同样影响电力线分布，是电镀设备中不可忽视的重要因素。过去讨论镀液分散能力，总是将关注点放在镀液的电导率、离子浓度、表面活性剂的作用等方面，而不大关注电力线分布情况，只是在不得已的情况下才采用辅助阳极或保护阴极等改善电力线影响的措施。如果换一个思维角度，将用物理方法和几何方法提高电力线合理分布的工作在设备上充分体现，则电镀生产设备对电镀质量的保证作用就非常明显了。这就是消除设备的先天不足，使电镀工艺处在良好的工作环境中充分发挥作用。当同样的电镀工艺（镀液和工艺参数）在不同单位应用出现不同结果时，不只是管理水平的差异，还有设备水平的差异，这种设备差异还不容易被重视，以至于服务工程师经常发现不了影响因素，因为他们关注的重点，总是放在镀液上，而没有对设备进行深入的分析。

电镀设备对电镀过程的影响，可以解析为物理因素的影响，我们在下一节做详细讨论。

2.4.2 物理因素对电镀过程的影响

早在 20 世纪 80 年代初，作者就在《天津电镀》（现《电镀与精饰》）以"物理因素对电镀过程的影响"为主题发表了一系列相关论文[5]。此后，又专门针对磁场的影响做了一些研究工作[6-7]。直到现在，这些因素仍然在影响电镀过程，并且越来越受到重视，从而在电镀设备的优化中发挥着重要作用。

将所谓物理因素从电镀过程中分离出来加以讨论本身是不符合物理化学这门学问的定义的。因为电化学过程就是物理化学过程，物理因素一直是其反应的前提条件。之所以要做这种分解，完全是因为我国电镀学术和应用领域对化学过程的重视远超对物理过程的重视，也就是说在研究中将物理化学本身进行分解，讨论物理因素，包括几何因素的影响，主要还是为让电镀工作者重视设备的保证作用，使电化学反应在良好的物理环境中进行，从而达到良好的生产效果，即对质量和效率提供物理保障。

2.4.2.1 温度的影响

所有的电极过程都是在一定温度环境中进行的。从实用的角度，室温（25℃）是理想温度。但是如果只允许电极在室温下工作，则许多电沉积过程将不能进行，包括镀铬、光亮镀镍、镀镍磷合金、铜合金等都难以实现。事实上，人们很早就知道利用温度因素来改善电沉积过程。在进行物理因素对电沉积过程影响的研究中，温度的影响是研究得最多的。

一般说来，电解液温度的升高可以增加离子的活度。离子和分子一样存在热运动加速现象。

提高温度也会增加溶液的电导率。在低温下，离子的活泼性下降，溶液的黏度增加，导致电导率降低。加温可以提高电导率。电导率与黏度以及温度的关系如式（2-1）所示：

$$\mu\lambda = KT \tag{2-1}$$

式中，μ 为电解液的黏度，λ 为电导率，K 是比例常数，T 为绝对温度。

由式（2-1）可以看出，黏度与电导率成反比，在一定温度下，黏度提高，电导率下降。

同时，当电极反应的电化学极化较大时，受温度的影响较大。温度升高使超电压值下降，反应容易进行。而温度降低则可以增加电极的极化。

温度 T 与决定反应速度的交换电流密度 i_0 之间的关系，可以用阿伦尼乌斯（Arrhenius）方程来表示：

$$\frac{\mathrm{d}\ln i_0}{\mathrm{d}T} = \frac{W}{RT^2} \tag{2-2}$$

式中，W 为活化能，R 为理想气体常数。

由式（2-2）可以计算出 T 的变化对 i_0 的影响，并由 i_0 的变化计算出其对超电压的影响。因为根据塔菲尔关系式，在一定的电流密度 i 下，超电压 η 与交换电流密度 i_0 有如下关系：

$$\eta = \frac{RT}{n\alpha F}\ln\frac{i}{i_0} \tag{2-3}$$

式中，n 表示电化学反应中转移的电子数；α 表示电极的电荷转移系数。

根据式（2-2）和式（2-3），当 $W=46\mathrm{kcal/mol}$ 时，温度变化 10℃，i_0 的变化可以达到 10 倍，由此而引起的 η 值的变化可达 2 倍。而当温度由 25℃ 变化到 -25℃ 时，i_0 的变化可达 10^5 倍，使 η 值的变化达到 6 倍。可见温度对电极过程的影响是非常明显的。

(1) 加温的影响

对于那些在常温下即使是单纯金属离子也有较高超电压的电解液（如铁、钴、镍等）镀液，可以在简单盐的镀液中电镀。但是，对于银、金、铜、锌、镉等金属，由于超电压较低，如果在其简单盐的电解液中电镀，很容易发生镀毛或烧焦。在实用中只能采用配位体（络合剂）或添加剂来改变其反应的超电压。但是同时也就延缓了反应速度。这种添加了各种配位剂、导电盐等的镀液，总体浓度也有所增加，黏度也相应增大，电导率也就比简单盐溶液要低得多。在这种情况下，采用适当加温的方法，可以在不破坏络合作用的前提下，增加电导率，提高反应允许的电流密度，也就可以起到提高反应速度和改善分散能力的双重作用。这也是多数采用了配位体的镀液需要加温的原因。

加温还可以提高合金电镀中某一成分的含量，例如镀铜锡合金中的锡含量就受温度的影响很大。在温度较低时，只有少量甚至微量的锡析出。随着温度的升高，锡析出量显著增加。也有些合金电镀的成分是随着温度的升高而降低的，比如镀锌铁合金镀液和镀钴镍合金镀液，其中锌和钴的含量就在温度升高时反而下降。这是由于组成合金的两个组分受温度影响增加的速率不同造成的。当一个增长得更快时，另一个增长较慢的成分的相对含量就会下降。

另外，温度对添加剂的影响也是十分明显的。像镀光亮镍的光亮剂必须加温到50℃左右才有明显的增光作用。因为随着温度的升高，电流密度也随之升高，这对于达到增光剂的吸附电位是有利的。在室温条件下，光亮镀镍的电流密度只能开到$1.5A/dm^2$，镀层不光亮。当加温到40℃时，电流密度可以提高到$3A/dm^2$，这时就可以获得光亮镀层。

然而，有的添加剂则必须在较低的温度下才有效，比如酸性光亮镀铜所使用的添加剂。一般在温度超过40℃时，作用完全消失，只有在30℃以内，才有理想的光亮度。光亮铅锡合金的光亮剂也必须在较低的温度下使用，通常不能超过20℃。一般认为这类添加剂在高温下会分解为无增光作用的物质。有的为防止镀液本身的变化，也要保持一定的低温，如防止二价锡氧化为四价锡。

电极过程本身也会产生一定的欧姆热。1度电完全转化为热能时可得860kcal热。据此，可以根据式（2-4）计算镀槽产生的热量与温升：

$$Q = U \times I \times 0.86 \times \eta \tag{2-4}$$

式中，Q 表示电解热，kcal/h；U 表示槽电压，V；I 表示电流，A；η 表示热交换率，%。

其中热交换率因镀液的组成、一类导体的导电状况不同而不同。对于任何镀液，这种无功消耗都是不受欢迎的，它对于不需要加温或要求保持低温的工作液更是有害的。因此，有些即使在常温下能工作的电解液，在大量连续生产时，由于有焦耳热会使镀液温度上升，也要采取降温措施。

(2) 低温的影响

利用温度因素来影响电极过程，通常想到的都是加温。但是对于某些过程而言，降温也是非常重要的。运用低温技术影响电沉积过程也是一种值得尝试的探索。

镀银就是一个例子。由于银的阴极还原有较大的交换电流密度值,析出电位很低,一般从简单盐的溶液中得到的镀层非常粗糙,且结合力低。只有采用配位剂将银离子络合起来,才能获得有用的镀层。由于氰化物是电镀中性能最好的配体,加上银的这种特殊的电化学性质,使得至今都没有很好的工艺可以取代氰化物镀银。

但是,如果对镀液的温度加以控制,在低温条件下,不需要任何配体或添加剂就可以从硝酸银的溶液中得到十分细致的银镀层。不过根据推算,这时的温度必须低到零下 10℃以下,最好是零下 30℃。在这样的低温下,镀液都要结冰。为了解决这个问题,要往镀液中加入防冻剂乙二醇。在水和乙二醇各 50% 的混合液中加入硝酸银 40g/L,然后用冷冻机将镀液的温度降至 −30℃,以 0.1A/dm² 的电流密度进行电沉积,可以获得与氰化物镀银相当的银镀层。这种低温下获得的镀层的抗腐蚀性能更好,镀层不易变色,并且脆性很小。由于镀液成分非常简单,管理很容易,污水处理也很方便。这种电镀的低温效应也适合于镀锌、镀镉、镀锰等。

随着低温技术的发展,材料在低温状态下的物理性能也出现了一些奇观,比如低温超导。如果将低温技术应用到电沉积过程,可能也会创造出许多令人兴奋的成果。

2.4.2.2 搅拌的影响

对于电极过程而言,搅拌是从广义上讲的。凡是导致电解液做各种流动的方式,都称为搅拌。特别地,对于电沉积过程而言,搅拌除了能加速溶液的混合和使温度、浓度均匀一致以外,主要是促进物质的传递过程。由于搅拌在消除浓差极化和提高电流密度方面的显著作用,因此大部分电沉积工艺都采用了搅拌技术。

(1) 搅拌的方式

搅拌的方式有以下几种。

① 阴极移动。阴极移动是电沉积过程中应用最多的方法。这是以电机带动变速器并将转动转化为平动的方法。阴极移动设备属非标准设备,但已经有专业的企业生产这种装置。阴极移动量的单位一般是 m/min,但是也有的工艺用次/min 表示。因为对于阴极移动而言,移动的频率比移动的距离更为重要。移动的距离受镀槽长度等的影响会有所不同,但对于移动的次数(频率),则对于任何尺寸的镀槽都是一样的。实际上当工艺规定为 m/min 时,还要根据镀槽的长度来确定每次可以移动的距离,再换算成每分钟移动的次数。例如,某工艺规定的阴极移动长度为 2m,而镀槽的长度允许阴极每次移动的最大幅度为 0.2m,则这时的阴极移动频率为 10 次/min。常用的阴极移动量为 10~15 次/min,或 2~5m/min。

② 空气搅拌。空气搅拌是电镀中用得较多的搅拌方式。采用空气搅拌时,压缩空气必须是经过净化装置净化过的。因为直接从空气压缩机中出来的压缩空气,难免会带有油、水等杂质,如果带入镀槽,对电沉积层质量会有不利影响。空气搅拌用量的单位是 L/(m³·min)。强力空气搅拌时,可达到 500L/(m³·min)。

③ 镀液循环。镀液循环现在已经是很流行的方式了。因为采用镀液循环时多半是用过滤机，这样可以在搅拌镀液的同时净化镀液，一举两得。当然有时也可以不加入滤芯，单纯地进行镀液的循环。循环量的表示方法是 m^3/min 或者 m^3/h。要根据所搅拌镀液的总液量来确定所用的过滤机。因为过滤机的流量单位也是 m^3/min。因此，可以根据工艺对流量的规定选定相应的循环过滤装置。

④ 磁力搅拌。磁力搅拌多用于实验或小型电沉积装置。这是以电机带动永久磁铁旋转，由旋转的磁铁再以磁力带动放置在电解液内的磁敏感搅拌装置旋转，从而达到高速搅拌的效果。磁力搅拌的单位实际上就是电机的转速，即 r/min。

⑤ 阴极往返旋转。这是类似阴极移动的装置。但阴极所做的不是平行的来回移动，而是以主导电杆为轴的正反旋转运动。现在也已经有专业的这种设备销售。所用的单位为次每分钟（次/min）。

⑥ 超声波搅拌。超声波搅拌的作用比通常的机械类搅拌大得多，是特殊的搅拌方式，适合于要求很高的某些重要的电沉积过程。

⑦ 螺旋桨搅拌。这是机械搅拌中最原始的模式，主要用于电解液的配制或活性炭处理等。如果用于镀液的搅拌，由于转速太快而需要用减速器减速，单位为转每分钟（r/min）。

(2) 搅拌的影响

我们在前面的内容中已经知道传质是电极过程中的重要步骤。标准情况下的传质过程是由于电解质溶液中存在浓度、温度的差异等而引起的溶液内物质的流动。这种情况下的流动速度是非常缓慢的，在发生电极反应时，很快就会在阴极区内造成反应离子的缺乏，阴极发生浓差极化。这时，采取搅拌措施就可以弥补自发性传质不足带来的电极反应受阻问题。并且使极限电流密度提高，从而在保证电沉积质量的同时提高电极反应的速度。

搅拌能使电沉积液在较高的电流密度下工作，对电沉积过程有重要意义。这有利于获得光亮良好的镀层。许多光亮添加剂要求在较高的电流密度下工作，没有搅拌的作用，在高电流区很容易发生镀层的粗糙，甚至出现烧焦现象。电镀添加剂许多是有机大分子，甚至是高分子化合物，离子的半径都比较大，迁移的速率较低。如果没有搅拌作用的促进，要使阴极吸附层内消耗的添加剂得到及时补充是有困难的。

搅拌还可以加速电极反应所产生的气体逸出，比如氢气的析出，从而减少镀层的孔隙率。

搅拌的副作用是使阳极的溶解加速，有时会超过阴极反应的速度而导致镀液组成失去平衡。如果阳极有阳极泥或渣生成时，搅拌会带起这些杂质沉积到镀件上。当然这是指强力搅拌的情况，低频的阴极移动一般不会有这样的问题。

(3) 搅拌与高速电沉积

高速电沉积是在高速电解加工工艺的迅速发展刺激下发展起来的。自 1943 年苏联的拉扎林科发表了利用电容器放电进行金属钻孔的加工方法以来，高电流密度的电解加工方法在各国迅速发展。1958 年，美国阿罗加德公司发明了以普通电镀不可想象的高电流密度进行阳极加工的设备。这种设备在电解液的流速为 1～100m/s 的条件下，可以采用高达 10000～100000A/dm² 的电流密度进行电解加工。这种惊人的速度当然会引起电镀技术工作者的关注，结果使电镀的高速化也成为可能。实验表明，采用普通的搅拌手段，电镀的阴极电流密度的变化值只有 10A/dm² 左右；而采用高速搅拌，阴极电流密度的变化值可达 100A/dm² 左右。现在已经实现的高速电镀方法有如下几种。

① 镀液在阴极表面高速流动。这个方法根据镀液的流动方式又可分为平流法和喷流法两类。使用平流法的阴极电流密度可达 150～480A/dm²，沉积速度对于铜、镍、锌可达 25～100μm/min，对于铁是 25μm/min，对于金是 18μm/min，而对于铬是 12μm/min 以上。普通镀铬使用搅拌会降低电流效率，但对于高速镀铬，则可以提高阴极电流效率，达到 48%（普通镀铬的电流效率只有 12%）。例如在铝圆筒内以 530A/dm² 的电流密度镀铬 2min，可以得到 50μm 的镀层。

② 阴极在镀液中高速运动。根据运动相对性原理，让阴极（制件）在镀液中做高速运动，其效果与镀液做高速流动大同小异。但是，由于这时运动的频率相当高，已经不适合让阴极做往返运动，而是让阴极高速直线运动（线材电镀）、振动或旋转。

当采用阴极振动时，阴极的振幅并不大，只有几毫米至数百毫米。但是频率则为几赫兹至数百赫兹。这种阴极振动法适合于不易悬挂的小型或异形制件，设备的制造也比较容易。

阴极高速旋转的方法适合于轴状制件或者呈轴对称的制件。这种高速旋转的电极上的电流密度也可以达到上述高速液流法中的水平。

③ 在镀液内对电极表面进行摩擦。这个方法是在镀液中添加固体中性颗粒，使之以一定速度随镀液冲击作为阴极的制件表面。这一方法的优点是既加强了传质过程，又对镀层表面进行了整理。添加在镀液中的这些中性颗粒是不参加电极反应的。它们是在强搅拌的作用下（通常是喷流法）对阴极进行冲刷，可以获得光洁平整的镀层。镀覆的速度为：镀铜，50μm/min；镀镍，25μm/min；镀铜合金，25μm/min；镀铬，6μm/min。

运用搅拌而出现的另一个电沉积新技术是复合镀，也称为弥散镀。这种复合镀层是为了解决工业发展中对表面性能的各种新要求而开发的，包括高耐磨、高耐蚀、高耐热镀层等，例如航天器制件、军事制品等。

在高速运动的镀液中，可以使各种固体颗粒悬浮，如 Al_2O_3、SiC、TiC、WS_2 等，还可以在镀液中分散有机树脂、荧光颜料等。这些粒子与金属共沉积，可以得到具有新的物理化学性能的表面。

2.4.2.3 电源对电镀过程的影响

(1) 关于电源

对于电极过程，提供电能的电源对其肯定是有影响的。这是因为我们不可能提供理想状态的真正平稳的直流工作电源。而我们平时在讨论电极过程时，都是假定所用的电流为完全的直流电源。但是在实际工作当中，完全的直流电源是很少的。当然，各种新电池在工作的初期都可以视为平稳的直流电源。但是，电池的寿命有限，用于工业生产和持续进行的科研是不经济和不方便的。因此，我们讨论的电源，指的是工业供电模式下的电源。

有些有关电极过程的研究重现性不好，就是因为虽然是同一个电极体系，由于在不同的场合采用了不同的电源，结果就有了差异。而所谓不同的电源主要是指电源的波形不同。

我们知道，城市和工业的电源根据供电方式的不同而有单相和三相之分。对于直流电源来说，除了直流发电机组或各种电池的电源在正常有效时段是平稳的直流外，由交流电源经整流而得到的直流电源，都多少带有脉冲因素，尤其是半波整流，明显负半周是没有正向电流的。即使是单相全波，也存在一定的脉冲率。加上所采用的滤波方法不同和供电电网的稳定性等，都使电源的波形存在着明显的不同。但是，在没有注意到这种不同时，其对电沉积过程的影响往往会被忽视。

通常认为平稳的直流或接近平稳的直流电源是理想的电沉积电源。但是，实际情况并非如此。在有些场合，有一定脉冲的电流可能对电沉积过程更有利。

事实上，早在 1910 年，就有人用换向电流进行过金的提纯。在 20 世纪 50 年代，则有人用这种方法试验在溴化钾-三溴化铝中镀铝。与此同时，可控硅整流装置的出现，使一些电镀技术开发人员注意到不同电源波形对电沉积过程的影响，这种影响有时是有利的，有时是不利的。到了 20 世纪 70 年代，电源对电沉积过程的影响已经是电沉积工作者的共识。现在，电源波形已经作为工艺参数之一在有些工艺中成为必须考虑的条件。

(2) 描述电源波形的参数

在有关电源波形影响的早期研究中，一般使用两个概念来定量地描述电源波形。这就是波形因素（F）和脉冲率（W）。

$$F = I_{eff}/I_0 \tag{2-5}$$

$$W = \sqrt{I_{eff}^2/I^2 - 1} \times 100\% \tag{2-6}$$

式中，I_{eff} 为电流的交流实测值，I_0 为直流的稳定成分，I 为电路中的总电流。

这种表达方式比较简明，并且所有参数都能通过电表测量获得。根据上述表达方式，各种电源波形的参数见表 2-6。

表 2-6　电源波形及参数

电源及波形	波形因素 F	脉冲率 W
平稳直流	1.0	0
三相全波	1.001	4.5%

电源及波形	波形因素 F	脉冲率 W
三相半波	1.017	18%
单相全波	1.11	48%
单相半波	1.57	121%
三相不完全整流	1.75	144.9%
单相不完全整流	2.5	234%
交直流重叠	—	$0<W<\infty$
可控硅相位切断	—	$W>0$

现在流行的脉冲电沉积表达参数有以下几种：关断时间 t_{off}，导通时间 t_{on}，占空比 $D=t_{on}/(t_{on}+t_{off})$，脉冲电流密度 j_p，平均电流密度 $j_m=j_pD$，脉冲周期 $T=t_{on}+t_{off}$（或脉冲频率 $f=1/T$）。

单相和三相电源经整流后的波形分别如图 2-4 和图 2-5 所示。

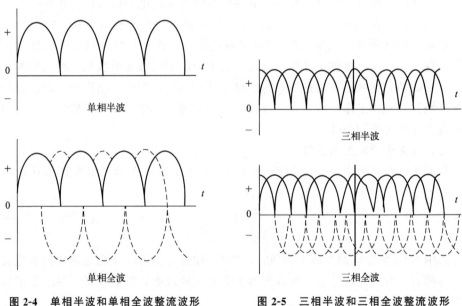

图 2-4　单相半波和单相全波整流波形　　　图 2-5　三相半波和三相全波整流波形

(3) 电源波形影响机理

我们已经知道，在电极反应过程中出现的电化学极化和浓差极化，都影响金属结晶的质量，并且分别可以成为控制电沉积过程的影响因素。但是，这两种极化中各个步骤对反应速度的影响，都是建立在通过电极的电流为稳定直流的基础上的，没有考虑波形因素的影响。当所用的电源存在交流成分时，电极的极化是有所变化的。弗鲁姆金等在《电极过程动力学》一书中，虽然有专门一节讨论"用交流电使电极极化"，但是那并不是专门研究交流成分的影响，而是借助外部装置在电极表面维持某种条件以便于讨论不稳定的扩散情况，更没有讨论它的工艺价值。但是这还是为我们提供了交流因素影响电极极化的理论线索[8]。

由于电极过程的不可逆性，电源输出的波形和实际流经电解槽的波形之间的差异是无法得知的。直接观察电极过程的微观现象也不是很容易。因此，要了解电源波形影响的真实情况和机理是有困难的。但是我们可以从不同电源波形所导致的电沉积物的结果来推断其影响。

现在已经可以明确，电源波形对电沉积过程的影响有积极的，也有消极的。对有些镀种有良好的作用，对另一些镀种就有不利的影响。有一种解释认为，只有受扩散控制的反应，才适合利用脉冲电源。我们已经知道，在电极反应过程中，电极表面附近将由于离子浓度的变化而形成一个扩散层。当反应受扩散控制时，扩散层变厚了一些，并且由于电极表面的微观不平而造成扩散层厚薄不均匀，容易出现负整平现象，使镀层不平滑。在这种场合，如果使用了脉冲电源（负半周、在零电流停止一定时间），就使得电极反应有周期性的停顿，这种周期性的停顿使溶液深处的金属离子得以进入扩散层而补充消耗了的离子。使微观不平造成的极限电流的差值趋于相等，镀层变得平滑。如果使用有正半周的脉冲，则因为阴极上有周期性的短暂阳极过程，使过程变得更为复杂。这种短暂的阳极过程有可能使微观的突起部位发生溶解，从而削平了微观的突起而使镀层更为平滑。

当然，脉冲电镀的首要作用是减少了浓度的变化。研究表明，使用频率为20Hz的脉冲电流时，阴极表面浓度的变化只是用直流时的 1/3；而当频率达到1000Hz时，只是直流时的 1/23。

现在已经认识到，波形不仅仅对扩散层有影响，而且对添加剂的吸附、改变金属结晶的取向、控制镀层内应力、减少渗氢、调整合金比例等都能起到一定作用。

（4）电流密度的影响

电源波形对于电极过程是一次性因素。在电源被确定以后，除非出现供电故障，如缺相运行，或者电源设备出现故障，否则电源确定后其脉冲因素就是确定和基本固定的。当然波形可调制脉冲电源也已经开发出来。但相对电流大小来说，也还是一种相对固定的参数。而在日常电极工作的过程中，代表电的因素的另一个重要参数，就是电流密度。

电流密度对于所有电极过程都是重要的参数。对电沉积过程也是一样。以电镀为例，并不是在被电镀产品上一通过电流，就能获得良好的镀层。实际上获得良好镀层的电流密度只在一个较小的范围内。每一个镀种，都有自己获得最佳镀层质量的电流密度，在这个电流密度区间外，得不到良好的镀层。电流密度的影响主要表现在对镀层结晶状态的影响。当电流密度过低而主盐浓度也较低时，金属离子还原成核的速度也降低，电流主要用于结晶的成长，镀层结晶就粗糙和疏松。

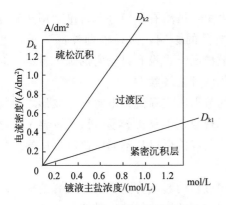

图 2-6   电流密度与镀液主盐
浓度对沉积层状态的影响

图 2-6 是电流密度与镀液主盐浓度对镀层沉积层状态影响的区划图。图中的 D_{k1} 和 D_{k2} 是阴极电流密度变化的界限，D_{k1} 及其下方的区域，是具紧密结构的镀层，对于光亮镀种，这就是光亮区。在 D_{k1} 至 D_{k2} 之间，镀层状态变差，在 D_{k2} 以上的区域，只能得到疏松镀层。显然，镀层的这种不同状态的区域划分，受镀液中主盐浓度影响很大。

对于特定的镀种，可以通过经验公式计算 D_{k1} 和 D_{k2} 的值，从而可以帮助选择电镀工艺合适的电流密度范围：

$$D_{k1}=0.2kc \tag{2-7}$$

$$D_{k2}=kc \tag{2-8}$$

式中，k 是经验系数，在硫酸盐体系为 0.58；c 是镀液浓度。

2.4.2.4   几何因素的影响

这里所说的几何因素是指与电沉积过程有关的各种空间要素，包括镀槽形状、阳极形状、挂具形状、阴极形状、制件在镀槽中的分布、阴阳极间的距离等。所有这些因素对电极过程都有一定影响，如果处理不当，有些因素还会给电沉积的质量造成严重的危害。

(1) 电极过程中的几何因素

① 电镀槽。电镀槽是电极体系工作的场所。就研究电极体系而言，电解池是相对固定的，通常不是某一容量的烧杯就是专门的 H 形电解池。但是，从应用的角度，比如电解或电镀，在许多场合，电解槽的大小和形状应该是根据制品的大小和形状来确定的。电镀加工面对的是各种形状和大小的零件，虽然不可能针对每种产品设计一个电镀槽，但是镀槽仍然是形形色色，并无统一标准。更有为了某些类别产品的加工而采用专用的特别形状的镀槽。因此，电解槽的形状，成为影响电场内电力线分布的因素之一。

② 电极。无论是阳极还是阴极，其形状和大小对电极过程肯定是有影响的。在电镀中，电极包括阳极和作为阴极的挂具。它们的形状和大小也可以归纳为立方体。电极的几何因素还包括阳极与阴极的相对位置。还有挂具的结构和挂具上制品的分布。

③ 产品形状。产品形状是专门针对电化学工艺的应用而提出的影响因素。对于电镀，被镀产品是构成阴极的一部分。由于产品的几何形状是不确定的，是变动量最大的几何因素。因而也是对电镀过程有很大影响的因素。复杂形状的产品电镀

加工往往都很困难，就说明这是一个很重要的影响因素。

对于电解冶金和电解精炼，制品（也就是阴极）总是与阳极一样做成平板形。当阴极和阳极成平行的平板状时，可以认为阴极上电流密度分布是接近理想状态的，也就是各部分的电流密度相等。但是对于电镀，比如一个电池的外壳，与阳极的相对位置就比平板电极复杂得多，电镀就有很大的难度。

（2）几何因素影响的原理

① 一次电流分布。在金属的电沉积过程中，金属析出的量与所通电流的大小是成比例的，同时还受电流效率的影响。根据欧姆定律，影响阴极表面电流大小的因素，在电压一定时，主要是电阻，而电解质导电也符合欧姆定律。由于电沉积过程涉及金属和电解质两类导体，电流在进入电解质前的路径是相等的，并且与电解质的电阻比起来，同一电路中的金属导线上的电阻可以忽略。这样，当电流通过电解质到达阴极表面时，影响电流大小的因素就是电解质的电阻。这种情形我们在介绍电镀槽中电流分布时已经说到。由于阴极形状和制品的位置不同，这种电阻的大小肯定是不同的。这就决定了一旦有电流通过阴极，其不同部位的电流值是不一样的。我们将电流通过电解槽在阴极上形成的电流分布称为一次电流分布。并且可以用阴极上距阳极远近不同的任意两点的比，来描述这种分布：

$$K_1 = \frac{I_{近}}{I_{远}} = \frac{R_{远}}{R_{近}} \tag{2-9}$$

式中，K_1 表示一次电流分布状态数，$I_{近}$、$I_{远}$ 分别表示距阳极近端和远端的电流强度，$R_{近}$、$R_{远}$ 分别表示从阳极到阴极近端和远端的电解液的电阻。

由这个一次电流分布的公式可以得知，当阳极与阴极的所有部位完全距离相等时，$I_{近} = I_{远}$，$R_{近} = R_{远}$，$K_1 = 1$。这是理想状态，在实际当中是不存在的。在阳极和阴极同时为平整的平板电极时，接近这种状态。而除了电解冶金可以接近这种理想状态以外，其他电沉积过程都不可能达到这种状态，而是必须采用其他方法来改善一次电流分布。

② 二次电流分布。由于电沉积过程最终是在阴极表面双电层内实现的，而实际上这个过程又存在电极极化的现象，这就使一次电流分布中的电阻要加上电极极化的电阻：

$$K_2 = \frac{I_{近}}{I_{远}} = \frac{R_{远} + R_{远极化}}{R_{近} + R_{近极化}} \tag{2-10}$$

式中，$R_{远极化}$、$R_{近极化}$ 分别表示阴极表面远阴极端和近阴极端的极化电阻。

二次电流分布受极化的影响很大，而极化则受反应电流密度的影响。一般电流密度上升，极化增大。电流密度则与参加反应的区域面积有关。这一点非常重要。我们可以通过加入添加剂等手段来改变近端的电极极化或缩小高电流区的有效面积，这都会使近端的电阻增加，从而平衡与远端电阻的差距，使表面的电流分布趋向均匀。

但是，当几何因素的影响太大时，也就是远、近阴极上的电流分布差值太大时，二次电流分布的调节作用就没有多大效果了。这就是深孔、凹槽等部位难以镀上镀层或即使镀上镀层也与近端或高电流区的镀层相差很大的原因。因此，尽量减小一次电流分布的不均匀性，是获得均匀的金属沉积层的关键。

2.4.3 电镀设备的标准化

我国的电镀设备基本上是非标准化的。这与电镀工艺和各个镀种、添加剂有相应标准形成明显反差。有各种理由可以解释电镀设备没有实现标准化的原因，但是却没有一个理由可以否定标准化的重要性。

标准化是节约资源、提高效率和质量的重要技术措施，这已经成为世界制造业的共识。许多行业和社会组织都重视并受益于标准化的运作。如果没有标准化，现代交通工具将无法大量制造，也无法正常营运。电子电气产品的连接器如果没有标准规范，根本无法实现电器的电源普世供给。非标准化容易导致混乱和资源的大量浪费，由于非标准的同类产品没有互换性，使设备的维修维护困难，效率下降。这些对于小规模和分散孤立生产时代是可以忽略的，但在现代制造时代，非标准是一个明显的失误。现在电镀行业已经开始重视设备的标准化问题，开始着手这方面的工作。

电镀设备的标准化可以以自动生产线标准化为主题，围绕自动生产线实现电镀自动化生产的要素给出规范和说明，然后再为配套设备和工具制定相应标准。包括对镀槽、电源、阳极、过滤机、热交换机等，都制定各类产品标准，根据标准配置设备，这对于电镀过程的可比性、电镀定额制定、电镀产品质量标准、电镀加工价格制定等，都有重要意义。

现在，为了做强中国制造，国家对标准化工作已经非常重视，并鼓励社会团体参与标准的制定，推出"团体标准"这一新的标准系列。据此，中国表面工程协会已经开始组织企业参与这个系列标准的制定，电镀设备标准有望在近期出台[8]。

参考文献

[1] 陆峰，钟群鹏，曹春晓. 碳纤维环氧复合材料与金属电偶腐蚀的研究进展 [J]. 材料工程，2003（3）：39-43.

[2] 日本金属表面技术协会. JIS金属表面技术关联规格集 [M]. 东京：日刊工业新闻社，1972：33-42.

[3] GB/T13911-1992. 金属镀覆和化学处理表示方法 [S]. 1992-10-01.

[4] 刘仁志. 装备与电镀 [C] //上海电子电镀年会论文集. 上海：上海电子电镀学会，2017.

[5] 刘仁志. 物理因素对电镀过程的影响 [J]. 天津电镀，1980（4）：31-33.

[6] 刘仁志. 磁场对电镀过程的影响 [J]. 电镀与精饰，1982（3）：22-24.

[7] 刘仁志. 磁场对腐蚀过程的影响 [J]. 电镀与精饰，1985（6）：8.

[8] 中国表面工程协会. 中国表面工程协会团体标准管理办法（试行）[M]. 北京：中国表面工程协会，2017.

第3章

整机电镀的通用工艺

3.1　装饰性电子电镀通用工艺

整机电镀的外表面装饰和一部分结构内制件，需要用到装饰性电镀制件。这些制件作为整机的一个组成部分，同样要承担满足整机可靠性要求的责任。因此，对于整机装饰性电镀，既采用通用的电镀工艺，又有比常规电镀更高的要求，特别是对 RoHS 符合性的要求。

装饰性电镀涉及的镀种有镀铜、镀镍、镀铬、镀装饰性合金，本章将分别加以介绍。

3.1.1　装饰镀铜

3.1.1.1　酸性光亮镀铜

酸性光亮镀铜是电子工业使用最多的镀种，也是随着电镀添加剂技术发展进步较快的镀种。根据不同的镀铜需要，可以有不同的工艺选择。

(1) 工艺配方

硫酸铜	150～220g/L
硫酸	50～70g/L
四氢噻唑硫酮	0.0005～0.001g/L
聚二硫二丙烷磺酸钠	0.01～0.02g/L
聚乙二醇	0.03～0.05g/L
十二烷基硫酸钠	0.05～0.02g/L
氯离子	20～80mg/L

温度	10～25℃
阴极电流密度	2～3A/dm²
阳极	含磷 0.1%～0.3%的铜板

(2) 操作和维护注意事项

① 光亮剂。由工艺配方可知酸性光亮镀铜的光亮剂比较复杂，成分达5种之多，而用量却又非常少，因此在实际生产控制中会预先配制一些较浓的组合液，对消耗量相差不多的按一定比例混合溶解后配成浓缩液，以方便添加，这也就是商业添加剂的雏形。现在已经普遍采用商业添加剂，通常只有一种或两种添加组分，且光亮效果和分散能力也有很大提高。不过仍有一些企业采用这种自己配制的工艺，优点是可以根据产品情况对其中的某一个成分进行调整，以达到最佳效果。这是因为光亮剂中各成分的消耗是不完全一样的，单一成分的添加可以做到哪一种少就补哪一种，而组合的光亮剂就难以做到这一点。

组合添加剂很多都是专利产品，比如20世纪70年代一个典型的酸性镀铜美国专利的组合是有机硫代物、聚醚和三苯甲烷染料。以各种有机染料用作光亮剂的组分是酸性镀铜光亮剂的一大特色，上述美国专利中的染料最为典型的就是甲基蓝，这在我国的酸性镀铜光亮剂中使用了很长一个时期。现在则扩展到多种有机染料，对于改善和提高酸性镀铜的性能有明显作用。主要是对整平性能和光亮性能有所贡献[1]。

② 阳极。酸性光亮镀铜与其他镀铜最大的区别是必须采用含少量磷的专用阳极。这是因为如果采用纯铜阳极（如电解铜板），阳极在溶解过程中会产生大量一价铜而在镀槽中出现铜粉，影响电镀质量，采用加入少量磷（0.1%～0.3%）的铜阳极，可以使阳极处于半钝化状态而以二价铜离子溶解到镀液中，以保证电镀过程的正常进行。

③ 镀液维护。酸性镀铜只要正确地使用添加剂和阳极材料，通常都能正常工作。但是另有一个重要的参数是氯离子的量。一般情况下，采用自来水配制镀液，可以不另外加入氯离子；如果采用去离子水配制，则需要按工艺规定的量 20～80mg/L 加入氯离子。务必注意是毫克级的量，有不少马虎的操作者会看错而按克的量加入，结果是灾难性的。除掉氯离子是相当困难的，并且要用到昂贵的银离子，所以要很小心，不可加多了氯离子。

酸性镀铜的另一个问题是在其上续镀其他镀层，特别是镍镀层时，有时会出现结合力不好的状况，这是有机添加剂中的表面活性物在表面吸附产生的影响，要通过碱液或电解除油法作一个闪除处理，就可以消除。

另外，如果镀层出现细小颗粒状粗糙，则可能是有一价铜出现而发生了歧化反应，有微小铜粉产生。可用加入双氧水的办法加以消除，并检查阳极等可能产生一价铜的影响因素。

(3) 性能评价及对电子电镀产品要求的适应性

酸性光亮镀铜作为代替和减少镍镀层的消耗而被开发以来，已经获得了迅速的发展而成为当前用量较大的镀种之一。由于酸性镀铜已经能够获得镜面光亮的光亮度，而镀铜层的纯度和韧性仍然能够保证，而成本则比光亮镀镍要低得多，这与光亮镀镍相比是一个很大的优点。

3.1.1.2 碱性光亮镀铜

(1) 氰化物光亮镀铜

尽管氰化物镀种由于其剧毒的性能在电镀工艺的应用上已经受到严格限制，但是，氰化物镀铜由于其良好的结合力，在金属镀铜，特别是钢铁件镀铜的预镀中至今都是难以替代的。加之镀层结晶细致，近年又有光亮剂开发出来，使其仍然有重要的应用价值。

氰化亚铜	30～50g/L
氰化钾（总量）	40～65g/L
氢氧化钾	10～20g/L
酒石酸钾	30～60g/L
碱铜光亮剂 A	适量
碱铜光亮剂 B	适量
温度	55～65℃
阴极电流密度	1～3A/dm^2
阴极移动	10～20 次/min

(2) 光亮焦磷酸盐镀铜

焦磷酸铜	70～100g/L
焦磷酸钾	300～400g/L
柠檬酸铵	20～25g/L
光亮剂	适量
pH 值	8～9
温度	30～50℃
阴极电流密度	0.8～1.5A/dm^2
阴极移动	25～30 次/min

碱性光亮镀铜的光亮剂都是商业光亮剂，供应商在销售光亮剂的同时，会提供工艺管理的资料和提供相应的技术服务，特别是电子化学品的供应商，以产品的延伸服务为其经营特色。因此，电子电镀业采用商业光亮剂几乎是一个通则，由此可以获得技术服务和产品质量的相应担保。

3.1.2 装饰镀镍

3.1.2.1 光亮镀镍

光亮镀镍是装饰电镀中应用最广泛的镀种，其工艺技术也非常成熟，这里列举的是最典型的通用工艺，光亮剂也是公开的最简约的方案，不过现在流行采用商业光亮剂，这时要根据供应商提供的添加方法添加和维护。电子电镀行业流行采用商业化学原料并接受供应商的技术指导。

硫酸镍	250～300g/L
氯化镍	30～60g/L
硼酸	35～40g/L
十二烷基硫酸钠	0.05～1g/L
1,4-丁炔二醇	0.2～0.3g/L
糖精	0.6～1g/L
pH 值	3.8～4.4
温度	50～65℃
阴极电流密度	1～2.5A/dm²
阴极移动	需要

3.1.2.2 缎面镍电镀

缎面镍电镀首先作为消光和低反射镀层在电子产品的外装饰件上广泛应用，是取代传统机械喷砂后再电镀的新工艺。随着缎面镍电镀技术的进步，其所获得的镀层在装饰上也显示出优越性，使其应用范围有所扩大。在装饰工艺品、日用五金、家电产品、首饰配件、眼镜、打火机等产品上都已经大量采用缎面镍电镀做装饰性表面处理。包括在缎面镍上再进行枪色、金色、银色电镀或进行双色、印花、多色的缎面镍电镀。在装饰性电镀中可以说是独树一帜，其应用领域和工艺技术都还在发展中。

(1) 工艺配方

缎面镀镍的配方与工艺参数如下：

硫酸镍	380～460g/L
氯化镍	30～50g/L
硼酸	35～45g/L
A 剂	0.5～1.5mL/L
B 剂	4～8mL/L
C 剂	2～4mL/L
pH 值	4.1～4.8
温度	52～58℃
D_k	2～8A/dm²
搅拌	阴极移动
过滤	间歇性棉芯和定期活性炭
电镀时间	1～5min（或根据所需砂面效果决定电镀时间）

(2) 镀液维护

缎面镍效果的获得主要是靠 A 剂的作用,这种添加剂的消耗除了工作中的有效消耗外,还有自然消耗,也就是说,在不工作的状态下,也会有一部分 A 剂要消耗掉,并且随时间的延长缎面的粒度会变粗,所以在每天下班后要以棉芯过滤,第二天上班时再按开缸量补入 A 剂。如果是连续生产,则每天要以棉芯过滤两次以上,以使每批产品维持相同的表面状态。这是通常情况下的管理方法。对于要求比较高的表面效果,比如更细的缎面,则应每四小时过滤一次,以维持相同的表面状态。

当然,如果没有 B 剂作为载体,光有 A 剂也是得不到缎面效果的,并且当 B 剂不足时,高电流区就会出现发黑现象,这时用霍尔槽试验可以明显地看出 B 剂的影响。因此经常以霍尔槽试验来监测镀液是很重要的。

C 剂除了增强 B 剂的效果外,还有调节镀层的白亮度作用,但是注意不可以加多,否则会使镀层亮度增加太多而影响缎面效果。

每次用活性炭过滤后,B 剂和 C 剂要根据已经工作的安培小时数或以开缸量的 $1/3 \sim 1/2$ 的量加入,也可以用霍尔槽试验来确定添加量。

镀液的管理很大程度上还依赖现场的经验积累,因此注意总结工作中的有关经验对于提高对缎面镍工艺的管理也是很重要的。因为影响表面效果的因素不仅仅是添加剂,还包括主盐浓度、pH 值、温度、阳极面积、挂具设计、产品形状等。

3.1.3 装饰镀铬

3.1.3.1 标准装饰镀铬

镀铬自开发应用至今,是装饰性电镀最有代表性的镀种,多少年来,镀铬几乎成为电镀的代名词,人们在口语中常说的“镀电”,实际上也是指镀铬,这是因为装饰镀铬层在各种机械五金制品中不但使用率高,使用历史长,而且因为其总能保持永不变色的光亮度而深受民众欢迎。现在由于环保的原因,铬离子成为受到严格限制的污染物,但在没有好的取代工艺之前,镀铬还会生存下去。

金属铬的标准电极电位,其实与锌很接近,铬是 $-0.71V$,锌是 $-0.763V$。但是金属铬有一个很重要的性质就是表面非常容易钝化,只要一暴露在空气中,表面就会形成一层非常致密的钝化膜。这层膜很薄而且是透明的,并且化学稳定性很好,很多酸对它不起作用,包括硝酸、醋酸、低于 30℃ 的硫酸、有机酸、硫化氢、碱、氨等也如此,都对镀铬层不起作用,所以金属铬总能保持光亮如镜的表面。由于铬的表面电位已经很正,因此,在钢铁表面镀铬不是阳极镀层,而是阴极镀层。

镀铬层能溶解于盐酸和热的硫酸(高于 30℃)。在电流作用下,铬镀层可以在碱性溶液中阳极溶解。

标准镀铬的工艺很简单,从发明有实用价值的镀铬工艺到现在,80 多年过去,基本没有大的改变。主要就是一种成分:铬酸,还有必不可少的少量硫酸和三价铬，再就是提高其各种性能的一些添加剂。

标准的镀铬和高低浓度镀铬工艺见表 3-1。

表 3-1　各种常用镀铬工艺

工艺配方	标准镀铬	低浓度镀铬	高浓度镀铬
铬酸/ (g/L)	250	100～150	350～400
硫酸/ (g/L)	2.5	1～1.5	3.5～4
三价铬/ (g/L)	2～5	2～5	2～6
温度/℃	45～55	45～55	45～55
阴极电流密度/ (A/dm^2)	15～30	20～40	10～25

低浓度镀铬是为了降低铬酸消耗，减轻排放水中铬离子浓度而采取的一种措施，当然在这种镀液中镀得的铬层硬度也较高，但分散能力比较差。

而高浓度镀铬分散能力稍好一些，适合于形状复杂的制品，但其电流效率较低，排放水中铬离子的浓度也高一些。

标准镀铬兼有以上两者优点，因而是采用最多的装饰镀铬工艺。但是无论是标准镀铬还是高低浓度镀铬，都有一个共同的缺点，那就是电流效率太低，只有 13% 左右。为了改进镀铬的电流效率，现在已经采用加入稀土元素作添加剂的镀铬，可以提高电流效率和改善镀层分散能力。

3.1.3.2　稀土镀铬

从 20 世纪 80 年代起，人们发现了稀土金属的盐类可以作为镀铬的添加剂，从而开发了稀土镀铬新工艺，迅速获得了推广，至今都还被许多企业采用。

用于镀铬添加剂的稀土元素有镧、铈或混合轻稀土金属的盐，也可以是其氧化物，比如硫酸铈、硫酸镧、氟化镧、氧化镧等。可以单一添加，也可以混合添加。稀土的加入使镀铬过程有了某些微妙的改变：镀铬液的分散能力有了改善，电流效率也有了提高。

(1) 稀土镀铬的特点

① 做到了"三低一高"。添加了稀土添加剂的镀铬工艺，一是降低了铬酸的用量，铬酸的含量可以在 100～200g/L 的范围内正常工作；二是降低了工作温度，可以在 10～50℃ 的宽温度下工作；三是降低了沉积铬的电流密度，可以在 5～30A/dm^2 电流密度范围内正常生产。同时明显地提高了电流效率，使镀铬的阴极电流效率由原来的不到 15%，升高到 18%～25%。

② 提高了效率，降低了消耗。稀土镀铬明显地提高了效率：分散能力提高了 30%～60%；覆盖能力提高了 60%～85%；电流效率提高了 60%～110%；硬度提高了 30%～60%。降低了消耗：节约铬酸 60%～80%。

③ 改善了镀层性能。稀土镀铬的镀层光亮度和硬度都有明显的改善，并且在很低的电流密度下就可以沉积出铬镀层，最低沉积电流密度只有 0.5A/dm²，使分散能力和覆盖能力都大为提高。

（2）稀土镀铬的工艺配方

稀土镀铬的工艺配方如下：

铬酸	120～180g/L
硫酸	1～1.8g/L
铬酸：硫酸＝90～100：1	
碳酸铈	0.2～0.3g/L
硫酸镧	5～1g/L
铬雾抑制剂	0.5g/L
温度	50～60℃
电流密度	5～30A/dm²
阳极	铅锡合金（铅 90％）

（3）镀液的配制与维护

镀铬溶液中要有一定量的三价铬，而这少量的三价铬不是在配制时添加进去的，而是对溶液进行适当处理生成的。通常用两种方法：一是化学生成法，另一种是电化学生成法。

化学生成法是在铬酸溶液中加入适量草酸还原出一部分三价铬：

$$2CrO_3 + 3(COOH)_2 = Cr_2O_3 + 6CO_2 + 3H_2O$$

由反应式可以看出，这一反应的生成物是水和二氧化碳，对镀液是无害的。通常加入 1.35g/L 草酸，可生成 1g/L 三价铬。

如果不用草酸还原，就可以采用电解法还原。在铬酸液配成后，用小的阳极面积，大的阴极面积（通常制成瓦楞板形）进行电解，可以生成三价铬，当在常温下电解时，阴极电流密度为 4～5A/dm²。每升标准镀铬液通电 1A·h，可增加三价铬 0.5～1g/L。

硫酸也是镀铬中不可缺少的化学成分，其用量控制在与铬酸的比值为 100：1，无论铬酸溶液如何变化，硫酸与它的比都是 100：1。由于市售的铬酸中总是含有一定量的硫酸根离子（为 0.1％～0.3％），因此，在配制镀铬液时，添加硫酸的量要减去这些已经在铬酸中的硫酸根的量，以免硫酸过量。

（4）挂具与阳极

镀铬不仅电流效率低，分散能力也很差，因此在挂具上也要下足功夫。所有电镀工艺中，对挂具要求最严格的除了非金属电镀就是镀铬。

镀铬的挂具首先要保证有充分的截面，以保证大电流通过的能力，因为镀铬的电流密度很高。再就是要与镀件有充分的紧密连接，否则会因为电阻很大而出现故障。对于形状复杂的制件，特别是腔体类产品，还要设置辅助阳极，以有利于镀层的分布，图 3-1 是一种腔体形制品采用辅助阳极的例子。

　　镀铬的阳极也是很特别的，镀铬可以说是电镀工艺中唯一只能用不溶性阳极的镀种。由于金属铬在镀液中的电化学溶解电流效率很高，因此阳极溶解的速度大大超过阴极还原的速度，使镀液根本无法保持平衡，解决的办法只有采用不溶性阳极，而靠补充主盐来保持镀液中金属主盐的浓度。常用的阳极为铅、铅锑合金或铅锡合金。在铅中加入 6%～8% 的锑，可以提高阳极的强度，且耐腐蚀性能和导电性能都较好，所以是采用最多的镀铬阳极。

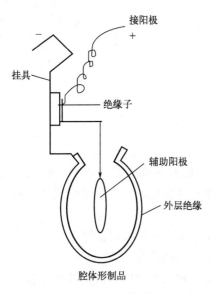

图 3-1　腔体形制品采用辅助阳极示意图

3.1.3.3　三价铬镀铬

　　由于六价铬对人体的危害比较严重，一直都被列为环境污染的重要监测对象，特别是近年来各国提高了对铬污染的控制标准，使人们开始重视开发用毒性相对较低的三价铬镀铬来替代六价铬镀铬。因此三价铬镀铬是目前替代六价铬镀铬的一种新工艺。

　　三价铬镀铬的研究始于 1933 年，直到 1974 年才在英国开发出有工业价值的三价铬镀铬技术，但是仍然不成熟。三价铬镀铬的主要问题是工艺稳定性差，且不能获得厚的镀层，其硬度和装饰性都不能与传统镀铬工艺相比。主要出于环保的原因，使研究和开发三价铬镀铬的努力一直没有停止。

典型的三价铬镀铬的工艺如下：

硫酸铬	20～25g/L
甲酸铵	55～60g/L
硫酸钠	40～45g/L
氯化铵	90～95g/L
氯化钾	70～80g/L
硼酸	40～50g/L
溴化铵	8～12g/L
浓硫酸	1.5～2mL/L
pH 值	2.5～3.5
温度	20～30℃
阴极电流密度	1～100A/dm²
阳极	石墨

三价铬镀铬与六价铬镀铬的比较见表 3-2。

表 3-2　三价铬镀铬和六价铬镀铬的比较

项目	三价铬镀铬		六价铬镀铬
	单槽法	双槽法	
铬浓度/（g/L）	20～24	5～10	100～350
pH 值	2.3～3.9	3.3～3.9	1 以下
阴极电流/（A/dm²）	5～20	4～15	10～30
温度/℃	21～49	21～54	35～50
阳极	石墨		铅锡合金
搅拌	空气搅拌	空气搅拌	无
镀速/（μm/min）	0.2	0.1	0.1
最大厚度/μm	25 以上	0.25	100 以上
均镀能力	好	好	差
分散能力	好	好	差
镀层构造	微孔隙	微孔隙	非微孔隙
色调	似不锈钢金属色		蓝白金属色
后处理	需要	需要	不需要
废水处理	容易	容易	普通
安全性	与镀镍相同	与镀镍相同	危险
铬雾	几乎没有	几乎没有	大量
污染	几乎没有	几乎没有	强烈
杂质去除	容易	容易	困难

三价铬镀铬与六价铬镀铬比较，其优点是分散能力和均镀能力好，镀速高（可以达到 0.2μm/min），从而缩短电镀时间。电流效率也比六价铬镀铬高，可达到 25% 以上。同时，还有烧焦等电镀故障减少、不受电流中断或波形的影响等优点。而最为重要的是不采用有害的六价铬，减少了环境污染问题，降低了污水处理的成本，操作者的安全性也大大提高。

三价铬镀铬有单槽方式和双槽方式。单槽方式中的阳极材料是石墨棒，其他与普通电镀一样。双槽方式使用了阳极内槽，将铅锡合金阳极置于内槽内，用隔膜将阳极产生的六价铬离子阻挡在阳极区。六价铬离子在三价铬镀铬液中是有害离子。

但是三价铬镀铬也存在一次设备投入较大和成本较高的不足，还有在色度上和耐腐蚀性上不如六价铬。同时，镀液的稳定性也是一个问题，特别是对杂质敏感，在管理上要多下一些功夫。

3.1.3.4　代铬镀层

传统镀铬由于环境污染严重，其应用正在受到越来越严格的限制。因此，开发代铬镀层有着非常现实的市场需求。对于耐磨性硬铬镀层，可以有一些复合镀层作为替代镀层，而对于装饰性代铬镀层，由于镀铬层的光亮色泽多年来已经为广大消费者接受，采用其他镀种代替装饰镀铬的一个基本要求是色泽要与原来的镀铬相当。能满足这种要求的主要是一些合金镀层。目前在市场上广泛采用的装饰性代铬镀层是锡钴锌三元合金镀层。而代硬铬镀层则有镍钨、镍钨硼等合金镀层。

(1) 代铬镀层的特点

采用锡钴锌三元合金代铬的电镀工艺有如下特点。①光亮度和色度与镀铬接近。代铬的光亮度和色度与镀铬非常接近，在亮镍上镀铬的反射率为100%时，在亮镍上镀代铬可达90%。②分散能力好。由于采用的是络合物型镀液，代铬的分散能力大大优于镀铬，且可以滚镀，这对于小型易滚镀五金件的代铬是很大的优点。③抗蚀性高。代铬镀层由于采用的是多层组合电镀，其抗蚀性能较好，在大气中有较好的抗变色和抗腐蚀性能。

(2) 装饰代铬电镀工艺

锡钴锌装饰代铬电镀工艺的流程如下：

镀前检验—化学除油—热水洗—水洗—酸洗—二次水洗—电化学除油—热水洗—二次水洗—活化—镀亮镍—回收—二次水洗—活化—水洗—镀代铬—二次水洗—钝化—二次水洗—干燥—检验。

工艺配方：

氯化亚锡	$26\sim30g/L$
氯化钴	$8\sim12g/L$
氯化锌	$2\sim5g/L$
焦磷酸钾	$220\sim300g/L$
代铬添加剂	$20\sim30mL/L$
代铬稳定剂	$2\sim8mL/L$
pH 值	$8.5\sim9.5$
温度	$20\sim45℃$
阴极电流密度	$0.1\sim1A/dm^2$
阳极	0 号锡板
阳极：阴极	$2:1$
时间	$0.8\sim3min$

阴极移动，连续过滤

滚镀工艺：

氯化亚锡	21～30g/L
氯化钴	9～13g/L
氯化锌	2～6g/L
焦磷酸钾	220～300g/L
代铬添加剂	20～30mL/L
代铬稳定剂	2～8mL/L
pH 值	8.5～9.5
温度	20～45℃
阴极电流密度	0.1～1A/dm²
阳极	0 号锡板
阳极：阴极	2：1
时间	8～20min
滚筒转速	6 ～12r/min
连续过滤	

(3) 配制与维护

镀代铬三元合金的配制要注意投料次序,否则会使镀液配制失败。

先在镀槽中加入镀液量1/2的蒸馏水,加热溶解焦磷酸钾。再将氯化亚锡分批慢慢边搅拌边加入其中,每次都要在其完全溶解后再加。另外取少量水溶解氯化钴和氯化锌,再在充分搅拌下加入镀槽中,加水至预定体积,搅拌均匀。取样分析,确保各成分在工艺规定的范围。

加入代铬稳定剂和代铬添加剂,目前国内流行使用的是武汉风帆电镀技术有限公司的代铬90添加剂。

加入添加剂后,以小电流密度（0.1A/dm²）电解数小时,即可试镀。

代铬稳定剂在水质不好时才加,如果水质较好可以不加。

镀液的维护主要依据化学分析和霍尔槽试验结果,添加剂的补充可根据镀液工作的安培小时数进行。代铬90的补加量为150～200mL/（kA·h）。

镀液的pH值管理很重要,一定要控制在8.5～9.5之间,偏低焦磷酸钾容易水解,过高镀液也会浑浊。调整pH值宜用醋酸和稀释的氢氧化钾。

当镀层外观偏暗时,可能是氯化亚锡偏低或氯化钴偏高或偏低,可适当提高温度试验。阳极要采用0号锡板,否则由阳极带入杂质会影响镀层性能。阳极面积应为阴极的2倍,并且可以加入5%的锌板。

(4) 镀后处理

为了提高镀层的抗变色性能,可以镀后进行钝化处理,钝化工艺如下:

重铬酸钾	8～10g/L
pH 值	3～5
温度	室温

时间   1～2 min

3.1.4 其他装饰性电镀工艺

3.1.4.1 电镀仿金

仿金镀层实际上是铜锌合金镀层，因为其色调与黄金非常接近，且可以根据铜锌成分比来调整出开金的各种色调，因此在电子产品装饰中常被采用。镀仿金是在光亮镍或光亮铜镀层上进行的，如果底层光亮度不够，则仿金的效果就难以达到。

(1) 氰化物镀仿金

氰化亚铜	16～18g/L
氰化锌	6～8g/L
氰化钠（总）	36～38g/L
碳酸钠	15～20g/L
pH 值	10.5～11.5
温度	15～35℃
阴极电流密度	0.1～2.0A/dm²
阳极锌铜比	7：3
电镀时间	1～2 min

(2) 无氰镀仿金

焦磷酸铜	20～23g/L
焦磷酸锌	8.5～10.5g/L
焦磷酸钾	300～320g/L
锡酸钠	3.5～6g/L
酒石酸钾钠	30～40g/L
柠檬酸钾	15～20g/L
氢氧化钠	15～20g/L
氨三乙酸	25～35g/L
pH 值	8.5～8.8
温度	30～35℃
阴极电流密度	0.8～1.0A/dm²
阳极锌铜比	7：3
阴极移动	20～25 次/min
电镀时间	1～3min

产品电镀仿金后，要注意充分地清洗并在温度为 60℃ 的热水中浸洗，并在铬盐液中钝化，还要在干燥后涂上罩光漆，以便可以在较长时间内保持其仿金效果。现在较为流行的是采用水性罩光涂料或电泳涂料。

3.1.4.2 电镀仿银

(1) 高锡青铜

电镀仿银作为装饰性镀层最早是在铜管乐器表面镀高锡青铜合金,其含锡量在45%～55%,硬度介于镍铬之间,在空气中耐氧化性强,在硫化物的环境中也不易变色,且具有良好的钎焊性能和导电性能,因此在电子产品的连接器电镀中常被采用。由于镀层的颜色白亮,很似镀银,因此这种合金也叫银镜合金。

氰化亚铜	10～15g/L
锡酸钠	30～45g/L
氰化钠（游离）	18～20g/L
氢氧化钠	7～8g/L
明胶	0.2～0.5g/L
温度	60～65℃
阴极电流密度	2～2.5A/dm²
铜锡联合阳极	1∶2

对于高锡青铜,保证锡的含量很重要,温度是影响锡含量的一个重要因素,因此要保证镀液温度在60℃以上,但过高也不行,这会加快氰化物的分解,使现场劳动条件变差,能耗也相应增加。另外,阳极也可以不挂锡板,而只用铜阳极,锡盐根据分析数据用补加锡酸钠的方法来维护。

(2) 酸性锡锌合金

由于氰化物镀对操作环境和生态环境存在威胁,现在已经是限制使用的镀种,因此,现在也已经有无氰的代银镀层出现,一种实用的工艺是酸性锡锌合金工艺。

硫酸亚锡	40g/L
硫酸锌	5g/L
磺基丁二酸	110g/L
抗坏血酸	2g/L
光亮剂	50～10mL/L
pH 值	4
温度	室温
阴极电流密度	2A/dm²
阳极	含10%锌的锡合金
阴极移动	需要
镀层中含锌	10%

任何一种硫酸盐镀锌的光亮剂都可以在这一工艺中应用,只是用量需要通过霍尔槽试验来确定。

3.2 防护性电子电镀通用工艺

3.2.1 镀锌

镀锌是钢铁制件最常用的防护性镀层，镀锌也是典型的阳极镀层，对钢铁基体有良好的电化学保护作用。同时，经钝化处理后的镀锌层又有较好的抗蚀性能，因此，电子产品的机壳、机架、机框、底板和支架等钢铁结构件，大多采用了镀锌工艺。

在很长一个时期，电子工业产品镀锌采用的是氰化物镀锌工艺，但无氰镀锌技术的进步，使无氰镀锌正在取代氰化物镀锌工艺。

现在流行的镀锌工艺有以下几种。

(1) 氰化物镀锌工艺

氰化物镀锌由于分散能力好、镀层结晶细致、镀后钝化性能好而一直是镀锌的主流工艺，也是电子电镀常用的镀锌工艺。

典型的氰化物镀锌工艺如下：

氰化锌	60g/L
氰化钠	40g/L
氢氧化钠	80g/L
M 比	2.7
温度	20～40℃
电流密度	2～5A/dm^2

M 比是氰化钠的量与锌的含量的比值，一般控制在 M＝2.0～3.0。氰化物镀锌的最大问题是络合剂氰化物的剧烈毒性问题，无论是对操作者还是对环境都存在潜在的危险，因此，除了军工和特别需要的产品，多数镀锌工艺已经采用无氰工艺。

(2) 碱性无氰镀锌工艺

碱性无氰镀锌工艺也称为锌酸盐镀锌，是指以氧化锌为主盐、以氢氧化钠为络合剂的镀锌工艺，这种镀液在添加剂和光亮剂的作用下，已经可以镀出可以与氰化物镀锌一样良好的镀锌层。由于这一工艺主要是靠添加剂来改善锌电沉积的过程，因此，正确使用添加剂是这个工艺的关键。

以往的碱性锌酸盐镀锌的主要缺点是主盐浓度低和不能镀得太厚，比如氧化锌的含量只能控制在 8g/L 左右，超过 10g/L 镀层质量就明显下降。随着电镀添加剂技术的进步，这个问题已经得到解决。

工艺配方和操作条件：

氧化锌	6.8～23.4（滚镀 9～30）g/L
氢氧化钠	75～150（滚镀 90～150）g/L
ZN-500 光亮剂	15～20mL/L
ZN-500 走位剂	3～5（滚镀 5～10）mL/L
温度	18～50℃
阴极电流密度	0.5～6A/dm²
阳极	99.9%以上纯锌板

其中 ZN-500 光亮剂是引进美国哥伦比亚公司的技术，由武汉风帆电镀技术有限公司生产和销售。这一新工艺的显著特点如下。

① 主盐浓度宽。氧化锌的含量在 7～24g/L 的范围都可以工作，镀液的稳定性提高。

② 既适合于挂镀，也适合于滚镀。这是其他碱性镀锌难以做到的，这时的主盐浓度可以提高至 9～30g/L，管理方便。

③ 镀层脆性小。经过检测，镀层的厚度在 $31\mu m$ 以上仍具有韧性而不发脆，经 180℃去氢也不会起泡。因此可以在电子产品、军工产品中应用。

④ 工作温度范围较宽。在 50℃时也能获得光亮镀层。

⑤ 具有良好的低区性能和高分散能力。适合于对形状复杂的零件进行挂镀加工。

⑥ 镀后钝化性能良好。可以兼容多种钝化工艺，且对金属杂质，如钙、镁、铅、镉、铁、铬等都有很好的容忍性。

很显然，这种镀锌工艺已经克服了以往无氰镀锌的缺点，使这一工艺与氰化物镀锌一样可以满足多种镀锌产品的需要。

这种新工艺的优点还在于它与其他类碱性无氰镀锌光亮剂是基本兼容的，只需要停止加入原来的光亮剂，然后通过霍尔槽试验来确定应该补加的 ZN-500 的量。初始添加量控制在 0.25mL/L，再慢慢加到正常工艺范围，并补入走位剂。在杂质较多时，还应加入 ZN-500 配套的镀液净化剂。当对水质纯度不确定时，可以在新配槽时加入相应的除杂剂和水质稳定剂，各 1mL/L。

镀前处理仍应该严格按照工艺要求进行，比如碱性除油、盐酸除锈和镀前活化等。如果采用镀前的苛性钠阳极电解，可不经水洗直接入镀槽。钝化可以适用各种工艺，钝化前应在 0.3%～0.5%的稀硝酸中出光。

对镀液的维护可以从两个方面着手：一方面是通过定期分析镀液成分，使主盐和络合剂保持在工艺规定的范围；另一方面要记录镀槽工作时所通过的电量（安培小时），作为补加添加剂或光亮剂的依据之一。重要的是要通过霍尔槽试验检测镀液是否处在正常工作范围。

(3) 酸性氯化物光亮镀锌工艺

氯化物镀锌是无氰镀锌工艺的一种，自 20 世纪 80 年代开发出来以来，由于光亮添加剂技术的进步，现在已经成为重要的光亮镀锌工艺，应用非常广泛。电子产品中的紧固件滚镀锌基本上采用的是氯化物镀锌。

其典型的工艺如下：

氯化锌	$60\sim70g/L$
氯化钾	$180\sim220g/L$
硼酸	$25\sim35g/L$
商业光亮剂	$10\sim20mL/L$
pH 值	$4.5\sim6.5$
温度	$10\sim55℃$
电流密度	$1\sim4A/dm^2$

氯化物光亮镀锌由于使用了较大量的有机光亮添加剂，在镀层中有一定量夹杂，表面也粘附有不连续的有机单分子膜，对钝化处理有不利影响，使钝化膜层不牢和色泽不好。通常要在2%的碳酸钠溶液中浸渍处理后再在1%的硝酸中出光后再钝化，就可以避免出现这类问题。

(4) 镀锌的钝化工艺

金属锌的标准电极电位较负，因此在腐蚀性环境中很容易氧化而生成白色氧化锌，通常称"白锈"。为了阻止或延缓镀锌层在腐蚀介质中的氧化，通常都要对镀锌层进行钝化处理，人为地在锌层表面生成一层处于钝态的氧化膜，使钝化后的镀层表面电位成为正电位。这样就可以大大提高镀锌层的抗腐蚀性能。

① 彩色钝化。

铬酸	$5g/L$
硫酸	$0.1\sim0.5mL/L$
硝酸	$3mL/L$
氯化钠	$2\sim3g/L$
pH 值	$1.2\sim1.6$
温度	室温
时间	$8\sim12s$

② 蓝白色钝化。

铬酸	$15\sim30g/L$
氯化铬	$1\sim2g/L$
氟化钠	$2\sim4g/L$
浓硝酸	$30\sim50mL/L$
浓硫酸	$10\sim15mL/L$
温度	室温
时间	溶液中 $5\sim8s$
	空气中 $5\sim10s$

③ 黑色钝化。

铬酸	15～30g/L
硫酸铜	30～50g/L
甲酸钠	20～30g/L
冰醋酸	70～120mL/L
pH 值	2～3
温度	室温
钝化时间	2～3s
空气中停留时间	15s
水洗时间	10～20s

④ 军绿色钝化。

铬酸	30～35g/L
磷酸	10～15mL/L
硝酸	5～8mL/L
盐酸	5～8mL/L
硫酸	5～8mL/L
温度	20～35℃
时间	45～90s

(5) 镀锌的着色工艺

为了配合产品整机色系，有时需要对外装标准件、连接件等镀锌零件进行着色处理，比如袖珍型电器的外装镀锌螺钉，需要有大红色、绿色、蓝色等各种美丽的色彩，这时就要先滚镀光亮锌，再将锌层进行化学处理及染色。化学处理实际上也是一种钝化处理，是在锌层表面生成多孔的膜层，使染色剂可以在孔内驻留。但这层膜是极薄的，孔隙也很浅，所以色彩很容易脱落，为了保持色彩的鲜明，染色后还要进行涂清漆处理。

镀锌染色的流程如下：

光亮镀锌—水洗—水洗—1％硝酸出光—化学处理—水洗—化学处理（生成无色的钝化膜）—染色—水洗—干燥（50～60℃）—涂清漆—干燥—包装。

① 化学处理。

铬酸	5～10g/L
硫酸	8～12mL/L
温度	室温
时间	10～30s

② 染色工艺。

镀锌染色工艺见表 3-3。

表 3-3 镀锌染色工艺

镀层颜色	所用染料	染料含量/（g/L）
红色	酸性大红	5
蓝色	直接翠蓝	3～5
绿色	亮绿	3～5
橙色	直接金橙	1～3
金黄色	茜素红 S 茜素黄 R	0.3 0.5
紫色	甲基紫 茜素红 S	3 0.5
黄色	酸性大黄	3～5
棕色	直接棕	3～5
操作条件		
pH 值　　　　　　5～7 温度/℃　　　　　50～70 时间/s　　　　　　30～180		

3.2.2 通用镀镍

镀镍在电子电镀中有重要作用，这是因为镀镍在电子电镀中既是防护性和装饰性镀层，也是功能性镀层。因此，镀镍技术在电子电镀中根据其作用的不同而有不同的工艺。本节主要介绍通用的镀镍工艺，对用于加工制造的镀镍在本章的其他小节中介绍。

3.2.2.1 瓦特镍（普通镀镍、镀暗镍）

瓦特镍以其成分简单和沉积速度快、操作管理方便而被广泛采用。

硫酸镍	250～350g/L
氯化镍	30～60g/L
硼酸	30～40g/L
十二烷基硫酸钠	0.05～0.1g/L
pH 值	3～5
温度	45～60℃
阴极电流密度	1～2.5A/dm²
阴极移动	需要

3.2.2.2　多层镀镍

镀多层镍是利用镀层间的电位差提高钢铁制品防护装饰性能的重要组合镀层，在机械、电子和汽车等行业都有广泛应用。实用的多层镍镀有以下几种组合方式。

(1) 双层镀镍

双层镀镍是在底层上先镀上一层不含硫的半光亮镍，然后再在其上镀一层含硫的光亮镍层，再去镀铬。由于含硫的镀层电位较里层的半光亮镍要负，当发生腐蚀时，光亮镍作为阳极镀层要起到牺牲自己保护底镀层和基体的作用。

① 半光亮镍工艺。

硫酸镍	350g/L
氯化镍	50g/L
硼酸	40g/L
1 类添加剂	1.0mL/L
2 类添加剂	1.0mL/L
十二烷基硫酸钠	0.05g/L
pH 值	3.5～4.8
温度	55℃
阴极电流密度	2～4A/dm^2

② 光亮镍电镀工艺。

硫酸镍	300g/L
氯化镍	40g/L
硼酸	40g/L
A 类添加剂	1.0mL/L
B 类添加剂	1.0mL/L
十二烷基硫酸钠	0.1g/L
pH 值	3.8～5.2
温度	50℃
阴极电流密度	2～4A/dm^2

双层镍两镀层间电位差大于 120mV。两镀层的厚度比例根据基体材料不同而有所不同。对于钢铁基体，半光亮镍与光亮镍的比例为 4：1，而锌基合金或铜合金的比例为 3：2。

(2) 三层镍

三层镍的组合有好几种，常用的是半光亮镍/高硫镍/光亮镍，其中高硫镍的镀层厚度只在 1μm 左右。由于高硫镍的电位最负，从而在发生电化学腐蚀时，其作为牺牲层而起到保护其他镀层和基体的作用。

三层镍的工艺流程如下：

经化学除油、除锈后—阴极电解除油—阳极电解除油—水洗两次—活化—镀半光亮镍—镀高硫镍—镀光亮镍—回收—水洗—镀装饰铬或其他功能性镀层。

三层镀镍中的半光亮镍和光亮镍可以沿用前述双层镍的工艺。

高硫镍的工艺如下：

硫酸镍	300g/L
氯化镍	40g/L
硼酸	40g/L
苯亚磺酸钠	0.2g/L
十二烷基硫酸钠	0.05g/L
pH 值	3.5
温度	50℃
阴极电流密度	$3 \sim 4A/dm^2$
时间	$2\sim3min$

需要注意的是，不能将高硫镍的镀液带入到半光亮镍中去，否则半光亮镍的电位会发生负移而使高硫镍失去保护作用。

3.2.2.3 镀黑镍

电镀黑镍实际上是电镀镍合金。黑镍镀层由 40％～60％的镍和 20％～30％的锌以及 10％左右的硫和 10％左右的有机物组成。

(1) 经优选的工艺配方

硫酸镍	120g/L
硫酸锌	20g/L
硫氰酸钾	30g/L
硼酸	35g/L
硫酸钠	20g/L
pH 值	4.5～5.5
温度	35～40℃
阴极电流密度	$0.2\sim0.4A/dm^2$

(2) 操作要点

电镀黑镍在操作过程中不能断电，因此要保证电极和挂具导电性能良好，否则镀层会出现发花的彩虹色。挂具要经常作退镀处理，以保证良好的使用状态。

前处理不良的镀件，会发生脱皮现象。另外，pH 值过高或锌含量低也会出现脆性而产生脱层起皮现象。对于钢制品，如果需要镀黑镍，需先用铜镀层打底，再镀锌，然后镀黑镍，效果会更好。

3.2.3 通用镀铜

镀铜是电子电镀中用量最大的镀种，特别是酸性光亮镀铜，无论是在装饰性电镀还是在功能性电镀中都有广泛应用，特别是作为制造印制线路板的主要镀种，在电子电镀中有着巨大的用量，是电子电镀的主要镀种。通用的镀铜工艺有以下几种。

3.2.3.1 氰化物镀铜

氰化物镀铜根据用途的不同可分为低浓度、中浓度和高浓度三种镀液，分别用于闪镀、光亮打底和加厚镀层等不同场合。

(1) 预镀铜

氰化亚铜	8~30g/L
氰化钠	12~50g/L
氢氧化钠	2~10g/L
温度	20~50℃
阴极电流密度	0.2~2A/dm²

(2) 常用氰化物镀铜

氰化亚铜	30~50g/L
氰化钠（总量）	40~65g/L
氢氧化钠	10~20g/L
酒石酸钾钠	30~60g/L
温度	50~60℃
阴极电流密度	1~3A/dm²
阴极移动	

(3) 厚层镀铜

氰化亚铜	120g/L
氰化钠	135g/L
氢氧化钠	30g/L
碳酸钠	15g/L
温度	75~80℃
阴极电流密度	3~6A/dm²

3.2.3.2 焦磷酸盐镀铜

焦磷酸盐镀铜由于分散能力较好，镀层结晶细致，而又可以避开有毒的氰化物，是镀铜中常用的镀种之一，只是在酸性光亮镀铜技术开发出来之后，才渐渐较少采用，但在电子电镀中还占有一定比例。其缺点实际上也是一个环境问题，就是强络合剂在水体中使金属离子不易提取而造成二次污染。另外，正磷酸盐的积累也会给镀液的维护带来一些困难。

(1) 焦磷酸盐镀铜工艺

焦磷酸铜	70～100g/L
焦磷酸钾	300～400g/L
柠檬酸铵	20～25g/L
pH 值	8～9
温度	30～50℃
阴极电流密度	0.8～1.5A/dm²
阴极移动	25～30 次/min

(2) 镀液维护和注意事项

焦磷酸镀铜维护的一个重要参数是焦磷酸根与铜离子的比值，简称 P 比。通常要保证焦磷酸根离子与铜离子的比值在 7～8 之间；对分散能力有较高要求时，要保持在 8～9 之间。低了阳极溶解不正常，高了则电流效率下降。

pH 值对焦磷酸盐镀铜的稳定性和镀层质量都有直接影响。当 pH 值低时，镀液分散能力变差，低电流区容易发暗，镀层易生毛刺，焦磷酸钾也容易水解为正磷酸盐。镀液中的正磷酸盐在一定范围内是有益的，但是超过一定的量（100g/L 以上）就有害了。由于正磷酸盐用化学法难以去除，所以要严格控制镀液中焦磷酸盐的水解。pH 值过高也会使镀层暗红，结晶粗糙疏松，阴极电流效率下降。注意：调低 pH 值不要用磷酸，而要用其他有机酸，如柠檬酸、酒石酸等。

阳极采用的电解铜板，最好经过压延加工。有时会有铜粉产生，可加入双氧水消除。

杂质对焦磷酸盐镀铜有较大影响，所以要严防杂质的带入。对于焦磷酸盐镀铜影响最大的杂质是氰化物和有机物，其次是铁、铅、镍、铬、氯离子等。

杂质的去除方法分述如下。

① 氰化物。

镀液对氰化物很敏感，达到 30mg/L 时，镀层就没有光亮。去除的方法是用双氧水氧化，即在 50～60℃的镀液中加入 30% 的双氧水 1mL/L，搅拌 30～90min，基本可以去除。也可以采用与去除有机杂质一样的方法。

② 有机物。

镀液中如果存在有机杂质污染，或有机光亮添加剂过量，分解产物积累等，需要用活性炭加以处理。

在镀液中加入 1～2mL/L 的 30% 的双氧水，搅拌均匀；然后加热到 50～60℃，充分搅拌 1～2h；最后加入活性炭 3～5g/L，充分搅拌 1～2h，静置过滤。如果是光亮镀种，则要重新按量加入光亮剂，加入前应该做霍尔槽试验来检查有机物是否完全被处理掉。

③ 金属杂质。

铅杂质小于 100mg/L 时，有效地去除方法是加入适量的 EDTA，经活性炭处理后再电解去除，去除的速度较慢。

铁杂质用化学法和电解法都难以去除，可采用加入氨三乙酸盐加以掩蔽。

镍离子影响比铁离子小，超过 5g/L 时，镀层粗糙，适当提高焦磷酸盐含量并采用高电流密度电解可减少其影响。

铬离子的影响很敏感，混入 10mg/L 就会在镀层上出现条痕，采用电解还原法很容易去除。

3.2.4 无氰镀铜

这里所说的无氰镀铜指的是能替代氰化物镀铜用于钢铁材料表面直接镀铜的碱性通用镀铜工艺。前面介绍的焦磷酸盐镀铜，也属于这种工艺的一种，但因为焦磷酸盐镀铜不能在钢铁表面直接电镀，仍存在置换铜现象，因此不能完全替代氰化物镀铜。酸性镀铜虽然属于无氰镀铜，但置换铜现象严重，以至于氰化物镀铜在钢铁等较铜电位更负的制件电镀中，无法被替代。针对这个老问题，出现了许多解决方案，主要是以各种络合剂来替代氰化物，出现过一些碱性无氰镀铜方案，却仍然存在这样那样的问题，无法完全淘汰氰化物镀铜。近年来在络合剂（也就是现在常说的配位剂）开发上有了一些新进展，出现了一些据称能在负电位材料上直接镀铜的无氰镀铜通用工艺，如果严格控制工艺参数，可以实现直接镀铜，以替代氰化物镀铜。

目前市面上商业碱性无氰镀铜已经有较多品牌，选择的一个要点是这种镀液的组成与相关工艺参数和技术说明。应该关注的有以下几点：①用于替代氰化物的配位剂的性能，例如络合能力，是否无毒，是否易于分解且无二次污染等；②除了配位剂，是否还需要另外添加辅助络合剂或添加剂？如果需要，这种工艺的单一配体的能力是有限的；③是否确实在钢铁或铝等负标准电位金属材料表面不发生置换反应。

一个典型的工艺如表 3-4。

表 3-4　无氰碱性镀铜工艺

原材料与操作条件	挂镀	滚镀
纯水/（mL/L）	600（500～650）	660（475～625）
配位剂/（mL/L）	400（250～350）	250（200～300）
铜盐液/（mL/L）	100（80～120）	90（80～100）
pH 值	9.5（9.5～10）	9.5（9.5～10）
温度/℃	50（40～60）	50（40～60）

原材料与操作条件	挂镀	滚镀
$D_k/$ （A/dm²）	1 （0.5～1.5）	0.6 （0.1～0.9）
SA：SK	1.5：1	1.5：1
阳极	轧制高纯铜板	轧制高纯铜板
时间/min	2～10	20～30
搅拌	阴极移动或空气搅拌（视情况）	空气搅拌（视情况）
过滤	连续过滤	连续过滤

3.2.5 镀合金

合金作为功能性镀层在电子产品中有较广泛的应用，并且在今后的电子新产品和电子电镀新工艺的开发中，合金将占有较大的比例。

3.2.5.1 镀铜锌合金（仿金）

铜锌合金镀层实际上就是仿金镀层，是比较重要的装饰性电镀工艺，具体内容参见"3.1.4.1 电镀仿金"。

3.2.5.2 镀镍磷合金

电镀镍磷合金是 1950 年诞生的，由于具有良好的性能，很快就在电传打字等电子产品中获得了应用。常用的电镀镍磷合金有氨基磺酸盐、次磷酸盐和亚磷酸盐等，各有优点。

(1) 氨基磺酸盐型

氨基磺酸镍	200～300g/L
氯化镍	10～15g/L
硼酸	15～20g/L
亚磷酸	10～12g/L
pH 值	1.5～2g/L
温度	50～60℃
电流密度	2～4A/dm²

这个工艺的特点是工艺稳定，镀液成分简单，镀层韧性好，可获得含磷量为 10%～15% 的镍磷合金镀层。但镀液成本较高。

(2) 次磷酸盐型

硫酸镍	14g/L
氯化钠	16g/L

次磷酸二氢钠	5g/L
硼酸	15g/L
温度	80℃
电流密度	2.5A/dm²

用这一工艺获得的镀层含磷量为 9%，分散能力较好，镀层细致。但镀液不够稳定。

(3) 亚磷酸盐型

硫酸镍	150～170g/L
氯化镍	10～15g/L
亚磷酸	10～25g/L
磷酸	15～25g/L
添加剂	1.5～2.5mL/L
pH 值	1.5～2.5
温度	65～75℃
电流密度	5～15A/dm²

这是近年来用得比较多的工艺，可以有较高的电流密度，镀层光亮细致，容易获得含磷量较高的镀层。但分散能力较差，最好加入可以络合镍的络合剂加以改善。

3.2.5.3 镀钴镍合金

含有 20% 镍的钴镍合金有优良的磁性能，在电子工业中有着广泛的应用，在微电子工业和微型铸造中也有应用价值。

镀钴镍合金工艺如下。

(1) 硫酸盐型

硫酸镍	135g/L
硫酸钴	108g/L
硼酸	20g/L
氯化钾	7g/L
温度	45℃
pH 值	4.5～4.8
电流密度	3A/dm²

(2) 氯化物型

氯化镍	300g/L
氯化钴	300g/L
硼酸	40g/L
温度	60℃

pH 值   3.0～6.0

电流密度 $10A/dm^2$

(3) 氨基磺酸盐型

氨基磺酸镍   225g/L

氨基磺酸钴   225g/L

硼酸   30g/L

氯化镁   15g/L

润湿剂   0.375mL/L

温度   室温

电流密度 $3A/dm^2$

(4) 焦磷酸盐型

氯化镍   70g/L

氯化钴   23g/L

焦磷酸钾   175g/L

柠檬酸铵   20g/L

温度   40～80℃

pH 值   8.3～9.1

电流密度 $0.35～8.4A/dm^2$

3.2.5.4 镀银锌合金

(1) 氰化物镀银锌

氰化锌   100g/L

氰化银   8g/L

氰化钠   160g/L

氢氧化钠   100g/L

镀层含锌量   18%

电流密度 $0.3A/dm^2$

(2) 硝酸盐镀银锌

硝酸银   17g/L

硝酸锌   30g/L

硝酸铵   24g/L

酒石酸   1g/L

温度   45℃

电流密度 $0.4A/dm^2$

需要搅拌

(3) 工艺条件的影响

随着电流密度上升，镀层中锌含量明显上升。搅拌对合金的组成也有很大影响。在氰化物镀液中，搅拌会使镀层中锌的含量降低，属于正则共沉积。通过金相法对金属结构的研究表明，电镀所获得的银锌合金组织结构与热熔合金的晶格参数是一致的。

3.2.5.5 镀银锑合金

银锑合金主要用作电接点材料。这种镀层比纯银的力学性能好，硬度比较高，因此也叫做镀硬银。只含 2% 锑的银锑合金的硬度比纯银高 1.5 倍，而耐磨性则提高了 10 倍，不过电导率只有纯银的一半。用作接插件的镀层，可以提高其插拔次数和使用寿命。

其工艺如下：

硝酸银	46～54g/L
游离氰化钾	65～71g/L
氢氧化钾	3～5g/L
碳酸钾	25～30g/L
酒石酸锑钾	1.7～2.4g/L
硫代硫酸钠	1g/L
温度	室温
电流密度	0.3～0.5A/dm²

影响银锑合金镀层质量的因素如下。

① 主盐。

电镀银锑合金的主盐多半使用氰化银或氯化银。为减少氯离子的影响，最好使用氰化银。银离子含量高，有利于提高阴极电流密度的上限，提高银的沉积速度，可以提高生产效率，同时还能提高镀层质量。过高的银盐要求有更多的络合物，否则电镀层会变得粗糙，而偏低的银含量则会使极限电流密度下降，高电流区的镀层容易出现烧焦或镀毛。

② 氰化物。

氰化物不仅要完全络合镀液中的主盐金属离子，而且还要保持一定的游离量。这样可以增加阴极极化，使镀层结晶细致，提高镀液的分散能力，同时还能改善阳极的溶解性能，拓宽光亮剂的作用温度范围。如果游离氰化物偏低，镀层会粗糙，阳极出现钝化；但是游离氰化物也不能过高，否则会使电流效率下降，阳极溶解过快。

③ 碳酸钾。

镀液中有一定量的碳酸钾对提高镀液的导电性能是有利的，导电性增加可以提高分散能力。由于镀液中的氰化物在氧化过程中会生成一部分碳酸盐，因此，镀液中的碳酸钾不可以加多，甚至可以不加或少加。当碳酸盐的含量达到 80g/L 时，镀液会出现浑浊；当达到 120g/L 时，镀层就会变得粗糙，光亮度也明显下降。这时可以采用降低温度的方法让碳酸盐结晶后从镀液中滤除。

④ 酒石酸锑钾。

酒石酸锑钾是合金中的另一主盐，是能够提高镀层硬度的合金成分，所以也叫硬化剂。随着镀液中酒石酸锑钾含量的增加，镀层中的锑含量也增加，同时镀层的硬度升高。有资料显示，当锑的含量在 6% 以下时，电沉积的银与锑形成的合金是固溶体；大于 6% 时，镀层中会有单独的锑原子存在，由于锑原子的半径较大，夹入镀层中会引起结晶的位移而增加脆性。锑在有些镀液中有时可作无机光亮剂用，在镀银中也有类似作用。由于锑盐的消耗没有阳极补充，因此要定期按量补加。在镀液中同时加入酒石酸钾钠可以增加锑盐的稳定性，添加时可以按与酒石酸锑钾 1:1 的量加入，可以防止酒石酸锑钾水解。补充锑盐可以按 100g/（1000A·h）的量进行补充。

⑤ 光亮添加剂。

用于各种镀银锑合金的光亮剂虽然各不相同，但其基本原理是一样的，就是在阴极吸附以增加阴极极化和细化镀层结晶。光亮剂的加入同时增加了镀层的硬度，但是这类添加剂不能使用过量，否则也会使高电流区的镀层变得粗糙。可以根据镀层的表面状态，如光亮度和硬度等进行管理，从中找到添加规律。商业光亮剂一般都会有详细的使用说明，并注明添加剂的安培小时消耗量，可以根据镀液工作的安培小时数来补加添加剂。

⑥ 温度。

镀液的温度对镀层的光亮度、阴极电流密度和镀层的硬度等都有较大影响。温度低，镀层结晶细致，镀层硬度高；但是温度低时，电流密度上限也低。当镀液温度偏高时，则结晶变粗，低电流密度区镀层易发雾，光亮度差，硬度也下降。

⑦ 电流密度。

提高电流密度有利于锑的沉积。随着电流密度的上升，镀层中锑含量的百分比增加，硬度会达到一个最高值，说明电流密度还对镀层的组织结构有影响。过高的电流密度会使镀层粗糙，所以要控制在合理的范围。

⑧ 搅拌。

搅拌可以提高电流密度的上限，加快电沉积的速度，同时有利于镀层的整平和获得光亮镀层。

3.2.5.6 镀金钴合金

金和钴共沉积能够明显地提高金镀层的硬度。电镀纯金镀层的显微硬度大约为 70HV，而采用镀金钴合金得到的镀层的显微硬度大约为 130HV。

(1) 柠檬酸型

氰化金钾	10~12g/L
硫酸钴	1~2g/L

柠檬酸	5～8g/L
EDTA 二钠	50～70g/L
pH 值	3.0～4.2
温度	25～35℃
电流密度	0.5～1.5A/dm²

（2）焦磷酸型

氰化金钾	0.1～4.0g/L
焦磷酸钴钾	1.3～4.0g/L
酒石酸钾钠	50g/L
焦磷酸钾	100g/L
pH 值	7～8
温度	50℃
电流密度	0.5A/dm²

（3）亚硫酸型

亚硫酸金钾	1～30g/L
硫酸钴	2.4～24g/L
亚硫酸钠	40～150g/L
缓冲剂	5～15g/L
pH 值	＞8.0
温度	43～50℃
电流密度	0.1～5.0A/dm²

（4）镀液成分与工艺条件的影响

① 氰化金钾。

氰化金钾是镀金钴合金的主盐。当含量不足时，电流密度下降，镀层颜色呈暗红色。提高金含量可以扩大电流密度范围，提高镀层的光泽。当金含量过高时金镀层发花。金含量从 1.2g/L 升高到 2.0g/L 时，电流效率增加一倍。当金含量达到 4.1g/L 时，电流效率可以达到 90％。如果固定金的含量不变，增加镀液中的钴含量，电流效率反而下降。由于金钴合金的主盐不能靠阳极补充，所以要定时分析镀液成分并及时补充至工艺规定的范围。

② 辅助盐。

柠檬酸盐在镀液中具有络合剂和缓冲剂的作用，同时能使镀层光亮。含量低时，镀液的导电性能和分散能力差，含量过高时阴极电流效率会降低。在以 EDTA 二钠为络合剂的镀液中，柠檬酸主要起调节 pH 的作用，采用磷酸二氢钾也可以保持镀液的 pH 值稳定、扩大阴极电流密度范围和保持镀层金黄色外观。

③ 钴盐。

钴盐是金钴合金的组分金属，也是提高金镀层硬度的添加剂。其含量的多少对镀层的硬度和色泽以及电流效率都有很大影响。

金是面心立方体结构，原子的排列形成整齐的平面，取向为［110］面。由于这些平面可以移动，在有负荷的作用下，点阵很容易变形，表现为良好的延展性。所以金可以制成几乎透明的金箔。但是当有少量的异种金属原子进入金的晶格后，会给金的结晶带来一些变化，宏观上就表现为硬度和耐磨性的增加。当钴的含量为0.08%～0.2%时，镀层的耐磨性最好。

④ 电流密度。

提高电流密度有利于钴的析出，也有利于镀层硬度的提高。

⑤ 温度。

温度主要影响电流密度范围，温度高时允许的电流密度范围宽。但是太高的温度会使氰化物分解和增加能耗。

⑥ pH 值。

pH 值对镀层的硬度和外观等都有明显影响。当 pH 值过高或过低时，硬度有所下降，并且还会影响外观质量。因此在工作中一定要保持镀液的 pH 值在正常的工艺范围内。

⑦ 阳极。

电镀金钴合金多数采用不溶性阳极。以前广泛采用铂电极，现在几乎不用了。石墨阳极由于存在吸附作用，现在也不多用。较多采用的阳极是不锈钢阳极、镀铂的钛阳极和纯金阳极。

3.2.5.7　镀金镍合金

氰化金钾	8g/L
镍氰化钾	0.5g/L（以金属计）
柠檬酸	100g/L
氢氧化钾	40g/L
pH 值	3～6
温度	室温
电流密度	$0.5～1.5A/dm^2$

电镀金镍合金的镀液组成和体系基本与金钴合金相似。因此镀液的配制与维护与金钴合金基本是一样的，有时只要将钴盐换成镍盐，就可以获得金镍合金镀层。

3.3　功能性电子电镀通用工艺

用于电子产品的功能性电镀主要通过电镀某些金属镀层赋予产品各种物理性

能。这些功能性电镀层包括电性能镀层、磁性能镀层、钎焊性镀层等，比如镀金、镀银、镀锡及其合金、镀铂、镀钯、镀铑、镀铟等。

3.3.1 功能镀金

金是人们最为熟悉的贵金属。但对其化学性质和相关参数不是所有人都了解。金的元素符号是 Au，原子序数 79，原子量 197.2，密度 $19.3g/cm^3$，熔点 1063℃，沸点 2530～2947℃，化合价为 1 或 3。

由于金具有极好的化学稳定性，与各种酸、碱几乎都不发生作用，因此在自然界也多以天然金的形式存在。自从被人类发现并加以应用以来，一直都被当作最重要的货币金属和身份地位的象征，至今都没有什么改变。金本位制更是各国财政和全世界银行都在遵循的货币政策。黄金储备成为一个国家经济实力的重要标志。

金不仅具有重要的经济、政治价值，而且是重要的工业和科技材料。

金的质地很软，有非常好的延展性，可以加工极细的丝和极薄的片，薄到可以透光。金在空气中极其稳定，不溶于酸，与硫化物也不发生反应，仅溶于王水和氰化碱溶液。因而在电子工业、航天航空和现代微电子技术中都扮演重要角色。

但是，金的资源是有限的，不能像用常规金属那样大量广泛采用。为了节约这一贵重资源，经常用到的是金的合金，即平常所说的 K 金。K 金中金的含量见表 3-5。

表 3-5　K 金中金的含量

K	24	22	20	18	14	12	9
含金量/%	99.99	91.7	83.3	75	58.3	50	37.5

对于许多制品来说，即使采用 K 金也显得很奢侈。因此，早在古代，就有了包金、贴金等技术，只在制品的表面一层使用金。这就是所谓的"金玉其表"的来源。因此，在电镀技术发明以后，镀金就成了一项重要的工艺。

电镀金早在 1800 年就有人进行过开发，但是并没有引起多大重视。直到 1913 年，Frary 在《电化学》上发表了全面解说镀金的论文后，才迈出了近代镀金的第一步。但是，早期的镀金是以氯化金为主盐，后来虽然发现加入了氰化物的镀液能镀出更好的金，但对其机理并不是很了解。1966 年，E. Raub 在 *Plating* 上发表了关于金的氰化物络合的性质的论文，第一次解释了氰化镀金的原理。在此期间，德国开发了无氰中性镀金技术。可以获得工业用的厚金层。而在 1950 年左右，就已经有人发现在镀液中添加镍、钴等微量元素，可以增加镀层的光亮度，这就是无机添加剂的作用。经过科技工作者一系列的努力，现在镀金已经成为成熟和系统化的技术。镀金液也因所使用的配方不同而分为碱性镀金、中性镀金和酸性镀金三大类。由于镀金成本昂贵，除了电铸和特殊工业需要外，大多数镀金层都是很薄的。

镀金层的厚度与用途参见表 3-6。

表 3-6 镀金层的厚度与用途

镀金类型	厚度/μm	用途
工业镀厚金	$100\sim1000$	工业纯金主要用在电铸、半导体工业领域，以酸性镀液为主，也有用中性镀液的。 也有为了提高力学性能而镀金合金的，主要是碱性液。分为加温型和室温型。也有用酸性液的
装饰厚金	$2\sim100$	可以镀出 $18\sim23K$ 成色的金。主要用在手表、首饰、钢笔、眼镜、工艺品等方面
装饰薄金	$0.1\sim0.5$	用在别针、小五金工艺品、中低档首饰等方面
着色薄金	$0.05\sim0.1$	可以镀出黄、绿、红、玫瑰色等彩金色，用于各种装饰品

3.3.1.1 碱性镀金

标准的碱性镀金电解液的配方如下：

氰化金钾	$1\sim5g/L$
氰化钾	$15g/L$
碳酸钾	$15g/L$
磷酸氢二钾	$15g/L$
温度	$50\sim65℃$
电流密度	$0.5A/dm^2$
阳极	金或不锈钢

本镀液的主盐是氰化金钾，以 $KAu(CN)_2$ 的形式存在，参加电极反应时将发生以下离解反应：

$$KAu(CN)_2 \longrightarrow K^+ + Au(CN)_2^-$$
$$Au(CN)_2^- \longrightarrow Au^+ + 2CN^-$$

金盐的含量一般在 $1\sim5g/L$ 之间，如果降至 $0.5g/L$ 以下，则镀层会变得很差。出现红黑色镀层，这时必须补充金盐。

游离氰化钾对于以金为阳极的镀液可以保证阳极的正常溶解。这对稳定镀液的主盐是有意义的。应该保持游离氰化钾的量在 $2\sim15g/L$ 之间，这时镀液的 pH 在 9.0 以上。

碳酸钾和磷酸钾组成缓冲剂，并增加镀液的导电性。碳酸盐在镀液工作过程中会自然生成，因此配制时可以不加到 $15g/L$。

如果要镀厚金，需要在镀之前先预镀一层闪镀金，这样不仅可以增加结合力，而且可以防止前道工序的镀液污染到正式镀液。闪镀金的配方和操作条件如下：

金盐	0.4～1.8g/L
游离氰化钾	18～40g/L
温度	43～55℃
电压	6～8V
时间	10s

氰化物镀金的电流密度范围在 0.1～0.5A/dm² 。温度则可以在 40～80℃ 的范围内变动。镀液温度越高，金的含量也就越高，电流密度也可以高一些。电流密度低的时候，电流效率接近 100%。镀液的 pH 值一般在 9 以上，在有缓冲剂存在的情况下，可以不用管理 pH 值。如果没有缓冲剂，则要加以留意。镀金的颜色会因一些因素的变动而发生变化。

3.3.1.2　中性镀金

镀液的 pH 值在 6.5～7.5 之间的镀金，最早是为瑞士钟表业开发的。用于这种镀液的 pH 值缓冲剂主要是像亚磷酸钠、磷酸氢二钠类的磷酸盐，酒石酸盐，柠檬酸盐等。由于将氰化物的量降至最低，因此这些盐的添加量都比较大，同时也起到增加电导率的作用。其典型的工艺如下：

氰化金钾	4g/L
磷酸氢二钠	20g/L
磷酸二氢钠	15g/L
pH 值	7.0
温度	65℃
阴极电流密度	1A/dm²

中性镀金因为要经常调整 pH 值，在管理上比较麻烦。但对印刷线路板镀金，或对酸碱比较敏感的材料（例如高级手表制件等）的镀金，还是采用中性镀金比较好。为了提高中性镀金的稳定性，也可以在镀液中加入螯合剂，比如三亚乙基四胺、乙基吡啶胺等。推荐的配方如下：

氰化金钾	8g/L
氰化银钾	0.2g/L
磷酸二氢钾	5g/L
EDTA 二钠	10g/L
pH 值	7.0
电流密度	0.3A/dm²

3.3.1.3　酸性镀金

酸性镀金是随着功能性镀金层的需要而发展起来的技术，在工业领域已经有广泛的应用，是现代电子和微电子行业必不可少的镀种。这主要是因为酸性镀金有着较多的技术优势，比如光亮度、硬度、耐磨性、高结合力、高密度、高分散能力等。

酸性镀金的 pH 值一般在 3～3.5 之间，镀层的纯度在 99.99% 以上。镀层的硬度和耐磨性等都比碱性氰化物镀层要高，且可以镀得较厚的镀层。

典型的酸性镀金工艺如下：

氰化金钾	4g/L
柠檬酸铵	90g/L
电流密度	$1A/dm^2$
温度	60℃
pH 值	3～6
阳极	炭棒或白金（用阳极袋包住）

改进的酸性镀金工艺：

氰化金钾	8g/L
柠檬酸钠	50g/L
柠檬酸	12g/L
硫酸钴	0.05g/L
温度	32℃
电流密度	$1A/dm^2$

用于酸性镀金的络合剂除了柠檬酸盐，还有酒石酸盐、EDTA 二钠等。调节 pH 值则可以采用硫酸氢钠等。也有添加导电盐以改善镀层性能的，比如磷酸氢钾、磷酸氢铵、焦磷酸钠等。

金盐的浓度可以在 1～10g/L 的范围内变化。电流密度的范围则在 0.1～2.0A/dm^2。在温度为 60～65℃ 的条件下，进行强力搅拌，可以获得光亮的镀金层。

3.3.2 功能镀银

银也是大家熟悉的贵金属，化学元素符号为 Ag，原子序数 47，原子量 107.9，熔点 960.8℃，沸点 2212℃，化合价为 1，密度 $10.5g/cm^3$。银和金一样富于延展性，是导电导热极好的金属。因此在电子工业，特别是接插件、印制线路板等产品中有广泛应用。银很容易抛光，有美丽的银白色，化学性质稳定，但其表面非常容易与大气中的硫化物、氯化物等反应而变色。金属银粒对光敏感，因此是制作照相胶卷的重要原料。

银也大量用于制作工艺品、餐具、钱币、乐器等，或者作为这些制品的表面装饰镀层。为改善银的性能和节约银材，也开发了许多银合金，如银铜合金、银锌合金、银镍合金、银镉合金等。

最早提出氰化钾络合物镀银的是英国的 G. Flikingtom，他于 1838 年就发明了这种镀银的方法。此后被美国的 S. Smith 改进，在此后的二三十年间一直用在餐具、首饰等的电镀上。随着电子工业的进步和发展，镀银成为重要的电子功能性镀层，在印制线路板、接插件、波导产品等电子和通信产品中扮演了重要角色，也是电铸功能性制品或工艺制品的重要镀种。

银的标准电极电位（25℃，相对于氢标准电极，Ag/Ag^+）为＋0.799V，因此，银镀层在大多数金属基材上是阴极镀层，并且在这些材料上进行电镀时要采取相应的防止置换镀层产生的措施。

3.3.2.1 镀银的前处理

这里所说的镀银前的处理，不是通常意义上的镀前处理。由于银有非常正的电极电位，除了电位比它正的极少数金属，如金、白金等外，其他金属如铜、铝、铁、镍、锡等大多数金属在镀银时，都会因为银的电位较正而在电镀时发生置换反应，使镀层的结合力出现问题。

为了防止发生这种影响镀层结合力的置换镀过程。在正式镀银前，一般都要采用预镀措施。这种预镀液的要点是有很高的氰化物含量和很低的银离子浓度。加上带电下槽，这样在极短的时间内（一般是 30～60s），预镀上一层厚度约 0.5μm 的银镀层，从而阻止置换镀过程的发生。

这种预镀过程由于时间很短，也被叫做闪镀。这种镀液一般分为两类，其标准的组成如下。

① 钢铁等基材上的预镀银。

氰化银	2g/L
氰化亚铜	10g/L
氰化钾	15g/L
温度	20～30℃
电流密度	1.5～2.5A/dm²

② 铜基材上的预镀银。

氰化银	4g/L
氰化钾	18g/L
温度	20～30℃
电流密度	1.5～2.5A/dm²

对于铁基材料，在实际操作中进行两次预镀，第一次在上述铁基预镀液中预镀，第二次再在铜基预镀液中预镀。这样才能保证镀层的结合力。

如果是在镍基上镀银，可以采用铜基用的预镀液。但是在镀前要在 50% 的盐酸溶液中预浸 10～30s，使表面处于活化状态。也可以采用阴极电解的方法让镍表面活化，这样可以进一步提高镀层的结合力。

对于不锈钢，可以采用与镍表面一样的处理方法。对于一些特殊的材料，都可以采用前述的两次预镀的方法，比较保险。

3.3.2.2 通用镀银工艺

目前使用最为广泛的镀银工艺，仍然是氰化物镀银工艺。因为这种工艺有广泛的适用性，从普通镀银到高速电铸镀银都可以采用，并且镀层性能也比较好。近年来也有一些无氰镀银工艺用于工业生产，研发中的无氰镀银工艺就更多。但这些无氰镀液的稳定性和镀层的性能与氰化物镀银比起来，还存在一定差距。开发出可以取代氰化物镀银的新工艺仍然是电镀技术领域的一个重要课题。

(1) 常规镀银

氰化银	35g/L
氰化钾	60g/L
碳酸钾	15g/L
游离氰化钾	40g/L
温度	20～25℃
阴极电流密度	0.5～1.5A/dm²

(2) 高速镀银

氰化银	75～110g/L
氰化钾	90～140g/L
碳酸钾	15g/L
氢氧化钾	0.3g/L
游离氰化钾	50～90g/L
pH 值	＞ 12
温度	40～50℃
阴极电流密度	5～10A/dm²

阴极移动或搅拌

高速镀银与普通镀银的最大区别是主盐的浓度比普通镀银高 2～3 倍，镀液的温度也高一些。因此，可以在较大电流密度下工作，从而获得较厚的镀层，特别适合于电铸银的加工。镀液的 pH 值要求保持在 12 以上，从而提高镀液的稳定性，同时对改善镀层和阳极状态都是有利的。

3.3.3 镀锡及锡合金

在功能性电镀中，锡铅合金作为可焊性镀层在电子电镀中有广泛应用。但是，铅元素是一种已经确定的严重污染源，因此，现在在电子产品中禁用含有铅的各种材料，尤其是含铅焊料和含铅镀层。欧盟的两个法案 WEEE 和 RoHS 已经明确了禁止在电子产品中使用铅和含铅材料，并且已经于 2006 年 7 月 1 日起施行了这些禁令，这就使现在电子电镀中所采用的镀锡和锡合金工艺不能含有铅元素。因此，目前在电子电镀中使用的镀锡工艺主要是纯锡电镀，也有用到锡铜、锡铋和锡银合金的。

3.3.3.1 镀锡

常用的镀锡工艺如下。

(1) 氟硼酸盐镀锡

氟硼酸锡	15～20g/L
氟硼酸	200～350g/L
硼酸	30～35g/L
甲醛	20～30mL/L
平平加	30～40mL/L
2-甲基醛缩苯胺	30～40mL/L
β-萘酚	1mL/L
温度	15～25℃
阴极电流密度	1～3A/dm²
阴极移动	

(2) 磺酸盐镀锡

甲基磺酸锡	15～25g/L
羟基酸	80～120g/L
乙醛	8～10mL/L
光亮剂	15～25mL/L
分散剂	5～10mL/L
稳定剂	10～20mL/L
温度	15～25℃
阴极电流密度	1～5A/dm²
阴极移动	1～3m/min

(3) 硫酸盐镀锡

硫酸亚锡	25～60g/L
硫酸	120～180g/L
添加剂 A	8～18mL/L
添加剂 B	5～10mL/L
温度	10～25℃
阴极电流密度	1～5A/dm²
阴极移动	20～30 次/min

3.3.3.2 焊接性镀锡合金

(1) 锡银合金

锡银合金是为了取代锡铅合金而开发的可焊性镀层，由于锡与银的电位相差达

935mV，在简单盐镀液中是很难得到锡银合金镀层的，因此已经开发的锡银合金镀层几乎都是络合物体系。镀层中银的含量可以控制在 2.5％～5.0％（质量分数）之间。

氯化亚锡	45g/L
碘化银	1.2g/L
焦磷酸钾	200g/L
碘化钾	330g/L
pH 值	8.9
温度	室温
阴极电流密度	$0.2\sim2A/dm^2$
阳极	不溶性阳极
阴极移动	需要

(2) 锡铋合金

这也是为替代锡铅合金而开发的可焊合金。

硫酸亚锡	50g/L
硫酸铋	2g/L
硫酸	100g/L
氯化钠	1g/L
光亮剂	适量
温度	室温
pH 值	强酸性
阴极电流密度	$2A/dm^2$
阳极	纯锡板
阴极移动	需要
镀层铋含量	3％

(3) 锡铈合金

硫酸亚锡	35～45g/L
硫酸高铈	5～10g/L
硫酸	135～145g/L
光亮剂	15mL/L
稳定剂	15mL/L
温度	室温
阴极电流密度	$1.5\sim3.5A/dm^2$
需要阴极移动	

(4) 锡铅合金

氟硼酸锡	15～20g/L

氟硼酸铅	44~62g/L
氟硼酸	260~300g/L
硼酸	30~35g/L
甲醛	20~30mL/L
平平加	30~40mL/L
2-甲基醛缩苯胺	30~40mL/L
β-萘酚	1mL/L
温度	15~25℃
阴极电流密度	1~3A/dm²
阴极移动	需要

由于铅已经是明令禁止采用的元素，因此这一工艺已经面临淘汰。

3.3.4 其他贵金属电镀（铂、钯、铑、钛、铟）

3.3.4.1 镀铂工艺

(1) 硝酸盐工艺

亚硝酸二氨铂 $Pt(NH_3)_2(NO_2)_2$	10g/L
硝酸铵	100g/L
硝酸钠	10g/L
氨水	50mL/L
温度	90~95℃
阴极电流密度	1~1.5A/dm²
阴极电流效率	10%

这一工艺的电流效率很低，因此要维持较高的工作温度。同时在主盐达5g/L以上时，就要对镀液进行充分搅拌，才能得到较好的镀层。采用5A/dm²的电流密度，电镀1h，可以获得5μm的镀层。

(2) 磷酸盐工艺

氯化铂酸 (H_2PtCl_6)	4g/L
磷酸氢二铵	20g/L
磷酸氢二钠	100g/L
温度	50~70℃
电流密度	1A/dm²

还有一个高浓度的磷酸盐镀铂工艺如下：

氯化铂酸 (H_2PtCl_6)	34g/L
磷酸氢二铵	30g/L
磷酸氢二钠	300g/L

pH 值	4～7
温度	70℃
电流密度	2.5A/dm²

3.3.4.2 镀钯

钯是银白色金属，化学元素符号为 Pd，原子量 106.4，密度 12.02g/cm³。钯的化学性质稳定，不溶于冷硫酸和盐酸，溶于硝酸、王水和熔融的碱中。在大气中有良好的抗蚀能力。二价钯的电化当量为 1.99g/（A·h），标准电极电位 Pd^{+2}/Pd＋＝0.82V。

钯镀层的硬度较高，这与金属钯本身的性质有较大差别。另外，钯的接触电阻很低且不变化，因此广泛用于电子工业。

(1) 镀钯工艺

① 铵盐型。

二氯化四氨钯（Pd（NH₃)₄Cl₂）	10～20g/L
氢氧化铵	20～30g/L
游离铵	2～3g/L
氯化铵	10～20g/L
pH 值	9
温度	15～35℃
阴极电流密度	0.25～0.5A/dm²
阳极	纯石墨

② 磷酸盐型。

氯钯酸（H₂PdCl₃）	10g/L
磷酸氢二铵	20g/L
磷酸氢二钠	100g/L
苯甲酸	2.5g/L
pH 值	6.5～7.0
温度	50～60℃
阴极电流密度	0.1～0.2A/dm²
阳极材料	纯石墨

(2) 镀液的配制

① 铵盐型。

将二氯化钯溶于 60～70℃的盐酸中。按每升镀液需要 33g 二氯化钯和 50mL 10%的盐酸计，反应式如下：

$$PdCl_2 + 2HCl \Longrightarrow H_2PdCl_4$$

在搅拌下加入 26mL 浓氨水，生成红色沉淀，再将沉淀溶于过量的氨水中，形成绿色二氯四氨钯：

$$H_2PdCl_4+6NH_4OH =\!\!=\!\!= Pd(NH_3)_4Cl_2+2NH_4Cl+6H_2O$$

过滤溶液，除去三氢氧化铁等杂质，再加入 10% 的盐酸，直到形成红色沉淀：

$$Pd(NH_3)_4Cl_2+2HCl =\!\!=\!\!= Pd(NH_3)_2Cl_2\downarrow (红色)+2NH_4Cl$$

用滤斗过滤沉淀，并用蒸馏水洗净，直到试纸刚好不显酸性。将洗涤液收集在容器中，并蒸发水分，回收钯盐。然后将沉淀溶于 180mL 氨水中，加氯化铵 150g/L，加水至所需要刻度，调 pH 值至 9，即可以试镀，阳极用钯或铂。

二氯化钯可以自己制备。方法如下：

将钯屑溶于王水中，蒸干。用浓盐酸润湿干燥的沉淀。按每 20g 钯加 10mL 浓盐酸，再蒸干。重复 2～3 次，将干的沉淀溶于 10% 的盐酸中，即形成二氯化钯（$PdCl_2\cdot 2H_2O$）。

② 磷酸盐型。

先制备氯钯酸。精确称取金属钯屑溶解于热的王水中，待完全溶解后蒸发至干。然后缓缓加入热浓盐酸（按 10g 加入 10mL 盐酸计），润湿干燥的沉淀物，再重新蒸发至干，将蒸干的浓缩物溶解到蒸馏水中，制成氯钯酸溶液。

将制好的氯钯酸溶液加入到磷酸氢二铵水溶液中。然后将分别溶解好的苯甲酸和磷酸氢二钠加入到上述溶液中，加水至指定容积，并充分加以搅拌，即制得所需要的镀液。

(3) 镀液的维护

铵盐镀钯的主盐浓度控制在 15～18g/L 之间比较合适。含量过低或过高，对镀层质量都会有不利影响。少于 10g/L 时，镀层颜色差、不均匀，甚至发黑。

氯化铵在镀液中主要起导电盐的作用，同时与氢氧化钠形成缓冲剂，起到稳定镀液 pH 值的作用。

3.3.4.3 镀铑

铑也是一种银白色的金属，化学元素符号为 Rh。铑是铂族元素中最贵重的一种金属。熔点达 1966℃，密度为 $12.4g/cm^3$。铑的化学稳定性极高，对硫化物有高度的稳定性，连王水也不能溶解它。同时有很高的硬度，反光性能又好，因此在光学工业中有广泛应用。铑在电子工业中也有较多应用，主要是用作镀银层表面的闪镀，以防变色。

最早的镀铑是在 1930 年左右在美国出现的。经过第二次世界大战，自 20 世纪 50 年代以后在现代工业中有了广泛应用。特别是在电子工业，为了提高电子装备的可靠性，对高频及超高频器件镀银后再镀上一层极薄的铑镀层，不仅可以防止银层变色，而且能提高接插元件的耐磨性。

常用的镀铑液有硫酸型、磷酸型和氨基磺酸型三种[2]。

(1) 镀铑工艺

① 硫酸型。

硫酸铑	2g/L
硫酸	30g/L
温度	50℃
阴极电流密度	1.5~2A/dm²
阳极	铂丝或板

如果要获得较厚镀层，则要提高主盐浓度至 4~10g/L，硫酸也相应提高到 40~90g/L。这时镀液的温度可以提高到 60℃，电流密度也可以升高到 5A/dm²。

② 磷酸型。

磷酸铑	8~12g/L
磷酸	60~80g/L
温度	30~50℃
阴极电流密度	0.5~1A/dm²
阳极	铂丝或板

③ 氨基磺酸型。

氨基磺酸铑	2~4g/L
氨基磺酸	20~30g/L
硫酸铜	0.6g/L
硝酸铅	0.5g/L
温度	35~55℃
阳极	铂丝或板

(2) 镀液的配制

由于铑的盐制品不易购到，因此，配制镀铑液的要点是制备铑与酸反应生成的盐。

① 先将硫酸氢钾在研钵中研细，然后按硫酸氢钾：铑＝30∶1（质量比）的比例称取硫酸氢钾和铑粉。

② 将铑粉与硫酸氢钾均匀混合，放入干净的瓷坩埚里（坩埚内先放一层硫酸氢钾打底），然后再在表面轻轻盖上一层硫酸氢钾。

③ 待马弗炉预热到250℃时，将盛有混合物的坩埚放入炉中，升温至450℃时恒温1h，再升温至580℃恒温3h，然后停止加热，随炉冷却至接近室温取出。

④ 将烧结物从坩埚中取出移入烧杯内，加适量蒸馏水，加热至60~70℃并搅拌，使其溶解，得到粗制硫酸铑。

⑤ 过滤粗制硫酸铑溶液，将沉渣用蒸馏水洗2~3次，连同滤纸放入坩埚里灰化、保存，留待下次烧结铑粉时再用。

⑥ 将滤液加热至50~60℃，在搅拌下慢慢加入10%氢氧化钠，使硫酸铑完全生成谷黄色氢氧化铑沉淀（氢氧化钠的加入量以使溶液呈弱碱性为准，即 pH＝6.5~7.2。当碱过量时氢氧化铑会溶解其中）。

⑦ 将沉淀物过滤，并用温水洗涤 4～5 次。

⑧ 将沉淀物和滤纸一起移入烧杯中，加水润湿，根据溶液类型滴加硫酸或磷酸至沉淀全部溶解。氨基磺酸镀液也先用硫酸溶解，然后加入已溶解好的氨基磺酸。

⑨ 其他材料可各自溶解后，再逐步加入，并补充蒸馏水至工作液的液面。

还有一种制备镀铑溶液的方法为电解，这种方法比上述烧制法要简便许多，但是却比较费时间。具体操作方法如下：

在烧杯中放入铑粉和 5% 的硫酸 200mL，用光谱纯级碳电极作两个电极，用变压器将交流电压降至 4～6V，再用可变电阻（100Ω 以上）调节电解电流（避免两极产生过量的气体），并且开动搅拌器让铑粉浮悬于溶液中，成为瞬时的双电极。以使铑在交流电场下不断地氧化和钝化而溶解成硫酸铑。电解几天后，检验含量是不是所需要的量，如果符合要求，即可以中止电解。电解时要盖上有孔的表面器皿，以防止灰尘落入槽中和减少水分蒸发。过滤铑镀液，滤纸上的铑粉和炭粉应用蒸馏水洗干净，留待下次电解时再用。所得滤液经检验和补料后，即可进行试镀。在需要大量配制时，可用多个烧杯串联电解。整个工艺过程要有排气装置。

(3) 镀液的维护

铑盐是镀液的主盐，在硫酸盐镀液中，铑的浓度范围在 1～4g/L 之间都可以获得优质的镀层。在一定的温度和电流密度下，随着铑含量的增加，电流效率也随之上升。为了获得光亮度高、孔隙率低的镀层，铑的浓度宜控制在 1～2g/L。但是，当铑的含量低于 1g/L 时，镀层的颜色发红变暗，并且镀层的孔隙率增加。在氨基磺酸盐镀液中，主盐的浓度则不应低于 2g/L，否则，镀层会发灰并没有光泽。

3.3.4.4 镀钛

钛也是银白色的金属，化学元素符号为 Ti，原子量 47.9，熔点 1960℃。三价钛的电化当量为 0.446g/（A·h），标准电极电位为 +0.37V。钛的延展性好，耐腐蚀性强，不受大气和海水的影响，与各种浓度的硝酸、稀硫酸和各种弱碱的作用非常缓慢。但是溶于盐酸、浓硫酸、王水和氢氟酸。

钛镀层有较高的硬度，良好的耐冲击性、耐热性、耐腐蚀性以及较高的抗疲劳强度。

镀钛的工艺如下。

(1) 酸性镀液

氢氧化钛	100g/L
氢氟酸	250mL/L
硼酸	100g/L
氟化铵	50g/L
明胶	2g/L

pH 值	3～3.4
温度	20～50℃
阴极电流密度	2～3A/dm²

(2) 碱性镀液

海绵钛	10～12g/L
氢氧化钠	28～30g/L
酒石酸钾钠	290～300g/L
柠檬酸	8～10g/L
葡萄糖	6～8g/L
双氧水	300～350mL/L
平平加	微量
pH 值	12
温度	70℃
阳极	带阳极袋的碳棒

3.3.4.5 镀铟

铟是在发明了分光光度计之后才得以发现的元素。1860 年德国著名科学家本生和克希荷夫发明了分光光度计。1863 年德国人赖希（F. Reich）和里希特（H. T. Richter）在研究闪锌矿时，用光谱分析含氧化锌的溶液，发现一条鲜蓝色新谱线，随后分离出一种新的金属。根据谱线颜色，按拉丁文 indium（蓝色）命名为铟。

铟（In）是一种银白色金属，原子量 114.82，标准电极电位为＋0.33V，电化当量 1.427g/（A·h）。常温下纯铟不被空气或硫氧化，温度超过熔点时，可迅速与氧和硫化合。铟的可塑性强，有延展性，可压成极薄的铟片，很软，能用指甲刻痕。

铟是制造半导体、焊料、无线电器件、整流器、热电偶的重要材料。纯度为 99.97％的铟是制作高速航空发动机银铅铟轴承的材料，低熔点合金如伍德合金每加 1％的铟可降低熔点 1.45℃，当加到 19.1％时熔点可降到 47℃。铟与锡的合金（各 50％）可作真空密封之用，能使玻璃与玻璃或玻璃与金属粘接。金、钯、银、铜与铟组成的合金常用来制作假牙和装饰品。铟是锗晶体管中的掺杂剂，在 PNP 锗晶体管生产中使用铟的数量最大。

铟镀层主要用于反光镜及高科技产业制品，也用于内燃机巴比合金轴承等，作为减磨镀层。常用的镀铟有以下三种。

(1) 氰化物镀铟

氰化铟	15～30g/L
氰化钾	140～160g/L
氢氧化钾	30～40g/L

葡萄糖	20～30g/L
pH 值	11
温度	15～35℃
阴极电流密度	10～15A/dm²
阴极电流效率	50%～60%
阳极	石墨

(2) 硼氟酸盐镀铟

硼氟酸铟	20～25g/L
硼氟酸（游离）	10～20mL/L
硼酸	5～10g/L
木工胶	1～2g/L
pH 值	1.0
温度	15～25℃
阴极电流密度	2～3A/dm²
阴极电流效率	30%～40%
阳极	石墨

(3) 硫酸盐镀铟

硫酸铟	50～70g/L
硫酸钠	10～15g/L
pH 值	2～2.7
温度	18～25℃
阴极电流密度	1～2A/dm²
阴极电流效率	30%～80%
阳极	石墨

3.4 滚镀技术

　　滚镀是电镀技术中的一个重要的分支技术，也是电子电镀技术的重要组成部分。由于滚镀过程是在一个相对封闭的容器内在滚动中进行的，其电极过程显然会受到这种过程的影响，从而显示出一些不同的特点。

3.4.1 滚镀技术的特点

　　滚镀是在一种圆形或多边形的筒中进行电镀的，由于这种筒在电镀过程中在不停地旋转，因此也叫旋转镀。

3.4.1.1　滚镀的优点

(1) 提高生产效率，降低劳动强度

滚镀的最大优点是省去了易滚镀小零件的装挂时间，在提高了电镀生产效率的同时，降低了劳动强度。许多小零件由于没有可供挂具悬挂的孔位而在电镀中需要费心思寻找装挂方法，比如用铁丝缠绕，或用镀盘盘镀。这些变通的方法不仅效率低下，而且电镀质量难以保证。而采用滚筒电镀技术，一个中型以上的滚筒可以装载 90～100kg，一条生产线如果有十来个滚筒，一次就可以镀 1000kg 的产品，这种效率是人工难以达到的。以在各个工业领域大量采用的各种螺钉为例，如果没有滚镀技术，由人工上挂具或用盘子来电镀，其效率低，质量不稳定，难以满足工业生产的需要，特别是汽车业和电子工业中的各色各样的标准件，没有滚镀将是不可想象的。滚镀还大大降低了劳动强度，由于滚镀的滚筒可以由机械提升和运送，人工只需要操作按钮就可以完成大部分操作。如果没滚镀设备，由人工来完成相同的生产量，劳动强度要大得多。

(2) 电镀质量的改进

滚镀中的零件是在不停地运动中电镀的，零件之间还存在相互的摩擦，因此，滚镀镀层的结晶会比较细致，如果滚筒设计合理而又装载得当，当电镀时间适当时，镀层的分散能力也会有所改进。因此，滚镀产品的外观质量，一般都优于挂镀产品。但是，由于滚镀受设备的影响很大，与装载量和电镀时间等都有关系，因此不能认为凡是滚镀就一定会有优于挂镀的质量。

从理论上讲，在一个滚筒中不停翻动的零件，其在筒中的位置将是随机的，但随着时间的延长，一个零件出现在滚筒中的各部位的概率是相等的，或者说被镀零件会不停地改变自己受镀的部位和姿势，应该有更好的镀层分散性。但是，由于滚筒形状和零件本身的限制，会出现重叠和互相咬死的状态，这时电镀质量就难以保证了。

3.4.1.2　滚镀的缺点和改进

在讲到滚镀对镀层质量的改进时，也谈到了滚镀的局限性。概括起来有以下几点。

(1) 对零件的适用性有限

滚镀首先不能适用于大型的制件，不可能为大型制件制作可以装下这类制件的超大型滚筒，因为如果只装一两个大型零件的滚筒就失去了滚镀的意义。

即使是小型零件，也不是都可以用滚镀法来加工的，对于片状、易重叠、易互相咬合或卡死的小零件，都不适合滚镀。理想的适用于滚镀的制件就是类似标准件这样的产品。现在，也有类似在滚筒内增加翻动零件的附件的措施出现，以增加滚镀设备对不同产品的适应性。

一种新的滚镀概念是将滚筒作为挂镀的挂架，将较大而又不能在滚筒内滚镀的

制品以挂镀的形式进行滚镀，以加强镀液搅拌和提高工作电流密度，从而达到提高分散能力的目的。

（2）电量消耗有所增加

由于在筒内受镀，电力线的传送阻力增加，使用电量有所增加。普通电镀电压在6V以内即可以生产，而滚镀的电压通常在15V以上。因此，要对滚镀液的配方做适当调整，增加电解液的导电性能，并对滚筒的结构做一些调整，以利于电流通过。

（3）获得厚镀层的时间延长

与挂镀相比，滚镀要获得与挂镀相同厚度的镀层，电镀时间要延长一些，也就是说滚镀的电沉积速度有点慢。这是与电阻增加、有效电流密度降低等有关联的问题，应该尽量设法提高镀筒内的真实电流密度，从而提高沉积速度。

（4）阳极面积难以保证

由于滚镀槽空间较小，不可能有富余的地方放置较多的阳极，使阳极电流密度升高，溶解速度下降，从而影响镀液的稳定性。一种新的结构设计可以增大镀槽内阳极放置的空间，从而保持镀液的稳定性。

3.4.2　影响滚镀质量的因素

影响滚镀质量的因素有很多，包括设备方面的和操作工艺条件方面的以及镀液本身的。认识和了解这些影响因素，对使用好滚镀技术是很有帮助的。

3.4.2.1　滚筒眼孔径的影响

滚镀机的滚筒上要钻满密密麻麻的孔，这些孔既方便镀液的流动，又可保证电流的通过。因此，孔径的大小对镀液的流动和电流的通过有重要的影响。而镀液和电流的流动直接关系到镀液的导电能力和镀层的厚度，对电镀过程有重要的影响。

（1）孔径大小与电压的关系

很直观地可以估计到，大的孔径有利于电流的通过。对于第二类导体，这时的孔径相当于导电体的截面，而第二类导体同样遵守欧姆定律，因此当孔的直径增大时，电解液的电阻会有所下降，槽电压也就会随之下降。由表 3-7 可以看出这种关系是线性的比例关系。

表 3-7　滚筒孔径与槽电压的关系（瓦特镀镍液）

孔径/mm	槽电压/V
2.0	11
3.0	9.5
4.0	8.5
5.0	8.0

(2) 孔径大小与镀层厚度及分散能力的关系

孔径的大小与镀层的厚度显示出较为复杂的关系，总的趋势当然是随着孔径的增大，镀层的厚度有所增加，但这种倾向与镀液的性质有很大关系。仍以镀镍为例，对于瓦特型镀镍液，当孔径增大时，在一定范围内镀层厚度是增加的，但进一步增大孔径后，镀层厚度反而有所下降，但镀层的分散能力增加，即镀层的均匀性提高，计算下来，镀层金属的总量仍然是线性增加的，只是由于分散能力的提高，使镀层的局部厚度下降。

当镀液中加入光亮剂后，镀层厚度随孔径的增加而增加，但分散能力随着孔径的增加反而下降。同时在小孔径时镀得的镀层厚度差的幅度增大。

3.4.2.2 转速的影响

滚镀的转速对镀层的厚度变化的幅度和分散能力都有影响。当转数低时，镀层厚度的变化较大，分散能力也不好。随着转速的增加，厚度差减小，但分散能力提高。再进一步提高转速，镀层厚度的变化和分散能力都再度变小。因此，只能通过实验取一个适当的滚镀转速。滚筒转速与镀层厚度和分散能力的关系见图3-2。

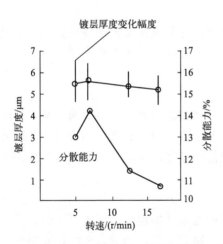

图3-2　滚筒转速与镀层厚度和分散能力的关系

图中镀层厚度随着转速的提高，在某一个速度达到最高值后就开始下降，最后趋于平稳，分散能力也是如此，但过了最高值后急剧下降。因为在高速度下，筒内零件的翻动反而因为惯性而减少，分散能力下降。另外图中厚度曲线的每个点的值是取样数的平均值，垂线的上下端是在这个点上的镀层厚度的变化幅度（即最大值和最小值）。

3.4.2.3 装载量的影响

滚镀的装载量可以有三种计算方法，即镀件的表面积、镀件的质量和容积。常用的是镀件的容积，并且是根据镀件的容积再换算出这种容积下滚筒的装载量，比如50kg筒、90kg筒等。而实际镀件的容积只允许占滚筒容积的40％。过量的或过少的装载量都会影响电镀质量。装载量过大时，镀件滚动减少，里边的镀件难以镀上镀层而会出现漏镀和镀不全的质量问题。装载量过少则镀件在筒底部振动，镀层均匀性不良。

滚镀镀层的厚度由电流强度、镀件表面积、电镀时间和阴极电流密度四者所决定，因此，如果有可能应该了解某容积下镀件的表面积，以确定需要在多大电流下工作。由于滚镀中的镀件往往处于断断续续的通电状态，无法确定阴极电流密度，因此，实际生产中用电镀的槽电压来进行控制，即通过调整电压来保持通过镀槽的电流维持在一个稳定的值。

3.4.2.4 电流强度的影响

在滚筒的装载量一定时，随着电流的增加，镀层厚度的变化幅度增大，镀层的均匀性下降，这种倾向在镀液中有添加剂时有所增加。测试表明，滚镀镀层的厚度与电流强度并不是呈线性增长的趋势，而是出现阶段性波动，并且随着电流强度的增大而出现镀层厚度平均值下降的情况，尽管这时可以测到某些高电流强度下最厚镀层值，但也有最低厚度值，平均值仍然低于其他低电流强度的厚度值。因此，滚镀一般在确定一个电流强度后，就不再调整电流，而是根据电压变动来调整电压。

3.4.2.5 镀液成分的影响

不同的电镀液对滚镀镀层的厚度和分散能力有重要影响，因而，选择合适的滚镀配方对滚镀工艺来说是十分重要的。以镀镍为例，按表 3-8 中所列的镀液进行滚镀试验后，所得的结果如表 3-9 所示，不同镀液中所得的镀层的厚度有很大差异。

表 3-8　不同镀镍液配方　　　　　　　　　　　　　　单位：g/L

镀液号	硫酸镍	氯化镍	氯化铵	氯化钠	硼酸	光亮剂	明胶	炔醇	镉盐
1	150	—	15	—	15	—	—	—	—
2	150	—	15	—	15	—	—	—	0.05
3	250	40	—	—	30	—	—	—	—
4	250	40	—	—	30	7	0.01	—	—
5	250	40	—	—	30	7	0.01	—	0.1
6	250	40	—	—	30	7	—	0.1	—
7	250	—	—	30	30	—	—	—	—

进行滚镀测试的试片是一种有一面为开口的方框角形件（图 3-3），将这种试片置于试验滚镀槽中滚镀后，对试片上的 6 个不同的部位以金相法进行厚度测量。

表 3-9　不同镀液配方在滚镀中的厚度和分散能力（镀液参照表 3-8）

镀液号 \ 测厚位置	A /μm	B /μm	C /μm	D /μm	E /μm	F /μm	分散能力 /%
1	7.8	7.3	8.3	2.3	2.0	2.0	29.5
2	5.8	5.5	5.9	0.9	1.0	1.0	15.5

测厚位置 镀液号	A /μm	B /μm	C /μm	D /μm	E /μm	F /μm	分散能力 /%
3	6.8	6.4	7.1	1.4	1.5	1.9	22.1
4	5.7	5.3	4.8	1.2	1.4	1.5	21.0
5	5.6	5.3	5.8	1.3	2.2	2.3	23.2
6	5.5	4.8	5.0	0.8	0.9	0.9	14.5
7	5.7	5.8	5.5	1.6	2.1	1.9	28.3

注：1. 分散能力的表达式为 D/A×100%；

2. 测厚的部位如图 3-3 所示，为试片中各面的正中部。

值得注意的是，任何添加剂对滚镀的分散能力都是不利的。没有任何添加剂的 1 号和 7 号液的分散能力最好，相当于光亮镀镍的 6 号液分散能力最差。这与挂镀中添加剂的作用结果是完全不同的，添加剂在挂镀中多数有利于提高分散能力。因此，滚镀液所用的添加剂的选取要更加谨慎，且用量不宜过多。

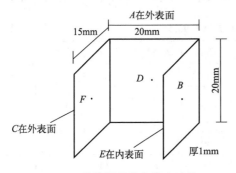

图 3-3　滚镀镀层分布能力试片

3.4.2.6　产品形状的影响

与挂镀一样，滚镀镀件的形状对电镀效果有很大影响，只不过镀件的形状对滚镀的影响更大。首先，有一些形状的产品根本就不能滚镀，比如片状制品、细针类产品等；其次，有些形状不很适合滚镀时，则需要延长电镀时间或将易镀的形状产品与难镀产品混装来电镀。这样可以提高难镀制件的合格率。

易镀的形状是球状、柱状、管状、圆形等不带钩、弯角等的产品。

在需要的时候，为了让一些片状镀件能利用滚镀加工来提高生产效率，可以用钢珠来作导电媒介和分散片状镀件的陪镀件，这种陪镀钢珠可以反复使用，从而成为滚镀工艺中一种特殊的工具。强磁体钕铁硼圆片的电镀，就用到了这种滚镀工艺。

3.4.3　滚镀设备

滚镀在电镀生产中占有很重要的地位。因为滚镀是一种既提高生产效率又改善电镀质量的生产模式。滚镀设备是电镀设备中一个独特产品，既可以单机生产，也可以组成生产线流水作业。滚镀所用的镀槽与普通镀槽基本上是一样的，不同之处是附有滚筒的转动传动机构。滚镀根据装载镀件的滚筒在镀槽中的浸入深度而分为全浸式和半浸式两种。现在基本上都采用全浸式滚镀设备。图 3-4 是全浸式滚镀单机的示意图。

这种单个滚镀机适合小批量零件的滚镀生产。滚筒的形状是正六面体，其中一个面上装有筒盖。镀槽的提升有手动也有电动，滚筒的动力由电动机提供，图中是装在镀槽上部，也可以装在槽边。滚筒的变速由变速器控制，调速可电调，也配有传动齿轮调速装置。

有单机模式，只是电镀在滚镀机内进行，前后处理都是在另外的设备中以手工操作处理。而生产线式滚镀设备则可以在线上完成前后处理工序，当然也有在线外进行前处理再转入生产线中滚镀的。

图 3-5 是一条典型的手动全浸式滚镀生产线，采用了槽边螺杆式传动系统。

这种设备占地面积小，前处理在线外进行，将经除油和除锈后的产品装入滚筒后，在线上经过活化和清洗，即可进入镀槽电镀。适合小批量、多品种电子零件的电镀，例如焊片、垫圈、电极等。对于大批量定形的产品，例如电池壳、接插件等则可以采用自动控制的滚镀生产线。现在已经有智能控制的自动滚镀生产线定制制造。

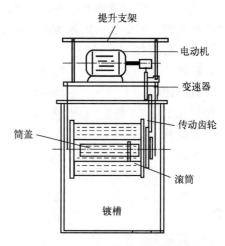

图 3-4　全浸式滚镀单机示意图

图 3-5　手动全浸式滚镀生产线

3.5　化学镀通用工艺

化学镀由于不需要外加电源，不受电力线分布的影响，因而其镀层分散性能非常好，同时不同化学镀工艺所获得的化学还原镀层的性能也有一些电镀所不具备的优点，并且可以在不同材料上获得需要的镀层，从而成为一项应用广泛的金属镀覆技术，在许多领域，特别是电子电镀领域获得了较多的应用[3]。

3.5.1　化学镀铜工艺

化学镀铜主要用于在非金属表面形成导电层，因此在印制板电镀和塑料电镀中都有广泛应用。铜与镍相比，标准电极电位比较正（0.34V），因此比较容易从镀液中还原析出，但是也正因为如此，镀液的稳定性也差一些，容易自分解而失效。

（1）工艺配方

硫酸铜	7g/L
酒石酸钾钠	75g/L
氢氧化钠	20g/L
三乙醇胺	10mL/L
碳酸钠	10g/L
硫脲	0.01g/L
pH 值	12
温度	40～50℃

（2）配制与维护

化学镀铜的稳定性较差，容易发生分解反应，所以在配制时一定要小心地按顺序进行：①先用蒸馏水溶解硫酸铜；②再用一部分水溶解络合剂；③将硫酸铜溶液在搅拌中加入到络合剂中；④再加入稳定剂和氢氧化钠，调 pH 到工艺范围；⑤使用前再加入还原剂甲醛。

在使用中可采用空气搅拌，从而提高镀液的稳定性，并将副反应生成的一价铜氧化为二价铜，以防止因歧化反应产生铜粉而导致自分解。

镀液在用过后，存放时要将 pH 值调低至 7～8，并且过滤掉固体杂质，更换一个新的容器保存，才可防止其自分解失效。

用于非金属电镀的化学镀铜工艺如下：

硫酸铜	3.5～10g/L
酒石酸钾钠	30～50g/L
氢氧化钠	7～10g/L
碳酸钠	0～3g/L
37％甲醛	10～15mL/L
硫脲	0.1～0.2 mg/L
温度	室温（20～25℃）
搅拌	空气搅拌

这是现场经常采用的常规配方，在实际操作中为了方便，可以配制成不加甲醛的浓缩液备用。比如按上述配方将所有原料的含量提高到 5 倍，在需要使用时再用蒸馏水按 5：1 的比例进行稀释。然后在开始工作前再加入甲醛。

要想获得延展性好又有较快沉积速度的化学镀铜，建议使用如下工艺：

硫酸铜	7～15g/L
EDTA	45g/L
甲醛	15mL/L

用氢氧化钠调整 pH 值到 12.5

氰化镍钾	15 mg/L
温度	60℃
析出速度	8～10μm /h

如果不用 EDTA，也可以用酒石酸钾钠 75g/L。另外，现在已经有商业的专用络合剂出售，这种商业操作在印刷线路板行业很普遍。所用的是 EDTA 的衍生物，其稳定性和沉积速度都比自己配制的要好一些。一般随着温度上升，其延展性也要好一些。在同一温度下，沉积速度慢时所获得的镀层延展性要好一些，同时抗拉强度也增强。为了防止铜粉的产生，可以采用连续过滤的方式来当作空气搅拌。表 3-10 是根据资料整理的稳定性较好的一些化学镀铜液的配方。

表 3-10　化学镀铜液的配方

组分	不同配方各组分含量/（g/L、mL/L）									
	1	2	3	4	5	6	7	8	9	10
硫酸铜	7.5	7.5	10	18	25	50	35	10	5	10
酒石酸钾钠	—	—	—	85	150	170	170	16	150	—
EDTA 二钠	15	15	20	—	—	—	—	—	—	20
柠檬酸钠	—	—	—	—	—	50	—	—	20	—
碳酸钠	—	—	—	40	25	30	—	—	30	—
氢氧化钠	20	5	3	25	40	50	50	16	100	15
甲醛（37%）	40	6	6	100	20	100	20	8（聚甲醛）	—	9（聚甲醛）
氰化钠	0.5	0.02	—	—	—	—	—	—	—	—
丁二腈	—	—	0.02	—	—	—	—	—	—	—
硫脲	—	—	0.002	—	—	—	—	—	—	—
硫代硫酸钠	—	—	—	0.019	0.002	0.005	—	—	—	—
乙醇										
2-乙基二硫代氨基甲酸钠	—	—	—	0.003	0.005	—	0.01	—	—	—
硫氰酸钾	—	—	—	—	—	—	—	—	—	0.1
联喹啉	—	—	—	—	—	—	—	0.005	0.01	—
沉积速度/（mg/h）	—	0.5	—	—	—	5～10	3	—	6	—

3.5.2　化学镀镍工艺

化学镀镍是近年来发展非常快的表面处理技术，在电子电镀中的应用更是占有很大比例。由于化学镀镍的分散能力非常好，又不需要电源，并且镀层实际上是镍磷或镍硼合金，其物理和化学性能都较优良，因此，在工业领域的用途非常广泛。其与电镀镍的性能比较见表 3-11。

表 3-11　化学镀镍与电镀镍性能比较

性能	电镀镍	化学镀镍
镀层组成	含镍99％以上	含镍92％左右、磷8％左右
外观	暗至全光亮	半光亮至光亮
结构	晶态	非晶态
密度	8.9	平均7.9
分散能力	差	好
硬度	200～400HV	500～700HV
加热调质	无变化	900～1300HV
耐磨性	相当好	极好
耐蚀性	好	优良
相对磁化率	36％	4％
电阻率/（$\mu\Omega$/cm）	7	60～100
热导率/［J/（cm・s・℃）］	0.16	0.01～0.02

3.5.2.1　以次亚磷酸钠为还原剂的化学镀镍

(1) 酸性化学镀镍

硫酸镍	30g/L
醋酸钠	10g/L
次亚磷酸钠	10g/L
pH 值	4～6
温度	90℃
时间	60min
厚度	25μm

本工艺适用于陶瓷类产品，如果用于钢铁制品，则可以采用以下工艺：

氯化镍	30g/L
柠檬酸钠	10g/L

次亚磷酸钠　　　　　　　10g/L

pH 值　　　　　　　　　4～6

温度　　　　　　　　　　90℃

时间　　　　　　　　　　60min

厚度　　　　　　　　　　10μm

(2) 碱性化学镀镍

硫酸镍　　　　　　　　　25g/L

焦磷酸钾　　　　　　　　50g/L

次亚磷酸钠　　　　　　　25g/L

pH 值　　　　　　　　　8～10

温度　　　　　　　　　　70℃

时间　　　　　　　　　　10min

厚度　　　　　　　　　　2.5μm

或者

氯化镍　　　　　　　　　30g/L

氯化铵　　　　　　　　　50g/L

次亚磷酸钠　　　　　　　10g/L

pH 值　　　　　　　　　8～10

温度　　　　　　　　　　90℃

时间　　　　　　　　　　60min

厚度　　　　　　　　　　8μm

(3) 低温化学镀镍

硫酸镍　　　　　　　　　30g/L

柠檬酸铵　　　　　　　　50g/L

次亚磷酸钠　　　　　　　20g/L

pH 值　　　　　　　　　8～9.5

温度　　　　　　　　　　30～40℃

时间　　　　　　　　　　5～10min

厚度　　　　　　　　　　0.2～0.5μm

本工艺主要用于塑料电镀，以防止塑料高温变形。

3.5.2.2　以硼氢化钠为还原剂的化学镀镍

(1) 高温型

氯化镍　　　　　　　　　30g/L

乙二胺　　　　　　　　　60g/L

硼氢化钠　　　　　　　　0.5g/L

硫代二乙酸	1g/L
pH 值	12
温度	90℃

(2) 低温型

硫酸镍	20g/L
酒石酸钾钠	40g/L
硼氢化钠	2.2g/L
硫代二乙酸	1g/L
pH 值	12
温度	45℃

3.5.2.3 化学镀镍的配制方法和注意事项

化学镀镍由于是自催化型镀液，如果配制不当会使镀液稳定性下降，甚至于自然分解而失效。因此，在配制时要遵循以下几个要点：①镀槽采用不锈钢、搪瓷、塑料材料；②先用总量 1/3 的热水溶解镍盐，最好是去离子水；③用另外 1/3 的水溶解络合剂、缓冲剂或稳定剂；④将镍盐溶液边搅拌边倒入络合剂溶液中；⑤用余下 1/3 的水溶解还原剂，在使用前加入到上述液中；⑥最后调 pH 值，加温后使用。

对于化学镀镍液的维护和原料的补充，不能在工作状态下进行，首先要使镀液脱离工作温度区，即要降低镀液温度，同时不能直接将固体状的材料加入到镀槽，一定要先用去离子水溶解后再按计算的量加入。否则会使镀液不稳定而失效。同时镀液的装载量也是很重要的参数，既不可以多装（≤1.25dm²/L），也不要少于 0.5dm²/L，否则也会使镀液不稳定。总之，化学镀液的稳定性是操作者务必随时关注的要点。

3.5.3 化学镀金和化学镀银

3.5.3.1 化学镀金

化学镀金在电子电镀中占有重要地位，特别是在半导体制造和印制线路板的制造中，很早就采用了化学镀金工艺。但是，早期的化学镀金由于不是真正意义上的催化还原镀层，而只是置换性化学镀层，因此镀层的厚度是不能满足工艺要求的，以至于许多时候不得不采用电镀的方法来获得厚镀层。随着电子产品向小型化和微型化发展，许多产品已经不可能再用电镀的方法来进行加工制造，这时，开发可以自催化的化学镀金工艺就成为一个重要的技术课题。

(1) 氰化物化学镀金

为了获得稳定的化学镀金液，目前常用的化学镀金采用的是氰化物络盐。一种可以有较高沉积速度的化学镀金工艺如下：

① 甲液。

氰化金钾	5g/L
氰化钾	8g/L
柠檬酸钠	50g/L
EDTA	5g/L
二氯化铅	0.5g/L
硫酸肼	2g/L

② 乙液。

硼氢化钠	200g/L
氢氧化钠	120g/L

使用前将甲液和乙液以 10：1 的比例混合，充分搅拌后加温到 75℃，即可以工作。注意：镀覆过程中也要不断搅拌。这一化学镀金的速度可观，30min 厚度可以达到 4μm。

但是，这一工艺中采用了铅作为去极化剂来提高镀速，这在现代电子制造中是不允许的。研究表明，钛离子也同样具有提高镀速的去极化作用，因此，对于有 HoRS 要求的电子产品，化学镀金要用无铅工艺：

氰化金钾	4g/L
氰化钾	6.5g/L
氢氧化钾	11.2g/L
硫酸钛	5～10mg/L
硼氢化钠	5.4～10.8mg/L
温度	70～80℃
沉积速度	2～10μm/h

如果进一步提高镀液温度，还可以获得更高的沉积速度，但是这时镀液的稳定性也会急剧下降。为了能够在提高镀速的同时增加镀液的稳定性，需要在化学镀金液中加入一些稳定剂，在硼氢化物为还原剂的镀液中常用的稳定剂有 EDTA、乙醇胺；还有一些含硫化物或羧基有机物的添加剂，也可以在提高温度的同时阻滞镀速的增长。

(2) 无氰化学镀金

在化学镀金工艺中，除了铅是电子产品中严格禁止使用的金属外，还有氰化物也是对环境有污染的剧毒化学物，因此，采用无氰化学镀金将是主流趋势。

① 亚硫酸盐。

亚硫酸盐镀金是三价金镀金工艺，还原剂有次亚磷酸钠、甲醛、肼、硼烷等。采用亚硫酸盐工艺时，次亚磷酸钠和甲醛都是自还原催化过程，这是这种工艺的一个优点。

亚硫酸金钠	3g/L
亚硫酸钠	15g/L
1,2-二氨基乙烷	1g/L
溴化钾	1g/L
次亚磷酸钠	4g/L
pH 值	9
温度	96～98℃
沉积速度	0.5μm/h

② 三氯化金镀液。

A 液：氯化金钾（KAuCl$_4$）	3g/L
pH 值（用氢氧化钾调）	14
B 液：甲醚代 N-二甲基吗啉硼烷	7g/L
pH 值（用氢氧化钾调）	14

将 A 液和 B 液以等体积混合后使用

温度	55℃
沉积速度	4.5μm/h

或者：

氯化金钾	2g/L
次亚磷酸钠	20g/L
二甲基胺硼烷	2g/L
MBT	1.2 mg/L
pH 值	11.9
温度	50℃

3.5.3.2 化学镀银

(1) 置换型

由于银的电极电位很正，与铜、铝等电极电位相对较负的金属很容易发生置换反应，从而在这些金属表面沉积出金属银镀层。当然，如果没有适当的置换速度的控制，所得到的镀层将是很疏松的，所以常用的置换化学镀银采用了高络合性能的氰化钠。

氰化银	8g/L
氰化钠	15g/L
温度	室温

这是在铜上获得极薄银层的置换法。

(2) 环保型

硝酸银	8g/L

氨水	75g/L
硫代硫酸钠	105g/L
温度	室温

这是相对氰化物法的无氰化学镀银，是环保型工艺。

(3) 化学镀

氰化银	1.83g/L
氰化钠	1.0g/L
氢氧化钠	0.75g/L
二甲基胺硼烷	2g/L

(4) 二液法

A液：硝酸银	3.5g/L
氢氧化铵	适量
氢氧化钠	2.5g/100mL
蒸馏水	60mL
B液：葡萄糖	45g
酒石酸	4g
乙醇	100mL
蒸馏水	1L

在配制A液时要注意，在蒸馏水中溶解硝酸银后，要用滴加法加入氨水，先会产生棕色沉淀，继续滴加氨水直至溶液变透明。

在配制B液时，要先将葡萄糖和酒石酸溶于适量水中，煮沸10min，冷却后再加入乙醇。使用前将A液和B液按1:1的比例混合，即成为化学镀银液。

3.5.3.3 化学镀锡

(1) 工艺配方

以下提供可试用的化学镀锡的若干工艺配方，严格说来不能叫做化学镀，而只是置换镀。但从广义的角度，凡是从化学溶液中获得镀层的表面处理工艺，我们都称之为化学镀。以下是化学镀锡的几个工艺配方：

A液：硫脲	55g/L
酒石酸	39g/L
氯化亚锡	6g/L
温度	室温
需要搅拌	
B液：氯化亚锡	18.5g/L
氢氧化钠	22.5g/L
氰化钠	18.5g/L

	温度	10℃以下（温度如果过高，镀层会没有光泽）
C液：	锡酸钾	60g/L
	氢氧化钾	7.5g/L
	氰化钾	120g/L
	温度	70℃

本工艺析出速度很慢，但可以获得光泽性较好的镀层。

(2) 注意事项

锡在电镀过程中容易呈现海绵状镀层，需要加入添加剂来加以抑制。化学镀锡也有同样的问题。同时沉积过程受温度影响也比较大。采用硫脲的化学镀锡，温度不宜过高，在添加了阴离子表面活性剂的场合，温度可以适当提高。

铜杂质在镀液中是有害的，由于铜离子的还原电位比锡高得多，将妨碍锡的还原。可以通以小电流加以电解，使铜在阴极析出除掉，然后再补加锡盐。

参考文献

[1] 方景礼. 电镀添加剂理论与应用 [M]. 北京：国防工业出版社，2006.

[2] 姜晓霞，沈伟. 化学镀理论及实践 [M]. 北京：国防工业出版社，2000.

[3] 吕戊辰. 防蚀メッキと化学メッキ [M]. 东京：日刊新闻社，1961.

第4章

通信类电子整机的电镀

4.1 通信类电子整机的特点

4.1.1 通信类电子整机的性能特点

通信类电子整机是现代电子产品中举足轻重的一大类产品，这一大类产品包括总机房类电子整机、基站类电子整机、控制终端和用户终端整机，包括移动通信从发送到接收的一系列电子产品。

通信类电子整机的细分可以参见表 4-1。由表可知，每一大类都包括一些小类，每一小类又包括大量的电子产品，以至于表中不可能全部列出。而所有这些相关产品，不同程度都要用到电镀技术或其他表面处理技术。

表 4-1 通信类电子整机产品分类

通信电子整机分类	产品类别	相关产品
总机类：有线、无线、互通、移动等	数字电话总机 无线电发射机	通信机房设备、柜式机、箱式机、数字交换机
中继类：接收、发射天线系统	基站 天线塔 中继站 蜂窝网	双工器、合路器、分路器、天馈系统、功放系统、各式天线、塔台系统等
终端类：大型用户终端、个人终端等	电话、传真、单位总机、移动通信类	手机、台式电脑、笔记本电脑、传真、视频会议系统等
扩展类：其他信息传递、遥控、遥测、侦收、侦听等	互联网、局域网、卫星通信、定位系统等	便携电脑、车载通信系统、交通通信设施、公安电信设施等

4.1.2　通信类电子整机的结构特点

通信类电子产品的结构与一般机械产品或轻工产品相比，有很大不同。通信类电子产品结构虽然是各种硬件的载体，有其力学性能指标，但更重要的是实现通信功能的电子功能载体，具有电子产品的特点，尤其是在现代电子产品日趋小型化和多功能化的形势下，产品结构势必要反映这些特点。

通信类电子产品的结构总体要求是轻便、合理、适用和高可靠性。由于通信电子整机功率有大有小，功能有多有少，不同要求的整机产品会有不同的结构，但是轻便合理是基本的要求。对于多功能和大功率的系统，电子设备是组装式的，也称抽屉式，对于小型机型要求有即插即拔的单元结构。这些都是通信类电子产品的典型结构。

除了这些基本结构特点外，保证适合电性能和使用功能也是很重要的。很明显，通信类电子整机的结构要求有良好的接地、屏蔽、导通性等电性能和产品功能方面的特点。由于通信电子产品要用到各种电子元器件，当这些不同功能的元器件组装到一起时，会出现某些干扰性因素，这要求在结构上进行适当的处理来加以避免。

结构在保证整机可靠性方面也起着重要作用，通信类电子整机的可靠性尤其重要。由于整机的可靠性是由各个部分的可靠性来保证的，因此，结构本身的可靠性及其对线路和制作工艺可靠性的影响均不容忽视。结构本身的可靠性表现在机械强度、抗震荡、耐蚀性等多个方面，而结构是否合理则对线路分布和元器件之间的抗干扰有影响。可以说结构设计成功与否，是产品的设计功能能否实现的关键。

4.1.3　通信类电子整机的材料特点

材料是结构设计中的重要因素，所有结构都是建立在一定材料基础上的，不同的材料有不同的结构要求。通信类电子整机的结构材料包括钢材、轻金属、有色金属、工程塑料等，其中轻金属和工程塑料及复合材料的采用率越来越高。这些材料的采用决定了通信类电子整机电镀中特殊材料电镀工艺应用较多的特点。

通信类电子整机的常用材料及特性见表4-2。

表 4-2　通信类电子产品常用材料的特性

材料类别	材料名称	材料性能	材料用途	适合的表面处理技术
金属类	钢铁	高强度、延展性、导磁性、可加工性等	强度要求高的主体结构、机壳、机箱、基板、底板、紧固件	电镀锌、铜镍铬、各种涂装、热镀锌、热镀铝、钢氧化、磷化等

材料类别	材料名称	材料性能	材料用途	适合的表面处理技术
金属类	铜及其合金	良好的导电性、延展性，易加工性等	导电性结构件、接插件、导线等	各种功能性、装饰性镀层
	锌及其合金	可塑性，易成型性	异型结构件、配件、框架等	锌合金电镀、涂装等
	铝及其合金	较轻质，易成型，强度适中，有一定的导电性、导热性等	导电性结构，如底板、机架等，导线、机壳、盖板、波导等	铝电解氧化、化学氧化，铝上电镀等
	镁及其合金	轻质、易成型和适中的强度等	机壳、框架、装饰件等	镁的化学处理、电镀、涂装等
非金属类	ABS塑料	轻质、极易成型性、较高成型精度、低成本、可镀性等	机壳、把手、旋钮、装饰件、功能结构件等	ABS塑料电镀
	其他可镀塑料	同上，成型精度稍差	同上	塑料电镀
	陶瓷材料	陶瓷器件	功能结构产品、滤波器等	化学镀、电镀
复合材料	刚性覆铜板	印制线路板专用材料	单面、双面、多层印制线路板的制造	印制线路板电镀
	挠性覆铜板	印制线路板专用材料	同上	同上
	其他复合材料	电子整机功能性需要的性能	功能性结构件	特殊的电镀或表面处理工艺
其他材料	不锈钢等	较高耐蚀性，高强度，高可成型性	高耐蚀要求的结构、机壳、外装紧固件、把手、装饰件等	不锈钢抛光、着色、电镀、化学处理等

在可持续发展和环境保护概念的主导下，材料的选用还有一个资源节约和环境保护的问题，这是 21 世纪包括通信电子产品在内的所有电子产品共同面对的问题。解决这个问题的两大关键是无害化和可回收。关于材料的无害化，RoHS 文件和相

关指令都已经将材料上的镀层纳入了监控体系，从而对电镀工艺的无害化提出了相应的要求[1]。

4.1.4 通信类电子产品的个性特点

电子产品个性化已经是现代通信电子产品的一个显著特点，特别是个人信息终端产品，如手机、对讲机、电话机、传真机等，都有非常个性化的设计和特点。在小型化、轻量化的同时，个性化是市场的另一个重要诉求。而个性化的设计势必对表面处理，包括装饰性电镀技术提出更高的要求，如低炫目的亚光类镀层、缎面、珠光镀层等，在手机类产品上已经是很流行的工艺。

而一些复合镀层的成功开发，也将为个性化的终端产品提供更多的表面装饰工艺的选择空间。

以手机为例，手机的个性化表现在两个方面。一个是造型方面的个性，各个供应商都推出了自己最得意的作品，造型各具特色，特别是在迎合青春派方面，各种表面装饰更是炫目登场，并且在不断更新当中。

与造型相呼应的是外表装饰，尽管已经出现了一些新的装饰手段，但电镀始终都是一个常用的装饰工艺。这是因为无论是在金属材料还是非金属材料表面，与涂料等其他装饰手段相比，各种金属镀层的现代气息是最浓烈也是最经典的。金属特别是贵金属镀层赋予了产品高贵神秘的性质，因此，在电子整机产品中，表面采用各种金属镀层作为装饰手段是比较普遍和流行的做法。

4.1.5 通信类电子产品更新换代与电镀技术的关系

通信类电子产品的一个重要特点是更新换代快。这种更新换代的动力源于科学技术的进步和市场需要的双向推动。以手机为例，从 20 世纪 90 年代初到现在，从第一代手机到 5G 手机的普及，只有二三十年时间，这一产品已经极大地改变了人类的生活模式，使信息交流、娱乐、消费、出行、购物等都在手机上即可完成。而这种产品涉及的电镀技术，也大大超出人们通常对现代制造的认识。

电子产品更新换代的特征之一是微型化，而电子产品微型化的互通互联对电镀技术的依赖比传统产品更加明显，尤以手机和可穿戴电子产品为代表。

4.2 通信类电子整机电镀的分类及要求

4.2.1 功能性电镀

功能性电镀是电子整机电镀中占主导地位的镀种。第 3 章对通用的电子电镀工艺已经有了详细的介绍。这一节将主要对通信类电子整机中的功能性电镀的应用情况加以讨论。然后重点介绍超声波电镀、脉冲电镀和镀后处理技术在通信类电子整机功能性电镀中的应用。

对于通信类电子整机，功能性镀层的基本应用情况如表 4-3 所示。

表 4-3　通信类电子整机中功能性镀层的应用情况

通信类电子整机	产品构件	功能性镀层	性能要求
电话机、无线电对讲机、可视电话机、手机、多功能传真机，手机基站系统、微波通信系统、无线电通信系统、军用通信系统、通信机房、通信中继站等	印制线路板	化学镀铜、高分散性酸性镀铜、高电流效率镀锡、化学镀镍、化学镀金、电镀镍、电镀金、电镀银、脉冲电镀、超声波电镀	导电性、致密性、高分散能力、抗氧化性、环保性、可再生性等
	基板、安装板、机架、机箱等	环保镀锌、镀镍、铝氧化、铝上电镀等	较高的耐蚀性、高结合力、环保性等
	外壳、盖板、面板等	镀锌、铝氧化、化学处理等	同上
	标准件、紧固件	镀锌、镀镍、镀铜、镀镍铬等	同上
	连接器、连接线	镀银、镀金、镀三元合金等，脉冲电镀	高导电性或低的接触电阻和低插损、高抗蚀性等
	腔体、波导、谐振杆等	镀铜、镀银、化学镀等，脉冲电镀	高导波性、低插损、高变色性等
	其他功能构件	功能性电镀层、复合镀层、合金镀层等	设计要求的功能性能等

4.2.1.1　超声波电镀

超声波是指声音振动频率超过可听见频率范围的声波。通常把频率为 $2 \times 10^4 \sim 10^9$ Hz 的声波称为超声波。这种波与普通声波相比，有极强的方向性和一定的穿透能力。当作用于液体时，作为疏密相间的一种纵波，可通过液体介质向四周传播。当超声波能量足够高时，就会产生超声空化现象，使液体中的微气泡在声场作用下振动。在超声波纵向传播形成的负压区产生、生长，而在正压区又迅速崩溃闭合在崩溃点处产生一个寿命极短的局部热点，其温度高达 5000℃，温度变化率超过 10^9 K/s，压力达 50MPa，寿命仅为几个 μs，并伴随产生上百个 MPa 的强大冲击波和时速达 100km 的微射流，其能量效应和机械效应引起了特殊的物理和化学效果。

近些年来,由于超声设备的普及和声化学反应器的广泛应用,超声波在化学、化工和新材料中的研究及应用得以迅速发展,并形成了一门交叉学科,这就是声化学。声化学应用领域很广,例如超声波在生物化学、有机合成、无机合成、高分子降解和聚合、分析化学、电化学、光化学、立体化学、纳米化学、环境化学等领域都有应用。电化学方法作为一种高效的氧化-还原手段与超声波相结合形成的超声电化学大大提高了化学反应的效率,并出现了一些新的工艺和方法,其中包括超声电解电镀、高分子膜电沉积、声电有机合成、声电化学氧化、超声电化学共聚合及最近比较热门的声电化学发光和声伏安法等。

超声波在电镀中的应用,虽然早在 20 世纪 30 年代后期就有关于金属铜的电沉积报道,但发展一直较为缓慢。直到近二三十年来随着超声设备的普及才得到迅速发展[2]。

超声波应用于电镀国外已有不少专利,尤以日本最多,美国、俄罗斯、欧盟各国、印度紧随其后,我国在这方面的研究也越来越多。

(1) 镀镍

镀镍层广泛用作防护装饰性镀层,也能用作功能性镀层,如钢铁的防磨损和防腐蚀,还广泛应用于集成电路。但是,镀镍析氢严重,这样一方面使镀层产生氢脆,易开裂,镀层内应力增大;另一方面,由于氢的析出,使镀层发花、变暗,因此限制了电流密度的提高。

通过对瓦特镀镍所做的大量的研究工作发现,在镀镍过程中采用超声波,可以有效解决上述问题,而且可以扩大电流密度范围,提高电流效率。在较高的电流下,镀层依然光亮。由于浓差极化的降低,使得沉积速度和镀层质量得到了提高。另外还发现,利用超声波镀镍可以降低内应力,增加维氏硬度和提高耐磨性以及抗疲劳性等。试验发现,利用超声波电镀铁基粉末冶金件,可以提高单层镀镍层的防护性能和品质。

(2) 镀铜

通过硫酸盐镀铜研究发现,超声波不仅可以加快析氢过程和提高电流效率,而且在较高的电流密度下还可得到光亮的镀层。若采用焦磷酸盐电镀,电流效率提高得更大,效果更明显,这说明超声波的作用也与电解液的性质关系密切。利用超声和脉冲电流相结合,采用硫酸盐镀液,研究结果表明,镀层微观硬度和光洁度都大大提高,采用功率为 60W 的超声波、200kHz 的换向频率,在平均阴极电流效率为 $10A/dm^2$ 的条件下电镀,得到的镀层维氏硬度达 230HV。

(3) 镀锌

将超声装置用于镀锌,同样可以使沉积速度、电流效率、光洁度、硬度等增加。通过对氯化物镀锌、锌酸盐镀锌等不同类型镀液的研究,均得到上述结果。电极过程动力学证实,超声波降低了极化,增大了双电层电容,降低分散层厚度，从而提高了沉积速度和电流效率。另外，由于气泡崩溃产生了强大的冲击压力，这对表面细致晶粒的形成起到了重要作用。镀锌常用于钢铁产品的防腐蚀上，因而除了要有一定的微观硬度外，其耐腐蚀性能也是人们关心的问题。利用酸性氯化物镀液在低碳钢上镀锌的结果表明，超声波的作用除了可以提高镀层的硬度外，还可以显著增强其抗腐蚀性能。这是由于超声振动减少了镀层的多孔性，改变了镀层的表面形态的缘故。

(4) 合金电镀

超声波不仅在单金属电镀上有明显作用，而且对不同的电镀方法，比如滚镀等也是有效果的。同时随着材料技术的发展，对电镀产品的要求愈来愈高，单金属电镀可供选择的余地已越来越少，取而代之的是合金电镀。因此，将超声波用于合金电镀也是电镀工业发展的一种必然趋势。通过对应用于集成电路板上的 Sn-Bi 合金电镀进行研究，将超声和电沉积相结合电镀锡铋合金。通过扫描电镜（SEM）和 X 射线衍射（XRD）对镀层的表面形貌和结晶状态进行了观测。再用光栅光谱法对镀层成分进行分析，表明超声波使镀层表面更细致均匀、结晶晶面仍具有以 Sn（101）面为主的择优取向，镀层中锡和铋的含量增加，且铋的增加更为显著。超声波提高了镀层的表面性能和质量，加快了电沉积速度，并有利于铋的电沉积和合金的形成。而镀层的择优取向不变，仅择优系数略有降低。

通过试验，确定了最佳操作条件、超声功率与频率范围等，除上述 Sn-Bi 合金外，还有 Co 合金、Al-Mn 合金、Te-In 合金等零星报道，可见目前在合金电镀开发性课题中采用超声波的研究方兴未艾。

(5) 对超声波在电镀中应用的展望

合金电镀虽应用广泛，但将超声波用于合金电镀的文献报道都不多，特别是现代发展较快、应用很大的锌基、锡基等合金电镀的报道更少，且没有形成系统研究。可以预测，超声波用于合金电镀将是超声波电镀发展的主要方向。由于超声波既能改善镀层与基底的结合力，又能改善镀层的粗糙度，因而，超声波在提高镀层的质量上大有作为。有研究表明，利用超声波电沉积铂制备的铂电极，活性大大提高，在电催化研究和微传感器中有望得到应用；另外，在钛基和玻璃碳电极上镀氧化铅的超声波作用研究已有文献报道。到目前为止，人们对超声波在电镀中的作用机理尚不太清楚，超声波的功率、频率、介入方式及电极形状、大小等与操作条件的关系及其对镀层的影响还有待深入研究。国外已有结合超声设计的声电化学电解槽，并已用于电极反应动力学研究。这种方法还有望解决某些环境污染问题。随着声电化学研究方法的改进，理论的日益完善，相信对超声波作用机理的研究将是超声电镀中的一个重要领域。

4.2.1.2 脉冲电镀

电子连接器在电子整机中有非常重要的作用，由于电子整机对接插损耗有严格要求，而连接器镀层的质量（致密度和表面接触电阻等）又对插损有重要影响，因此，在贵金属电镀领域已经很流行采用脉冲电镀技术。

(1) 波形因素的影响

在电沉积加工或实验过程中，不少人有过这样的经验，即使完全按照技术资料提供的配方和化学原料来重复某项电沉积过程，结果与资料的介绍仍然有很大的差异。经过一些周折，才发现是使用了不同的电源。不同电源对电沉积过程有影响是肯定的。所谓不同的电源主要是指电源的波形不同。我们知道所有的电源根据供电方式的不同而有单相和三相之分。对于直流电源来说，除了直流发电机组或各种电池的电源在正常有效时段是平稳的直流外，由交流电源经整流而得到的直流电源，都多少带有脉冲因素。尤其是半波整流，明显在负半周是没有正向电流的。即使是单相全波，也存在一定脉冲率。加上所采用滤波方法的不同，供电电网的稳定性等，都使电沉积电源存在着明显的不同。但是，在没有注意到这种不同时，其对电沉积过程的影响往往会被忽视。

通常认为平稳的直流或接近平稳的直流是理想的电沉积电源。但是，实际情况并非如此。在有些场合，有一定脉冲的电流可能对电沉积过程更为有利。

事实上，早在20世纪初，就有人用换向电流进行过金的提纯。在20世纪50年代，就有人用这种方法试验从溴化钾-三溴化铝中镀铝。与此同时，可控硅整流装置的出现，使一些电镀技术开发人员注意到不同电源波形对电沉积过程的影响，这种影响有时是有利的，有时是不利的。到了20世纪70年代，电源对电沉积过程存在影响已经是电沉积工作者的共识。现在，电源波形已经作为工艺参数之一在有些工艺中成为必须考虑的条件[3]。

(2) 电源波形影响机理

我们已经知道，在电极反应过程中出现的电化学极化和浓差极化，都影响金属结晶的质量，并且分别可以成为控制电沉积过程的控制因素。但是，这两种极化中各个步骤对反应速度的影响，都是建立在通过电极的电流为稳定直流的基础上的，没有考虑波形因素的影响。当所用的电源存在交流成分时，电极的极化是有所变化的。弗鲁姆金等在《电极过程动力学》一书中，虽然有专门一节讨论"用交流电使电极极化"，但是那并不是专门研究交流成分的影响，而是借助外部装置在电极表面维持某种条件以便于讨论不稳定的扩散情况，更没有讨论它的工艺价值。但是这还是为我们提供了交流因素影响电极极化的理论线索[4]。

由于电极过程的不可逆性，电源输出的波形和实际流经电解槽的波形之间的差异是无法得知的。直接观察电极过程的微观现象也不是很容易。因此，要了解电源波形影响的真实情况和机理是存在困难的。但是我们可以从不同电源波形所导致的电沉积物的结果来推断其影响。

现在已经可以明确，电源波形对电沉积过程的影响有积极的，也有消极的。对有些镀种有良好的作用，对另一些镀种就有不利的影响。有一种解释认为，只有受扩散控制的反应，才适合利用脉冲电源。我们已经知道，在电极反应过程中，电极表面附近由于离子浓度的变化而形成一个扩散层。当反应受扩散控制时，扩散层变厚了一些，并且由于电极表面的微观不平而造成扩散层厚薄不均匀，容易出现负整平现象，使镀层不平滑。在这种场合下，如果使用了脉冲电源（负半周、在零电流停止一定时间），就使得电极反应有周期性的停顿，这种周期性的停顿使溶液深处的金属离子得以进入扩散层而补充消耗了的离子。使微观不平造成的极限电流的差值趋于相等，镀层变得平滑。如果使用有正半周的脉冲，则因为阴极上有周期性的短暂阳极过程，使过程变得更为复杂。这种短暂的阳极过程有可能使微观的凸起部位发生溶解，从而削平了微观的凸起而使镀层更为平滑。从 20 世纪 80 年代末开始，出现了在负半周也引入脉冲参数的双脉冲电源，实际上是加强短时阳极过程的抛光作用，以进一步整平镀层。

当然，脉冲电镀的首要作用是减缓浓度的变化。研究表明，使用频率为 20Hz 的脉冲电流时，阴极表面浓度的变化只是用直流时的 1/3；而当频率达到 1000Hz 时，阴极表面浓度的变化只是直流时的 1/23。

现在已经认识到，波形因素不仅仅对扩散层有影响，而且对添加剂的吸附、改变金属结晶的取向、控制镀层内应力、减少渗氢、调整合金比例等都能起到一定作用。

（3）脉冲电镀的应用

由于各种金属离子在不同的镀液中电化学行为的不同，电源波形对各种电沉积过程的影响也是不一样的，实践中要根据不同的镀种和不同的工艺来选用不同的脉冲电源。以下只是一些常用镀种存在共性的例子。

① 脉冲镀铜。

普通酸性镀铜几乎不受脉冲的影响，但是在进行相调制以后，分散能力大大提高。氰化物镀铜使用单相半波电源（$W=121\%$）后，在不会使镀层烧焦的电流密度下电沉积，可以得到半光亮镀层。酸性光亮镀铜在采用相位调制后，可用 $W=142\%$ 的脉冲电流，使分散能力进一步提高，低电流区的光亮度增加。

有研究表明脉冲电流主要是改善了微观深度能力，特别是双脉冲电流可以提高印制线路板深孔镀层的均匀性。目前印制线路板电镀已经有采用双脉冲电流镀铜的倾向，反向高脉冲电流有利于解决高厚径比印制线路板中微孔的电镀问题。

② 脉冲镀镍。

对于普通（瓦特型）镀镍，采用脉冲为 $W=144\%$ 和 234% 的电流，镀层的表面正反射率提高。以镜面的反射率为 100%，对于平稳直流，不论加温与否，镀层的反射率有 40% 左右。而采用单相不完全整流（$W=234\%$）和三相不完全整流（$W=144\%$）时，随着温度的升高，镀层的反射率明显增加。45℃ 时，是 60%；60℃ 时，达到 70%；而在 70℃ 时，可以达到 80%。另外，交直流重叠，可以得到低应力的镀层。这种影响对氨基磺酸盐镀镍也有同样的效果。

脉冲率对光亮镀镍的影响不大，这可能是由于光亮镀镍结晶的优先取向不受脉冲电流的影响。但是采用周期断电，可以提高其光亮度。

双脉冲镀镍的配方与工艺如下：

硫酸镍	$200\sim250g/L$
氯化镍	$30\sim45g/L$
硼酸	$35\sim50g/L$
硫酸镁	$60\sim80g/L$
十二烷基磺酸钠	$0.01g/L$
pH 值	$3.6\sim4.1$
温度	$40\sim45℃$

脉冲电流参数：

正向脉冲	$1000Hz$
反向脉冲	$10000Hz$
工作比	正向：反向＝20％：10％
时间比	正向：反向＝800ms：100ms

③ 镀铬。

镀铬对电源波形非常敏感。有人对低温镀铬、微裂纹镀铬、自调镀铬以及标准镀铬做过试验[5]。对于低温镀铬，试验证明要采用脉冲尽量小的电源，但 W 值仍可以达到30％。对于微裂纹镀铬，由于随着脉冲的加大，裂纹减少，当脉冲率达到 $W=60％$ 时，裂纹完全消失，因而不宜采用脉冲电流。三相全波的 $W=4.5％$，可以用于镀铬。

对于标准镀铬，在不用波形调制时，W 不应超过 $66％$。但是在采用皱波以后，则频率提高，镀层光亮。

自调镀铬在 CrO_3 $250g/L$、K_2SiF_6 $12.5g/L$、$Si(SO_4)_2$ $5g/L$ 的镀液中，在40℃时电镀，当脉冲率达到40％时，镀层明显减薄，而 W 超过50％时，又能获得较好的镀层。但是当 W 达到108％时，则不能电镀。在采用阻流线圈调制以后，W 在60％以内，可以使镀层的外观得到改善。

特别值得一提的是，脉冲电源对三价铬镀铬的作用更为明显。三价铬镀铬由于比六价铬镀铬的毒性小得多，因而作为镀铬的过渡性替代镀已经在工业产品中推广开来。但是，三价铬镀铬由于硬度不够高而主要用于装饰性镀层，对于镀硬铬则还存在一定的技术困难。而当采用脉冲电源后，在含有以次磷酸钠为络合剂的甲酸铵三价铬槽中可获得厚而硬的铬镀层，并且使镀层的内应力下降25％～75％。获得最佳镀层的镀液配方如下：

三氯化铬（6结晶水）	$0.4mol/L$
次磷酸钠	$2.2mol/L$
氯化铵	$3.28mol/L$

| 硼酸 | 0.2mol/L |
| 氟化钠 | 0.1mol/L |

④ 脉冲镀银。

普通镀银的分散能力随波形因素的增加而下降，但是光亮镀银不受影响。采用单相半波整流进行光亮镀银，随着电流密度的增加，镀层的平滑度也增加。现在的脉冲镀银采用可调制波形，合理利用负半周的抛光作用来提高镀层的平整度，增加镀层的致密度，从而在可以提高镀层性能的同时，节约贵金属资源。

氰化银	45g/L
氰化钾	120g/L
氢氧化钾	7.5g/L
商业添加剂 A	15mL/L
商业添加剂 B	15mL/L
温度	25℃
平均电流密度	$1A/dm^2$
占空比	10%
频率	800Hz

适合镀银锑合金的脉冲参数为：

关断时间 $t_{off} = 4.5ms$

导通时间 $t_{on} = 0.5ms$

脉冲电流密度 $j_p = 6.5A/dm^2$

⑤ 脉冲镀金。

脉冲镀金在电子工业中应用较多，广泛地应用于接插件等需要有低接触电阻而又耐插拔的连接器产品。在脉冲电源条件下镀金，可以获得细致的结晶，从而改善镀层性能而又降低了金盐的消耗。同时脉冲镀金的耐磨性能比直流电源镀金的要好，特别是采用双脉冲电源的镀金技术，可以节金 30% 左右。

a. 脉冲酸性镀金。

氰化金钾	12g/L
磷酸二氢钾	60g/L
氰化钾	1.5g/L
$K_2C_2O_4$	0.5g/L
柠檬酸钾	50g/L
温度	55℃
pH 值	4.8～5.1
阴极电流密度	0.1～$0.2A/dm^2$
电流参数：	
频率	700～1000Hz

工作比	10%～20%

b. 脉冲中性镀金。

氰化金钾	12～18g/L
磷酸氢二钾	20g/L
氰化钾	6～12g/L
$K_2S_2O_3$	1.5g/L
磷酸二氢钾	10g/L
$K_2C_2O_4$	100g/L
温度	55℃
pH 值	4.8～5.1
阴极电流密度	0.1～0.2A/dm²

双脉冲电流参数：

正向脉冲	700Hz
反向脉冲	700Hz
工作比	正向：反向＝20%：20%
时间比	正向：反向＝100ms：10ms

⑥ 脉冲镀合金。

脉冲电镀在合金电镀领域有更为广泛的应用前景，已经成为合金电镀研发的新手段之一。

有人利用不同频率的脉冲电流，对四种不同组分的镍铁合金受脉冲电流的影响做过实验[6]。结果证明，采用交流频率对铁的析出量有明显影响，同时与镀液中络合物的浓度也有关。在频率增加时，铁的含量增加。因为频率增大后，阴极表面的微观阳极作用降低，使铁的反溶解度降低，从而增加了铁的含量。但是在络合物含量低时，铁的增加量不明显。

通过对碘化物体系脉冲电沉积 Ag-Ni 合金工艺的研究，证明了随着 $c(Ni^{2+})/c(Ag^+)$ 比的增大，镀层中镍含量上升；镀液温度升高时，镀层中镍含量降低；增大平均电流密度会提高镀层中镍含量，但会使镀层表面变差；占空比和频率的变化也对镀层成分有一定影响；增加反向脉冲的个数，会使镀层表面状况好转，随镀层中镍质量分数的升高，结晶变得粗大。

现在，智能化的脉冲电源可以精确地控制槽电压，且具有恒流恒压功能，可以用于合金电镀以控制其合金组成的比例，与直流电沉积相比，有明显的优点。由于合金组成的广泛性，合金电镀的研究受到越来越多研究者的重视，在脉冲电镀领域也是这样。

脉冲电流下的合金电沉积还出现了一些原来难以共沉积的金属变得较容易共沉积的现象，这就为开发新的合金镀层提供了技术支持，比如沉积 Cr-Ni-Fe 合金[7]。有一项发明专利表明了采用脉冲电镀 Ni-W 镀层的方法，可以获得平滑、细致的镀层，并且分散能力也获得了改善[8]。

在对锌镍（Zn-Ni）合金镀层进行方波脉冲电沉积研究中，发现脉冲电沉积比直流电沉积呈现更细的颗粒，而且镍的含量增加。同时，温度升高也将促进镍的沉积，镀层的耐腐蚀性明显提高。所采用的镀液组成如下。

硼酸	30g/L
氯化钾	160g/L
氯化镍	135g/L
氯化锌	130g/L
pH 值	3.5

脉冲电流参数：$t_{on}=1ms$，$t_{off}=10ms$，$j_m=92mA/cm^2$。

实验证实，脉冲电镀在许多合金镀层中的应用都取得了积极的结果，包括 Cu-Zn、Cu-Ni、Ni-Fe、Cu-Co、Ni-Co、Zn-Co 等合金和各种复合镀层。

⑦ 脉冲复合镀和纳米电镀。

脉冲电源用于复合电镀时也有良好的效果，实验证实，在普通镀镍液中分散SiC粉，采用脉冲电流可以得到比直流条件下更好的耐磨性和硬度。有人研究了镍与聚四氟乙烯（PTFE）微粒在直流和脉冲电流条件下的共沉积行为，且与化学镀也进行了比较，证明采用脉冲电流的效果最好[9]。至于应用脉冲电沉积技术于纳米晶材料上电镀的研究则更是活跃。国内外有许多研究表达了这方面的信息[10]。

特别引人注目的是脉冲电镀在纳米膜电沉积中的应用。美国的一项专利显示，采用脉冲电镀技术，在以下条件下获得了 0.25～0.3mm 厚、平均粒径为 35nm 的纳米镍镀层[11]：

硫酸镍	300g/L
氯化镍	45g/L
硼酸	45g/L
糖精	0.5g/L
pH 值	2

脉冲电流参数：$t_{on}=2.5ms$，$t_{off}=4ms$，$j_m=1.9mA/cm^2$。

有趣的是这种镀液中糖精的添加量对纳米晶体的尺寸有明显影响：当糖精的含量为 2.5g/L 时，可得 0.25mm 厚、无孔隙的、晶粒直径为 20nm 的镍镀层；当糖精的量增加到 5g/L 时，晶粒的大小则变成 11nm。

4.2.1.3 功能性镀层的镀后处理

通信类电子整机的功能性电镀是以保障信号的接收与传递为主的，镀银和镀铜及其组合镀层是最常用的功能性镀层，同时还要兼顾抗变色性能和抗腐蚀性能方面的要求，并且从保证导通的角度，防变色和抗腐蚀就是保证其导通性的最重要的性能。如果镀层发生了腐蚀、变色等变化，其表面接触电阻和对电、波的导通性能肯定会发生变化。因此，高可靠性是所有电子产品，特别是通信类电子产品的重要性能要求。

为了保证这种高可靠性，电镀工程技术人员在通信类电子产品的功能性镀层的电镀工艺研究和开发上做了很多工作，其焦点已经聚集在最表面层性能的保证和防护上，从而研发出一系列镀后处理技术和表面增强技术。

(1) 镀层防变色处理

金属的防变色处理所依据的原理之一就是采用一些措施让金属处于钝化状态。我们知道，铁、铝在稀 HNO_3 或稀 H_2SO_4 中能很快溶解，但在浓 HNO_3 或浓 H_2SO_4 中溶解现象几乎完全停止了；碳钢通常很容易生锈，若在钢中加入适量的 Ni、Cr，就成为不锈钢了。金属或合金受一些因素影响，化学稳定性明显增强的现象称为钝化。

由某些钝化剂（化学药品）所引起的金属钝化现象，称为化学钝化，如浓 HNO_3、浓 H_2SO_4、$HClO_3$、$K_2Cr_2O_7$、$KMnO_4$ 等氧化剂都可使金属钝化。金属钝化后，其电极电势向正方向移动，使其失去了原有的特性，如钝化了的铁在铜盐中不能将铜置换出来。此外，用电化学方法也可使金属钝化，如将 Fe 置于 H_2SO_4 溶液中作为阳极，用外加电流使阳极极化，采用一定仪器使铁电位升高到一定程度，Fe 就钝化了。由阳极极化引起的金属钝化现象，叫阳极钝化或电化学钝化。

研究表明，钝化现象是一种界面现象。它是在一定条件下，在金属与介质相互接触的界面上发生的变化。电化学钝化是阳极极化时，金属的电位发生变化而在电极表面上形成金属氧化物或盐类。这些物质紧密地覆盖在金属表面上成为钝化膜而导致金属钝化。化学钝化则是像浓 HNO_3 等氧化剂直接对金属作用而在其表面形成氧化膜，或加入易钝化的金属，如 Cr、Ni 等。化学钝化时，加入的氧化剂浓度还不应小于某一临界值，不然不但不会导致钝态，反而将引起金属更快的溶解。

金属表面的钝化膜是什么结构？是独立相膜还是吸附性膜呢？目前主要有两种学说，即成相膜理论和吸附理论。成相膜理论认为，当金属溶解时，处在钝化条件下，在表面生成紧密的、覆盖性良好的固态物质，这种物质形成独立的相，称为钝化膜或成相膜，此膜将金属表面和溶液机械地隔离开，使金属的溶解速度大大降低，从而呈钝态。实验证据是在某些钝化的金属表面可看到成相膜的存在，并能测其厚度和组成。如采用某种能够溶解金属而与氧化膜不起作用的试剂，小心地溶解除去膜下的金属，就可分离出能看见的钝化膜。

事实上，金属化学钝化的过程中，一开始就伴有金属的溶解，并且正是在金属的阳极溶解过程中，使其周围附近的溶液层成分发生了变化。一方面，溶解下来的金属离子因扩散速度不够快（溶解速度快）而有所积累；另一方面，界面层中的氢离子也要向阴极迁移，溶液中的负离子（包括 OH^-）向阳极迁移。结果，阳极附近有 OH^- 和其他负离子富集。随着电解反应的延续，处于紧邻阳极界面的溶液层中，电解质浓度有可能发展到饱和或过饱和状态。于是，溶度积较小的金属氢氧化物或某种盐类就要沉积在金属表面并形成一层不溶性膜，这膜往往很疏松，它还不足以直接导致金属钝化，而只能阻碍金属的溶解，但电极表面被它覆盖了，溶液和金属的接触面积大为缩小。于是，就要增大电极的电流密度，电极的电位会变得更正。这就有可能引起 OH^- 在电极上放电，其产物（如 OH^-）又和电极表面上的金属离子反应而生成钝化膜。分析得知大多数钝化膜由金属氧化物组成，但也有少数由氢氧化物、铬酸盐、磷酸盐、硅酸盐及难溶硫酸盐和氯化物等组成。

吸附理论认为，金属表面并不需要形成固态产物膜才钝化，而只要表面或部分表面形成一层氧或含氧粒子的吸附层就足以引起钝化了。这吸附层虽只有单分子层薄厚，但由于氧在金属表面上的吸附，改变了金属与溶液的界面结构，使电极反应的活化能升高，金属表面因反应能力下降而钝化。此理论主要实验依据是测量界面电容和使某些金属钝化所需的电量。实验结果表明，不需形成成相膜也可使一些金属钝化。

两种钝化理论都能较好地解释部分实验事实，但又都有成功和不足之处。金属钝化膜确实具有成相膜结构，但同时也存在着单分子层的吸附性膜。

正是根据这一理论人们设计出了各种钝化工艺，其中使用最多的是铬酸盐钝化工艺，由于铬酸盐钝化膜所具有的所谓自修复性能，即在一定条件下，遭破坏的钝化膜会在暴露出来的金属镀层表面重新形成钝化层，因而表现出较好的抗蚀性能，在各种金属的钝化，特别是镀锌、镀铜和镀银等镀层的钝化中一直采用。

但是，在 21 世纪到来之后，铬酸盐已经成为电子产品无论是产品结构还是在制造过程中都被严格控制直至禁止采用的化学物质，从而需要开发各种新的无铬钝化工艺。

(2) 表面稀贵金属电镀

对于特殊环境下使用的通信整机，对表面抗变色性能有更高的要求，这时采用化学钝化或电化学钝化膜作为抗变色措施显然是不行的，这时往往采用在镀层表面再镀一层极薄的稀贵金属镀层来提高表面的抗变色性能。这些稀贵金属都是表面电位很正或表面有良好抗变色天然钝化膜的金属，比如铑、钯、铼等。

① 镀铑。

铑镀层呈光亮的白色，能长时间保持不变色，由于有较高的化学稳定性和较好的导电性，除了用于光学零件，也是提高通信电子产品可靠性的重要表面镀层。在高频和超高频电子器件镀银层表面再镀上一层极薄的铑，不仅可以提高抗变色性能，而且可以提高接插件的耐磨性。其典型的工艺配方和操作条件可参见本书第 3 章 3.3.4 节。

② 镀钯。

镀钯请参见本书第 3 章 3.3.4 节。

③ 镀铼。

铼属于稀有金属元素，性质独特，是最难熔的金属，熔点达 $3180℃$。在常温下，铼不与氧、卤素、硫作用，在氢氟酸、盐酸中不溶解，硫酸只有在200℃以上时才对它有轻微作用，由此可以推断，铼镀层具有极好的耐温性、耐磨性和耐化学腐蚀性能。这对于在严酷环境下工作的电子整机是极有价值的。

与其他稀贵金属不同的是，铼有较正的电极电位（$E° = +0.363V$），因而从水溶液中电沉积铼是可能的[12]：

$$ReO_4^- + 8H^+ + 7e^- \Longrightarrow Re + 4H_2O$$

镀铼工艺配方与操作条件如下：

高铼酸钾（或铵）	15g/L
硫酸铵	200g/L
pH值（用硫酸调）	1.0
温度	70℃
阴极电流密度	15A/dm²
镀液搅拌和循环	

镀铼的电流效率不高，通常在10%～25%之间。由于镀层为非晶态，硬度太高反而很容易发生开裂，因此要想获得较厚的镀层，必须对镀层进行高温（1000℃）退火处理，并且最好是在还原性气体（如氢气）的保护下进行。这一缺点限制了这一镀层的广泛应用。

④ 镀钌。

钌与铂、铑、钯同属铂族金属元素，性能比铑和钯还要优越一些，有更高的耐热性和耐电弧性能，电阻低于钯，价格只比银略高。这些优点使之有可能成为电子产品中有竞争力的表面镀层，从而具有工业化价值[13]。

镀白色钌工艺：

硫酸钌	4.8～12g/L
氨基磺酸	100g/L
卤族元素或阴离子卤化物	100mL/L以上
pH值	0.5～2
温度	65～75℃
电流密度	4～6A/dm²
阳极	铂金

添加卤素可提高镀层的沉积速度和保持镀液的稳定性，使镀层白亮。

镀黑色钌工艺：

硫酸钌	1～10g/L
氨基磺酸	50～150g/L
硫脲	1～5g/L
硫酸羟胺	1～100g/L
pH值	2

温度　　　　　　　　40℃以上

电流密度　　　　　　5～15A/dm²

4.2.1.4　电镀层涂饰与表面膜技术

在一般情况下，电镀层往往作为最终的表面加工手段加以应用。但是，在电子电器行业，仅仅靠装饰性电镀或者装饰性涂料已不能满足新产品开发的需要，尤其一些装饰性良好的镀层往往抗变色性和抗腐蚀性较差，如仿金镀层等，非要在表面涂上一层透明涂料不可。因此，在电镀层表面上进行涂饰的目的主要是保护和提高镀层的装饰性能和防护性能。现在发展起来的镀层涂饰技术已用于金、银、铜、镍等镀层的表面。从透明无色到透明着色涂料，借助高反光性镀层的反射作用，形成新一代的装饰性表面膜技术。

除了装饰性目的外，其在提高普通转化膜层的抗蚀性方面也很有价值。通过对国外引进的设备上零部件涂复层进行分析发现，不少产品的表面在化学磷化、钢氧化或铝氧化膜上再涂上透明涂料，从而提高了产品的抗蚀性。这种新的表面涂覆组合使原来耗费电能的工艺，变成化学浸渍和喷涂工艺，更容易组织自动化生产来满足市场需求。

(1) 常用的涂饰方法

目前镀层的涂饰方法有如下几种。

① 普通喷涂法。

这是常用的方法，又分为空气压力喷涂和液压喷涂两种。空气压力法简单易行，成本较低，但是飞散损失较大，操作条件不好。作为改良，有用热空气喷涂法的，可以在较低的压力下喷涂（3～3.5kg/cm²），飞散损失较小。但是涂料要先加热到 40～80℃，只适合于高沸点的涂料，成本也较高。

② 静电喷涂法。

静电喷涂法是 1750 年由法国人 Abbe Noebt 最先发明的，直到第二次世界大战以后才被普遍采用。这种方法的原理是以被涂物为正极（接地），喷涂机为负极，使负极的高压直流在两极间产生静电场，而喷雾状的涂料粒子因为带负电而连续不断地涂覆到作为正极的零件上。根据涂料的雾化方法，分为静电雾化法和空气雾化法。

③ 粉末喷涂法。

粉末喷涂法是利用合成树脂的热熔性在常温下先使涂料粉体附着在零件上，而后热熔成膜的方法。可以分为两大类：一类是先加热被涂物，然后使涂料粉体附着在上面，受热后熔化成膜，这种方法用于获得厚的膜层；另一种方法是静电粉末喷涂，利用静电使被涂物吸附上涂料粉体，然后再加热熔化成膜，这种方法适合于薄膜型加工，是粉末喷涂的主要方法。由于这种方法完全避免了有机溶剂的消耗，是无溶剂的喷涂方法，因而在防止公害和节约原料方面很有竞争力。聚酯、聚氯乙烯、环氧、尼龙、纤维素、聚乙烯、聚丙烯等树脂都可以喷涂。

④ 浸渍法。

这是最古老的方法。将被涂零件浸到涂料中去，全部浸润后取出离心干燥或自然干燥。这种方法效率低，厚度不易控制，仅适合于小批量或细小零件的手工生产，优点是成本最低。

⑤ 电泳镀覆法。

电泳涂漆始于 20 世纪 60 年代汽车自动生产线中的底漆加工技术。随着汽车工业的发展而日趋成熟。现在建材、家用电器、钢制家具等较大体积的工件都开始采用这种加工技术。

电泳涂料通常是水溶性或者水分散性涂料，有阳离子型和阴离子型两类。配制成电解液后，以被镀件为阴极或阳极，进行电泳涂覆。取出后经干燥处理形成漆膜。以往多半使用环氧树脂底漆涂料，现在已经开发出装饰性面漆。

(2) 常用的涂饰涂料

常用于镀层涂饰的涂料大致有下列几种。

① 丙烯酸系树脂涂料。

丙烯酸系树脂涂料为热固型涂料。与醇酸系树脂涂料比硬度高，色彩鲜艳稳定，抗污染力强，因此使用更为广泛。

② 氨基醇酸系树脂涂料。

这种涂料用在镀层上的结合力不太理想，一般加入 5%～10% 的环氧涂料加以改进。

③ 环氧系树脂涂料。

环氧系树脂涂料的主要优点是与金属的结合力良好，但是耐候性比较差。因此多用作改性和底漆。

④ 聚氨酯涂料。

这种涂料耐候性比环氧系树脂涂料要好，可以得到综合性能好的膜层，在汽车零件的镀层涂饰中经常采用。

⑤ 清漆类。

如硝基清漆，主要用于简单的加工，干燥快，透明度高。但膜层薄，耐候性不好。

(3) 表面膜技术

表面膜技术也称分子膜技术，这种技术是介于钝化和涂覆之间的一种增强表面性能的处理方法。采用这种方法是为了获得比钝化更好的抗蚀性能，而其成本又比涂覆处理低。这种方法是从早期的浸渍处理法（如钢氧化浸油、浸皂化液，镀镍的浸抗指纹剂等）发展起来的。这种新的分子膜技术，可以提高表面的抗蚀性能却几乎觉察不到它的存在，即对外观和尺寸几乎没有影响。实际上也是通过浸渍处理而在表面形成了分子层级的表面膜。这些分子膜层也分为油性膜和水性膜，因此有时也被称为薄膜技术。

4.2.2 防护性电镀

电子整机的防护性电镀与电子整机的高可靠性要求紧密相关，而整机的防护要求与整机的使用环境有直接的关系，因此，对于防护性镀层的要求不能只从镀种的角度来考虑其防护性能，而是要从用户要求来定义防护性镀层。

4.2.2.1 钢铁件的防护电镀

钢铁件的防护性电镀仍然是以碱性镀锌为主，并且通常都要求彩色钝化，这样有较好的分散能力和较高的抗蚀性能。对于机箱或机壳，多数还要在表面再做一底一面两道油漆，特别是军用通信电子整机，都是在一定厚度的碱性镀锌钝化后，再做较厚的油漆来进行整机的保护，有些配件则采用了碱性镀锌后军绿色钝化工艺。

选择碱性电镀的原因除了分散能力好以外，还有镀层结晶和结合力等因素。碱性镀层是以络合物为主的镀液，金属锌的电沉积过程不像酸性镀锌要靠添加剂或光亮剂来控制，因而镀层的柔软性较好，镀层结晶细致，针孔相对较少。

对于通信电子整机中常用的紧固件，属于标准件的，大多数也是镀锌钝化件，但也有采用镀镍的标准件。对于专用的非标准紧固件或连接件，电镀层的选择更多一些，可以是镀多层镍或镀合金等。

当然，通信电子整机内的有些钢结构零配件，除了镀锌，也经常采用镀镍作为防护性镀层，这时一般都会采用多层电镀的组合，比如碱铜打底而后再镀酸性光亮铜，表面再镀半光亮镍等。

4.2.2.2 有色金属的防护性电镀

通信电子结构件中用得最多的有色金属是铜及其合金。对铜及铜合金的防护性电镀用得较多的是镀镍，通常也是采用碱铜打底，酸铜加光亮镍的工艺，也有采用半光亮镍加光亮镍的多层镍工艺。

由于镍的价格较高，并且有些结构件同时也是功能性配件，当对抗磁性能有要求时，不能选用镀镍，这时就要选用其他耐蚀性镀层。比如铜锡合金镀层。锡的含量较高时，可以获得白色镀层，加上光亮剂的作用，可以获得光亮白色镀层，有代镍的效果，且抗蚀性能也不错。

4.2.2.3 轻金属的防护性电镀

轻金属主要是指铝或镁及其合金，在通信电子产品日趋小型化和轻量化的情况下，被越来越多地采用。由于这种材料主要用在主机机体和机壳等部位，因此往往在需要防护性能的同时，还需要有一定的装饰性。因此，实际上对这类材料的电镀，多半是镀防护装饰性镀层，比如多层镀镍、防护装饰性镀铜镍铬、多层镀铜镍、表层镀黑镍、缎面镍等。相关工艺在本书第 3 章通用电镀工艺的相关章节中可以查到。

4.2.3 装饰性电镀

通信电子整机的装饰性电镀与其他电子整机相比是较多的。这是因为通信电子产品中的许多终端产品是提供给个人和家庭用户的，这就决定了这类产品对装饰性有较高的要求，从而使装饰性电镀在这类产品中有较多应用。

表 4-4 是装饰性电镀在通信类电子产品中的应用举例。有关装饰性电镀本书各章节中都有相关工艺可供参考，这里主要对前后处理，特别是个性化的表面装饰加以介绍。

表 4-4　通信类电子产品装饰件电镀

装饰镀件举例	适用的镀层	适用的工艺
标牌、提手、把手、旋钮、罩框、边框、压条等表面功能装饰配件、个性化替换件等	装饰镀铬、亚光镍、枪色、代铬、珠光镍、双色或多色电镀、仿金、仿银等	六价镀装饰铬、三价镀铬、缎面镍、砂面镍、三元合金、有氰仿金、无氰仿金、锡锌合金等
	装饰性前后处理	刷光、炫光、贴片、贴膜等

4.2.3.1 装饰性前处理

现在通信类电子整机的装饰中，个性化和创新性非常重要，特别是便携式机型的电子产品，表面装饰已经考虑到不同消费人群的审美需要。同时也推出一些新的金属表面纹饰，这些纹饰有很多是在电镀前的基体上进行机械或者人工处理，这就是镀前的装饰性处理。

在传统工艺中镀前的装饰性处理也曾经有一些方法，比如机械抛光、化学抛光、喷砂、刷光等。现在除了仍然保留了以上的处理方法外，还采用了一些现代机械加工方法，使金属或非金属表面具有一些个性化的机械纹理、标识。有些则是在模具上预先设计上表面花纹等，再经过化学处理使之增强或模糊化，最后经过电镀后，效果就特别明显了。

采用湿式喷砂或喷丸处理也是获得消光性防眩目镀层的一种前处理方法，至今都很流行。还可以采用化学法获得砂面效果。

4.2.3.2 装饰性后处理

装饰性后处理除了传统的表面镀层精抛或双色、多色镀层以外，也采用了一些表面装饰膜技术，包括装饰性涂装，如前面已经介绍过的其他涂装技术，所不同的是采用的涂料和膜材料都是以装饰为目的，比如透明色彩漆、贴膜以及个性的即时贴等，都在电子产品的终端，特别是便携式产品中流行。

4.3 通信类电子整机的特殊电镀工艺

4.3.1 轻金属表面电镀工艺

通信电子类产品采用铝合金材料制作主机底板、盖板、腔体、机架、装饰框、拉手、把手等配件的情况是很常见的，这些配件的表面处理中，用得较多的是铝上电镀工艺，由于铝上电镀与其他金属材料上电镀相比有其相对的难度和特殊性，因此，需要以专门的篇幅加以介绍。

4.3.1.1 铝上电镀

(1) 铝上电镀的前处理

由于铝的化学活泼性很强，铝在空气环境中和含氧或氧化剂的水或其他溶液中极易生成氧化膜。如果想要在铝表面上进行电镀，这层氧化膜的存在对电镀结合力是极为不利的，可以说基本上不可能在这种有天然氧化膜的铝表面上获得有使用价值的镀层。因此，铝上电镀的一个重要工序，就是对铝进行前处理，以便使铝表面活化而能与电沉积的结晶有良好的结合力。

铝上电镀的前处理分为常规处理和专业处理两类。常规处理是按金属电镀前的表面处理常规，对金属制件表面进行除油、去氧化膜或出光处理。铝材由于是两性金属材料，与酸和碱都发生化学反应，并且反应速度都很快，特别是在碱性处理液中，如果处理不当，铝材会迅速发生剧烈的化学反应而导致表面过腐蚀，因此要特别小心。通常都采用不含氢氧化钠的碱性处理液，以防过腐蚀。

(2) 铝上电镀的通用流程

铝上电镀需要经过特殊的前处理才有可能成功，而铝制件电镀前处理的工艺会因铝材的性能差别而有所差别，但是基本上都可以根据通用的铝上电镀工艺流程来进行，只在需要调整的工序做出安排即可。通用的流程如下：

有机除油—热水洗—碱性除油—热水洗—水洗—酸浸蚀—水洗—水洗—阳极氧化/化学浸锌（2次）/化学镍锌—水洗—水洗—预镀铜—热水洗—水洗—活化—水洗—水洗—电镀。

(3) 除油与酸蚀工艺

① 有机除油。

汽油或三氯乙烯或四氯化碳。汽油成本低，毒性小，但是有易燃的缺点。三氯乙烯和四氯化碳不会燃烧，可在较高温度下除油，但成本较高且有毒，需要在比较密封的设备内小心操作。

② 碱性除油。

磷酸三钠	40g/L
硅酸钠	10g/L
表面活性剂	3mL/L
温度	50～60℃

③ 酸浸蚀。

硝酸	500g/L
温度	室温

(4) 预处理工艺

① 氧化膜法。

铝及铝合金经电解氧化后，所获得的膜层是多孔性的，特别是在磷酸中阳极氧化后，膜层的孔径较大，可以作为增加结合力的基体表层。

磷酸	300～420g/L
草酸	1g/L
硫酸	1g/L
十二烷基硫酸钠	1g/L
阳极电流密度	1～2A/dm²
电压	30～60V
温度	25℃
时间	10～15min

为了获得更好的结合强度，可以在铝氧化完成后再在含有 6％～8％的氰化钠溶液中进一步做扩孔处理，时间是纯铝 15min，铝合金 5min，然后带电入槽进行电镀。刚入镀槽时的电流不宜大，可以在 1A/dm² 的电流下先电镀约 30s 后，再开到正常电流密度。

② 化学沉锌法。

a. 一次沉锌工艺：

氧化锌	100g/L
氢氧化钠	500g/L
酒石酸钾钠	10～20g/L
三氯化铁	1g/L
温度	15～30℃
时间	30～60s

b. 二次沉锌工艺：

氧化锌	20g/L
氢氧化钠	120g/L
酒石酸钾钠	50g/L

三氯化铁	2g/L
温度	15~30℃
时间	20~40s

c. 化学沉锌镍：

氧化锌	5g/L
氯化镍	15g/L
氢氧化钠	100g/L
酒石酸钾钠	20g/L
硝酸钠	1g/L
三氯化铁	2g/L
氰化钠	3g/L
温度	15~30℃
时间	30~40s

配制化学沉锌镍要先将锌与氢氧化钠制成锌酸盐溶液，将氯化镍与酒石酸盐络合，再在搅拌下溶于锌酸盐溶液中，最后加入氰化钠。氰化钠在这里所起的作用机理尚不明，如果不加则镍不能共沉积，合金中镍的含量约为6%。

(5) 铝上电镀工艺

无论采用哪一种前处理方式，完成前处理后进入电镀的第一个工序都是闪镀铜。

① 闪镀铜。

现在适合用作闪镀铜的镀液主要是氰化物镀铜工艺：

氰化亚铜	40g/L
氰化钠	50g/L
碳酸钠	30g/L
酒石酸钾钠	60g/L
pH 值	10.2~10.5
温度	室温
冲击电流	2.6A/dm^2
时间	2min
正常工作电流	1.3A/dm^2
时间	3min

在完成闪镀铜后，要充分清洗，并进行活化处理，活化为1%~3%的硫酸溶液，如果其后的电镀是酸性镀铜或镀镍，经活化后不用水洗就可以直接入槽电镀。如果是镀其他碱性镀液，特别是氰化物镀液，则活化后一定要经两次水洗后才能入槽电镀。

② 中间镀层。

进行了闪镀铜以后，要根据产品设计或工艺的要求进行中间镀层的电镀，实际上这个中间镀层也可以说是底镀层，闪镀铜只是为了保证分散能力和结合力而采取的一项技术性镀层，为了达到产品对镀层的要求，要根据表面的最终镀层来选用中间镀层，比如镀酸铜、镀暗镍或其他可作为中间或底镀层用的镀种或工艺。如果表面镀层是镀银，则更要在闪镀铜后再适当加厚镀层，比如采用酸性光亮镀铜等，并一定要再经闪镀银（或化学镀银）后才能进入表面最终镀层的施镀。本章介绍的通用工艺中，镀铜、镀镍等工艺，都可以用作铝上电镀的中间镀层。

③ 表面镀层。

表面镀层也是铝上电镀所需要的目标镀层，可以是装饰性镀层，也可以是功能性镀层。对于电子电镀来说，铝上电镀多数是功能性镀层，少数外装件兼有功能和装饰作用。纯装饰用镀层仅限于外框上的拉手、旋钮、标牌等。

(6) 铝上电镀注意事项

铝上电镀质量的关键指标是结合力，而影响铝上电镀结合力质量的因素比较多，所以必须对整个流程加以严格的控制，才能达到预期的效果。

① 前处理。

前处理要保持表面氧化物充分被去除，但同时又要防止过腐蚀。前处理过程中要经过碱蚀、酸蚀、去膜、活化等各个步骤，如果有一个步骤处理不充分，就会影响到结合力。但同时发生过腐蚀的现象也要完全避免。因为铝材料无论是在碱性还是酸性溶液中都会发生腐蚀，这将导致金属晶间腐蚀加重，表面出现晶斑或晶纹，即使电镀也不能盖掉这些粗糙的纹理而导致外观或性能不合格。

同时，经过化学前处理后的铝制件要迅速进入下一道工序，这是防止表面再次氧化而导致结合力出现问题的关键，不要预先处理许多制件来等待下一道流程，应该镀多少就处理多少，以保持前处理的工件可以全部进入下一流程。

② 化学沉锌的维护。

化学沉锌槽严禁带入其他杂质和酸碱溶液，特别是油污或其他金属杂质。悬挂铝制品的挂具要用铝材料或不锈钢制作。沉锌液每次使用后加盖保存。对于二次沉锌工艺，退锌液要保持干净和经常更换，第二次沉锌的时间也不宜过长，防止发生置换过度造成基体腐蚀。

③ 保证结合力良好的细节。

每道工序间的清洗要非常充分，并且工序间的停留时间不宜过长。同时，如果制件进入加热的镀液或由加热的镀液出槽，都要在热水中预热或出槽热水洗，以缓冲金属铝与镀层间的热胀冷缩引起的结合力不良，特别是碱性加温液的出槽清洗，一定要用热水洗，才能将表面残留的碱液清洗干净。

铝上电镀都要带电入槽，以防止产生置换而影响结合力。电镀过程不能断电，要观察镀件时不可提出槽外，尽量在槽内带电观察。

4.3.1.2 镁及镁合金电镀

前面已经提到，随着移动通信和微电子产品的流行，采用更轻量化的结构材料已经是一种发展趋势。这种趋势使得镁及其合金在电子产品中的应用越来越多，对这种比铝更轻的材料的电镀也就成为人们关心的课题。

但是镁的标准电极电位很负，在酸性介质中达$-2.363V$，因此是极为活泼的金属，耐蚀性很差，如果不对其表面进行防护装饰性处理，难以用作产品的结构件。实际产品中多数使用的是镁的合金制品，采用合金化处理的镁在力学性能和防护性能上都有所改善，但是仍然需要进行表面处理，特别是电镀以后，才能发挥其独特的轻质特性。

(1) 镁及其合金电镀的典型工艺流程[14]

典型的镁及其合金电镀工艺流程包括表面的机械前处理，如小型零件的滚光或擦光，大型制件的表面精抛等，以得到高光泽表面，但对于一般产品，机械前处理往往省掉了：

有机除油—化学除油—冷水漂洗—酸浸蚀—冷水漂洗—活化—冷水漂洗—化学浸锌—冷水漂洗—冲击镀铜—冷水漂洗—电镀目标镀层。

(2) 可直接镀镁合金电镀工艺流程

典型工艺流程中的化学浸锌工艺比较费时费力，而且质量控制要求较严，因而成本较高。为了改善这种情况，近年已经出现了一种通过改进镁合金成分后，直接电镀也可以获得良好镀层结合力的材料和技术[15]。其流程如下：

碱洗—水洗—浸酸—水洗—活化—水洗—电镀镍。

这一工艺的应用将降低镁制品电镀的成本，从而扩大其商业应用价值。

(3) 镁及其合金电镀工艺

以下是典型工艺流程所采用的工艺配方与操作条件：

① 高效碱性除油。

氢氧化钠	$15\sim60g/L$
磷酸三钠	$10g/L$
温度	$90℃$
时间	$3\sim10min$

这种处理液的 pH 值要保持在 11 以上，如有必要可添加 $0.7g/L$ 的肥皂液。考虑到磷酸盐的污染问题，可以将其去掉而增加氢氧化钠的含量至 $100g/L$。

② 浸酸。

浸酸是为了除去镁在有机除油或碱性除油后留下的污染，特别是有过刷光、喷砂等处理的表面。

a. 硝酸铁亮浸：

铬酐	$180g/L$
九水硝酸铁	$40g/L$
氟化钾	$6g/L$
温度	室温

时间	15s～2min

b. 铬酸浸蚀：

铬酐	180g/L
温度	20～90℃
时间	2～10min

这种浸蚀适合尺寸要求较大的产品。

c. 磷酸浸蚀：

磷酸（85％）	不稀释
温度	室温
时间	15s～5min

注意这种浸蚀的金属损失率较高，为 $13\mu m/min$。

d. 醋酸浸蚀：

冰醋酸	280mL/L
硝酸钠	80g/L
温度	室温
时间	30s～2min

③ 活化。

活化实际上是一项特殊的浸蚀工艺。可以使表面显露出微晶界面而有利于镀层的生长。

a. 磷酸活化液：

磷酸（85％）	200mL/L
氟化氢铵	100g/L
温度	室温
时间	15s～5min

这是最常用的活化剂。氟化氢钠或氟化氢钾也可以用，注意镀槽不能用玻璃或陶瓷类制品。

b. 碱性活化液：

焦磷酸钠	40g/L
四硼酸钠（硼砂）	70g/L
氟化钠	20g/L
温度	70℃
时间	2～5min

这种碱性活化兼有除油的效果，对于表面有氧化膜的镁制件可以除油和活化一步完成。

④ 化学浸锌。

镁上电镀能否成功的关键在于化学浸锌是否成功。标准的浸锌液是焦磷酸盐、锌酸盐和氟化物的水溶液。

一水硫酸锌	30g/L
焦磷酸钠	120g/L
氟化钠	5g/L
碳酸钠	5g/L
温度	80℃
时间含铝镁合金	3～7min
不含铝镁合金	3～5min
非合金镁	2～4min

配制这种镀液的次序很重要。首先在室温下将硫酸锌溶于水中,然后加热至 60～80℃,在搅拌下加入焦磷酸钠。这时有白色焦磷酸锌沉淀出现,但继续搅拌 10min 左右即会完全溶解。再加入氟化物,然后加入碳酸钠调整 pH 值到 10.0～ 11.0 的范围。

氟化物也可以采用氟化锂,虽然比较贵,但由于溶解度有限而会自行调节在镀液中的浓度,过量的氟化锂会附在阳极袋上,当溶液中氟离子浓度下降时自动溶解补充氟离子。

浸锌溶液应该尽量采用去离子水配制,铁及其他金属离子对沉积锌是有害的。挂具上的铬残留物或陶瓷类槽体被氟腐蚀下来的硅离子,对化学沉锌都是有害的。

(4) 冲击镀铜

冲击镀铜也叫闪镀铜,是在化学沉锌表面镀上一层电镀层以利于后续的电镀加工过程。

① 氟化物-氰化物镀铜。

氰化亚铜	41g/L
氰化钾	68g/L
氟化钾	30g/L
游离氰化钾	8g/L
温度	55～60℃
pH 值	9.6～10.4
阴极移动	2.4～3.7m/min

② 酒石酸钾钠-氰化物镀铜。

氰化亚铜	41g/L
氰化钾	51g/L
碳酸钠	30g/L
四水酒石酸钾钠	45g/L
游离氰化钾	6g/L
温度	55～60℃

pH 值　　　　　　　　　9.6～10.4

阴极移动　　　　　　　　2.4～3.7m/min

两种槽液都必须带电下槽，否则置换铜层将影响镀层的结合力。

(5) 直接镀工艺

① 碱洗。

氢氧化钠　　　　　　　　100g/L

温度　　　　　　　　　　100℃

时间　　　　　　　　　　3～10min

② 浸酸。

铬酐　　　　　　　　　　120g/L

硝酸（70%）　　　　　　150g/L

温度　　　　　　　　　　21～32℃

时间　　　　　　　　　　0.5～1min

③ 活化。

氢氟酸（50%）　　　　　360g/L

温度　　　　　　　　　　21～32℃

时间　　　　　　　　　　10min

4.3.2　超塑材料电镀工艺

4.3.2.1　超塑材料

超塑现象的研究最早出现于 1920 年，德国人罗申汉（N. Rosenhaim）在对冷轧后的 A1-Zn-Cn 三元共晶合金的铝板进行弯曲时，出现了塑性异常高的现象。其后，英国、苏联等国的学者都对其进行了研究。二战后，苏联著名的金属学家包赤瓦尔（A. A. EouBap）对此进行了系统的研究，用 Zn-Al 共析合金在高温拉伸试验中得到了异常大的延伸率，并首次使用了"超塑性"这个词。1964 年美国学者贝克芬（W. A. Backofen）对超塑性力学特性进行了分析研究，提出了变形应力 σ 与应变速率 ε 的关系方程式：

$$\sigma = k\varepsilon m$$

式中，σ 为变形应力，k 为与材料有关的常数，ε 为应变速率，m 为应变速率敏感性指数。m 的值与材料有关，是评价金属超塑性的一个指标，并提出了测定材料 m 值的方法，奠定了超塑性的力学基础[16]。

20 世纪 60 年代以后，美、苏、英、法、日、加、印等国都投入了相当的力量研究超塑现象。研究的重点在两个方面：一方面是深入研究超塑变形时的组织、结构、变形机理；另一方面着重开展超塑材料在生产实践中的应用。目前几乎所有的金属材料，如锌、铝、铜、铅、锡、镍、钛、镁、钨、锆等及碳钢、合金钢、不锈钢等钢铁材料中都发现有超塑现象，很多材料都在生产中获得了应用，其中应用得最多的是锌基合金。由于这种合金有很好的成型性能，能进行精密的压铸制造，因此是很好的一种结构材料。锌合金压铸件是复杂构型件中应用较广的一种无切削加工件，主要由高质量的锌（通常为96%）和铝（通常为4%）组成。另外还含有0.04%的镁，低于0.25%的铜，为了改善其力学性能。锌合金对杂质的控制也很严，例如要求铁在0.1%以下、铅在0.005%以下、镉和锡分别控制在0.004%和0.003%以下。若杂质含量过高，将会在腐蚀环境暴露时产生晶间腐蚀。含有0.75%~1.25%的铜能提高锌铝合金强度，但成本较高；含有铜1.0%~1.5%，铝0.25%~0.3%及镁0.01%~0.03%的锌铝合金具有抗蠕变性能；含有11%~13%铝，0.5%~1.25%铜及0.01%~0.03%镁的锌铝合金则主要用于重力铸造。

锌合金压铸件具有对几何形状比较复杂的零配件一次成型、加工工艺比较简便、生产效率高和节约金属材料等优点。同时，其表面精度和机械强度较高，外表光洁、致密，加工过程中少或无切屑，因而在国防、交通、电子、建筑、日用五金，特别是汽车工业领域获得了广泛的应用。

含铝22%（质量比）的锌铝合金，在一定的温度下，显示出超高的可塑性，具有奇妙的软化和异常的伸长功能，故有超塑性材料之称。

超塑合金由于成型性能优越，在很多复杂结构的制件中有着广泛应用，特别是在电子结构件中。由于细微复杂结构较多，采用超塑材料成型可以大大提高生产效率和节约金属材料资源，由此也对其表面的电镀技术提出了相应的高要求。

锌合金压铸件的表面是一层无孔的致密层，而表面的下面则是疏松多孔的结构，这就给其表面处理带来困难，使其对机械抛光有特殊的要求。而且制件在压铸过程中是由熔融态转变为固态的，因为冷却的凝固点不同，在压铸件表面上往往会产生偏析现象，在表面的某些部位产生富铝相或富锌相。锌合金压铸件的形状一般比较复杂，铝锌的化学性质都很活泼，很容易与酸、碱以及空气中的氧发生化学反应，使表面迅速氧化、钝化和腐蚀，这就给电镀加工带来困难。

4.3.2.2　锌合金压铸件的前处理

(1) 机械抛光

在进行机械抛光前必须对压铸质量进行检验，因为不恰当的模具设计与铸造技术会导致表面层产生缺陷，如缝隙、皮下起泡、气孔、裂纹等瑕疵，这是潜在的腐蚀源和影响镀层质量的主要因素。压铸质量不合格不可进入抛光工序，要求为表面光洁、致密、平整、无冷纹、无气孔。

抛光时要注意压铸件表层细致而内部组织较为疏松的特点，若把表面致密层抛掉而露出疏松层，就会出现越抛磨越毛的现象，从而严重影响电镀层的结合力；且锌合金硬度低，因此对锌合金压铸件，应尽量避免使用金刚砂布轮抛光。若制件表面较粗糙，丝流和伤痕必须进行磨光时，宜采用较低的转速（1200~1400r/min）

和较小直径的磨轮（≤250mm），操作时切忌用力过猛，不可将表面致密层抛掉。在进行布轮抛光操作时，应选择合适的转速（1400～1800r/min）、布轮材料（整细布或毡毛）和布轮直径（≤300mm）。若转速太快，用力过猛，布轮上缺乏抛光膏时，会使零件表面形成肉眼不易分辨的细麻点和皱纹，不仅装饰性受到影响，还会造成起泡脱皮。操作时注意轻抛轻放，抛光后的零件尽快电镀，放置时间太长将会影响镀层外观和结合力。

(2) 除油和酸洗

除油是否彻底是影响镀层结合力的重要因素。锌合金除油忌用苛性钠，也不能采用较高的温度和将工件长时间浸在除油液中。一般可采用先用汽油清洗或擦洗，除去表面残留的抛光膏和油污，然后在下面的溶液中进行电解除油。

磷酸三钠	25～35g/L
碳酸钠	20～30g/L
表面活化剂	适量
温度	50～70℃
阴极电流密度	2～5A/dm^2
时间	30～50s

在上述溶液中，工件不通电浸泡即为化学除油过程，化学除油时间 3～5min。除油时若采用压缩空气搅拌或碱液喷射工艺，则除油效果会大大提高，特别是盲孔、沟槽和低凹的表面。除油后的清洗应包括流动热水洗和空气搅拌的冷水洗，尽可能将表面和缝隙中残留的碱液洗净。若用软毛轮水抛刷刷洗或软布软毛刷擦洗亦可获得较好的除油效果。

需要提醒的是，经除油后上好挂具的零件必须及时进入下一工序，不能浸入水中或在空气中任其干燥，否则表面容易出现斑渍或发花现象。

锌合金在压铸过程中不可避免地会发生偏析现象，使制件表面形成富锌相和富铝相。而锌和铝都是两性金属，强酸会使富锌相先溶解，强碱会使富铝相先溶解，从而在压铸件的表面上形成针孔和微气孔，残留下强碱和强酸液，在这样的表面上进行电镀，显然是无法获得结合力良好的镀层的，所以镀前处理忌用强酸或强碱。

(3) 活化

压铸件经过除油后，表面上仍有一层极薄的氧化膜和半附着的挂灰，若不去除，将会影响电镀后的结合力，因此人们常常采用酸活化的方法除去氧化膜。常用的酸活化工艺如下：

氢氟酸	1.5%～2%
温度	15～35℃
时间	10～35s

氢氟酸不仅能溶解锌和铝的氧化物，且对零件的挂灰也有清除作用，而对基体的溶解速度较慢。国内有的工厂使用硫酸与氢氟酸的混合液进行活化，浓度各占

1%；国外使用单一的硫酸溶液，浓度为 0.2%～0.75%，都能达到较好的酸活化目的，时间控制在制件表面均匀地出现细密气泡后取出为宜。如果在活化液中采用超声波搅拌，则可有效地防止挂灰的生成，活化效果更佳。

酸活化后应进行彻底的清洗，将酸溶液完全从缝隙或气孔中排出，否则在电镀时或电镀后放置一段时间就会出现镀层起泡现象。零件酸活化后应立即进入预镀槽，否则放置时间越长，镀层结合力越低。

4.3.2.3 锌压铸件的预镀

锌压铸件要想获得结合力良好的镀层，在电镀前必须进行预镀处理。利用高分散能力的碱性镀铜在压铸件表面迅速生成一层活性镀铜层，从而为保证整个镀层的结合力打好基础。

(1) 预镀铜

预镀一般采用氰化物闪镀铜，为了防止铜层向基体扩散，工件应带电入槽，一开始采用冲击电流，铜层厚度不低于 $5\mu m$。

预镀铜的工艺规范如下：

氰化亚铜	20～30g/L
氰化钠	10～15g/L
碳酸钠	10～15g/L
温度	40～50℃
阴极电流密度	1～2A/dm²
pH 值	10.5～11.5
时间	5～15min

有的工厂采用预镀氰化物黄铜，亦能获得良好的预镀效果，其工艺如下：

$Zn(CN)_2$	8～14g/L
CuCN	20～25g/L
NaCN	40～45g/L
NH_4OH	0.3～0.8mL/L
pH 值	≈9.8～10.5
温度	15～35℃
电流密度 D_k	0.5～1.5A/dm²
时间	3～5min

(2) 中性镀镍

经预镀的锌合金压铸件虽已覆盖一层镀层，但一旦进入镀槽仍会受到槽液的浸蚀，因此需镀一层中性镍后再镀酸性铜或亮镍。

中性镀镍工艺规范如下：

硫酸镍	90～100g/L

柠檬酸钠	110～130g/L
氯化钠	10～15g/L
硼酸	20～30g/L
pH 值	6.8～7.2
温度	40～60℃
阴极电流密度	1～1.5A/dm² （先用大一倍电流冲击 1min）
阴极移动	25 次/min

4.3.2.4 锌压铸件的电镀

完成以上预镀处理的锌压铸件产品即可进入其他通用的电镀工艺中进行功能性加厚的电镀。由于任何镀层都不同程度地有孔隙，特别是薄镀层更是有较高的孔隙率，加上锌压铸件的多孔性质，因此，对于在选择通用的电镀工艺进行锌压铸件的加厚电镀时，最好选用接近中性的镀液，即弱酸或弱碱性镀液。

比较适合的镀种是瓦特型镀镍或焦磷酸盐镀铜。瓦特镍在通用工艺中已经有介绍，这里主要介绍焦磷酸盐镀铜。

焦磷酸盐镀铜的优点是镀液呈弱碱性，镀层结晶细致，孔隙率较低，对锌合金基体的腐蚀较小，镀液分散能力也较好，适合做加厚镀层。

(1) 工艺配方和操作条件

焦磷酸铜	105g/L
焦磷酸钾	335g/L
硝酸钾	15g/L
氢氧化铵	2.5mL/L
添加剂	适量
pH 值	8.1～8.6
温度	55～60℃
电流密度	1.1～6.8A/dm²

焦磷酸盐镀铜的分散能力好，镀层结晶细致，适合镀形状复杂的模具。但是镀层的沉积效率比较低，可以加适当的导电盐和降低镀液 pH 值以提高效率。但是在低 pH 值时镀层比较粗糙，所以有时要用到商业添加剂，以提高镀层质量。

(2) 镀液的配制

由于工业焦磷酸铜杂质较多，而采用试剂级原料成本又太高，因此，可以用工业焦磷酸钠和硫酸铜自己制备焦磷酸铜：

$$Na_4P_2O_7 + 2CuSO_4 \cdot 5H_2O \Longrightarrow Cu_2P_2O_7 + 2Na_2SO_4 + 10H_2O$$

根据这个反应，制备 100g/L 焦磷酸铜，需要硫酸铜 165g 和无水焦磷酸钾 89g。制备的步骤如下：①将计量的硫酸铜溶于热水中，在另一个容器中用热水溶解焦磷酸钠。②待两液的温度降至 40℃ 左右，将焦磷酸钠溶液缓慢加入到硫酸铜溶液中，这时有白色的焦磷酸铜沉淀生成。③静置，待沉淀基本完成，用倾泻法将上面的清液倒掉。注意这上部的清液的 pH 值在 5 左右，若 pH 值偏低或清液呈绿色，说明焦磷酸钠的量不足，要补加直至反应完全。④用温水洗沉淀数次，使其尽量不含硫酸根。因为硫酸根会影响镀层光亮度。洗液是否有硫酸根可以用氯化钡检查。

然后将计量的焦磷酸钾单独溶解后，在不断搅拌下加入到上述焦磷酸铜溶液中去，生成焦磷酸铜钾的络合物。再将计量的硝酸钾溶解后加入镀液，充分搅拌后静置，过滤。最后加入量好的氨水，调节好 pH 值，即可以通电试镀。

(3) 各组分的作用

① 焦磷酸铜和焦磷酸钾。

焦磷酸铜是提供金属离子的主盐。当镀液中铜离子含量偏低时，在镀件的高电流密度部位会发生镀层烧焦现象。因此，对于电铸来说，要采用较高的主盐浓度。高浓度的主盐有利于提高电沉积的效率。

焦磷酸镀铜主盐的浓度还与络合物焦磷酸钾的浓度有密切的关系，在电镀加工中，要求焦磷酸钾与铜离子的比值（也叫 P 值）必须在 7 左右，否则镀层的质量和电镀的分散能力都会下降。但是对于电铸而言，为了提高电沉积的效率，可以使 P 值在 7 以下，控制在 5～6 即可。应该定期对电沉积液进行分析，并根据分析报告补加所缺的主盐或络合剂，以保证镀液在正常的工艺范围。

② 氨水。

氨水的存在对阳极的正常溶解有重要作用，同时也对光亮添加剂等起辅助作用。如果不加入氨水，不仅镀层光亮范围缩小，而且阳极的溶解变差。但是也不能过量添加，否则镀层会出现白色条痕并失去光泽，分散能力也会下降。最佳范围是 2～5mL/L。

③ 硝酸钾。

添加硝酸盐是为了对高电流密度情况下氢的还原起抑制作用，以提高电流密度范围。因为有如下反应可以较多地消耗镀液中的氢离子：

$$NO_3^- + 10H^+ \longrightarrow NH_4^+ + 3H_2O$$

同时，实验表明，在添加了 20g/L 硝酸钾的镀液里，高电流密度区的烧焦现象明显减少，适合于高速电镀。

④ pH 值。

焦磷酸盐镀铜适合的 pH 值为 8～9。在 8 以下时，虽然光泽性好一些，但是结合力和分散能力都会下降。而当在 9 以上时，镀层的整平性能下降，并且镀液中易发生沉淀。

由于焦磷酸盐镀液有较强的缓冲作用，因此，pH 值的变化并不是很明显，没有镀液成分的变化快。但是对 pH 值的管理仍然很重要，因为当 pH 值低时，镀液中过量的焦磷酸钾会因水解而生成正磷酸盐：

$$P_2O_7^{-4} + H_2O \longrightarrow [HPO_4]^{2-} + PO_4^{3-}$$

正磷酸盐在一定程度上能促进阳极的溶解，但过量的正磷酸盐将降低镀液电导率，使镀层性能变差，光亮区缩小，并且一旦有正磷酸盐生成，除去也比较困难。焦磷酸盐镀铜液中的正磷酸盐不许超过100g/L，最好控制在75g/L以内。

(4) 工艺参数的影响

① 镀液温度。

镀液温度除了保证镀液正常工作外，还与正磷酸盐的生成有一定关系。当液温过高时，将加速焦磷酸盐的水解，只有在50～60℃时，水解的速度才最低。因此，最好将温度控制在这一范围。当温度过低时，电流密度也要随之降低，否则镀层容易烧焦。

② 电流密度。

过高的电流密度会使电镀效率下降，分散能力也会变差。因此维持阴极电流密度在$1\sim4A/dm^2$的范围是恰当的。

③ 搅拌。

搅拌可以减少或消除浓差极化，提高电流密度和电流效率，增加镀层光亮度，提高分散能力。

搅拌可以采用空气搅拌，也可以采用阴极移动的方法，还可以使镀液循环。采用空气搅拌时要对空气进行过滤，以防止油水进入镀液。如果采用阴极移动，移动频率为15～20次/min，行程100mm。

④ 镀液中杂质的影响。

对于焦磷酸盐镀铜液，影响最大的杂质是氰化物和有机杂质，其次是铁、铅、镍等金属杂质和氯离子。

镀液中含有0.005g/L的氰化钠，就足以使镀层粗糙。氰根可以用双氧水处理，有机杂质可以用活性炭处理。

铁、铅、镍、氯等杂质主要影响镀层的光洁度。少量存在时，镀层产生雾状；含量高时，镀层会发暗，结晶粗糙。铅可以电解去除，但是很慢。少量的三价铁可以用柠檬酸铵加以掩蔽，超过10g/L时，要加热镀液，提高pH值，再沉淀过滤，但铜盐也会同时有所损失。镍超过5g/L，镀层粗糙，适当增加焦磷酸盐的含量可以减少其影响。

在完成加厚电镀后，就可以进行锌压铸件的表层电镀，可以是装饰性电镀，比如镀装饰性镀层，通常是亮镍和装饰铬，如果产品对资源和环境保护都有要求，则要选择酸性光亮镀铜后镀代铬等镀层。

如果是需要进行功能性电镀，比如镀银或其他功能性镀层，可以在加厚电镀层上先镀酸性光亮镀铜，再镀银或其他功能性镀层。

4.3.3 ABS塑料电镀工艺

4.3.3.1 ABS塑料电镀的原理

20世纪30年代，德国的IG公司成功地研制出了工业化的塑料——聚苯乙烯。这种塑料无色透明，无味，无臭，无毒，密度低，热可塑性好。一经问世，很快就获得广泛应用。但是它也有热变形温度低、耐冲击力弱、易脆化等缺点。为了改善其性能，技术人员开始在其中加入一些改性剂，结果是成功制备了一种加入丙烯腈单体的AS塑料。其抗张力和热变形温度都有所提高，只是耐冲击力尚未得到改善。这样，经过进一步的努力，在AS的基础上加入丁二烯，开发出了ABS塑料。这种产品的商业化则是由美国的公司于1948年完成的。

ABS的耐冲击强度、抗张力、弹性率均明显改善，且无负荷时热变形温度高，线膨胀系数小，因而加工成型后收缩小，吸水率低，适合于制作精密的结构制品，在工业领域，特别是电子仪器仪表等领域获得好评。其后在轻工业、日用品、汽车、航空、航海等诸多工业领域都获得广泛应用。而使ABS塑料的应用进一步扩大的最主要因素，就是它是最先开发出来具工业化电镀加工性能的工程塑料，并且至今仍然是唯一最适合电镀的工程塑料。

由于环境保护意识的增强，在所有工业发达国家，电镀加工业已经受到严格的限制，并将许多有严重污染的电镀加工产品转移到发展中国家进行加工，自己只保留精密和高技术的电镀加工产品，其中很大一部分是塑料电镀产品。早在20世纪70年代，所有发达国家电镀加工产品有1/3是塑料电镀，其中大多数是ABS塑料电镀[17]。

我国的电子工业和家用电子产品曾经一度有过采用塑料电镀装饰件的流行性趋势。直到现在，塑料电镀在电子工业和汽车工业中仍然占有一定比例。现在，许多塑料电镀不仅是装饰用途，而且是功能结构件的复合镀层。

(1) ABS塑料组成原理和成型条件对结合力的影响

ABS是由丙烯腈、丁二烯和苯乙烯三单体共聚而得到的聚合物塑料，其名称代号ABS正是这三种单体英文单词的第一个字母的组合。

在这个共聚体中，A成分和S成分构成骨架，B成分也就是丁二烯以极细微的球状分散在这个构架中。这种结构使得ABS塑料具有一定的硬度、韧性和强度，且收缩性小。

改变ABS中三种成分含量的比例，可以使其具有不同的物理性质，其中B成分的含量对塑料影响较大。一般而言，耐冲击强度随着B成分的增加而增加，但抗张力和热变形温度会下降。

对于电镀级的ABS塑料，由于要求金属镀层与基体有良好的结合力，B成分的含量要相对高一些，有利于提高镀层结合力。

当 B 成分在 ABS 中占 10％时，所测得的镀层结合强度为 $1kg/cm^2$，而当 B 成分的含量占到 20％时，其镀层的结合强度可达到 2.5 kg/cm^2。因此，电镀级的 ABS 塑料的 B 成分含量通常在 20％左右。这时的 ABS 的抗拉强度在 350～490kg/cm^2 之间，热变形温度在 75℃左右。实验表明，当 ABS 塑料中的 B 成分含量在 10％～30％变动时，所测得的镀层结合强度也线性地表现为 1～3kg/cm^2。当 B 成分含量低于 10％时，就不能用来制作电镀用的制品。有些产品之所以要将丁二烯的用量调整到 10％以下，是因为 ABS 塑料的抗张强度和热变形温度随丁二烯含量的增加而下降。当丁二烯的含量只有 5％时，ABS 塑料的热变形温度上升到 90℃，抗张强度可达 600kg/cm^2。而当丁二烯的含量在 20％时，热变形温度下降到 78℃，抗张强度只有 350kg/cm^2。因此，丁二烯含量低的 ABS 塑料适合于做框架、外壳等对强度要求较高的制件。需要电镀的 ABS 制件，一定要保证丁二烯的含量在 10％以上[18]。

由于 B 成分以小球状分散在塑料本体中，在粗化过程中将 B 成分从塑料本体中溶出，就会使表面形成许多微观的小孔。这种多孔的表面状态有利于化学镀层在其上生长并获得良好的结合力。B 成分对结合力影响的本质就是这种溶孔与其含量有关。

(2) 电镀级 ABS 塑料的表层状况与结合力理论

丁二烯（B 成分）既然是分散在 ABS 本体中的，那么在成型过程中就会受成型条件的影响，并将因成型条件的不同而呈现出不同的形状，比如可能是球状或扁平状，也可能是流体状等。其每个球形的粒径大小也不可能是完全一致的。

使用电子显微镜可以观察到直径平均在 $1\mu m$ 以下的凹孔。恰当的粗化条件可以使孔径平均在 $0.2～2\mu m$ 之间，且每一平方厘米的范围内微孔的数量在 1000 个以上。当粗化处理不充分时，表面的孔数少于正常值，使孔位的表面积减少，结合力变弱。但是当粗化过度时，表面的情况就显得杂乱，孔的形状已经是不定形的了。根据机械结合力理论，孔的剖面呈球形最好，这时的结合力是最高的。

关于 ABS 塑料粗化后可以提高与金属基体结合力的原理有两种理论：一种是化学结合力说，一种是物理结合力说。

① 化学结合力说。

化学结合力说认为，ABS 塑料本身具有的或者经过化学处理粗化后生成的极性基团，例如—CHO、—COOH、—HO 等与金属镀层的结晶之间有化学结合力，也就是分子间键力。这是早期的结合力理论，但在实践中没有被印证。不过，随着表面观测技术的发展，现在已经利用表面红外光谱分光法在塑料表面检测出了这类极性基团。

② 物理（机械）结合力说。

持这种理论的比较普遍。这种理论认为，ABS 塑料表面和近表面层中的丁二烯在粗化处理过程中被溶解后，在表面形成了大量的微孔。由于表面丁二烯分布的随机性，也使得这些微孔的分布呈随机状态，并且形状也不是完全一样的，但有相当一部分是半圆或过半圆形的，特别是过半圆形的孔，有着孔口小、孔内大的结构。当镀层在这些孔内生长后，相当于形成了许多小锚，从而增加了镀层与基体之间的结合力。这种罐子状的孔也可以看作是机械工程学中所说的燕尾槽，所以这种结合力说也简称为"燕尾槽效应"或"锚效应"。

现在利用显微镜对 ABS 塑料电镀样件的镀层与基体的断面进行观测，发现这种机械结合力的结构是确实存在的，并且在生产实践中与粗化过程的状态有较好的符合性，证明机械结合力是成立的。但是这也并不排斥化学结合力说，因为由于丁二烯的溶出，丁二烯原来与 AS 成分之间的共聚键全部被打断，使得在孔内有比表面多得多的极性基团和断开的键链，这将加强镀层与塑料的结合力。也许是两种力的共同作用，但显然机械结合力占的比例要大一些。

（3）影响结合力的基体因素

粗化工艺不同，或者同一种粗化工艺粗化程度不同，对结合力有不同的影响是肯定的。但是，还有一些因素也会影响 ABS 塑料电镀的结合力，并且往往是容易被忽视的因素。这些因素必须在需要电镀的 ABS 塑料制品成型前就确定，否则就会大大降低 ABS 塑料电镀的合格率，并且还难以查出原因。这就是基体材料的各成分比和注塑成型时的工艺条件。

如前所述，ABS 塑料有适合电镀的结构，但并不是所有的 ABS 塑料都适合电镀，只有电镀级的，也就是 B 成分含量在 20％左右的 ABS 塑料才适合进行电镀加工，否则结合力难以保证。

有些厂家将只含 10％B 成分的 ABS 制品委托电镀厂加工电镀，不但产品的结合力不合格，而且在加工过程中也难以镀到完全的镀层，只有靠过度地粗化和牺牲表面光洁度来镀出让步接收的产品。

因此，在对 ABS 塑料进行电镀前，要确认所用的塑料是不是电镀级的，万一不是电镀级的，就要在粗化工艺中作出调整，以使电镀过程得以顺利进行。

即使采用的是电镀级 ABS，但有时也并不好电镀，还是会出现结合力不好等质量问题，而所有的工艺流程的工艺参数又都是在有效的范围内，这时就要找塑料注塑成型工艺的问题。

ABS 塑料在注塑过程中，由于是热流动状态并会受到挤压，因此会给塑料的构成带来一些变化。现在已经有人采用微观过程观测传感器，与电脑连接，对注塑过程塑料（或金属）的流动特性进行直观的观测，从而更好地确定注塑工艺参数。

现在已经确定的影响 ABS 塑料可镀性能的成型过程因素有以下几点。

① 成型塑料的温度。试验表明，成型塑料温度高有利于塑料的流动，并可以保持塑料组分的分布符合设计的比例，同时可以减少成型微粒的变形，保持 B 成分的圆度和提高塑料的密度。

② 注塑进料的速度。注塑速度以尽量慢一些为好，同样是为了提高 B 成分的

圆度和提高塑料密度。

③ 注塑进料的压力。注塑进料的压力低一些好，这样可以防止过高压力导致内应力过大。

④ 模具表面的温度。模具的温度高一些好，这样有利于塑料在模腔内的流动，提高塑料密度。

成熟的电镀级 ABS 塑料制品的注塑成型工艺参数如下：成型塑料的温度为250℃，注塑速度为 1.5m/s，注塑压力为 40～80kg/cm²，模具温度为 50～80℃。经过适当粗化后电镀获得的结合力在 2.2～2.5kg/cm²。

在掌握了注塑成型的正确工艺参数后，注塑前还有一些注意事项要认真对待，否则同样会影响镀层的结合力。

第一，要将 ABS 塑料进行去潮处理。如果没有对塑料进行去潮处理，在注塑成型时会在塑料表面残留有气丝、分层、小泡等瑕疵。ABS 的含水率应在 1‰ 以下，采用 80℃，2h 的烘干处理即可奏效。在烘干时，塑料在烘箱内的堆集厚度不得超过 20～30mm。

第二，保证原料的纯正。不要混入色母料、杂料、灰尘等，同时回收的 ABS塑料也不宜混入，否则都会影响电镀质量。

第三，尽量少用或不用脱模剂。因为过多的脱模剂虽然方便了产品脱模，却给电镀的粗化带来困难，特别是硅系脱模剂，最好不要用。

第四，模具必须保持干净，模腔内不要有残留的塑料。同时要保持模腔光洁，最好是在保证产品尺寸要求的前提下，对模腔进行抛光或研磨后，镀易脱模金属，比如铬等。这样既可以提高模具寿命，又可以提高表面质量，不容易脱模。

4.3.3.2　ABS 塑料电镀的工艺

通信类电子整机的结构中，ABS 工程塑料的应用主要集中在装饰配件上，也有用在功能配件上的例子，如为减轻总机质量的机架、机框，而又需要接地功能时，就需要表面电镀金属镀层。

ABS 塑料电镀工艺可以分为三大部分，即前处理工艺、化学镀工艺和电镀工艺，每个部分含有若干流程或工序。下面将分别加以详细介绍。

(1) 前处理工艺
前处理工艺包括表面整理、内应力检查、除油和粗化。

① 表面整理。

在 ABS 塑料进行各项处理之前，要对其进行表面整理，这是因为在塑料注塑成型过程中会有应力残留，特别是浇口和与浇口对应的部位，会有内应力产生。如果不加以消除，这些部位会在电镀中产生镀层起泡现象。在电镀过程中如果发现某一件产品的同一部位容易起泡，就要检查是不是浇口或与浇口对应的部位，并进行内应力检查。但是为了防患于未然，预先进行去应力是必要的。

一般性表面整理可以在 20％丙酮溶液中浸 5～10s。去应力的方法是在 80℃恒温下用烘箱或者水浴处理至少 8h。

② 内应力检查。

在室温下将注塑成型的 ABS 塑料制品放入冰醋酸中浸 2～3min，然后仔细地清洗表面，晾干。在 40 倍放大镜或立体显微镜下观察表面，如果呈白色表面且裂纹很多，说明塑料的内应力较大，不能马上电镀，要进行去应力处理。如果呈现塑料原色，则说明没有内应力或内应力很小。内应力严重时，经过上述处理，不用放大镜就能够看到塑料表面的裂纹。

③ 除油。

有很多商业的除油剂可以选用，也可以采用以下配方：

磷酸钠	20g/L
氢氧化钠	5g/L
碳酸钠	20g/L
乳化剂	1mL/L
温度	60℃
时间	30min

除油之后，先在热水中清洗，然后在清水中清洗干净。再在 5％的硫酸中中和，再清洗，才能进入粗化工序。这样可以保护粗化液，使之寿命得以延长。

④ 粗化。

ABS 塑料的粗化方法有三类，即高硫酸型、高铬酸型和磷酸型。从环境保护的角度，现在宜采用高硫酸型。

高硫酸型粗化液：

硫酸	80％（质量分数）
铬酸	4％（质量分数）
温度	50～60℃
时间	5～15min

这种粗化液的效果没有高铬酸型的好，因此时间上宜长一些。

高铬酸型粗化液：

铬酐	26％～28％（质量分数）
硫酸	13％～23％（质量分数）
温度	50～60℃
时间	5～10min

这种粗化液通用性比较好，适合于不同牌号的 ABS，对于 B 成分含量较少的 ABS 塑料要适当延长时间或提高一点温度。

磷酸型粗化液：

磷酸	20％（质量分数）

硫酸	50％（质量分数）
铬酐	30g/L
温度	60℃
时间	5～15min

这种粗化液的粗化效果较好，时间也是长一点为好。但是成分多一种，成本也会增加一些，所以一般不大用。

所有的粗化液的寿命均与所处理塑料制品的量和时间成正比。随着粗化量的加大和时间的延长，三价铬的量会上升，粗化液的作用会下降，可以在分析后补加。但是当三价铬太多时，处理液的颜色会呈现墨绿色，要弃掉一部分旧液后再补加铬酸。

粗化完毕的制件要充分清洗。由于铬酸浓度很高，首先要在回收槽中加以回收，再经过多次清洗，并浸入5％的盐酸后，最后经过清洗方可进入以下流程。

(2) 化学镀工艺

化学镀工艺包括敏化、活化、化学镀铜或者化学镀镍。由于化学镀铜和化学镀镍要用到不同的工艺，所以将分别介绍两组不同的工艺。

① 化学镀铜工艺。

a. 敏化。

氯化亚锡	10g/L
盐酸	40mL/L
温度	15～30℃
时间	1～3min

在敏化液中放入纯锡块，可以抑制四价锡的产生。经敏化处理后的制件在清洗后要经过蒸馏水清洗才能进入活化工序，以防止氯离子带入而消耗银离子。

b. 银盐活化。

硝酸银	3～5g/L
氨水	加至透明
温度	室温
时间	5～10min

这种活化液的优点是成本较低，并且较容易根据活化表面的颜色变化来判断活化的效果。因为硝酸银还原为金属银活化层的颜色是棕色的，如果颜色很淡，说明活化不够，需要延长时间，或者活化液要补料。也可以采用钯活化法，如前面已经介绍过的胶体钯法，或者下述分步活化法。如果是胶体钯法，则上道敏化工序可以不要，活化后加一道解胶工序。

c. 钯盐活化。

氯化钯	0.2～0.4g/L
盐酸	1～3mL/L

| 温度 | 25～40℃ |
| 时间 | 3～5min |

经过活化处理并充分清洗后的塑料制品，可以进入化学镀流程。活化液没有清洗干净的制品如果进入化学镀液，将会引起化学镀液的自催化分解，这一点务必加以注意。

d. 化学镀铜。

硫酸铜	7g/L
氯化镍	1g/L
氢氧化钠	5g/L
酒石酸钾钠	20g/L
甲醛	25mL/L
温度	20～25℃
pH 值	11～12.5
时间	10～30min

化学镀铜的最大问题是不够稳定，所以要小心维护，采用空气搅拌的同时能够进行及时过滤更好。在补加消耗的原料时，以 1g 金属 4mL 还原剂计算。

② 化学镀镍工艺。

a. 敏化。

氯化亚锡	5～20g/L
盐酸	2～10mL/L
温度	25～35℃
时间	3～5min

b. 活化。

氯化钯	0.4～0.6g/L
盐酸	3～6mL/L
温度	25～40℃
时间	3～5min

化学镀镍只能用钯作活化剂而很难用银催化。同时钯离子的浓度也要高一些。现在大多数已经采用一步活化法进行化学镀镍，也就是采用胶体钯法一步活化。并且由于表面活性剂技术的进步，在商业活化剂中，金属钯的含量已经大大降低，0.1g/L 的钯盐就可以起到活化作用。

c. 化学镀镍。

硫酸镍	10～20g/L
柠檬酸钠	30～60g/L
氯化钠	30～60g/L
次亚磷酸钠	5～20g/L

pH 值	8～9（氨水调）
温度	40～50℃
时间	5～15min

化学镀镍的导电性、光泽性都优于化学镀铜，同时镀液本身的稳定性也比较高。平时的补加可以采用镍盐浓度比色法进行，补充时硫酸镍和次亚磷酸钠各按新配量的 50%～60% 加入即可。每班次操作完成后，可以用硫酸将 pH 值调低至 3～4，这样可以较长时间存放而不失效。加工量大时每天都应当过滤，平时至少每周过滤一次。

(3) 电镀工艺

电镀工艺分为加厚电镀、装饰性电镀和功能性电镀三类。

① 电镀加厚。

由于化学镀层非常薄，要使塑料达到金属化的效果，镀层必须有一定的厚度。因此要在化学镀后进行加厚电镀。同时，加厚电镀也为后面进一步的装饰或者功能性电镀增加了可靠性，如果不进行加厚镀，很多场合，化学镀在各种常规电镀液内会出现质量问题，主要是上镀不全或局部化学镀层溶解导致出现废品。

第一种加厚液：

硫酸镍	150～250g/L
氯化镍	30～50g/L
硼酸	30～50g/L
温度	30～40℃
pH 值	3～5
阴极电流密度	0.5～1.5A/dm²
时间	视要求而定

第二种加厚液：

硫酸铜	150～200g/L
硫酸	47～65g/L
添加剂	0.5～2mL/L
阳极	酸性镀铜专用磷铜阳极

阴极移动或镀液搅拌

| 温度 | 15～25℃ |
| 阴极电流密度 | 0.5～1.5A/dm² |

时间视要求而定

其中电镀添加剂可以用任何一种市场销售的商业光亮剂。

第三种加厚液：

| 焦磷酸铜 | 80～100g/L |

焦磷酸钾	260～320g/L
氨水	3～6mL/L
pH 值	8～9
温度	40～45℃
阴极电流密度	0.3～1A/dm²

以上三种加厚镀液对于化学镀镍都适用，但以镀镍加厚为宜。而化学镀铜则采用硫酸盐镀铜即可。

② 装饰性电镀。

a. 酸性光亮镀铜：

硫酸铜	185～220g/L
硫酸	55～65g/L
商业光亮剂	1～5mL/L
温度	15～25℃
阴极电流密度	2～5A/dm²
阴极移动	
阳极	酸性镀铜用磷铜阳极
时间	30min

b. 光亮镀镍：

硫酸镍	280～320g/L
氯化镍	40～45g/L
硼酸	30～40g/L
商业光亮剂	2～5mL/L
温度	40～50℃
pH 值	4～5
阴极电流密度	3～3.5A/dm²
时间	10～15min

以上两种工艺都要求阴极移动或镀液的搅拌。最好是采用循环过滤，既可以搅拌镀液，又可以保持镀液的干净。

装饰性电镀可以是铜-镍-铬工艺，也可以是光亮铜再进行其他精饰，比如刷光后古铜化处理，还可以在光亮铜后加镀光亮镍，再镀仿金等。

c. 装饰性镀铬：

铬酸	280～360g/L
氟硅酸钠	5～10g/L
硅酸	0.2～1g/L
温度	35～40℃
槽电压	3.5～8V

阴极电流密度	$3\sim10\text{A}/\text{dm}^2$
时间	$2\sim5\text{min}$

这是适合于塑料电镀的低温型装饰镀铬，但是由于铬的使用越来越受到限制，将会有许多其他代铬镀层可供选用。

推荐的代铬镀液如下：

氯化亚锡	$26\sim30\text{g}/\text{L}$
氯化钴	$8\sim12\text{g}/\text{L}$
氯化锌	$2\sim5\text{g}/\text{L}$
焦磷酸钾	$220\sim300\text{g}/\text{L}$
代铬-90 添加剂	$20\sim30\text{mL}/\text{L}$
代铬稳定剂	$2\sim8\text{mL}/\text{L}$
pH 值	$8.5\sim9.5$
温度	$20\sim45℃$
阴极电流密度	$0.1\sim1\text{A}/\text{dm}^2$
阳极	纯锡板（0 号锡）
时间	$1\sim5\text{min}$

阴极移动或循环过滤

代铬-90 添加剂是目前国内通用的商业添加剂。

d. 镀仿金：

金色因其华贵而漂亮的色彩成为很多装饰件喜欢采用的颜色，但是如果全部用真金来电镀，成本肯定会很高，于是很早就有了用仿金替代真金。用得最多的就是黄铜，也就是铜锌合金。电镀也是如此，采用铜锌合金可以镀出十分逼真的金色，并且可以调出 24K 或 18K 的色调。以下是一个经典的二元仿金合金电镀工艺配方：

氰化锌	$8\sim10\text{g}/\text{L}$
氰化亚铜	$22\sim27\text{g}/\text{L}$
总氰	$54\text{g}/\text{L}$
氢氧化钠	$10\sim20\text{g}/\text{L}$
pH 值	$9.5\sim10.5$
温度	$30\sim40℃$
阴极电流密度	$0.3\sim0.5\text{A}/\text{dm}^2$
阳极	铜锌合金（64 黄铜）
时间	$2\sim5\text{min}$

由于不同色调的需要，也有三元合金仿金电镀，还有因为环境保护需要的无氰仿金电镀工艺。兹将这些工艺的配方和操作条件列于表 4-5。

表 4-5　各种仿金电镀工艺

镀液成分与工艺规范	镀液类型及各成分含量/（g/L）					
	1	2	3	4	5	6
氰化亚铜	16～18	—	15～18	10～40	20	20
焦磷酸铜	—	20～23	—	—	—	—
氰化锌	6～8	—	7～9	1～10	6	2
焦磷酸锌	—	8.5～10.5	—	—	—	—
焦磷酸钾	—	300～320	—	—	—	—
锡酸钠	—	3.5～6	4～6	2～20	2.4	5
氰化钠（总）	36～38	—	—	—	50	54
氰化钠（游）	—	—	5～8	2～6	—	—
碳酸钠	15～20	—	—	—	7.5	—
酒石酸钾钠	—	30～40	30～35	4～20	—	—
柠檬酸钾	—	15～20	—	—	—	—
氨水	—	—	—	—	—	—
氢氧化钠	—	15～20	4～6	—	—	—
氨三乙酸	—	25～35	—	—	—	—
pH 值	10.5～11.5	8.5～8.8	11.5～12	10～11	12.7～13	12～13
温度/℃	15～35	30～35	20～35	15～35	20～25	45
阴极电流密度/（A/dm²）	0.1～2.0	0.8～1.0	0.5～1	1～2	2.5～5	1～2
阳极锌铜比	7：3	7：3	7：3	7：3	7：3	7：3
阴极移动/（次/min）	—	20～25	—	—	—	—
电镀时间/min	1～2	1～3	1～2	1～2	1～10	0.5

塑料电镀仿金后，要注意充分地清洗并在温度为 60℃ 的热水中浸洗，干燥后要涂上防变色保护漆。因为仿金镀层的最大缺点就是容易变色，为了提高抗变色能力，可以增加一个缓蚀剂处理：

苯并三氮唑　　　　　　10～15g/L
苯甲酸　　　　　　　　5～8g/L
乙醇　　　　　　　　　300～400mL/L
pH 值　　　　　　　　 6～7
温度　　　　　　　　　50～60℃
时间　　　　　　　　　5～10min
也可以采用钝化处理：

重铬酸钾	10～30g/L
氯化钠	5～10g/L
温度	室温
时间	10～30s

钝化以后仍然需要进行涂膜，增强其抗变色性能。

③ 功能性电镀。

前面已经谈到过，塑料电镀除了大量用于装饰件以外，在结构和功能性器件中的应用也很多。而功能性用途实际上主要是靠表面电镀的镀层性质来体现的，从广义的角度，装饰也是一种功能。但是这里所说的功能，还是指的物理或化学的或电学的性能，比如导电镀层、反光镀层、电磁屏蔽镀层、焊接性镀层等。

(4) ABS 塑料电镀的常见故障

ABS 塑料电镀想要获得完美的镀层，就得从模具的设计、制造和 ABS 塑料的选用、注塑成型等一系列因素上用功夫。这里主要是从化学镀和电镀的角度给出常见故障的排除方法。

① 化学镀层沉积不全。

有规律的固定部位沉积不全是内应力集中的表现，制品应该进行去应力处理。无规律、随机的出现沉积不全，第一要从粗化找原因，再有可能是活化不够，最后是化学镀效率下降，针对找出的原因给予纠正。

② 电镀层连同化学镀层起皮。

粗化不足，常可见化学镀层光亮，局部固定部位起皮，则属于内应力点。应加强粗化和去应力。

③ 镀层之间起皮。

光亮镀层，特别是光亮镀镍内应力大，有可能是光亮剂失调，也可能是镀镍pH 太高或者中间镀层氧化或钝化引起表面镀层结合不良。应调整镀液和注意加强中间镀层的工序间活化，经常更换活化液。镀铬时制件在镀槽内稍稍停留，预热后再通电电镀。

④ 制件局部发生镀层溶解。

挂具导电不良，发生"双极"现象，使局部成为阳极而溶解。注意挂具与制件要有两个以上接点，并且一定要保证接触良好。

⑤ ABS 镀层上有毛刺、麻点。

可能是镀液不干净引起的物理杂质在表面沉积，也可能是铜粉的影响和/或镀镍阳极泥的影响。应对镀液进行定期过滤，阳极一律要采用阳极袋加以保护，生产过程中不打捞掉件或从底部搅动镀液，平时不用镀液时要加盖。

出现麻点多半是光亮镀镍的 pH 值偏低，使析氢加剧，还有表面活性剂不足。调整镀液 pH 值到正常范围，添加表面活性剂如十二烷基硫酸钠等来减少氢的吸附。

⑥ 镀后制件发生变形。

在 ABS 塑料电镀完成后，有时会发现有些制品有变形，影响装配或使用，比如外框、罩壳、铭牌、有配合的构件等，如果发生变形，就会无法安装使用。

产生这种质量问题的原因有三类：一类是设计本身就不合理，存在设计缺陷；另一类是挂具设计不合理；还有就是工艺控制不严格和操作不当。

模具设计要充分注意制品厚度和收缩率的关系，并考虑强度要求。在过薄的地方要有加强筋，还要有抵消应力的应变筋。强度增强了，抗变形性能也就随之增强。

挂具的支点要对称设置，并保持相同的张力，挂具张力不平衡，在经过温度较高的工序时，会产生变形，冷却后变形会固定下来，因此挂具的设计和制作都要合理，不要使镀件在某一个方向受力太大。可以加大支点接触面而减少支点张力。

在操作中严格按工艺要求管理各工序，不要超过规定的温度。电镀过程中发现挂具个别支点脱落要加以纠正，以免制品受力不均而变形。特别要加强对干燥烘箱的管理，经常检查恒温控制设备是否在有效状态，并经常用精确的水银温度计校验数字显示的烘箱温度。注意对有加温要求的工艺的温度监测，比如粗化、镀光亮镍、镀铬等。

(5) 不良镀层的退除

ABS 塑料电镀要想提高合格率，切忌在全部完工后再做终检，这时发现问题再返工，工时和材料的浪费都很大。因此要加强工序间检查，不让不良品流入下道工序，避免做出成品再返工。因为只有在前处理工序发现问题才易于纠正，如果待电镀完成后再返工，不仅浪费太大，并且退除镀层也是很麻烦的工作。

ABS 塑料电镀制品可以允许返工后再镀，返工的制品在镀层退除后，可以不经粗化或减少粗化时间就进行金属化处理。但是这种返工以 3 次为限，有些制件可以返工 5 次，超过 5 次就不宜再进行电镀加工了。这时无论是结合力还是外观都会不合格。

镀层的退除，可以采用电镀通用的办法，比如在盐酸中退除镀铬层，在废的粗化液内退铜镀层，在硝酸内退镍等。

但是分步退镀的方法比较麻烦，且要占用几个工作槽。由于塑料本身不易发生过腐蚀问题，所以可以采用一步退镀的方法。这种方法适合于已经镀有所有镀层的制品，当然也适合镀有任一镀层的制品：

盐酸	50%
双氧水	5~10mL
温度	室温
时间	退尽所有镀层为止

双氧水要少加和经常补加，一次加入过多会因放热严重而导致变形等问题。另外，对于镀有装饰铬的镀层，可以先在浓盐酸中将铬退尽后再使用本退镀液。

4.3.4 PP塑料电镀工艺

4.3.4.1 关于PP塑料

PP塑料是聚丙烯（polypropylene）的简称。这是一种由石油、天然气裂化而制得丙烯后，再加以催化剂聚合而成的高分子聚合物（分子量83以上），是20世纪60年代才发展起来的新型塑料，其主要特点是密度小，仅为0.9～0.91g/cm³，耐热性能好，可在100℃以上使用，在没有外力作用的情况下，150℃也不会变形，耐药品性能好，高频电性能优良，吸水率也很低，因此有很广泛的工业用途。可以制成各种容器，也可以做容器衬里、涂层以及机械零件、法兰、汽车配件等。缺点是收缩率高，壁厚部位易收缩凹陷，低温脆性大等。

由于PP塑料的成本比ABS塑料的低，而其电镀性能仅次于ABS塑料，因此，在工业化电镀塑料中占第二位，并且随着PP塑料性能的进一步改进而有扩大的趋势。

PP塑料电镀后的结合力也是很可观的，根据不同的试验方式测得的镀层结合力在0.7～3.6kg/cm之间。这是可以与ABS塑料电镀的结合力相媲美的。

PP塑料的机械强度和电性能在电镀后都有所提高。机械强度的增加率，以强度极限计，均为25%，以弹性系数计，达数倍以上。耐热性能增加10%～15%，例如在PP塑料上镀镍30μm、光亮镍7.5μm、铬0.25μm后，当受热后温度达到其熔点（170℃）也不变形。

现在对PP塑料的电镀有两种类型，一种是对普通PP塑料的电镀。这种工艺适用于普通的PP塑料，保留了该塑料的优点，但是尺寸精度差，并且粗化比较麻烦。国内一个时期内认为PP塑料不好电镀，就是指的这种普通的PP塑料。其实，即使是普通的PP塑料，只要掌握了工艺要点，仍然是可以成功地进行电镀加工的。

另一种是电镀级PP塑料的电镀。这种进行了改进的PP塑料是专门为了适合电镀加工而设计的。在20世纪的七八十年代，我国还没有这种塑料。当时国内的所谓"改性聚丙烯"并不是针对电镀进行的改性，因此也不能当作电镀级塑料进行电镀加工。

用于电镀的改性PP塑料具有如下优点：①收缩率降低，使尺寸精度得以保证；②耐热性进一步提高；③电镀后镀层与基体的结合力增强；④镀后的外观更好。

改进的方法是在PP塑料中加无机填料。根据填料的性质不同，使收缩率、结合力、粗化性、外观等有不同程度的改善。

结合力与镀后的镀层外观的关系是结合力越好，镀层的光洁度会越低；反之，光洁如镜的镀层结合力越低。这和在PP塑料中添加的填料性质、粒径大小、混合均匀的程度等都有关系。

一般来说，填充物的形状为无定形体时，表面较光洁。填料的粒径最好在

$0.5\sim5\mu m$ 的范围，添加的比例也从 10% 到 40% 不等。因此，粗化的工艺也要有不同的改变。多半是在温度、时间和粗化液组成上做一些调整。

4.3.4.2　普通 PP 塑料电镀

① 普通 PP 塑料的粗化。

利用普通 ABS 塑料粗化液来粗化普通 PP 塑料，虽然也可以获得粗化的表面，但是效果很差。同时，粗化的温度需要提高到 $70\sim80℃$，时间需要 $10\sim20min$。

为了提高 PP 塑料的粗化效果，改善普通 PP 塑料的可镀性，开发出了二次粗化法。二次粗化法的原理是根据压塑成型品表面的受力大、结晶排列紧密而不易分解而提出的。经过预粗化之后，使非结晶部位发生选择性溶解，使得第二次粗化容易发生反应而改善粗化的效果。二次粗化法的第一步也称为预粗化，通常是采用有机溶剂进行的。

预粗化：

处理液	二甲苯

处理条件：

温度	时间
20℃	30min
40℃	5min
60℃	2min
80℃	0.5min

处理液也可以采用二氧杂环乙烷，但效果不如二甲苯好。要充分注意温度与时间的关系。在适当的条件下预粗化后再粗化的 PP 塑料，电镀后的结合力比电镀级 PP 的还要高。但是，预粗化是有机溶剂，清洗干净有困难，带入粗化液后，容易引起粗化液失效，这是一大缺点。补救的办法是在预粗化后进行除油处理：

氢氧化钠	$20\sim30g/L$
碳酸钠	$20\sim30g/L$
磷酸钠	$20\sim30g/L$
表面活性剂	$1\sim2mL/L$
温度	$60\sim80℃$
时间	$10\sim30min$

由于 PP 塑料的憎水性比 ABS 还严重，所以表面亲水化是很重要的。有时为了达到 100% 的表面湿润，在预粗化后再反过来除油，再预粗化，直至完全亲水为止。

第二次粗化仍以最适应的铬酸-磷酸型镀液为主，也分为高铬酸型和高磷酸型两种。

高铬酸型：

硫酸	$400mL/L$

水	600mL/L
铬酸	加至饱和
高磷酸型:	
磷酸	600mL/L
水	400mL/L
铬酸	加至饱和

以上两种粗化的温度均以 70～80℃为宜，处理时间为 20～30min。

由于硫酸含量越高，铬酸溶解度越低，因此，随着硫酸浓度的升高，铬酸的浓度下降，它们之间的关系见表 4-6。

表 4-6　硫酸浓度与铬酸溶解度的关系

H_2SO_4		H_2O		CrO_3
体积百分数/%	质量百分数/%	体积百分数/%	质量百分数/%	g/L
20	31	80	69	471
30	44	70	56	258
40	55	60	45	80
50	65	50	35	20
60	73	40	27	8.3
70	82	30	18	6.7

由表 4-6 可见，当硫酸的体积容量达到 70% 时，铬酸的溶解量只有 6.7g/L。

采用上述两种粗化工艺所获得的镀层结合力均在 1kg/cm² 以上。由于塑料电镀成败的关键是粗化效果的好坏，因此，对粗化工艺多下功夫是完全必要的。

② 普通 PP 塑料的电镀工艺。

普通 PP 塑料的电镀工艺流程如下：

预粗化—清洗—除油—清洗—粗化—清洗—敏化—清洗—蒸馏水清洗—银活化—清洗—清洗—化学镀铜—清洗—电镀。

如果采用钯活化，则敏化以后的流程为：

清洗—钯活化—清洗—解胶—清洗—化学镀镍—清洗—电镀。

预粗化、除油、粗化前面已经介绍过了，敏化液的浓度要适当提高：

氯化亚锡	40g/L
盐酸	40g/L
温度	20℃
时间	1～5min

活化可以用银，也可以用钯。但是从 PP 塑料的特点来看，用化学镀镍为好。这时可以采用以下活化液：

氯化钯	0.2g

盐酸	3mL
水	1000mL

由于 PP 塑料的热变形温度较高，可以在较高温度的化学镀镍液中进行化学镀，因此，可以选用化学镀镍工艺进行金属化处理。不采用化学镀铜的另一个理由是 PP 塑料对铜有过敏反应，即所谓"铜害"的问题。当 PP 塑料与铜直接接触时，在氧存在的高温条件下容易发生性能变化。当然，改良型的 PP 塑料这方面较好一些。

化学镀镍可以采用较高温度的酸性化学镀镍工艺，这样可以不用氨水调 pH 值，也就避免了刺激性气味。

酸性化学镀镍：

硫酸镍	20～30g/L
酒石酸钠	20～30g/L
次亚磷酸钠	5～15g/L
丙酸	1～4mL/L
pH 值	4.5～5.5
温度	55～65℃

调节 pH 用丙酸和无水碳酸钠或氢氧化钠。

电镀溶液可以采用 ABS 塑料电镀中介绍的镀液，也可以用其他电镀工艺。因为 PP 塑料的耐热性能优于 ABS 塑料，所以对镀种的选择面要宽一些。

4.3.4.3　电镀级 PP 塑料的电镀

① 电镀级 PP 塑料的粗化。

电镀级 PP 塑料由于加入了填充剂，使制品的尺寸精度、耐温性能、应用的适用性都有所提高，其粗化过程也变得简单一些。

电镀级 PP 塑料可以采用普通的粗化工艺，只需提高粗化的温度即可。粗化的机理就是利用粗化液的强氧化作用使填料从表面结构中溶解出来而使表面微观粗糙化。尽管它与 ABS 塑料表面上类似，但这些填料与 ABS 中的 B 成分是完全不同性质的物质，所以溶解的原理是不一样的。

建议使用以下粗化液：

铬酸	30～60g/L
硫酸	500～700g/L
温度	70～80℃
时间	5～30min

由于 PP 塑料的亲水性比较差，即使充分地进行了去油，也难免有形状复杂的部位发生不易亲水的现象，这些部位在化学镀时容易发生漏镀。为了防止发生这种情况，在粗化过程中要经常翻动被粗化的制品，并且可以在粗化过程中取出清洗再粗化，这样反复进行粗化，效果会更好，当然这只适用于完全的手工操作。

② 电镀级 PP 塑料的电镀工艺。

电镀级 PP 塑料的电镀工艺流程如下：

除油—清洗—5％硫酸中和—清洗—粗化—清洗—清洗—敏化—清洗—钯活化—清洗—化学镀镍—清洗—电镀。

除油可以采用通用的除油工艺。粗化前面已经做了介绍。敏化不用前面所说的高浓度的工艺，采用通用工艺即可。对于易于粗化的表面，过高浓度的活化中心反而会降低镀层的结合力。

化学镀可以采用普通 PP 塑料所用的化学镀工艺，也可以用其他通用的工艺。电镀也同样没有严格的限制，这是和电镀 PP 塑料的性能较适合电镀分不开的。

4.3.4.4　影响 PP 塑料电镀质量的因素

和其他非金属电镀一样，材料本身的影响是最重要的。不过对于 PP 塑料来说，普通型和电镀型在成型中，成型条件变化的影响都不是很大。区别就在于电镀级的收缩率要低一些，因此，塑压时的效果更好一些。

成型条件的影响和注意事项如下。

PP 塑料在成型中要注意成型冷却后产生边刺的问题。边刺在壁厚发生改变的地方极易产生。要想完全消除这种缺点是困难的，只能以减少这种边刺为目标。

通常，塑料温度越高，越容易发生边刺。注塑压力高时边刺减少。保压时间越长边刺越少。注塑速度低时边刺也少，模具的温度也是低一些好。

另外，为了防止塑压过程中产生气丝，注塑前对原料要进行干燥处理。对于电镀级 PP 塑料尤其需要。干燥处理的条件是：

温度　　　　　　　　　　100～110℃
时间　　　　　　　　　　30～60min

对于 PP 塑料电镀来说，影响质量，特别是结合力的因素仍然是粗化。这也是所有非金属电镀的共同问题。因为结合力或者说镀层起不起泡是所有非金属电镀最为关心的问题，是非金属电镀有没有实用价值的一个重要指标。一旦结合力不行，镀层就没有了工业价值。因此，对于普通 PP 塑料，预粗化是必不可少的工序。即使是电镀级 PP 塑料，在粗化过程中也要反复几次粗化为好。前处理的工作做好了，可以收到事半功倍的效果，前面的工作如果马虎了，就前功尽弃了。因此，只要是发生化学镀沉积不全、电镀起泡等问题，首先就查粗化是否做好了，并且往往就是粗化的问题。

其他容易发生的质量问题与 ABS 塑料电镀有类似的地方，包括挂具、导电接点、镀液管理等，都可以参考 ABS 塑料电镀部分。

PP 塑料的最大优点是耐热性能好，电镀层结合力也高。由于成型方面的影响没有 ABS 塑料那样严重，因此，可以在较大型的制件上应用，也适合于局部塑料电镀的制品。

4.3.5 其他塑料的电镀工艺

4.3.5.1 粗化是塑料表面金属化成功的关键

根据塑料电镀的原理，可以看出各种不同塑料表面金属化的工艺流程大同小异，尤其是电镀工艺，除了个别有特殊要求的以外，基本上采用通用工艺。敏化、活化和化学镀也有一定通用性。只有粗化方法，每种塑料都有所不同，特别是对于非电镀级的塑料和非金属材料，粗化方法成了能否成功使其表面金属化的关键。这是因为，决定非金属表面金属化使用价值的是金属镀层与非金属材料基体之间的结合力。结合力越强，其实用价值越大。在许多机械性应用的场合，对镀层结合力强度的要求比装饰性电镀的要求要高得多。而能否获得高强度的结合力，主要就看非金属表面的可粗化性能以及粗化的程度如何。而要使表面粗化程度有利于获得良好的镀层结合力，就要研制适用的粗化工艺。对于各种特殊的塑料，只要有了合适的粗化方法，其后的流程可以采用通用的工艺，并根据前面已经介绍的不同强度和不同温度性能的塑料的金属化工艺进行电镀加工。

既然只要知道了某种塑料的粗化方法就可以对其进行电镀加工，那么我们只要有了各种塑料粗化的方法，完成其后的活化和化学镀、电镀流程就不再是困难的事情，因此，本节所说的其他塑料电镀，就着重介绍各种常用的工程塑料的粗化方法，敏化、活化、化学镀和电镀的方法可以参照 ABS 和 PP 塑料。

4.3.5.2 各种塑料的粗化方法

(1) 聚苯乙烯 (PS)
PS 的化学稳定性较差，因而一些化学物质容易改变其表面的性质，比较容易进行卤化、磺化、硝化处理。

浓硫酸在 55～77℃ 温度条件下对聚苯乙烯呈弱磺化作用，PS 经磺化处理后，经过 1% 的氢氧化钠中和清洗，即可获得粗化表面。

也可以使用预粗化的方法来加强粗化的效果，比如可以在乙酰醋酸溶液中处理后再进行粗化，也可以使用以下配方来粗化聚苯乙烯：

硫酸	2000mL
硝酸	1000mL
盐酸	4mL
水	940mL

(2) 聚氯乙烯 (PVC)
PVC 是用途很广的一种塑料，特别是在建筑业使用最多。它可以根据需要制成不同硬度的制品。这里所说的主要是硬质 PVC，它有很好的耐化学性能，但其机械强度却随温度的升高而下降，因此不能在 60℃ 以上持续使用；耐溶剂性较差，可

以利用这一点进行预粗化或表面改性处理。粗化宜用强氧化型，以下介绍两种配方：

配方一：

硫酸	915g
重铬酸钾	85g
温度	50～80℃
时间	3～30min

配方二：

硫酸	825g
重铬酸钾	47g
水	128mL
温度	60～80℃
时间	3～45min

预粗化可以用酒精、四氯化碳、环己烷，再用铬酸粗化液进行粗化。

(3) 氟塑料（聚四氟乙烯）

氟塑料是聚四氟乙烯（PTFE）的简称，是目前化学稳定性最高的塑料，只有碱金属可以对其起作用。

可以用溶于萘和四氢呋喃中的钠溶液来处理 PTFE，这是一种极强的氧化剂。配制方法是先将 28g 萘和 23g 钠溶于 1L 四氢呋喃中，搅拌 2h 后，溶液呈现黑色即可使用。溶液只能在低温下保存，可在冰箱和冷藏箱中存放，有效期约为一年。

粗化方法是将氟塑料浸入其中 1～30s。处理后可以用水或者丙酮、酒精等对其表面进行清洗。注意处理时以塑料表面的颜色呈黑褐色为好，时间一长，表面会因炭化而发黑。比如经过 30min 的处理表面不仅炭化，而且已经具导电性能。

用扫描显微镜对用此方法进行处理后的表面进行观测表明，表面有大量的微孔，与聚丙烯塑料粗化后的表面情况相似。

这不是工业化生产的方法，而是实验室用以制作小样或试制件的方法。这个方法不是很安全，主要是金属钠的存放和使用要严格遵守规定的安全操作流程。

采用氯丁二烯也可以对氟塑料进行粗化，但是效果不是很好。因为在绝大多数溶剂里，氟塑料都是不会湿润的。

(4) 聚缩醛

聚缩醛（POM）是广泛使用的工程塑料品种之一，有较好的力学性能和抗化学品性能。加工成型流动性好，加入填料可以有各种改性产品。在电子、机电、汽车、建筑等领域都有应用。

POM 非常容易用酸或碱进行粗化，例如用浓盐酸可以室温下粗化，也可以用 1％氢氧化钠进行粗化。

推荐使用以下配方：

重铬酸钾	15 份（质量分数）
硫酸	100 份
水	50 份
温度	室温
时间	5min

进行上述处理后再在 1％的氢氧化钾加 90％的萘溶液中进行处理，然后在 60℃下进行 1h 的干燥处理，这样可以保证其结合力。

（5）有机玻璃（聚甲基丙烯酸甲酯）

有机玻璃是聚甲基丙烯酸甲酯（PMMA）的商品名，是一种用途很广泛的工程塑料，无论是在装饰方面还是工程方面，都有很多应用。但耐溶剂性能差，并且脆性也较大。

粗化的方法之一是在含丹宁酸 3g/L 的溶液中反复处理，再用水冲洗干净。

据说在含有二价锡的溶液中长期浸泡，可以使其表面亲水。

以下是实验验证可行的两种粗化方法：

方法一：

丙酮	50％
乙醇	50％
室温浸泡	5min

方法二：

二甲苯	80％～90％
三氯甲烷	10％～20％
室温下处理	1～3min

然后再在含有 20g/L 铬酸的水溶液中反复处理几次，至表面完全亲水即可。

（6）酚塑料（酚醛树脂）

酚醛树脂（PF）是最早开发的合成树脂塑料，也是在建筑上使用得最早的塑料，如洗手间配件、电器配件等。加入填料可以制成各种性能的材料，可用氯磺酸在室温条件下粗化处理 10min，然后水洗，可以获得充分亲水的表面。也可以在以下粗化液中进行粗化：

粗化液一：

硫酸	1000mL
硝酸	500mL
盐酸	3mL
水	120mL
温度	40℃
时间	1～3min

粗化液二：

铬酸	10g/L
硫酸	32g/L
温度	60℃

(7) 三醋酸纤维素

三醋酸纤维素（TCA）是用于制造高强度、不燃性感光胶片基片的理想材料，在其表面金属化是一系列非金属表面金属化实验的项目之一。

可以在以下酸液中进行粗化：

盐酸	3 份
硝酸	1 份
时间	10～20min

水洗后在 10% 的氢氧化钠中中和，再水洗干净即可进入以后的金属化流程。

(8) 尼龙

尼龙（PA）是聚酰胺塑料的商品名，它的性能变化范围很宽，但一般说来是坚韧耐磨、熔点高、摩擦系数很小。尼龙在电子产品、汽车产品、减磨机构、轴承等工业产品中都有广泛应用。其本色是洁白的，但可以着成各种颜色。化学稳定性高，不易粗化。可以试用各种方法：

方法一：

铬酸	75g/L
硫酸	460g/L

方法二：

重铬酸钾	100g/L
硫酸	1200g/L

专用的粗化液配制法如下。

取 13g 聚乙烯醇溶于 87mL 水中，在 80～90℃ 下保温 3h；然后在 50～60℃ 与癸二酸的丙酮溶液混合（癸二酸 50.5g/200mL 丙酮）；再将丙酮蒸发掉，余下的混合液加热到 70℃，用水稀释至 400mL。在这种粗化液中 60℃ 处理 1min，然后在 120℃ 烘干，再用水冲洗即可。

溶剂粗化可以用苯甲醇、环己烷、三甲酚等溶液进行。

(9) 聚乙烯对苯二酸酯

聚乙烯对苯二酸酯（PET）主要是制造软饮料瓶的专用塑料。现在，欧洲汽车制造商开始使用再造的聚乙烯对苯二酸酯，它同样也是一种热塑性聚酯。再造的 PET 更坚硬，和初次使用的 PBT（聚丁烯对苯二酸酯，汽车电器专用塑料）有相同的耐高温性。两种塑料都具有高流动性、抗弯曲性，是制作电子连接器类设备的理想材料。如果能在这种塑料上电镀或局部电镀，将进一步扩展其作为电子器件用塑料的空间。

这种塑料的粗化配方如下：

重铬酸钠	78～131g/L
硫酸	35％～54％
温度	48℃
时间	5～30s

粗化后要用温水洗，再用 70～80℃ 的 80g/L 的氢氧化钠进行处理，再经水洗后，进行敏化和活化处理。

也可以用碱性溶液进行处理，例如以 20％ 的氢氧化钠在 30℃ 处理 5min，可以加入适量的表面活性剂。粗化后要及时进行后面的流程，如果要放置则应干燥放置。

（10）聚乙烯

聚乙烯（PE）是最常用的塑料品种之一。其性能因聚合条件不同而分为高密度和低密度两类，高密度的较硬，耐热性和耐化学性良好。聚乙烯密度小且防潮性能好，多用作防潮膜，也可以做管子配件、水管水箱等。

由于 PE 的化学稳定性非常好，所以较难进行化学粗化或表面变性处理，例如硫酸对 PE 表面几乎不起作用。由于一部分基团磺化，表面将呈现亲水状态，但结合力不能保证。如果采用硝酸处理，表面仍然是憎水状态。因此，对聚乙烯有必要进行预粗化后再粗化。

预粗化：

二甲苯	100％
温度	室温
时间	30～60s

粗化：

硝酸	20％～40％
盐酸	60％～80％
温度	65℃
时间	60s

粗化后用水冲洗干净，再在氨水中浸泡几分钟，再冲洗，即可。也可以采用以下粗化配方：

硫酸	89％
铬酸或重铬酸盐	2％
水	8％
表面活性剂	1％
温度	室温
时间	15～30s

以上对十种难以粗化的常用塑料的粗化方法做了简要介绍。用这些方法获得的

结合力一般都在 $1.0kg/cm^2$ 以下。这种结合力没有达到工业化生产的要求，之所以仍然介绍这些方法，是考虑在科研或新工艺开发方面的需要。当在结构和性能需要用到这类塑料而又需要电镀时，可以用这些工艺先制作样件，在确定了需要以后，再进行相关工艺的开发。

参考文献

[1] 冯绍彬. 电镀清洁生产工艺 [M]. 北京：化学工业出版社，2005：21-87.

[2] 陈华茂，吴华强. 超声波在电镀中的应用 [J]. 化学世界，2003 (2)：97-99.

[3] 刘勇，罗义辉，魏子栋. 脉冲电镀的研究现状 [J]. 电镀与精饰，2005 (5)：28-32.

[4] A. H. 弗鲁姆金，等. 电极过程动力学 [M]. 北京：科学出版社，1965.

[5] 刘仁志. 电源波形对镀铬层的结晶组织及其内应力的影响 [C] //国外电镀资料选译（第一辑）. 天津：天津市科技交流站，1977.

[6] 刘仁志. 物理场的影响 [J]. 天津电镀，1981 (4)：34-36.

[7] 林忠夫. 日本电镀技术的发展 [J]. 电镀与精饰，2002 (1)：41-46.

[8] 张绍和. 一种脉冲电镀法的用途及其工艺，CN1300883A [P]. 2001-06-27.

[9] Pena-Munoz P，Bercot P，Grosjean A，et al. Electrolytic and electroless coatings of Ni-PTFE composites study of some characteristics [J]. Surface & Coatings Technology，2014 (6)：29-32.

[10] 刘勇. 脉冲电镀的研究现状 [C] //全国电子电镀学术研讨会论文集. 重庆：重庆表面工程技术学会，2004：40.

[11] Erb，Uwe，El-Sherik，et al. Nanocrystalline metals，US5433797 [P]. 1995-07-18.

[12] H. B. 柯洛文. 新镀层和电解液 [M]. 北京：中国工业出版社，1965：88.

[13] 嵇永康. 金属钌电镀 [C] //2006 年电子电镀学术报告会资料汇编. 上海：上海电子电镀学会，2006.

[14] 天津市电镀工程学会资料情报组翻译组. 金属涂饰手册 [M]. 天津：天津市电镀工程学会，1984.

[15] 卫中领. 镁合金表面处理技术新进展 [C] //电子电镀学术报告会资料汇编. 上海：上海电子电镀学会，2006.

[16] 刘仁志. 非金属电镀与精饰：技术与实践 [M]. 2 版. 北京：化学工业出版社，2012：271-284.

[17] 青谷薫. プラスチックめっき [M]. 东京：槙树店，1972.

[18] 刘仁志. ABS 塑料电镀中影响结合力的因素 [J]. 电镀与涂饰，1989 (1)：29-32.

第5章

智能类电子整机的电镀

5.1 智能类电子整机的特点

5.1.1 智能类电子整机的功能特点

所谓智能类电子整机是指使用电子计算机来进行控制并能自动完成一些设定范围内的工作任务的电子整机，包括采用了单板机作为控制或处理系统的所有此类电子整机产品，都可以用智能类电子产品这个概念加以概括，以便将更多的智能类电子整机纳入我们的视野。

智能类电子整机不仅是社会生产的重要工具，而且已经深入到我们的日常生活、娱乐、学习等各个方面。以往只能完成单一动作的加工机器是传统的加工机械，比如普通车床、冲床、铣床等，现在已经基本退出了制造业的主流。现在流行的是数控机械，这些数控机械虽然能完成复杂的机械加工或者某一设定的工作程序，但是只是按机械的和模拟的程序完成工作任务，还不能算是智能类整机。要达到智能类整机的标准，需要应用相关的计算软件，对工作任务进行运算，从而对发生变化的变量做出逻辑推理并得出相应的结论，然后根据判断做出符合逻辑的调整，完成相应的工作。也就是能应对变化的参数做出应变反应的整机，才是智能类电子整机。这类整机从家用电器到玩具，从交通工具到工作母机等，是应用越来越多的一类电子整机，如全自动洗衣机、电子游戏机、电子宠物、汽车自动驾驶系统、自动导航系统、机械加工中心、三维自动成型机（CAD/CAM）等。

这类电子整机可以根据指令从预先设置的程序中选取符合要求的程序并加以执行，还可以根据执行过程中出现的变化而加以调整或改变。现在家用电器中的许多产品已经有了一些初步的智能类电子整机的功能，如正在执行甩干程序的全自动洗衣机，当有人打开洗衣机盖时，会发出报警声并停止甩干作业。更多的智能类电子产品在工业领域中执行着各种各样的工作任务。

而最典型的智能电子产品应该是机器人系列产品，这是一个正在起步且前景非常广阔的新一代智能产品。机器人是一种综合机械产品，但已经不是单纯的机械产品，而是一种有智能程序的自动机，可以对外界环境的变化作出相应变化，从而完成比较复杂的各种工作或任务[1]。

图 5-1 是机器人模式智能类整机方框图示，由图可知，有"思维"是智能机与其他自动机最重要的区别，它可以通过传感器对环境的温度、方位、障碍物、目标物等做出判断，从而通过控制系统发出动作指令。

机器人形式的智能类整机综合了其他电子整机和自动机械的功能，虽然其综合智力不可能与人类相比，但是在某些单一项目和领域则完全可以超过人类，尤其是在物理功能或机械强度方面要比人类强大得多，这就使之能在诸多领域完成人类难以完成的工作任务，如深海探测、高温环境下工作、太空任务、传染区的清理等，都可以由智能机器人来完成。总之，大多数人类的工作，都可以交由不同智力的机器人去完成，今后行走在大街上，将会时不时地看到机器人在人群中穿梭，甚至一台经过你身边的小型汽车，转眼就变成了立起双腿的机器人，这已经不是科学幻想，而是不久的将来就可能实现的新一代整机产品。

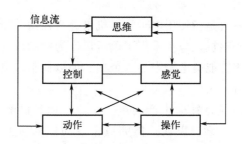

图 5-1　机器人模式智能类整机方框图

有"思维"是智能类电子整机的基本功能特征，机器的思维就是进行逻辑运算，具有思维功能的核心部件就是中央处理器，而对于具有简单计算功能的智能电子整机，有时一个芯片就可以胜任这种功能。当然，对于复杂的智能整机，特别是机器人类产品，这一运算系统就复杂得多。

5.1.2　智能类电子整机的结构特点

智能类电子整机的结构相对于其他电子产品要复杂得多。从图 5-1 可以看出，这类整机的五大功能都要有相应的结构加以支持。每一个功能系统都相对是一个可以加入组装的分立的子机系统。从总体上可以将其分为三部分，即负责思维和控制的主机、负责收集信息的传感器系统和执行动作的行动系统。

5.1.2.1　主机结构特点

由于智能类电子整机的主机是安装在动作设备之内的内装系统，因此在结构上不同于其他电子整机，通常没有专用的机箱和外壳，而以机架作为控制和运算系统的载体，机架的形态会因整机的功能不同或可以提供的空间不同而有很大的不同，其规模和尺寸的大小也有很大差别，但是总的趋势是小型化和轻量化。有些智能类电子整机的控制系统藏在整机结构内部，这种情况多数是利用整机产品的某一个空间，其形状往往是不规则的，结构上就要有配合这种装配的环境，从而会出现非对称性、非正常布局和一些异形的制件，表面处理也要做出调整。

为了适应这类整机核心器件的电子制造和电镀需要，出现了一些新的制造技术和电镀工艺，如挠性印制线路板，薄型磁盘用的新磁性镀层和各种微小集成电路的制作等。

各种用途的电脑可以说是智能类产品的典型代表，同时也是主机的主要构成部分。在主机结构中与电镀有关的主要是印制板的制造与电镀、芯片的引线电镀、硬盘的电镀、接插件的电镀、连接器的电镀等。

5.1.2.2　传感器系统结构特点

对于智能类电子整机来说，传感器是整机从外界获取信息的重要元器件，包括从外界获取声、光、电、热、温度、湿度、波、pH 值、震动等各种可能出现的环境信息的各种敏感元器件和信息的处理和存储、传送系统。

传感器是用来装载各种探头的感知部件，这类感知部件除了装有敏感元器件、具有一定的引人注目的外形外，还要求有一定的强度和耐用性，其中的金属部件会选择防护装饰性镀层，甚至会选择某些与敏感器相适应的功能性镀层，如具有特定反光性能或发光（荧光）性能的复合镀层。这种镀层是以反光微粒或荧光粉等微粒为复合物的复合镀层。

当然，对于机器人类型或仿生学类的产品，则往往有造型方面的创意，如仿照眼、耳、鼻或头、手、足等的造型结构。但是从流行的机器人外形结构特点来看，仍然有相当多的感知部位会保留金属结构或者体现其机器属性的造型，这些都会用到电镀工艺。当然不是传统的工艺，而是适合整机特性的新开发的工艺。

5.1.2.3　动作系统结构特点

智能类电子整机的输出有两种情况，一种是信息输出，可以与各种读取终端连接而输出声音、文字、图像、打印文件、数字化文件等各种可供读取的信息。与信息输出相关的产品或部件有扬声器、显示屏、打印机、复印机，以便使用者获知或读取信息。高级智能系统的输出系统是双向的，也就是通信类整机中双工器的功能，在从外部收取对输出信息反馈的同时，经过运算作出新一轮的反应。

另一种是一种或一系列的动作输出，以完成某种根据整机自己的判断做出的动作或完成的任务。这种情况下就要有支持这种输出的动作系统。这在结构上是很有挑战性的一个板块，涉及多种专业和材料，在材料的表面处理上也有很多选择。当涉及运动系统时，就会有很多动作结构，如微电机驱动系统，齿轮传动系统，各种运动（包括行走、提起、放下、升降、旋转、前后左右拐以及更为复杂的动作）输出系统。这些结构往往比主机系统更有匠心和创意。

5.2　智能类电子整机的电镀

5.2.1　智能类电子整机的功能性和防护性电镀

智能类电子整机的功能性电镀与通信类的功能性电镀基本上是相同的，即主要是电子性能保证方面的镀层，如镀金、镀银、镀铜等。智能类电子整机由于结构上的特点，除了电性能方面的镀层，还在接插件、连接件等方面对镀层有较高要求，同时对焊接镀层也有要求。表5-1是智能类电子整机涉及的各种功能性镀层。

表 5-1　智能类电子整机中功能性镀层的应用

功能器件	零部件产品示例	镀层或工艺
集成块类	引线框 晶圆 芯片	镀金、镀银、镀合金、连接和镶嵌镀
线路板类	双面印制线路板 多层印制板 挠性印制板 铝基印制板	孔金属化、化学镀铜 镀铜 镀锡 镀镍金等
传感器类	感应器、探头、专用电极、传导线	镀镍、镀铜、镀银、镀金、敏感复合镀层等
连接器类	接插件、内导体、外导体、连接线	镀铜、镀银、镀金、镀三元合金等
传动、运动器类	微型电机、传动轴、臂、轮等	镀锌、镀镍、镀合金、镀铬等
显示器、打印机类	显示屏、打印机	镀镍、化学镀镍、镀复合镀层

智能电子整机的结构材料主要有钢铁、铝合金、铜合金、工程塑料等。与这些结构材料的电镀相适应的工艺见表5-2。

表 5-2　智能电子整机的结构材料与防护性电镀工艺

结构材料	制件示例	适用的镀层
钢铁	基板、安装板、机架、机箱、外壳、盖板、面板、标准件、紧固件等	碱性镀锌及各色钝化工艺、氯化钾镀锌及钝化工艺、多层镀镍、镀代铬、多层镀铜（碱铜、焦磷酸铜、酸铜）、镀代镍合金等
铜及合金	连接器、波导、导电制件、电子功能器件（如谐振器等）、标准件、专用紧固件等	多层镀镍、多层铜（碱铜、焦磷酸铜、酸铜）、镀代镍合金等，镀铜、镀厚银及表面防变色处理
铝合金	基板、腔体、波导、机壳、功能结构件等	铝上电镀工艺（二次沉锌或化学镍处理后电镀）、铝氧化工艺、铝的化学处理工艺
锌合金	异型结构件、机架、腔壳等	锌合金电镀工艺
镁合金	基板、腔体、波导、机壳	镁合金电镀工艺
工程塑料	异型结构件	塑料上电镀工艺（ABS 塑料电镀，其他工程塑料电镀）

5.2.2　智能类电子整机的装饰性电镀

智能类电子整机的装饰性电镀基本上可以采用通用的装饰性电镀工艺，所涉及的电镀工艺见表 5-3。

表 5-3　智能类电子整机的装饰性电镀

结构材料	制件示例	适用的电镀工艺
钢铁	边框、面板、背板、把手、提手、面板标准件等	装饰性铜镍铬、多层镀镍、镀代铬、多层镀铜（碱铜、焦磷酸铜、酸铜）、镀代镍合金等
铜及合金	边框、拉手、铭牌、连接器外壳、盖板、面板标准件、专用连接件等	装饰性铜镍铬、多层镀镍、镀代铬、多层镀镍、多层镀铜（碱铜、焦磷酸铜、酸铜）、镀代镍合金等
铝合金	面板、边框、拉手等	铝上电镀工艺（二次沉锌或化学镍处理后电镀）、铝氧化着色工艺
锌合金	铭牌、装饰附件等	锌合金电镀工艺、装饰镀铬等
镁合金	机壳、盖板、边框等	镁合金电镀工艺
工程塑料	拉手、边框、旋钮等	塑料上电镀工艺（ABS 塑料电镀、其他工程塑料电镀）

由表 5-3"适用的电镀工艺"一列可知，各种材料所适用的装饰性电镀工艺基

本上都可以，这些工艺在本书的第 4 章～第 7 章的相关章节大多已有介绍。读者可以通过阅读这些章节来了解装饰性电镀的应用工艺，这里仅就铝的电解氧化和着色（化学着色和电解着色）工艺加以介绍。

5.2.2.1 铝的电解氧化的特点和工艺

铝及其合金由于质量轻、强度高和成型性好而被作为电子产品的结构材料，获得广泛应用。虽然铝上电镀技术已经很成熟，但是铝电解氧化和着色这一古老的工艺并没有被完全淘汰。铝的电解氧化工艺简单，操作方便，成本低廉，特别是其优秀的着色性能，为铝制件的装饰性表面处理提供了许多可选择的方案。

在电子行业，采用铝合金制作整机的机架、基板和安装板是很早就流行的趋势。这是因为铝与钢铁比起来，在日用五金和电子电器制品中的应用有更多优势。首先是质量轻，这为使用者提供了方便，同时抗腐蚀性和装饰性强，导热、导电性好等，是电子产品更新换代的首选材料。因此从 20 世纪 60 年代以来，铝及合金在电子工业中的应用持续增长，成为电子产品的基本金属原料。

(1) 铝阳极氧化膜的特点

铝在电解液中形成阳极膜的过程与电镀相反，不是在金属表面向外延伸长出金属结晶，而是由金属表面向金属内形成金属氧化物的膜层，形成多孔和致密层结构（图 5-2）。这层致密镀层紧邻铝基体，是电阻较大的氧化物层，阻止了氧化的进一步进行，只有较高的电压才能使反应进一步深入，因此致密层也称为阻挡层。这个阻挡层还具有其他一些独特的性能，比如半导体性能（对交流电的整流作用）等。

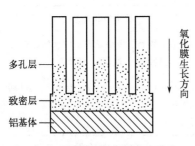

图 5-2　铝氧化膜孔隙的剖面图

铝阳极氧化膜有着非常规则的结构，形成正六边形柱状而与蜂窝非常相似。由于氧化过程中不断有气体排出，因此每一个六棱柱的中间都有一个圆孔，其膜层的剖面图如图 5-2 所示，由电子显微镜拍摄的图像证实了这种结构的存在。

铝在空气中也会迅速生成天然氧化膜，但这种膜极薄且不是完全连续的，没有阳极氧化膜这种致密的结构和一定的厚度。

研究表明，铝氧化膜生成的速率与时间呈对数关系（式 5-1）[2]：

$$d = d_0 + A\log(t+B) \tag{5-1}$$

式中，d 为氧化厚度，Å；d_0 为最初形成膜的厚度，Å；A、B 为常数；t 为时间，s。

由公式（5-1）可以推算，若最初形成的膜在 1s 内达到 10Å，那么要进一步氧化到 20Å 的厚度需要 10s，到 30Å 的厚度则需要 100s。如果自然氧化膜能够持续生长下去，达到 100Å 需要 30 年的时间。因此，天然氧化膜的厚度通常只有几十埃。而铝阳极氧化膜则比天然氧化膜要厚得多，一般都在 $10\mu m$（10^{-6}m）以上，是天然氧化膜的上百倍。

除了厚度，铝阳极氧化膜与天然氧化膜的最大区别是膜层的结构，由图 5-3 可知，在铝阳极氧化过程中形成的类似蜂窝状的阳极氧化膜结构具有一些特别的性质，不仅有较高的抗蚀性能，而且有较好的着色性能和其他深加工性能，如电解着色性能、作为纳米材料电沉积模板等。

铝阳极氧化膜的这些特性主要表现在多孔层上，多孔层的厚度受电解氧化时间、电流密度、电解液温度的影响。

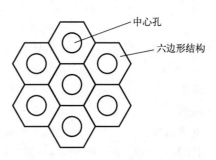

图 5-3　铝电解氧化膜的俯视图

当电解时间长，电流密度大时，多孔层增厚。当电解液的温度高时，成膜虽然也快，但膜层质软且孔径变大，而当电解液温度降低时，膜层硬度提高并可增厚。在 $0℃$ 左右的硫酸阳极氧化槽中所得的铝阳极氧化膜经常作为硬质氧化膜而被广泛应用。

（2）铝的阳极氧化工艺

① 通用阳极氧化法。

硫酸	$180\sim220\text{g/L}$
电压	$13\sim22\text{V}$
电流密度	$0.8\sim1.5\text{A/dm}^2$
温度	$13\sim26℃$
时间	40min

② 快速阳极氧化法。

硫酸	$200\sim220\text{g/L}$
硫酸镍	$6\sim8\text{g/L}$
电压	$13\sim22\text{V}$
电流密度	$0.8\sim1.5\text{A/dm}^2$
温度	$13\sim26℃$
时间	15min

③ 交流阳极氧化法。

硫酸	$130\sim150\text{g/L}$
电压	$18\sim28\text{V}$
电流密度	$1.5\sim2.0\text{A/dm}^2$
温度	$13\sim26℃$
时间	$40\sim50\text{min}$

④ 低温阳极氧化法。

a. 硫酸　　　　　　　　　120g/L

电压　　　　　　　　　　10～90V

温度　　　　　　　　　　0℃

时间　　　　　　　　　　60min

此法所获膜厚达　　　　　150～200μm

b. 硫酸　　　　　　　　　200～300g/L

电压　　　　　　　　　　40～120V

温度　　　　　　　　　　−8～−10℃

电流密度　　　　　　　　0.5～5A/dm²

时间　　　　　　　　　　2～2.5 h

膜厚可达 250μm，绝缘性能极佳，可耐 2000～2500V 电压。

采用循环水间接冷却法可获得低温，但是需要较大的地方配置循环冷却水槽和冷机，现在已经流行直接冷却法，让热交换管直接与电解液进行热交换，冷媒效率提高的同时，占地也较小。

⑤ 草酸系阳极氧化工艺

在草酸中获得的铝氧化膜的耐蚀性和耐磨性都比在硫酸中获得的要好，因此对于一些精密的铝制件，要采用草酸工艺。表面精饰用氧化膜工艺如下。

草酸　　　　　　　　　　50～70g/L

温度　　　　　　　　　　28～32℃

电流密度　　　　　　　　1～2A/dm²

电压　　　　　　　　　　10～60V

时间　　　　　　　　　　30～40min

阴极材料　　　　　　　　铅板或纯铝板

经阳极氧化后的铝氧化膜的另一个显著特点就是可以进行各种颜色的着色。根据着色原理和方法的不同可分为化学着色和电解着色两大类。

5.2.2.2　铝氧化膜的化学着色

(1) 化学着色常用工艺

化学着色是将刚氧化成膜的制件浸入到由各色颜料或染料配制成的着色液中进行着色。这种化学着色原理是利用阳极氧化膜的多孔性质（孔隙率达 30％左右），让染料分子通过吸附作用进入到孔隙内而显色。吸附作用也视静电作用或化学键作用不同而分为物理吸附和化学吸附两种。显然化学吸附的作用力较大。

化学着色所用的无机颜料一般是金属盐类，如三氧化二铁（金黄色）、重铬酸银（橙色）等。这类颜料由于着色的工艺不稳定，色度不好等因素，实用不多。实际生产中用得最多的还是有机染色工艺。常用的有机染色工艺如下：

① 红色。

a. 大红色。

酸性红（代号 B）　　　　4～6g/L

温度　　　　　　　　　　室温

pH 值　　　　　　　　　4～5

时间　　　　　　　　　　15～30min

b. 桃红色。

直接耐晒桃红（代号 G）2～5g/L

温度　　　　　　　　　　60～75℃

pH 值　　　　　　　　　5～6

时间　　　　　　　　　　1～5min

c. 铝枣红。

铝枣红　　　　　　　　　3～5g/L

温度　　　　　　　　　　室温

pH 值　　　　　　　　　5～6

时间　　　　　　　　　　5～10min

② 金色。

a. 金黄。

茜素黄（代号 S）　　　　0.3g/L

茜素红（代号 R）　　　　0.5g/L

温度　　　　　　　　　　50～60℃

pH 值　　　　　　　　　6～7

时间　　　　　　　　　　1～3min

b. 橙黄。

活性艳橙　　　　　　　　0.5g/L

温度　　　　　　　　　　50～60℃

pH 值　　　　　　　　　5～6

时间　　　　　　　　　　5～15min

c. 金黄。

印地素金黄（代号 IGK）5～10g/L

温度　　　　　　　　　　室温

pH 值　　　　　　　　　5～6

时间　　　　　　　　　　5～10min

③ 黑色。

a. 黑色。

酸性黑（代号 ATT）　　10g/L

温度　　　　　　　　　室温

pH 值　　　　　　　　4～5

时间　　　　　　　　　15～30min

b. 元青色。

酸性元青　　　　　　　4～6g/L

温度　　　　　　　　　60～70℃

pH 值　　　　　　　　4～5

时间　　　　　　　　　10～15min

c. 蓝黑色。

酸性蓝黑（代号 10B）　10g/L

温度　　　　　　　　　室温

pH 值　　　　　　　　4～5

时间　　　　　　　　　2～10min

④ 蓝色。

a. 翠蓝色。

铝翠蓝（代号 PLW）　3～5g/L

温度　　　　　　　　　室温

pH 值　　　　　　　　5～6

时间　　　　　　　　　5～10min

b. 蓝色。

直接耐晒蓝　　　　　　3～5g/L

温度　　　　　　　　　室温

pH 值　　　　　　　　5～6

时间　　　　　　　　　5～10min

c. 湖蓝色。

酸性湖蓝　　　　　　　10～15g/L

温度　　　　　　　　　室温

pH 值　　　　　　　　4～5

时间　　　　　　　　　3～8min

⑤ 绿色。

a. 翠绿。

直接耐晒翠绿　　　　　3～5g/L

温度　　　　　　　　　室温

pH 值　　　　　　　　5～6

时间　　　　　　　　　15～20min

b. 深绿色。

铝绿（代号 MAL）	3~5g/L
温度	室温
pH 值	5~6
时间	5~10min

c. 绿色。

酸性绿	5g/L
温度	50~60℃
pH 值	4~5
时间	15~20min

(2) 化学着色染料的配制

配制铝氧化着色液要采用去离子水。具体步骤是先将染料用少许蒸馏水调成糊状，然后加入着色工作液总体积 1/4 的去离子水，加热至沸并煮 30min 左右，再过滤到工作槽中，加去离子水搅拌均匀，最后调节 pH 值。

(3) 工艺参数的控制

① pH 值。铝氧化膜着色工艺参数中，pH 值非常重要，对于酸性染料，一定要用醋酸调节 pH 值至 4~5 之间，只有茜素染料才可维持弱酸性至中性（pH=6~7）。由于 pH 值影响氧化膜的表面电位和染料的化学结构，因此 pH 值的变化对着色的色调有明显影响，需要严格加以控制。

② 温度。温度影响着色的速度和色彩的牢度。随着温度的升高，上色速度加快，色牢度也提高。但也要考虑到能耗因素，以控制在 50℃ 左右为宜。太高的温度还会使孔隙发生封闭现象，反而不利于着色。

③ 时间。着色时间要看制件对色度深浅的要求，一般深色时间长一些，浅色时间短一些。可控制在 10min 左右，长的则可达 30min，甚至更长。

(4) 注意事项

对于需要着色的铝氧化制件，氧化工序完成后最好马上进入着色工序。氧化膜在存放过程中会发生孔隙率的变化或收缩，将影响着色效果；着色槽中严禁带入氯离子和其他金属盐；每道工序后要认真清洗，对于硫酸氧化膜，着色前要在稀氨水中中和以后再着色，有利于着色槽 pH 的稳定，色度也会更好一些。

5.2.2.3 铝氧化膜的电解着色

电解着色是让金属离子在有氧化膜结构的铝基体的孔内电沉积还原为金属而显色的过程。但是由于铝氧化膜孔内阻挡层的化学活性差，如果不加以活化，金属电沉积难以实现，因此，铝的电解着色在采用交流电来活化阻挡层的同时也完成金属的电沉积。这是利用了阻挡层的半导体特性，使电沉积过程得以进行。这一技术在建筑铝型材上已经获得了广泛的应用，在电子产品结构中也有采用这类型材或加工工艺的。

（1）锡盐着色工艺

硫酸亚锡	10～15g/L
硫酸	20～22g/L
稳定剂	15～20g/L
温度	20～30℃
着色电压（AC）	12～16V
时间	1～10min

锡盐着色可以获得从香槟色至黑色的多种颜色，分散能力好，镀液管理简便，色差小，色调稳定，耐候性好，室外使用期可达30年。

（2）镍盐着色工艺

硫酸镍	25～35g/L
硫酸亚锡	4～6g/L
硼酸	20～25g/L
硫酸	15～20g/L
稳定剂	10～15g/L
温度	20～30℃
着色电压（AC）	14～16V
时间	2～10min

镍盐实际上是镍锡混合盐工艺，综合了单一盐着色的优点，可以获得更广泛的色系膜层，包括青铜色、咖啡色、纯黑色，因此有更好的装饰效果。着色液的稳定性比单一锡盐的更好，不易产生锡盐白色沉淀，而且着色速度也有所提高。耐候性和装饰性更强，因此是电解着色的主流工艺。

（3）注意事项

① 由于电解着色是在铝氧化后进行的，因此同样要在氧化后立即进行着色为好，并且氧化膜要达到一定厚度才有着色效果。

② 氧化和着色的挂具都宜用硬铝，相对的对电极可用不锈钢，面积与产品面积相近。

③ 氧化产品进入着色槽后不要马上开电着色，停留1min左右有利于电解液扩散到孔内，再进行电解着色效果更好。

5.2.3 电子连接器的电镀

智能整机的功能性电镀和防护性电镀涉及的工艺，大部分在第5章中已经有详细的介绍。连接器无论是在通信类电子整机还是智能类电子整机中都有非常重要的作用，促使连接器行业成为电子产品中一个技术和规模都快速成长的行业，产品包括射频同轴连接器、EPT欧式连接器、光纤连接器、DRAWER连接器、市话广播连接器、家用电器连接器、PC连接器、网络连接器、微电子器件连接器、防爆电连接器等。简而言之，凡是有电子产品的地方，一定有连接器的身影。

顾名思义，连接器就是用来进行电器连接的。没有连接器，电子产品的功能就发挥不出来，能量流、电子流、信息流无法流通和传递。最常见的连接器是家里的各种插头、插座和电脑上的各种连接线。显然，没有这些连接线，所有的家电和电脑是不可能工作的，而且信息的传递、储存、读取等信息流的路径，无论是在整机的内部还是外部，都要通过连接器才能导通，没有连接器，硬件的功能就不可能实现，足见连接器的重要性。

5.2.3.1 连接器的性能

连接器的基本性能可分为三大类：即力学性能、电气性能和环境性能[3]。

(1) 力学性能

就连接功能而言，插拔力是重要的力学性能。插拔力分为插入力和拔出力（拔出力亦称分离力），两者的要求是不同的。在有关标准中有最大插入力和最小分离力的规定，这表明，从使用角度来看，插入力要小（从而有低插入力 LIF 和无插入力 ZIF 结构），而分离力若太小，则会影响接触的可靠性。另一个重要的力学性能是连接器的机械寿命。机械寿命实际上是一种耐久性指标，在 GB/T 5095 中把它叫作机械操作。它是以一次插入和一次拔出为一个循环，以在规定的插拔循环后连接器能否正常完成其连接功能（如接触电阻值）作为评判依据。

连接器的插拔力和机械寿命与接触件结构（正压力大小），接触部位镀层质量（滑动摩擦系数）以及接触件排列尺寸精度（对准度）有关。同时也与表面处理，特别是电镀技术有关。电镀前处理和电镀过程中都会出现材料变性的因素，包括氢脆、镀层内应力和结晶改变等。

(2) 电气性能

连接器的主要电气性能包括接触电阻、绝缘电阻和抗电强度。电气性能在很大程度上与电镀技术有关，很多连接器实际上主要依靠表面导电层的导通作用。

① 接触电阻。高质量的电连接器应当具有低而稳定的接触电阻。连接器的接触电阻从几毫欧到数十毫欧不等，这时主要是表面镀层的电阻。

② 绝缘电阻。衡量电连接器接触件之间和接触件与外壳之间绝缘性能的指标，其数量级为数百兆欧至数千兆欧不等。

③ 抗电强度。也称耐电压或介质耐压，是表征连接器接触件之间或接触件与外壳之间耐受额定试验电压的能力。

④ 其他电气性能。电磁干扰泄漏衰减用于评价连接器的电磁干扰屏蔽效果，一般在 100MHz～10GHz 频率范围内测试。

对射频同轴连接器而言，还有特性阻抗、插入损耗、反射系数、电压驻波比（VSWR）等电气指标。由于数字技术的发展，为了连接和传输高速数字脉冲信号，出现了一类新型的连接器，即高速信号连接器，相应地，在电气性能方面，除特性阻抗外，还出现了一些新的电气指标，如串扰，传输延迟、时滞等。

(3) 环境性能

常见的环境性能包括耐温、耐湿、耐盐雾、耐振动和冲击等。这些试验虽然以整器件的形式进行，但最受考验的还是表面的电镀层。当表面电镀层不能承受耐温、耐湿和耐盐雾等试验时，产品即为不合格，其他性能即使通过测试也没有意义。

① 耐温性。目前连接器的最高工作温度为 200℃（少数高温特种连接器除外），最低温度为－65℃。由于连接器工作时，电流在接触点处产生热量，导致温升，因此一般认为工作温度应等于环境温度与接点温升之和。在某些规范中，明确规定了连接器在额定工作电流下容许的最高温升。

② 耐湿性。潮气的侵入会影响连接器绝缘性能，并锈蚀金属零件。恒定湿热试验条件为相对湿度 90％～95％（依据产品规范，可达 98％）、温度（40±20）℃，试验时间按产品规范规定，最少为 96h。交变湿热试验条件则更严苛。

③ 耐盐雾。连接器在含有潮气和盐分的环境中工作时，其金属结构件、接触件表面处理层有可能产生电化学腐蚀，影响连接器的物理和电气性能。

为了评价电连接器耐受这种环境的能力，规定了盐雾试验。它是将连接器悬挂在温度受控的试验箱内，将规定浓度的氯化钠溶液用压缩泵喷出，形成盐雾大气，其暴露时间由产品规范规定，至少为 48h。

④ 耐振动和冲击。耐振动和冲击是电连接器的重要性能，在特殊的应用环境中，如航空和航天、铁路和公路运输中尤为重要，它是检验电连接器机械结构的坚固性和电接触可靠性的重要指标，在有关的试验方法中都有明确的规定。冲击试验中应规定峰值加速度、持续时间和冲击脉冲波形以及电器连续中断的时间。

⑤ 其他环境性能。根据使用要求，电连接器的其他环境性能还有密封性（空气泄漏、液体压力）、液体浸渍（对特定液体的耐氧化能力）、低气压等。

5.2.3.2 影响连接器性能的因素

通过前一节的介绍，我们知道了连接器的性能对于电子产品多么重要，可以说连接器的可靠性就是电子产品的可靠性，没有可靠的电子性能连接，就没有电子产品的正常工作。连接器的性能这么重要，对影响连接器性能的因素就不能不做详细的考查。

显然，连接器的所有这些性能都和其制造工艺有关，包括设计、材料的选用和加工工艺的选用，其中电镀工艺对其有重要影响。因此电子连接器的电镀，对于电镀业，特别是电子电镀业来说，是一个新的、具挑战性的发展领域。

① 设计。

连接器的设计主要考虑连接的可靠性，同时也要考虑通用性和互换性，即需要遵守标准化的设计原则，这是连接器产品的一个重要特征。从目前市场的情况来看，传统连接器的标准化工作做得比较好，而新型产品的连接器的开发，则呈现出较为复杂的情况，有些企业为了保持自己产品的特别性能，使用了一些专用的连接器，而不具备通用性和互换性，在结构上有些是奇形怪状的，不仅增加了机械加工的难度，给电镀加工也带来一些困难。因此，设计人员在进行产品设计时，应该征求加工工艺人员的意见，以便能有正确的工艺性能来保证产品性能的实现。

② 材料的选用。

连接器的材料对性能的影响很大，对于一个完整的连接器件，需要考虑的性能是综合性的，在照顾到主要功能指标的同时需要兼顾其他方面的性能要求，比如导通性要求，强度要求，散热要求等。实际应用中，大多数采用了综合性能比较好的铜及其合金。

对材料的要求除了满足产品设计性能规定的指标外，还有一个重要的指标是符合环境保护的要求。典型的是现在输出到欧洲的电子产品要符合 RoHS 标准的要求，不能含有该标准规定的限定性金属材料或杂质。

最后，对材料的加工性能，包括电镀工艺的适应性都要有所了解并有相应的技术支持，否则也难以实现设计所要求的目标。

③ 加工工艺。

在设计和材料选定以后，加工工艺也有着重要影响。以连接器的壳体为例，是机加工成型还是铸造成型，不仅对其使用性能有影响，而且对电镀加工性能也有影响。很明显，铸造成型件的多孔性使电镀的抗变色性能下降。另外，加工过程和转运、存放过程的控制也很重要，在加工过程中，由于机械操作工艺参数的不同，会对制件的性能产生一些微妙的影响，许多都是隐性影响，比如内应力的产生或改变，切削液或冷却液的选择，转运过程中的表面保护等，都会对其后的电镀加工带来不利影响。

以切削液为例，采用油性还是水性，对制件表面的氧化状态有很大影响。油性虽然对提高切削质量和对表面的保护效果较好，但是油料成本高，对环境安全也有影响，并且增加了后面表面处理的难度（去油污的力度要加强）。而采用水性切削液虽已经是流行的模式，但是水性材料的过程防锈能力显然是不好的，因为水性切削液的防蚀性能通常是比不过油性保护膜的，特别是当水性切削液的 pH 值不是中性时，那就更加危险了。比如呈弱酸性的切削液会对黄铜、铝合金等有色金属制品的过程状态产生影响。

如果遇到弱酸性的切削剂，在有色金属（通常指的就是铜基合金或铝基合金）的表面会发生轻微的腐蚀现象。这对其后的电镀过程是很不利的。同时，弱碱性切削液对铝及其合金也是有腐蚀的，因此，要采用中性切削液进行机械加工。从发展趋势来看，最好采用无切削剂和少切削剂加工工艺。

5.2.3.3 电镀工艺的影响

电镀工艺对连接器的质量有很大影响。连接器的可靠性在很大程度上是由电镀工艺保证的，比如连接器的插拔次数、接触电阻、插损、抗变色性能、耐磨性能等，都与电镀工艺有关，特别是用户最为敏感的抗腐蚀性能，主要靠电镀加工来保证。检测连接器抗蚀性能的常用方法就是进行盐雾试验。以此来模拟使用环境对电子连接器产品性能的影响，并且可以作为选择连接器基体材料、加工工艺和表面镀层组合的依据。常用耐环境电连接器的不同材料与镀层的盐雾试验结果见表 5-4[4]。

表 5-4 常用耐环境电连接器的不同基体材料和镀层的盐雾试验结果

试样	镀层组合	基材及加工状况	48h 盐雾结果	原因分析
连接器对	EpNi3Au1.27	黄铜件直接电镀	出现少数针孔状腐蚀	杂质含量高，基体酸处理后失光
连接器对	EpNi3Au1.27	黄铜件滚光后镀铜	出现极少针孔状腐蚀	基体光度提高
连接器对	EpNi3Au1.27	青铜件直接电镀	无腐蚀现象	杂质含量低，酸洗对基体无影响
铝外壳	ApNi25	压铸件镀前超声波清洗	镀层起泡，内外表面均出现腐蚀	基体致密度差
铝外壳	ApNi25	车制件镀前超声波清洗	出现少数针孔状腐蚀	基体含铜杂质高
铝外壳	ApNi25	冷挤件镀前超声波清洗	仅在螺纹处出现极少数针孔腐蚀	基体致密度较高
铝外壳	ApNi25	车制件镀前未经超声波清洗	内外表面均出现腐蚀现象	基体污染的油污未能清除

由表 5-4 可以看出，基体材料、前处理工艺和电镀工艺都对连接器的抗蚀性能有很大影响。铝材料的导电性和化学稳定性虽然较差，但如果前处理恰当，镀层组合得好，一样可以达到较高的抗蚀性能。因此，现在已经有较多铝制连接器产品问世，以应对铜材料的涨价，同时还可以减轻产品的质量。

由此可以得出一个结论，那就是选择合理的电镀工艺，可以弥补材料方面的先天不足，从而可以节约资源、降低成本和保护环境。

5.2.3.4 连接器电镀工艺的选择

连接器的功能不仅决定了材料的选择，也决定了镀层的选择。也就是说，用于连接器的电镀工艺，要充分满足电子连接器的功能性需要，即具有低插损、高可靠性和抗蚀性能。还要有节省资源和降低成本的经济性能。能采用普通金属镀层的，就不要选用贵金属镀层，能选择单金属镀层的，就不要选择合金镀层。但是，由于电子连接的可靠性很大程度上依赖连接器的性能，因此，实际在设计选择中，多数采用了贵金属电镀和合金电镀。这多少是一种为了保险而作出的成本牺牲。常用的连接器的基材和镀层的选择可参见表5-5。

表5-5　连接器元件的基材和镀层

连接器元件	可用基体材料	可选择的镀层	备注
外壳	铜合金、铝合金	镀镍、镀锌、镀合金	编织多股裸线有镀镍或合金的
外导体（N型、SMA型等）	铜合金、铝合金、不锈钢	镀银、镀金、镀合金	
内导体（插针、插孔等）	紫铜、铜合金	镀银、镀金	
焊盘	铜合金	镀银、镀金	
电缆	紫铜、铝	镀银、镀锡、镀镍、镀合金	

连接器对电信号或电波的导通性能是最重要的指标，因此，选择电镀工艺时首要考虑的就是导电性能。因此，从导电的角度，镀银成为连接器电镀工艺的首选。

但是，实际应用中的连接器并不都是镀银产品，有些是镀金产品，比如SMA型连接器，有些则是镀合金的。这些都是综合了各种要求以后的选择。

基本的选择依据有以下几条。

(1) 功能性要求

所谓功能性要求是指镀层要能满足产品设计需要的性能，比如导电性、导波性、导磁或隔磁性、耐磨性等，这些都需要通过选择适当的镀层来实现其设计目标。

(2) 装饰性和配套性要求

有些产品在满足基本功能要求的基础上，还对装饰性有一定要求，特别是装在产品面板、外表面的配件，都有一定装饰要求。有时也有与其他外装饰色彩和风格相配套的要求，这在电镀层的选择中也是需要考虑的因素。

(3) 成本要求

成本是任何工业产品都必须考虑的因素，在满足以上两方面要求的基础上，一定要考虑生产成本，不能不计成本地采用高要求和性能的工艺。并且要通过技术创新尽量以低成本的材料和技术来达到功能和装饰方面的要求，找到满足这些要求的平衡点。

5.2.3.5　常用连接器电镀工艺

(1) 镀银

连接器的铜制件大多数采用镀银来提高表面导电能力，所用的工艺是通用镀银工艺（氰化物镀银），但一般都加入了光亮剂。

氰化银	35g/L
氰化钾	60g/L
碳酸钾	15g/L
游离氰化钾	40g/L
光亮剂 A	15mL/L
光亮剂 B	30mL/L
温度	20~25℃
阴极电流密度	0.5~1.5A/dm²

现在电子工业采用的镀银光亮剂基本上是商业化的，并且主要采用的是国外技术，我国自己研发的不多，能与国外同类光亮剂比美的有上海复旦大学研发的镀银光亮剂。在电流密度范围和光亮度上还略胜一筹。

镀银的防变色性能是一个极受关注和重要的指标，为了保证电信号的导通性能，需要采取一些增加抗变色性能的措施。

常规镀银的后处理是经化学或电化学铬酸盐钝化处理，但是，随着 RoHS 等环保禁令的实施，铬盐和铬酸一样已经在电镀中限制使用，现在流行的做法是在镀后浸涂导电性防变色膜，早期是油溶性膜，同样从环保和节能的角度，现在流行水溶性膜。有些要求高的镀层则采用先钝化再涂膜的工艺，有些更高要求的产品则采用了表面镀铑的技术。

(2) 镀金

连接器主要是以有色金属为基本结构材料，尤其以铜及合金为主，同时对镀金层的硬度和耐磨性能又有较高要求，因此在镀金液中往往要加入增加其硬度的其他金属成分，但所添加的量都非常少，是以添加剂的形式加入的，可以理解为无机添加剂，常用的有镍、钴、锑等金属盐。性能较好的主要是钴盐，其典型的镀金工艺如下。

氰化金钾	6~8g/L
柠檬酸钠	40~50g/L
柠檬酸	12g/L
硫酸钴	0.05g/L
pH 值	3.5~4.5
温度	25~40℃
电流密度	1~2A/dm²
阳极	镀铂的钛板

镀金的管理和操作可参考第 3 章 3.3.1 功能镀金一节中的相关内容。

(3) 镀三元合金

连接器电镀从导电性角度考虑，镀银是首选的工艺，但是由于银的成本较高，且在外装时防变色性能较差，因此，对于外装的连接器，特别是 N 型连接器，多采用三元合金代银镀层。这种三元合金镀层是由铜锡锌三种金属元素组成，镀层中三种成分的比例为铜 65%～70%，锡 15%～20%，锌 10%～15%。但是镀液中的各组分的含量不能按镀层的含量来配，而是要根据各组分在阴极上能还原出合适的镀层比例的量来设计，常用的镀三元合金的镀液基本组成如下：

氰化亚铜	8～10g/L
锡酸钠	40g/L
氰化钠（总）	20～24g/L
氧化锌	1～2g/L
氢氧化钠	8～10g/L
阴极电流密度	0.5～2A/dm^2
温度	55～60℃
时间	30～90s

在生产实践中，三元合金电镀通常还要加入一些商业添加剂，才能得到较光亮和细致的镀层，但是镀层只有在较薄的时候才能有光亮作用，并且对基体表面的光洁度和底镀层的光亮度也有一定要求，即底镀层要有较高的光亮度，才能保证三元合金镀层的光亮度。如果三元合金镀层镀得较厚，则难以得到全光亮镀层。

5.2.3.6　连接器技术发展趋势

(1) 市场方面的发展

随着电子产品的小型化和微型化，电子产品的连接器也面临更新换代的发展。对连接器有重要影响的一个动向是蓝牙技术。所谓蓝牙技术，就是电子产品之间的无线连接技术。这一技术的普及将大大减少电子器件之间的有线连接，从理论上说，将减少传统连接器的使用。但是蓝牙技术本身仍然需要物理器件的支持，无线连接的发射和接收接口也是一种连接器件，这种器件的开发，扩展了物理连接器的范围。

另外，蓝牙技术不可能完全取代有线连接，且随着电子产品的多样化和多功能化，很多电子产品将同时具备有线和无线连接接口，这样不但没减少连接器的用量，反而增加了其品种，促进了连接器产业的发展。

由于欧洲制订了 RoHS 法规，以及趋向于环境友好型生产工艺的全球性趋势，现在电子元件生产商的原材料成本将上升 10%～20%。而连接器产品是输出欧洲的量大面广的电子产品，供应商如果不能在产品改进上达到 RoHS 的要求，或者不能消化成本增加的因素，将面临被迫退出的压力。

预计市场需要和绿色壁垒均给连接器行业以压力，最终会促进这个行业的重组和发展。一些能适应这些变化需要的企业，会继续生存并发展，有些不能适应这些要求的企业，将面临转产甚至倒闭的局面。面对这种严峻的形势，技术创新将是最好的应对办法。

（2）技术方面的发展

前面已经说到技术创新是行业发展的真正动力。而技术创新的一个要点是要有大胆设想、小心求证的能力以及逆向思维的技巧。不仅是连接器行业，可以说所有行业都应该从材料和工艺等几个方面进行创新性思维，并付诸实践和开发。

① 材料方面的改进。

目前电子连接器所用的材料大部分是有色金属材料，这当然是连接器的功能所决定的，即电子信息的通畅传递是连接器最主要的功能。但是，这里也存在一个误区，那就是强电和弱电，电流、电波和微波的传递特点是不同的，不能将强电传送中的导体截面积与所通过的电流强度成正比的结论推广到所有的连接器。有些电子信息的传递和存储，只是在材料的表面完成的，磁条、磁盘就是例子。也就是说，有些连接器可以采用只在表面具有所需要的功能的材料就行了，而不必让整个连接器的材料都用上贵重的有色金属。实际上在铜表面镀银，就是这种设想，那么为什么不可以在铁表面镀银呢？当然也是可以的，只要采用适当的防护措施，就可以做到。但是，人们的认知还是对完全用铁不放心，所以现在已经出现了采用铝来做连接器而表面镀银的设计，更进一步的进展是采用工程塑料。已经出现了诸如聚苯硫醚、聚醚醚酮和聚酰亚胺类的塑料和复合材料连接器外壳。这对于降低产品成本和提高生产效率以及节约资源、保护环境，都有重要意义。

② 结构方面的改进。

为了保证连接器的可靠性，连接器的结构设计对连接的强度是非常强调的。有些连接器还采用了螺旋加固或锁扣加固的方式，特别是军工电子产品的连接，都采用了加固方式，用外螺套将连接部位的插头和插孔锁牢。在电脑显示器与主机等电子信息传递的连接上，也都采用了加固的方式。旧式的有双螺杆加固，现有的也有扣式加固等。

但是，这类加固连接的优点有时会变成缺点，那就是在脱开连接和更换连接时，都比较费时和费力。结果是有些人在使用中不用加固功能，这又留下非正常脱落的隐患，由此，在连接结构上动脑筋是很有必要的。

现在已经有采用磁铁加固的连接方式，由于所采用的永磁体的质量不同，有些磁铁加固的连接加固作用不明显，但这显然是一种可以延伸开发的方向。

弹性连接也是加固的一种方式，这在传统连接器产品中已经有采用，但也是可以延伸设计的一种方式。比如将目前流行的轴向弹性改为垂直孔位弹性连接，可以大大加强连接的强度。

③ 电镀技术方面的改进。

电镀是连接器实现其功能性的重要加工手段。因此，连接器的改进有很多是可以通过电镀技术来实现的。前面提到的复合材料技术，就要用到电镀工艺来实现。

目前用于铝上电镀和塑料上电镀的技术，还存在流程较长，质量控制的点过多的缺点，要实现高可靠的连接，对这些不易镀材料的电镀技术就要进一步加以改进，以提高镀层的结合力和镀层的功能性。

如铝上电镀目前比较可靠的方法是两次浸锌再镀碱铜，要用到高浓度的碱性锌酸盐浸锌液和氰化物电镀铜，作为一种改进，采用化学镀镍的方法，取代两次浸锌和镀铜。但这种化学镀镍也存在一定的问题，就是工艺控制要求很严，如前处理不当时结合力会有问题，成本偏高等。也有电解氧化后电镀的方法，由于电解氧化工艺存在氧化表面状态不直观的问题，使电镀结合力的预防存在一定盲区，所以采用的也不多。如果可以寻找一种类似电解氧化原理的化学方法使铝表面微观多孔化，其后的电镀结合力就可以得到保证。

电镀方面改进的另一个思路是采用新的替代性镀层，目前连接器电镀的主要镀种仍然是贵金属，所开发的替代性镀层很有限，主要是从外观上代银的铜锡锌三元合金，并且采用不够稳定的氰化物工艺。因此，开发无氰的合金镀层来代银和代金，应该是有应用前景的技术。

电镀技术方面的又一个动向是采用化学镀技术来替代某些电镀技术。化学镀有很好的分散能力，这对于有很多内孔需要电镀的连接器的电镀是一个极大的优势，随着化学镀技术的进步，一些原来难以获得厚度层的镀种也已经可以获得较厚的镀层了，同时化学镀的稳定性的提高和成本的降低，也使原来面对化学镀的高成本和难以管理而不敢采用的企业开始改变对化学镀的态度，特别是配合新材料的应用，如塑料电镀、铝上电镀等，没有化学镀技术的配合，将是难以成功的。

④ 电镀设备方面的改进。

连接器是电子行业中品种多、用量大的器件，其生产效率一直是激烈竞争中的一个重要参数，电镀生产效率有时成为连接器制造的一个瓶颈，因此，提高电镀生产效率是连接器电镀中一个重要的课题。现在一些大型连接器制造厂商已经采用全自动的电镀生产线，目前适用于连接器电镀的生产线有振动电镀生产线、带料（线材）生产线和滚镀生产线等。

随着连接器的小型化，连接器中内导体的内孔越来越小，当孔径小于1mm时，电镀过程中电镀液和电力线很难进入孔内，而即使孔内进入了镀液也难以再流出来参与对流，这对于孔内电镀是一个很大的难题，这种情况在常规电镀设备中是根本无法解决的，现在有些接插件内导体的孔径已经在0.4mm左右，要想在孔内镀上镀层就更加困难。这时只能采用特殊的电镀设备，如采用振动筛电镀并配置脉冲电源或超声波来进行电镀生产。

(3) 一点新思维

现在流行的连接器都是建立在刚性材料上的物理连接，为了提高其可靠性，在材料强度和结构设计上都运用了现代物理和力学的诸多原理，也尽量采用了现代新技术和新材料。但是，现在的任何连接器和接插件的连接方式都没有跳出两组器件的刚性连接模式。显然，蓝牙技术是对这种传统连接技术的一个根本性的改进，但是这一技术要想完全取代所有的连接器至少在相当一个时期内是不可能的。因此，构思新的直接连接而又不同于传统连接方式的连接器是一个很有实用价值的课题。

在印制板中采用的贴装技术也许是一种启发。在静态连接中，完全可以设想用贴膜的方式使两组器件进行连接，这就要用到类似于挠性板的技术和粘毛式的连接方式。这种软性连接与刚性连接比起来，结构简单，成本低廉而又快速。对某些低压电场合和直流用电器的连接，是完全可以胜任的。

还有化学连接的概念也已经提出来，这在生物电子领域肯定是有应用前景的技术，相信不久就会有这方面的开发信息出现。

5.3　智能类电子整机的特殊电镀工艺

5.3.1　挠性印制电路板的制造工艺

挠性印制电路板的发展和广泛应用是与电子整机产品的小型化和轻量化趋势密切相关的。小型化产品的结构空间有限，功能元器件和部件在小空间内的分布是三维立体的，只有很小的间隙，有些还具有动态结构，如笔记本电脑的显示屏等。在这类小空间内的印制板，如果是刚性的，会因占有较大空间而出现一些无法利用的空隙。至于有些智能化的整机产品，对空间的利用更是需要精打细算，正是这种需要，使挠性印制电路板得以开发出来。

挠性印制电路板与刚性板相比，有着显著的优越性，它的结构灵活、体积小、质量轻（由薄膜构成）。它除静态挠曲外，还能作动态挠曲、卷曲和折叠等。它能向三维空间扩展，提高了电路设计和机械结构设计的自由度和灵活性，可以在 X、Y、Z 平面上布线，减少界面连接点，既减少了整机工作量和装配的差错，又大大提高了电子设备整个系统的可靠性和稳定性。挠性印制电路板的应用的领域更为广泛，如计算机、通信机、仪器仪表、医疗器械、军事和航天等方面。

随着微电子技术的飞速发展，电子设备向小型化和多功能化发展，拉动其发展的主要是电脑硬盘用的无线浮动磁头、中继器和存储器所采用的内插器以及广泛应用的便携式电话、平面显示器等新的挠性印制板应用领域，特别是高密度互连结构（HDI）用的挠性板的应用，将极大地带动挠性印制电路技术的迅猛发展。高密度挠性印制电路板成为各种类型控制系统的重要组装件，使挠性印制电路板应用获得长足的发展。

5.3.1.1　挠性印制电路板的结构形式

从目前使用的规格数量统计，挠性印制电路板主要有四种结构类型。

第一种是单面挠性印制电路板，它的特点是结构简单，制作方便，其质量也最容易控制；第二种是双面挠性印制电路板，它的结构比单面复杂得多，特别是要经过镀覆孔的处理，控制难度更高些；第三种就是多层挠性板，其结构形式更复杂，工艺质量更难控制，因为只要有一层的制作工艺不符合要求，就会影响整个印制板的质量，如果对过程没有严格的控制，产品合格率是很难保证的。第四种是刚-挠双性印制电路板，这一类又分为单面印制电路板、双面印制电路板和多层板，这第四种类型结构的印制电路板，比前三种类型结构的印制电路板制造起来更加有难度。需要有严格的工艺控制和管理。

5.3.1.2 挠性印制电路板的材料

从挠性印制电路板的结构分析，构成挠性印制电路板的材料有绝缘基材、胶黏剂、金属导体层（铜箔）和覆盖层。根据挠性板的结构，最重要的是基材，要满足高密度互连结构挠性板的技术要求，就必须寻找新材料，不断地改善基材的性能，并采用新的加工工艺技术，达到高产量和低成本的要求。现就挠性板的结构用料简述如下。

挠性板的主体材料必须是可挠曲的绝缘薄膜，作为载体它应具有良好的力学和电气性能。常规通用的材料有聚酯和聚酰亚胺薄膜。但应用比较多的挠性板载体是聚酰亚胺薄膜系列。随着新材料的研制和开发，可选择的材料变得多样化，除上述两种类型的常用材料外，还有聚乙烯环烷（PEN）和薄型的环氧树脂/玻璃布结构材料（FR4）。同样原聚酯材料也有很大的改进，新的聚酰亚胺（PI）具有较高的耐高温性及尺寸稳定性。

要制造挠性印制电路板，就需要以这些材料为主体的覆铜箔挠性层压板。原制造工艺方法选择薄铜箔与基底材料，采用黏结剂进行高温热压。这种工艺技术成本高，需要一整套的工艺设备，由于不是专业化生产，其成品质量很不稳定。现在采用现成的覆铜箔挠性基材就方便多了。基板的厚度根据设计需要确定，但铜箔厚度却是标准化的，通常所采用的铜箔厚度为 $35\mu m$，其他非标准的有 $17.5\mu m$、$70\mu m$ 或 $105\mu m$。

挠性印制电路板使用的原材料不同于刚性印制板，在有些应用上它不适宜采用焊接的工艺方法，而热塑性介质材料也只能在较低的温度范围内使用。电气互连也是通过卷曲方法实现连接的。在一定的条件下，焊接所使用的唯一焊料为 60/40 锡铅合金。在铅的使用受到限制的情况下，替代镀层要求有与锡铅合金一样的柔软性。

5.3.1.3 导体图形制作

挠性印制电路板导电图形的设计和制造，可采用单面或双面的导电图形，多层板也是如此。而双面和多层的设计需使用通孔电镀的工艺方法，达到层与层间的电气互连，并采用合适的透明覆盖层保护导电图形。该绝缘覆盖层起到保护导体图形不被灰尘和金相颗粒等影响，否则很容易引起短路。挠性板上的焊盘可采用钻孔或冲孔的方法，在覆盖层表面开窗口，使需要进行焊接的焊盘露出来，以便进行电装作业。

在应用上如不要求强的弯曲和折叠规格的挠性板，可以在其表面网印特殊的阻焊膜，可能会更经济。导电体的宽度在确定前，需要考虑其力学性能的稳定性和传输电流量的要求，而导体之间的间距则需要根据线电压和通过的电流等来加以确定，如确保运行的可靠性、安全性和电路所需要的稳定性。在焊盘设计上，焊盘的尺寸要大些，以便能抵得住焊接温度的热冲击而不会产生变形，特别要注意的是必须确保焊盘的位置有利于弯曲区域。使用刚性板与挠性板相结合的时候，所采用的通孔需要进行化学沉铜和电镀铜。电镀的金属有铜、金、镍和锡铅合金等电镀层，符号可采用网印的工艺方法。其中电器元件中的线圈、电容器和传输线路也可以设计到挠性板的平整表面上去，这些都可以用网印的工艺方法转移到挠性板的平整表面上。

5.3.1.4　尺寸、几何形状和孔

挠性板可以制造成任何几何形状。不过，无论采用何种几何形状，必须更容易加工和控制，出于经济的原因，尽量首先采用矩形（直角形）构造，以便减少消耗和节约工具成本。同时其他复杂的几何形状最好少量选用。挠性与刚性相结合的印制板的孔，大都需要进行镀覆孔，以达到层间的电气互连目的。自高密度互连结构的挠性板出现后，其孔径越来越小，甚至达到孔径 $100 \sim 50 \mu m$ 的微导通孔和微盲导通孔，这种类型的孔的加工采用机械工艺方法显然是达不到技术要求的。现多数厂家采用激光钻孔、光致成孔、等离子蚀孔等先进的加工手段。

5.3.1.5　制造工艺

挠性印制电路板的制造工序与刚性印制电路板制造工序相同，所使用的工艺设备基本上也是相同的，辅助设备和所使用的模具基本上也相同。所谓特殊的部分就是在化学沉铜和电镀时需要有特殊的夹具进行装挂，避免柔性材料出现漂浮。但采用刚-挠印制电路板时，就比单种类的挠性板更好控制。在软板进行处理时，很多专用工艺设备在处理挠性薄板时必须配置专用的托架，如进行蚀刻时，就必须采用厚基板作为托架，以防止因密度较小的薄软板在密度较大的镀液中漂浮。

需要详细了解印制板相关工艺时，可参阅本书第8章有关印制板制造的内容。

5.3.2　磁盘电镀

用于进行高密度信息存取并且可以高速运行的薄型硬盘，是在铝基片上镀覆金属膜层后再在表面涂覆磁记录层，比如三氧化二铁膜层和表面润滑膜层。随着电子计算机技术的进步，对硬盘技术也提出了更高的要求，小型、薄型、大容量、高速

已经是现代电子产品的通行标准，相比之下，传统硬盘的表面磁组合镀层的结构显得过于复杂，如图 5-4 所示。在这种传统硬盘的表面，化学镀镍磷镀层的厚度达 $20\mu m$，相对于其他几层属于较厚的镀层，其他膜由外向内的厚度分别是表面润滑膜 $0.005\mu m$、碳保护膜 $0.05\mu m$、钴合金膜 $0.08\mu m$、真空镀铬膜 $0.2\mu m$。这些膜层的加工流程复杂，盘片上的镀层较多，出现不合格的概率相应提高，使硬盘生产的效率受到影响。

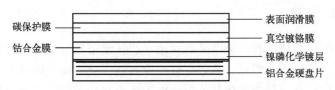

图 5-4　计算机硬盘表面磁记录膜的构成

针对这种情况，研发人员对硬盘的制作工艺进行优化，在保证功能性的前提下，对这种硬盘的制作技术进行了改进，这种改进的要点是研发出了一种新的合金化学镀层——化学镀镍铜磷镀层。

新一代硬盘表面膜的结构如图 5-5 所示，采用化学镀镍铜磷工艺，不仅使镀层减薄，而且结构也简化了许多。

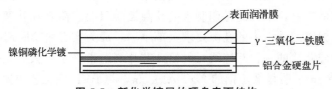

图 5-5　新化学镀层的硬盘表面结构

这种硬盘的表面膜层不仅仅是层数减少了，而且是以低价的铁化合物替代贵金属钴，又以铜替代了一部分镍，并且总厚度下降，从而使硬盘的成本也有很大降低。

化学镀镍铜磷的工艺如下。

硫酸镍	3g/L
硫酸铜	0.6g/L
次亚磷酸钠	30g/L
柠檬酸钠	40g/L
硼砂	20g/L
稳定剂	微量
温度	80℃
pH 值	8.7～9

这种薄型磁盘的基底新镀层的合金组成比例（质量）为：镍 50%～54%，铜44%～40%，磷 6%。

镍铜磷膜层与镍磷膜比有许多显著的优点，首先是非磁特性好，即使经热处理达 400℃ 也仍然保持了非磁性能，而镍磷合金超过 300℃，其磁束密度就急剧增高，对磁盘性能有影响；其次是有较好的抗衰减性能和抗噪声性能；最后，由于可以经受较高温度的热处理，硬度有较大提高，从而提高了高速耐磨性能[5]。

5.3.3　芯片电镀

早期的半导体制作过程中微电子器件的互联技术采用真空镀铝的方法，这种方法由于铝的导通性能不是很好、热效应低而导致制作成本高。随着半导体技术的进步，集成电路的微型化使半导体技术向微电子技术转化，真空蒸发铝技术已经不能适应微电子技术的需要，成为微电子技术发展的一个工艺瓶颈。20 世纪 90 年代，美国 IBM 公司开发了电镀铜作为芯片内的互连方式，从而为微电子技术的发展带来里程碑式的突破[6]。

由 IBM 公司开发的这项微电子镀铜技术被称为 Damascene，目前流行的译法是按字面音译为"大马士革"，而按词意和实际工艺流程情况来说，应该是一种金属镶嵌技术，所以也可以称为镀铜镶嵌工艺。这是因为通过镀铜技术的实施，使硅片中的孔隙中填充了镀铜层，就像将金属铜镶嵌到孔隙中去一样，这与印制板的小孔金属化有类似之处，不同的是印制板的孔隙镀层只要求附着在孔壁上，孔隙保持通孔状态，而铜镶嵌技术中的孔隙要求全部填满，成为实心的镶嵌铜柱。

以铜作为硅芯片的一种互连线材料给硅芯片制造带来了巨大的变化。铜的电阻率为 $1.67\mu\Omega \cdot cm$，明显低于铝的 $2.65\mu\Omega \cdot cm$，与 PVD 铝工艺相比，铜互连线的电阻可以降低 30%。同时，铜线的电迁移寿命是铝线的 100 倍以上，由于采用了湿法电镀技术，制造成本也比 PVD 镀膜工艺要低。而且伴随着电镀工艺的发展，镀铜的孔隙填充能力可以保持到 65nm 节点。铜工艺的关键是芯片金属化以及镶嵌铜电镀工艺的开发。基于铜互连线技术的高的工艺和性能要求，对电化学工艺产生了相当大的影响。目前，几乎所有的芯片工厂都在 $0.13\mu m$ 逻辑器件生产中使用了镀铜工艺。

5.3.3.1　铜互连工艺概述

采用铜互连工艺与传统的铝蒸发工艺完全不同。一般来说，真空镀铝工艺是把铝薄膜沉积在整个晶片的表面，连线图案在金属刻蚀后形成，最后填充隔绝用的介电材料。但对于镀铜工艺，形成图案采用镶嵌结构。其流程是首先沉积介电材料，然后进行介电材料的干法刻蚀，接着在扩散层上沉积铜籽晶层，最后采用铜电镀进行孔洞填充。

基于硫酸铜的电镀工艺曾经在电子工业中被用于印刷电路板通孔的电镀，相似的工艺可以用于填充微米和亚微米级的芯片互连的电镀。

微电子芯片制件的镀铜互连工艺流程如下（图 5-6）：硅片—线路刻蚀—扩散阻挡层—化学镀铜层—电镀铜层—镀后处理。

目前扩散阻挡层仍采用物理真空镀的方法，将 Ta/TaN 在硅片表面形成阻挡层后，再通过化学镀的方法在这个阻挡层表面形成化学镀铜层，因为这是在其表面进一步形成镀铜层的基础，从金属电沉积的原理来看，是形成金属晶核的子晶层。另外从这项技术开发所依据的原理来看，也可以采用化学镀铜达到镶嵌孔隙的目的，无论是其后采用电镀的方法还是采用化学镀的方法，在阻挡层表面都要进行活化处理，这种活化层是真正意义上的子晶层。如果采用电镀镶嵌，则活化后的化学镀铜层也被看作是晶种的生长过程。如果全部采用化学镀铜技术，则互连也由化学镀完成，这时的活化就是晶种。镀后处理是通过化学或电化学机械抛光将蚀刻线槽和孔隙外平面的多余铜层去除，从而形成有效的互连状态。

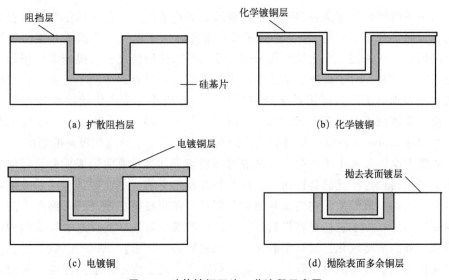

(a) 扩散阻挡层　　　　　　　　　　(b) 化学镀铜

(c) 电镀铜　　　　　　　　　　(d) 抛除表面多余铜层

图 5-6　硅片镀铜互连工艺流程示意图

5.3.3.2　芯片镀铜镶嵌工艺

在完成了阻挡层的镀覆后，需要在这个阻挡层的表面再用化学法镀上一层化学镀铜层，这是使其后的互连结构具有导电性的重要步骤。可以完全采用化学法达到镶嵌镀铜的目的，也可以利用电镀的方法。

(1) 化学镀铜

化学镀铜的工艺如下。

硫酸铜　　　　　　　　　　　　　7～15g/L

EDTA　　　　　　　　　　　　　45g/L

甲醛	15mL/L

用氢氧化钠调整 pH 值到 12.5

温度	60℃

由于甲醛的环境问题，现在已经采用其他还原剂用于化学镀铜，如次亚磷酸盐，但是对镀铜层的性能有影响，因此主要替代甲醛的是乙醛酸。

(2) 电镀铜

电镀铜的工艺如下。

硫酸铜	43.5g/L
硫酸	175g/L
Cl^-	50mg/L
加速剂	2mL/L
抑制剂	8mL/L
整平剂	1.5mL/L

典型的电镀铜工作液包含硫酸铜、硫酸、氯离子以及一些有机添加剂（包括加速剂、抑制剂和整平剂）。对于电镀铜工艺而言，关键挑战是孔隙填充能力和缺陷控制能力。一般来说，在大尺寸孔洞中，我们可以使用传统的无机或有机添加剂的电镀工艺。但是，对于微电子基片中微小的孔隙，采用普通镀铜工艺要想获得满意的镀层是很困难的，这时需要选择使用适当的有机添加剂，使镀层的分布得到改善，使平常镀层不易达到的孔底部也有镀层沉积。现在，采用先进的电镀工艺技术，可以在 45nm 节点以前获得无气孔的真正的孔隙完全填充的镶嵌镀铜层。

硫酸铜电镀溶液中所用的有机添加剂和氯离子是其重要的组成成分。目前有机添加剂应用得较为广泛的是加速剂，抑制剂以及整平剂。加速剂是含巯基或硫醇基的可溶于水的有机酸盐，它们比其他组分更容易在阴极区扩散，并对铜离子的还原起到促进作用，由于它们更容易到达特征结构的底部，这样就促进了特征结构内部的沉积。抑制剂是氧化乙烯和聚氧化丙烯的共聚物，分子量 2000~8000，它作为缓冲物在铜表面形成厚的单层膜，其特点是能在高电流密度区形成阻滞层，从而通过阻碍铜离子在高电流区的电沉积来平衡与低电流区的沉积速度。整平剂是含氮的高分子聚合物，整平剂对电沉积过程的作用在不同电场强度下不同，当发生隆起或凹陷时，它将通过增强或抑制铜的电沉积来起到整平镀层的作用。

芯片镀铜工艺对所采用的化学原材料有极为严格的要求，对镀液中杂质的含量非常敏感，这是可以理解的，对于以纳米为计量单位的镀层和孔隙，即使是 $1\mu m$ 的微粒也是很大的障碍物，我国复旦大学的研究表明，芯片镀铜工作液中金属杂质的总量不得超过 $10\mu g/mL$，单一金属杂质的量不能超过 $0.1\mu g/mL$。对颗粒物粒径的控制则是粒径大于 $0.2\mu m$ 的颗粒不能超过 200 个。现在他们已经能做到超纯硫酸铜镀液中的金属杂质含量，完全满足芯片镀铜工艺的要求（表 5-6）。

表 5-6　超纯硫酸铜镀液中金属杂质含量[6]　　　　　单位：μg/mL

金属杂质	含量	金属杂质	含量
Al	<0.01	K	<0.01
Ag	<0.01	Mg	<0.01
Ca	<0.01	Mn	<0.01
Cd	<0.01	Na	<0.01
Co	<0.01	Ni	<0.01
Cr	<0.01	Pb	<0.01
Fe	<0.01	Zn	<0.02

(3) 芯片表面后处理

通常在电镀铜完成后，需要对线路与孔隙边缘的镀液进行清洗，旋转清洗干燥工艺用来清除边缘和侧壁多余的电镀铜以及硅片前后侧残留的硫酸铜。在此之后，沉积后的晶片需要进行退火，使晶粒更加稳定和均匀，这对于铜电镀和接下来的CMP工艺的整合都是非常有帮助的。

所谓 CMP 工艺，即是化学机械研磨的简称，其英文全称为 Chemical Mechanical Polishing。现在又发展为采用电化学机械研磨，即 ECMP。这也是芯片镀铜互连技术的关键之一。只有经过这步工序的处理，才使硅片达到全面的平整化。引进电化学抛光技术可以使原来抛光垫的压力降低，并可以不用氧化剂。但是对抛光剂的要求则更高，一种典型的 CMP 抛光料见表 5-7。

表 5-7　铜互连工艺中的 CMP 抛光料组成与工艺参数[6]

材料	微粒	粒径/μm	pH 值	溶剂
薄膜	SiO$_2$、CeO$_2$、ZrO$_2$、TiO$_2$	<0.03	10~12	H$_2$O
金属薄膜	Al$_2$O$_3$、ZrO$_2$	<0.05	2~6	H$_2$O
低介电薄膜	ZrO$_2$、CeO$_2$	<0.1	不定	有机溶剂
高介电薄膜	Al$_2$O$_3$	<0.1	<7	H$_2$O

5.3.3.3　持续改进技术

微电子技术的进步要求芯片互连技术处于持续改进的状态。现在与传统的物理镀 Ta/TaN 阻挡层相结合，采用电镀工艺可以扩展到 65nm 甚至 45nm 节点。在微电子技术继续发展的情况下，工业界很幸运地已经有了应对未来挑战（例如 32nm 节点）的思路。如已经开发了无核沉积工艺，该工艺使用钌合金或 ALD 钌，而且不需要阻挡层和晶核层，钌的厚度只有 100Å，这将使得电镀方法拥有更优异的孔隙填充能力。在电化学沉积方面，人们已经在研究新的化学物质来实现尽可能低铜电阻的更加完美的孔隙填充功能。

参考文献

[1] 郭洪红. 工业机器人技术 [M]. 西安：西安电子科技大学出版社，2006：18.

[2] 天津市电镀工程学会资料情报组翻译组. 金属涂饰参考手册 [M]. 天津：天津市电镀工程学会，1984.

[3] 李东方. 实用接插件手册 [M]. 北京：电子工业出版社，2008.

[4] 沈涪. 电连接器耐盐雾能力的研究 [C] //全国电子电镀学术研讨会论文集. 重庆：重庆表面工程技术学会，2004.

[5] 松井富士夫，中山郁雄. 薄膜型用ハードデイスク新下地めっき [J]. 表面技術，1989 (1).

[6] 郁祖湛. 电子电镀中若干新工艺和新技术 [C] //2006 年电子电镀学术报告会资料汇编. 上海：上海电子电镀学会，2006.

第6章

仪器仪表类电子整机的电镀

6.1 仪器仪表类电子整机

6.1.1 仪器仪表整机的性能与特点

仪器仪表是当代社会发展极为迅速的一个产业，这是因为仪器仪表在各行各业都有着广泛的应用，特别是进入 21 世纪以来，电子电器产业发展更加迅猛，对电子仪器仪表的需求成倍增长。表 6-1 列举了仪器仪表的分类及应用情况。

表 6-1　仪器仪表类电器应用与特点

仪器类别	应用领域	特点
工业自动化与控制仪表	各工业领域，特别是流程产业生产过程中应用的各类检测仪表、执行机构与自动控制系统装置	对象、环境数据的读取，信息的分析与传递、存储
科学仪器仪表	应用于科学研究、教学实验、计量测试、环境监测、质量和安全检查等各个方面的仪器仪表	数据的测量与分析、实验结果的监测
电子电工测量仪器	电子与电工测量仪器，主要指低频、高频、超高频、微波等各个频段测试计量专用和通用仪器仪表	电性能的测量，数据的处理与存储、传递
医用仪器仪表	医疗仪器主要指用于生命科学研究和临床诊断治疗的仪器	生命指标的测量、分析与存储、传递
行业专用仪器仪表	农业、气象、水文、地质、海洋、核工业、航空、航天等各个领域应用的专用仪器仪表	各行业专业参数的测量、分析与存储、传递

仪器类别	应用领域	特点
仪器仪表传感器	传感器与仪器仪表元器件及专用材料	各种环境参数的获取以及与之有关的材料研制

　　实际上，表 6-1 只是列举了一个提纲式的分类方法。应用中的仪器仪表要比表中所列举的多得多，仅仅以科学仪器这一类为例，可以细分为 14 个小类、即电子光学仪器、离子光学仪器、X 射线仪器、光谱仪器、色谱仪器、波谱仪器、电化学仪器、生化分离分析仪器、气体分析仪器、显微镜和成像系统、化学反应及热分析仪器、声学振动仪器、力学性能测试仪器（材料试验机）、光电测量仪器等。其中，发展最快、应用最广和市场容量最大的是各类光学仪器和分析仪器。现代仪器仪表虽然作了大致分类，实际上存在着许多交叉，如各类专用仪器中许多都是科学仪器。

　　近年来，特别是数字技术出现以来，模拟仪器的精度、分辨率与测量速度均提高了几个数量级，为实现测试自动化打下了良好的基础。计算机的引入，使仪器的功能发生了质的变化，从个别参量的测量转变成测量整个系统的特征参数，从单纯的接收、显示转变为控制、分析、处理、计算与显示输出，从用单个仪器进行测量转变成用测量系统进行测量。计算机技术在仪器仪表中的进一步渗透，使电子仪器在传统的时域与频域之外，又出现了数据域测试。20 世纪 90 年代，仪器仪表与测量科学技术的突破性进展使仪器仪表智能化程度提高；DSP 芯片的大量问世，使仪器仪表数字信号处理功能大大加强；微型机的发展，使仪器仪表具有更强的数据处理能力和图像处理能力；现场总线技术是近些年迅速发展起来的一种用于各种现场自动化设备与其控制系统的网络通信技术。现代仪器仪表产品将向着计算机化、网络化、智能化、多功能化的方向发展，跨学科的综合设计、高精尖的制造技术使它能更高速、更灵敏、更可靠、更简洁地获取被分析、检测、控制对象的全方位信息。未来，更高程度的智能化应包括理解、推理、判断与分析等一系列功能，是数值、逻辑与知识的综合分析结果，智能化的标志是知识的表达与应用。利用物理学的新效应和高新技术及其成就开发新型高灵敏度、高稳定性、强抗干扰能力传感器技术和测试仪器仪表，如利用高温超导量子干涉仪（SGUID）开发计量测试仪器、物理学测试仪器、地理和地质学仪器、化学分析仪器、医疗仪器、无损材料检测仪器等。利用椭偏技术来检测光纤、光学玻璃等，它与近场光学相结合，不仅可以测量表面精细结构，同时根据近场光学反射偏振信息可以分辨出被测物体的材料。将可调谐稳频激光光谱仪技术用于高精密的几何量与机械量以及多种无形态量的测量，开发新一代微型光纤传导激光干涉仪，它的测量范围可以从几纳米到几米，甚至更大的范围，分辨率可达 10nm。它还可用于称重（如新型电子天平、高精度的电子皮带秤）以及高分辨率的压力计等。

发展纳米测量技术，建立纳米计量测试标准，这是当今在计量与测试技术研究中十分活跃的课题。分析仪器正在经历一场革命性的变化，传统的光学、热学、电化学、色谱、波谱类分析技术都已从经典的化学精密机械电子结构、实验室内人工操作应用模式，转化为光、机、电、算（计算机）一体化、自动化的结构，并正向更名副其实的智能化系统发展（带有自诊断、自控、自调、自行判断决策等高智能化功能）。由于以信息技术为代表的高新科学技术的突飞猛进，使科学仪器的工作原理、设计思想、设计方法发生了明显的变化。

与这些变化相对应的是仪器仪表业表现出来的以下新特点。

(1) 技术指标不断提高

就像国际奥林匹克运动的口号"更高、更快、更强"一样，提高检测控制技术指标是仪器仪表永远的追求。以仪器仪表和测量控制技术范围指标来说，如电压从纳伏～100 万伏，电阻从超导至 $10^{14}\ \Omega$，加速度从 $10^{-4}\,g$ 至 $10^4\,g$，频率测量至 10^{10} Hz，压力测量至 $10^8\,Pa$，温度测量从接近绝对零度至 $10^{10}\ ℃$ 等。以提高测量精度指标来说，工业参数测量提高至 0.02% 以上，航空航天参数测量达到 0.05% 以上，计量精度和科学仪器达到的精度均与时俱进。以提高测量的灵敏度来说更是向单个粒子、分子、原子级发展。提高测量速度（响应速度），静态 0.1～0.2ms，动态为 $1\mu s$。提高可靠性，一般要求为 2 万～5 万 h，高可靠要求不低于 25 万 h。稳定性（年变化）＜±0.05%（高精度仪器）或＜±0.1%（一般仪器）。此外还需要不断提高产品环境适应性。

(2) 大量采用最新的科学研究成果和高新技术

现代仪器仪表作为人类认识物质世界、改造物质世界的第一手工具，是人类进行科学研究和工程技术开发的最基本工具。人类很早就懂得"工欲善其事，必先利其器"的道理，新的科学研究成果和发现（如信息论、控制论、系统工程理论）、微观和宏观世界研究成果及大量高新技术（如微弱信号提取技术，计算机软、硬件技术，网络技术，激光技术，超导技术，纳米技术等）均成为仪器仪表和测量控制科学技术发展的重要动力，现代仪器仪表不仅本身已成为高技术的新产品，而且利用新原理、新概念、新技术、新材料和新工艺等最新科技成果集成的装置和系统层出不穷。

(3) 单个装置微小型化和智能化

测量控制仪器仪表大量采用新的传感器、大规模和超大规模集成电路、计算机系统等信息技术产品，不断向微小型化、智能化发展，从目前出现的"芯片式仪器仪表""芯片实验室"等看，单个装置的微小型化和智能化将是长期发展趋势。从应用技术看，微小型化和智能化装置的嵌入式连接和联网应用技术得到重视。这些装置既可独立使用，也可以嵌入式使用和联网使用

(4) 测控范围向有关工作方式立体化、全球化扩展

随着测量控制仪器仪表所测控的既定区域不断向立体化、全球化甚至星球化发

展，仪器仪表和测控装置已不再呈单个装置形式，它必然向测控装置系统、网络化方向发展。例如一个大型水电站的测控系统，仅检测大坝安全性的传感器就达数千个，此外各个发电机组状态及水位情况的检测控制点（I/O测控点）超过万个，要达到大型水电站的正常发电和送电，必须将各个测控点的测控装置形成网络化结构，形成一个有机的测控网络系统；又例如卫星测控系统，人造卫星上配置的各种传感器达到数千个，它首先要将卫星上各种测控装置构成一个完整的自动测控子系统，然后和多个地面站的测控系统构成一个广域测控系统。

(5) 便携式、手持式以及个性化仪器仪表大量发展

随着生产的发展和人民生活水平的提高，人们对自己的生活质量和健康水平日益关注，检测与人们生活密切相关的各类商品、食品质量的仪器仪表，预防和治疗疾病的各种医疗仪器是今后发展的一个重要趋势。科学仪器的现场、实时在线化，特别是家庭和个人使用的健康状况和疾病警示仪器仪表将有较大发展。

毫无疑问，以上这些特点使仪器类电子整机的结构材料、成型技术等有许多新的技术支持，其中一个很重要的支持就是电镀技术。

6.1.2 仪器仪表发展的关键技术与电镀

根据上述关于仪器仪表科学技术的发展趋势和特点，我们可以列出与仪器仪表发展有关的关键技术如下。

(1) 传感技术

传感技术不仅是仪器仪表实现检测的基础，它也是仪器仪表实现控制的基础。这不仅因为控制必须以检测输入的信息为基础，而且由于控制达到的精度和状态必需感知，否则不明确控制效果的控制仍然是盲目的控制。

广义而言，传感技术必须感知三方面的信息，它们是客观世界的状态和信息，被测控系统的状态和信息以及操作人员需了解的状态信息和操控指示。

狭义而言，传感技术主要是客观世界有用信息的检测，它包括被测量敏感技术，涉及各学科工作原理、遥感遥测、新材料等技术；信息融合技术，涉及传感器分布，微弱信号提取（增强），传感信息融合、成像等技术；传感器制造技术，涉及微加工，生物芯片，新工艺等技术。传感技术中的某些复合材料，将是电镀工艺中复合镀层可以有用武之地的领域。

(2) 系统集成技术

系统集成技术直接影响仪器仪表和测量控制科学技术的应用广度和水平，特别是对大工程、大系统、大型装置的自动化程度和效益有决定性影响，它是系统级层次上的信息融合控制技术，包括系统的需求分析和建模技术，物理层配置技术，系统各部分信息通信转换技术，应用层控制策略实施技术等。这些系统要求有大容量的信息存储和读取功能，对硬件提出了更高的要求。其中某些技术对电镀技术提出了更高的要求。

（3）智能控制技术

智能控制技术是人类通过测控系统以接近最佳方式监控智能化工具、装备、系统达到既定目标的技术，是直接影响测控系统效益发挥的技术，是从信息技术向知识经济技术发展的关键。智能控制技术可以说是测控系统中最重要和最关键的软件资源。从目前发展趋势看，在企业信息化 ERP/MES/PCS 三级结构的计算机测控系统中，软件的价格已超过硬件的 3 倍。智能控制技术包括仿人的特征提取技术，目标自动辨识技术，知识的自学习技术，环境的自适应技术，最佳决策技术等。

（4）人机界面技术

人机界面技术主要为方便仪器仪表操作人员或配有仪器仪表的主设备、主系统的操作员操作仪器仪表或主设备、主系统服务。它使仪器仪表成为人类认识世界、改造世界的直接操作工具。仪器仪表，甚至配有仪器仪表的主设备、主系统的可操作性、可维护性主要由人机界面技术完成。仪器仪表具有一个美观、精致、操作简单、维护方便的人机界面，常成为人们选用仪器仪表及配有仪器仪表的主设备、主系统的一个重要条件。因此，装饰性镀层在仪器仪表中是很重要的一个选择。

人机友好界面技术包括显示技术、硬拷贝技术、人机对话技术、故障人工干预技术等。考虑到操作人员从单机单人向系统化、网络化情况下的许多不同岗位的操作人员群体发展，人机友好界面技术正向人机大系统技术发展。此外，随着仪器仪表的系统化、网络化发展，识别特定操作人员、防止非操作人员的介入技术也日益受到重视。

（5）可靠性技术

随着仪器仪表和测控系统应用领域的日益扩大，特别是在一些军事、航空航天、电力、核工业设施、大型工程和工业生产中，可靠性技术起到提高战斗力和维护正常工作的重要作用。一旦出现故障，将导致灾难性的后果。因此装置，包括受测控系统在内的整个系统的可靠性、安全性、可维性显得特别重要。

仪器仪表和测控系统的可靠性技术除其自身外，同时还要包括受测控装置和系统出现故障时的故障处理技术。测控装置和系统可靠性包括故障的自诊断技术、自隔离技术、自修复技术、容错技术、可靠性设计技术、可靠性制造技术等。

除了以上所说的关键技术，现代仪器仪表还在小型、微型化和轻量化方面有了更高的要求，包括对高可靠性的要求和环境友好型以及资源节约型方面的要求。与这些要求相应的是结构和材料的新变化，如表面处理技术，特别是电镀技术的相应调整与变化。

6.1.3 电镀技术对关键技术的支持

通过以上对仪器仪表关键技术的介绍，我们可以看出仪器仪表电子整机在整个电子工业中占有相当重要的地位，而这些关键技术的实现，也与电镀技术有密切的关系。

从传感技术的角度，开发物理性能和化学性能敏感的镀层一直是电镀技术领域感兴趣的课题。通过采用复合镀技术，可以将某些敏感性材料在电镀层中共沉积，从而电镀出有一定指示作用的敏感镀层。

除了复合镀技术，线路板和芯片互连技术、纳米电镀技术、磁性材料和磁性镀层电镀技术等，对高性能仪器仪表的某些关键部件的制造都有重要支持。前面已经介绍的印制线路板在仪器仪表整机中也是不可或缺的要件，而在本章中还会了解在一些关键技术中需要的磁性能镀层的工艺和技术。

整机的可靠性与电镀技术有密切关系众所周知。仪器仪表所担负的测量和测试任务，使其本身的可靠性要求比其他产品更高，特别是具有计量功能的仪器和仪表，因为负有裁判的职责，其可靠性的保证是极为重要的。而这种高可靠性与电镀技术同样有着重要的关系。因此，仪器仪表类电子整机的电镀，需要对可靠性做出专门策划。

6.2 仪器仪表类电子整机的电镀

6.2.1 防护装饰性电镀

前面已经提到，仪器仪表类电子整机由于负有向使用者提供可靠准确信息的职责，对这类产品的可靠性要求是很高的。同时，仪器仪表类整机的操作环境相对较好，通常是在实验室或各种检测或实验场所，因此，产品也需要有一定的装饰性。但是，并不是说实验室或实验场所就一定是不发生环境腐蚀的场所。相反，对于有些理化实验室，特别是电镀工艺类化学工艺实验室，在排气、抽风条件不好或下班后关掉了排气装置时，室内会有腐蚀性气体弥漫，测试仪器的裸露部分会很快遭到腐蚀，相信很多电镀工艺人员都会有这样的经历。足见仪器仪表的抗蚀性能有多重要。

实际上，对于仪器仪表电子整机产品的结构件而言，电镀层的结合力、孔隙率、抗腐蚀性能都有较高的要求。本书在通用电镀工艺和相关电子产品的特殊电镀工艺中介绍的电镀技术，基本上都适用于仪器仪表类整机的电镀。

但是，要提高镀层的可靠性，确保万无一失，必须在电镀的前处理上下功夫，我们在下文中将重点讨论这个问题，以引起对镀前处理的足够重视。

6.2.2 镀前处理是电镀最重要的控制流程

20世纪80年代，曾经有一个国外的电镀技术专家在山东考查时，被带到一家电镀自行车零件的工厂参观。因为这家电镀企业有规模比较大的自行车圈电镀生产线，基本上是全自动的，属于国内比较先进的电镀自动生产线。

在接待室听完情况介绍后，进到电镀车间，在完成了前处理流程、经清洗后的车圈在往电镀槽运送时，车圈正在空中行走，这位专家径直走到前处理完成后的这批车圈前，取出白色的餐巾纸，用力在车圈上一擦，洁白的纸巾马上现出灰黑色的痕迹。他对陪同人员说："我们走吧，不用看了。"大家很奇怪，问他为什么。他拿出那张有痕迹的纸巾说："前处理完成后的产品表面还有油迹，后边的电镀质量一定是难以保证的。这家企业的电镀管理水平我已经知道了，所以不用看了。"

这位专家说，中国同行总是爱问退镀技术，他原来很不理解，看过这条生产线后，才明白为什么。原因就是不合格产品的比率较高，经常有退镀重来的情况。因此，退镀也就成了家常便饭，是经常要用到的技术。他反问："为什么不多研究如何不出质量事故，不用退镀呢？"

是的，这确实是令人深思的问题。

首先这是一个质量观念的问题。很多人都知道电镀要做到一次交检合格率为100%是很难的，并且电镀件的质量问题基本上都可以通过返工解决，了不起是让步接收，极少有报废的。比机械或电子加工出质量事故的风险要小得多。因此，很多电镀企业都很关心退镀技术，并且也有商品化的退镀剂在市面上销售。可见大家都接受电镀加工经常要发生退镀的事实，认为是电镀加工的特点，没有什么奇怪的。

但是，稍微深入地思考一下，就很容易明白，电镀返工是最大的浪费。在资源日趋紧张的今天，让花费了电力、金属材料、化工原料、水资源和人工加工出来的产品，又在酸或碱液中退掉，再重新花费电力、金属材料、化工原料、水资源和人工镀出镀层来，确实是很大的浪费。更有甚者，在有些电镀企业，有些产品竟然会返工三五次，都没有人去研究为什么返工？

研究表明，造成电镀不合格的原因中，80%～90%是前处理不合格。这就是为什么前面讲的那位专家首先看前处理效果。

由此可知，电镀质量控制的要点是镀前处理，即从除油、去氧化膜到精细除油的过程的严格控制。对于钢铁电镀件，只有当你用白色的纸巾去擦被处理后的表面只有无色的水痕时，才能认为是合格的前处理。

在电镀现场了解前处理是否成功的另一个方便经验是，观察被处理的表面是否完全亲水化。如果一挂电镀前处理后的制品从水中取出时，表面的水很快就化开，且出现不亲水的花斑，那说明前处理没有达到质量要求，需要重新进行处理，直到表面完全亲水。这种方法适用于所有材料。

为什么一定要让前处理后的表面完全亲水化？这就像是建房时打地基一样，如果地基没有打好，房子盖得越高就越危险。没有处理好的镀件基体，就像是在水泥少沙子多的地基上建楼房，肯定是要出问题的。前处理的除油是最容易出问题的，很多人甚至认为电镀过程中还有一定除油作用，油污没有除干净没有什么关系。

通过以上讲解，我们一定已经认识到，加强前处理流程的质量控制是多么重要的事情。

一个完整的前处理工艺组合应该包括有机除油、化学除油和电化学除油三部分，要求更加严格的还要加上超声波除油做进一步的保证。

6.2.2.1 有机除油

有机除油是去除矿物油的有效措施，大部分油类都可以通过化学除油基本去除，因此有机除油是电镀前处理中一道重要的工序。但是我国常规电镀企业出于成本和安全两方面的考虑，基本上省去了这道工序，直接就进入化学除油工序。有机除油对其后的除油工艺有很大影响，没有有机除油时，化学除油的效果较差不说，其使用寿命也会缩短，其额外消耗的费用相当于有机除油的费用。电子电镀业则基本上保留了有机除油工序，这对镀层质量的稳定起到了一定的保证作用。

常用的有机除油剂有汽油、煤油、酒精、丙酮、苯类（苯、甲苯、二甲苯）、三氯乙烯、四氯化碳等。这些有机溶剂分为两类：一类是有机烃类，如汽油、煤油、苯类等，这类有机溶剂的特点是毒性较小，易燃，对大多数金属无腐蚀作用，可用于冷浸或擦拭除油；另一类是三氯乙烯类，其特点是不燃，对油脂的溶解能力强，除油效率高，除铝镁外，对大多数金属无腐蚀作用，可冷除油，也可以加热除油，但毒性较大。

有机溶剂除油存在易燃（烃类）、有毒等缺点，因此在使用时要有良好的装备对安全和环境加以保证，如需要有良好的排气装置和防泄漏、防火灾装置。

6.2.2.2 化学除油

化学除油是电镀前处理中最常用的前处理工艺。通过强碱和表面活性剂等的联合作用，可以通过皂化和乳化作用除掉大部分油脂。也有酸性除油和乳化液除油等工艺，从节能的角度，也开发出了低温除油工艺。

(1) 碱性除油

虽然所有碱性除油的原理是一样的，但是对于不同的金属材料，还是有不同的处理工艺，这样才能将除油的效果发挥到最好。不同金属基材常用的碱性除油工艺见表 6-2。

碱性除油的效果与温度有很大关系，当温度偏低时，其效率会急剧下降，但温度过高不仅浪费能源，而且会对有色金属造成腐蚀或氧化。时间虽然是以除油至净为止，但也要防止过度浸泡，特别是对有色金属，要防止发生碱蚀现象。

表 6-2 常用碱性除油工艺规范

组成与规范	钢铁基体 /（g/L）	铜及合金 /（g/L）	铝及合金 /（g/L）	镁及合金 /（g/L）	锌及合金 /（g/L）	锡及合金 /（g/L）
氢氧化钠	20~40	10~15	—	—	—	25~30

组成与规范	钢铁基体 /（g/L）	铜及合金 /（g/L）	铝及合金 /（g/L）	镁及合金 /（g/L）	锌及合金 /（g/L）	锡及合金 /（g/L）
碳酸钠	20～30	20～30	40～50	10～20	15～30	25～30
磷酸三钠	5～10	50～70	40～50	10～20	15～30	—
硅酸钠	5～15	10～15	20～30	10～20	10～20	—
OP 乳化剂	1～3	—	1～2	—	—	—
pH 值	14	14	12	12	12	14
温度/℃	80～90	80～90	60～80	60～80	60～80	80～90
时间	均以除尽为止					

通过各种表面处理手册还可以查到多种化学除油工艺，在选用除油剂时，可以通过测量除油能力来定量地确定除油工艺。

测试除油剂的除油能力可以通过下列方法进行：将除油剂按工艺配方的量配制成除油液，取除油液 500mL 置于烧瓶中，加入过量的矿物油，在常温下充分搅拌 30min 后再静置 15min，然后用吸液管从试液的底部取出 25mL 置于 50mL 容量瓶中，这种专用的容量瓶的颈部有每格 0.02mL 的刻度，往瓶中加入 25% 的硫酸水溶液 20mL，充分搅拌均匀后，会出现油水分离现象，水溶液会沉在瓶子的下部，将瓶子用水浴加热到 90℃，保持 15min，所有的油分会上浮到瓶颈，从颈部的刻度可以读到有多少油类析出。析出的量越多，说明这种除油剂的除油能力越强。

（2）酸性除油

酸性除油剂是由有机或无机酸与表面活性剂混合配制成的除油剂。这种工艺的优点是在除油的同时对表面氧化皮同时有去除作用。但是除油效果不是很好，还需要有后续的精除油工序，对有严重油污的产品，需要增加前道粗除油工序才能保证除油效果。

一种典型的酸性除油剂如下：

硫酸　　　　　　256mL/L

OP-10　　　　　　10g/L

若丁　　　　　　5g/L

温度　　　　　　60～65℃

6.2.2.3　电化学除油

电化学除油是利用阳极或阴极电解时在一定条件下有大量气体析出的电化学原理，在碱性条件下对油类进行综合性去除，特别是可以去除电极表面双电层内残存的油分子膜，是一种强力除油工艺。但为了保持电化学除油液的长寿命，通常制件都要在经过有机或化学除油后，才进入电化学除油工序。电化学除油是进入镀槽前的最后除油工序。

各种材质电化学除油工艺见表 6-3。

表 6-3　电化学除油液的组成与工艺规范

组成与规范	钢铁基体 / (g/L)	铜及合金 / (g/L)	铝、镁及合金 / (g/L)	锌及合金 / (g/L)
氢氧化钠	20～30	10～20		—
碳酸钠	10～20	20～30	25～30	5～10
磷酸三钠	30～50	50～70	25～30	10～20
硅酸钠	—	5～10		5～10
三聚磷酸钠	—			
表面活性剂	1～2	—		—
电流密度/ (A/dm²)	10	3～8	2～5	5～10
温度/℃	60	70～90	70～80	40～70
阴极时间/min	1～2	5～8	2～5	5～7
阳极时间/min	0.2～0.5	0.3～0.5	1～3	0.5
备注	可阴阳极交替除油			

可以对电化学除油的效果进行试验。这种试验通常是一种系列化对比方法，并且需要制成镀片对结合力进行定量评价，来间接评价除油的效果。同时要以普通化学除油或某种已知的电化学除油剂做平行对比。

将同一种油污状态的试片在不同除油工艺中进行除油，当然其中包括被测试的电化学除油工艺，可以同时准备多种工艺方案，比如阴极除油、阳极除油、阴阳极联合除油等。然后对除油完成的试片进行同样工艺条件下的电镀，再对镀层结合力进行检测，以评价不同方案的电化学除油效果。

如果只需要做简单的对比，可以将中度油污的试片进行化学除油后，以前面介绍的经验方法进行表面亲水观察，会发现有局部油花现象，然后再进行电化学除油，即可发现表面完全亲水。

6.2.3　超声波除油与清洗

本书在第 4 章的 4.2.1.1 节专门介绍了超声波电镀技术，这里则重点介绍超声波除油和清洗。

6.2.3.1　超声波除油和清洗的作用原理

超声波清洗的作用原理主要是强力声波作用于清洗液，引起一系列物理作用，其主要作用有以下几种。

(1) 清洗作用

强大的冲击波能渗透到不同电极介质表面和孔隙里使电极表面彻底清洗，特别是密度不高的铸件、压铸件、粉末冶金制件等多微孔结构，如果不采用超声波清洗，很难将孔隙内的残留物清洗干净。

(2) 促进析氢作用

有些化学反应常伴有氢气的产生，夹在镀层中的氢使镀层性能降低，而逸出的氢容易引起花斑和条纹，而超声空化作用使氢进入空化泡或作为空化核加快了氢气的析出。

(3) 搅拌作用

超声空化所产生的高速微射流强化了溶液的搅拌作用，加强了离子的输运能力，减小了分散层厚度和浓度梯度，降低了溶液极化，加快了表面过程的化学反应速度。

6.2.3.2 超声波在镀前处理中的应用

利用超声波在液体中产生的空化效应，可以清洗掉工件表面沾附的油污，配合适当的清洗剂，可以迅速地对工件表面实现高清洁度的处理。

电镀过程对工件表面清洁度要求较高，而超声波清洗技术是能达到此要求的理想技术。超声波清洗技术可以替代溶剂清洗油污，可以替代电解除油，可以替代强酸浸蚀去除碳钢及低合金钢表面的铁锈及氧化皮。超声波清洗技术的应用，可以使许多传统的清洗工艺得到简化，并大大提高清洗质量和生产效率。特别是对那些形状较为复杂、边角要求较高的工件更具优越性。利用超声波清洗技术，还可以在很大的范围内替代强酸、强碱的作用，大大减少对环境的污染，并改善工人的劳动环境，降低劳动强度。

超声波除油是以物理手段增强除油效果的方法。通过超声波在去除液中的强力空化作用，使极细小孔隙内的油污也能被搅动而与去除剂发生作用，达到去除深孔和微孔内的油污的目的，因此，超声波除油是一种强力除油方法，但同样不适合作为初级除油，在化学除油后进行效果较好。一般应用在电化学除油之前。

对几种常见的工件表面进行处理，用超声波清洗的工艺情况简介如下。

(1) 抛光件表面抛光膏的清洗

一般情况下，抛光膏常常采用石蜡调和，石蜡分子量大，熔点较高，常温下呈固态，是较难清洗的物质，传统的办法是采用有机溶剂清洗或高温碱水煮洗，但有许多弊病。采用超声波清洗则可使用水基清洗剂，在中温条件下，几分钟内将工件表面彻底清洗干净，常用工艺流程是：浸泡—超声波清洗—清水漂洗。

(2) 表面有油及少量锈的冷轧钢板

冷轧钢板表面一般有油、污或少量铁锈，要洗干净比较容易，但经一般方法清洗后，工件表面仍残留一层非常细薄的浮灰，影响后续加工质量，有时不得不再采用强酸浸泡的方法去除这层浮灰。而采用超声波清洗并加入适当的清洗液，可方便快捷地实现工件表面彻底清洁，并使工件表面具有较高的活性，有时甚至可以免去电镀前酸浸活化工序。

(3) 表面有氧化皮和黄锈的工件

传统的方法是采用盐酸或硫酸浸泡清洗。如果采用超声波综合处理技术，可以快捷地在几分钟内同时去除工件表面的油、锈，避免了因强酸清洗导致的氢脆问题。

6.3 仪器仪表类电子整机的特殊电镀工艺

6.3.1 磁性材料电镀工艺

磁性材料在现代通讯电子和仪器仪表类电子整机中都有较多的应用，比如导航仪器、测试仪器、磁敏传感器等各种磁体材料和类磁体材料，很多都需要进行电镀以保持和增强其功能性，有时在这类材料上电镀则是装配、引线等功能方面的需要。比较典型的磁性材料是钕铁硼稀土永磁材料。

6.3.1.1 关于钕铁硼稀土永磁材料

稀土永磁材料是指稀土金属和过渡族金属形成的合金。这种经一定的工艺制成的永磁材料有极强的磁性并能持久保持。这种材料现在分为第一代（RECo5）、第二代（RE2TM17）和第三代稀土永磁材料（NdFeB）。

钕铁硼（NdFeB）稀土材料的出现及其在电子领域中的应用迅速发展，在电子电镀业界掀起了一股钕铁硼电镀热潮。这是因为钕铁硼材料是电子信息产品中重要的基础材料之一，与许多电子信息产品息息相关。随着计算机、移动电话、汽车电话等通信设备的普及和节能汽车的高速发展，世界对高性能稀土永磁材料的需求量迅速增长。

我国在钕铁硼生产上已经初步形成了自己的产业体系，产量已占到了世界总额的 40%。但这个份额里，高档产品还没有形成较强的实力，缺少国际竞争能力，作为新材料重要组成部分的稀土永磁材料，广泛应用于能源、交通、机械、医疗、IT、家电等行业，其产品涉及国民经济的很多领域，其产量和用量也成为衡量一个国家综合国力与国民经济发展水平的重要标志之一。

钕铁硼作为第三代稀土永磁材料，具有很高的性能价格比，因此近几年在科研、生产、应用方面都得到了持续的高速发展。以信息技术为代表的知识经济的发展，给稀土永磁钕铁硼产业等功能材料不断带来新的用途，这为钕铁硼产业带来更为广阔的市场前景。在钕铁硼材料发明之初，主要应用于计算机磁盘驱动器的音圈电机（VCM）、核磁共振成像仪（MRI）以及各种音像器材、微波通信、磁力机械（磁力泵、磁性阀）、家用电器等。随着其性能的不断提高，近年来出现了一些新的应用领域，例如目前正在研制的磁悬浮列车对钕铁硼的需求将使其用量超过所有其他领域。

钕铁硼材料由于含有较多的铁，其抗氧化性能较差，因此在很多使用永磁体的场合，都对其进行了表面处理，而用得最多的表面处理方法就是电镀。因此，钕铁硼材料的电镀技术，成为电子电镀中新兴而热门的技术。

6.3.1.2 钕铁硼永磁体电镀工艺流程

钕铁硼材料的制作工艺决定了这种材料是多孔性的，同时作为特殊材料的合金，各组分之间在结晶结构上会有某些差别，从而导致材料的不均一性和易腐蚀性。因此，对钕铁硼材料进行电镀成为提高钕铁硼材料使用性能的重要加工措施。钕铁硼制件多为 1～2mm 厚的圆片状体，没有可以悬挂的小孔，不方便挂镀，而又不适合滚镀，因为容易重叠在一起而导致局部没有镀层。解决的办法之一是在电镀时装入一定量直径为 3～5mm 的钢珠（约为镀件量的 1/3），这样就可以增加小圆片的可镀性，钢珠的加入不仅增加了导电能力，而且也起到了避免圆片之间重叠的作用，使钕铁硼制件的滚镀顺利进行。

典型的钕铁硼电镀工艺流程如下：

烘烤除油—封闭—滚光—水洗—装桶（与钢珠一起）—超声波除油—水洗—水洗—酸蚀—水洗—水洗—去膜—水洗—水洗—活化—超声波清洗—滚镀—水洗—出槽—水洗—干燥。

本工艺流程中有几道工序是常规滚镀中所没有的，是针对钕铁硼制品的材质特点而设计的工序，要特别加以留意。

（1）烘烤除油

钕铁硼制品是类似粉末冶金制品的多孔质烧结材料，在加工过程中难免会有油污等脏污物进入孔内而不易清除。简便的方法就是利用空温的强氧化作用，使孔内的油污等蒸发或灰化，以消除以后造成结合力不良的隐患。

（2）封闭

封闭是多孔质材料常用的表面处理方法之一，常用的方法可以借鉴粉末冶金件封闭的方法，即浸硬脂酸锌的方法，将硬脂酸锌在金属容器内加热至熔化（130～140℃），然后将烘烤除油后的制品浸入到熔融的硬脂酸锌中去，浸 25min 左右。取出置于烘箱中在 600℃ 干燥 30min 左右，或在室温放置 2h 以上，使其固化。

（3）滚光

经封闭后的制件还要进行滚光处理，使表面的氧化物、毛刺、封闭剂等经滚光处理后都去掉而呈现出新的金属结晶表面。所用磨料视表面状态而有所不同，通常为木屑类植物性硬材料，也可用人工磨料（人造浮石等）。工件与磨料的比值为1：
（1～2）。为了提高滚光效果，可以加入少许 OP 乳化剂，水量以淹没工件为宜，滚
光桶以六角形为好，转速为 30～40r/min，时间为 30～60min。

（4）去膜

去膜是钕铁硼制品经酸蚀后表面残留的一层黑膜，如果不除掉会影响镀层结合
力。而这些黑膜不宜用普通强酸去除，可在 150mL/L 浓盐酸中加有机酸 15g/L，
在室温下处理 2min 左右即可。

6.3.1.3 钕铁硼电镀工艺

钕铁硼电镀根据产品使用环境的不同而采用了不同的电镀工艺，表面镀层也分
为两大类：一类是镀锌，用于常规产品；另一类是镀镍，用于要求较高的产品。也
有少数产品从整机需要出发而要求镀其他镀种的，如镀合金、镀银等。

（1）镀锌

钕铁硼产品的镀锌采用先化学浸锌再镀锌的工艺：

① 化学浸锌。

硫酸锌	35g/L
焦磷酸钾	120g/L
碳酸钠	10g/L
氟化钾	10g/L
温度	90℃
时间	40s

② 氯化钾光亮镀锌。

氯化钾	180～200g/L
氯化锌	60～80g/L
硼酸	25～35g/L
商业光亮剂	按说明书加入
pH 值	5.0～5.5
温度	室温
电流密度	1～2A/dm²

③ 镀后处理。

经镀锌的钕铁硼制品一定要经过钝化处理，可采用低价铬或三价铬、无铬钝
化，然后经烘干后表面涂罩光涂料。彩色钝化的耐中性盐雾试验要求不低于 72h。

（2）镀镍

钕铁硼镀镍实际上也是多层镀层，需要先预镀镍，再经镀铜加厚，然后表面镀
光亮镍。

① 预镀镍。

硫酸镍	300g/L
氯化镍	50g/L
硼酸	40g/L
添加剂	适量
pH 值	4.0～4.5
温度	50～60℃
电流密度	0.5～1.5A/dm²
时间	5min

② 焦磷酸盐镀铜加厚。

作为中间镀层，尽管流行采用酸性光亮镀铜工艺，但是，对于钕铁硼材料进行加厚电镀不宜采用酸性镀铜，这是因为在强酸性镀液中，已经预镀了阴极镀层的多孔性材料会很容易发生基体微观腐蚀，为以后延时起泡留下隐患。比较合适的工艺是接近中性的焦磷酸盐镀铜：

焦磷酸铜	70g/L
焦磷酸钾	300g/L
柠檬酸铵	30g/L
氨水	3mL/L
光亮剂	适量
pH 值	8～8.5
温度	40～50℃
电流密度	1～1.5A/dm²

③ 光亮镀镍。

硫酸镍	300g/L
氯化镍	40g/L
硼酸	40g/L
低泡润湿剂	1mL/L
商业光亮剂	按说明书加入
pH 值	3.8～5.2
温度	50℃
阴极电流密度	2～4A/dm²

对于需要其他表面镀层的钕铁硼材料，可以在完成中间镀层的铜加厚电镀后，再进行其他表面镀层的加工。有时为了增加镀层的厚度和可靠性，还可以在焦磷酸盐镀铜后再加镀快速酸性镀铜工艺，以获得良好的表面装饰性，再镀其他镀层会有更好的效果。进行这些电镀操作的要点是一定要带电下槽和中途不能断电，否则会因孔隙中镀液的作用而对基体造成微观腐蚀，影响结合力。

6.3.2 其他磁体电镀

6.3.2.1 电沉积高电阻率镍铁系软磁镀层[1]

近些年来，磁记录元器件的高频化，促进了用于高频领域的低损耗材料的需求增长，并促进了微磁器件的研究和开发。使得以电沉积的方法获得磁性能镀层的技术也有所发展。

在高频电波信号领域，电磁器件材料的电阻率与表面磁性膜有以下关系（式6-1）：

$$S = \left(\frac{2p}{\omega\mu}\right)^{1/2} \tag{6-1}$$

式中，S 为表面磁层厚度，p 为电阻率，ω 为频率，μ 为磁导率。

这个关系表现了软磁材料的特殊性能，实际上是软磁体的"趋肤效应"。

所谓软磁材料是指在较弱的磁场下，易磁化也易退磁的一种铁氧体材料。这种材料通常要求有较高的电阻率，以使表面能保持良好的软磁性能，这在现代通信电子产品中是很重要的。

由式（6-1）可知，当材料本身的电阻增加时，磁层将减薄。而传统的铁氧体材料制成的电磁器件不能满足高频率下对器件饱和磁束密度小而保磁率高的要求，从而促进了对新的磁性膜层的开发和研究，结果开发了电沉积磁性薄膜技术。这一技术的商品化最早是由 IBM 公司于 1979 年完成的。

获得镍铁系软磁镀层的工艺如下：

硫酸镍	130g/L
硫酸亚铁	3g/L
硼酸	25g/L
氯化钠	20g/L
氨基磺酸	3g/L
聚氧乙烯十二烷基醚硫酸钠	0.02g/L
二甘醇 3,4-三胺	0～8mg/kg
温度	室温
pH 值	3
阴极电流密度	0.5～2A/dm³

这一工艺中，添加剂二甘醇 3,4-三胺有重要作用。当其添加量为 0 时，在 $1A/dm^2$ 电流密度下镀得的镍铁膜层的电阻率约为 $25\mu\Omega/cm$；随着二甘醇 3,4-三胺量的增加，膜层的电阻率也随之上升，在添加量为 4ppm（1ppm＝10^{-6} 时），电阻率为 $75\mu\Omega/cm$；当添加量升至 8ppm 时，则电阻率达到 $130\mu\Omega/cm$。

保持镀层适当的高电阻率是保证镀层具有软磁特性的重要条件。

但是，二甘醇 3,4-三胺的添加对镀层的矫顽力也有影响，当添加量在 4ppm 以内时，矫顽力基本上维持在一个较低的水平；当添加量大于 4ppm 以后，矫顽力急剧增大。因此，为了达到镀层电阻率、磁导率和矫顽力的平衡，二甘醇 3,4-三胺的添加量以 3~4ppm 为宜。矫顽力（Hc）是表示材料磁化难易程度的量，取决于材料的成分及缺陷（杂质、应力等）。

为什么添加二甘醇 3,4-三胺会引起镀层的这种性能的变化？研究表明，添加二甘醇 3,4-三胺后的合金共沉积的比例有所改变，铁的含量增加，从而增加了镀层的电阻率。

6.3.2.2　化学镀钴合金获得垂直磁性能镀层

随着数字信号储存和处理量越来越大，人们对磁存储器的容量要求越来越高，促使人们开发新存储方式，正是在这种背景下，产生了改变传统磁记录方式的垂直磁记录方式。

关于电磁信号的垂直记录理论，其实早在 20 世纪 80 年代就已提出，和现有的工业标准相反，垂直记录要求在硬盘碟片上垂直排列记录着数字信息的磁电荷。这类似于在碟片表面垂直排列大量微小的磁铁。而目前采用的纵向记录技术是在碟片表面上水平排列磁电荷。

一般说来，提升磁信号存储容量目前有两种方法：一是提升磁道密度，二是提升数据存储单元密度。不管是现在普遍采用的纵向记录技术还是垂直记录技术，都是依靠这两种方式去增大磁体容量的。

简单地说，垂直记录就是将磁物质的磁场方向旋转 90°，以此来记录数据的一种方式——使磁粒子的排列方式与盘片（软磁底层）垂直，而不是原有的使两者呈水平关系的排列。与这种理论相对应的磁层性能的获得，就成为电子制造中的一个课题。

可以采用磁控溅射的方法获得钴铬垂直磁性薄膜，但是其生产效率和成本都不能与化学沉积法相比，因此开发化学镀钴合金镀层来获得垂直磁记录膜层有很重要的工业价值。

化学镀钴镍合金的工艺配方如下：

硫酸钴	3g/L
硫酸镍	13g/L
次磷酸钠	21g/L
硫酸铵	66g/L
丙二酸钠	75g/L
铼酸铵	0.8g/L
pH 值	9.6
温度	80℃

从这个镀液中获得的钴镍合金膜与普通化学镀液获得的相比，膜层具有多向垂

直磁性能，有可能用于垂直磁记录体。镀液以丙二酸钠作络合剂，以硫酸铵为 pH 缓冲剂，镀液性能稳定。

6.3.3 巨磁电阻效应与电镀

2007 年 10 月 9 日，瑞典皇家科学院宣布，法国科学家艾尔伯·费尔和德国科学家皮特·克鲁伯格尔因先后独立发现了"巨磁电阻"效应，分享 2007 年诺贝尔物理学奖。他们发现的"巨磁电阻"效应创造了计算机硬盘存储密度提高五十倍的奇迹，其研究成果在信息产业的商业化中运用非常成功。可以说"巨磁电阻"效应的发现是近年来物理学的一项重大科学进步，并很快就转化为技术进步，从而取得了极大的社会效益。

那么什么是"巨磁电阻"效应呢？与电镀又有什么关系呢？

6.3.3.1 "巨磁电阻"效应

很久以前，在经典物理的电磁学中，已经发现了磁电阻效应。这是指在一定磁场下，磁性金属和合金电阻会发生某些变化，但这种变化并不十分显著，只被当作一般物理现象对待。而"巨磁电阻"效应是指在一定的磁场下，电阻急剧变化，变化的幅度比通常磁性金属与合金材料的磁电阻数值高 10 余倍。20 世纪 90 年代，人们在多种纳米结构的多层膜中观察到了显著的"巨磁电阻"效应，巨磁电阻多层膜在高密度读出磁头、磁存储元件上有广泛的应用前景。

"巨磁电阻"一般定义为：

$$\text{GMI} \, [\Delta Z/Z \, (\%)] = (Z_{H(\max)} - Z_H)/Z_0 \times 100\%$$

式中，Z_0 为外加直流场为零时，薄膜的阻抗大小；Z_H 为外加直流场为 H 时，薄膜的阻抗大小；$Z_{H(\max)}$ 为外加直流场 H 为饱和时，薄膜的阻抗大小。

"巨磁电阻"效应的发现迅速引起了敏感的科技工作者的重视，很快就在一些磁合金材料中发现了这一效应，且在室温和很低的磁场作用下，也可观察到显著的"巨磁电阻"现象。

1992 年首先在铁系和钴系非晶软磁丝中观察到了"巨磁电阻"效应，磁场下材料的阻抗变化的灵敏度比金属多层膜的巨磁电阻高一个数量级，这一现象引起了广泛的关注。该效应具有灵敏度高、反应快和稳定性好等特点，在传感器技术和磁记录技术中具有巨大的应用潜能。利用该效应可以制作高灵敏度传感器，可广泛应用于交通运输、生物医疗、自动控制、安全生产、国防等各行业，还可以用于磁场、位移、扭矩、计数、测速、无损探伤等方面。

1994 年，IBM 公司研制成"巨磁电阻"效应的读出磁头，将磁盘记录密度一下子提高了 17 倍，从而使磁盘在与光盘竞争中重新处于领先地位。硬盘的容量从 4G 提升到了如今的 600G 或更高。

1997 年基于"巨磁电阻"效应的商业化读出磁头研制成功，很快成为标准技术。即使在今天，绝大多数读出技术仍然是"巨磁电阻"效应的进一步发展。

对"巨磁电阻"效应的应用，不仅使电子器件小型化，而且价格低廉，除了在读出磁头上的应用外，还可以应用于测量位移、角度等传感器中，可广泛地应用于数控机床、汽车测速仪、非接触开关和旋转编码器中，与光电等传感器相比，它具有功耗小、可靠性高、体积小、能于恶劣的工作条件下工作等优点。

此外，利用"巨磁电阻"效应在不同的磁化状态下具有不同电阻值的特点，可以制成随机存储器，由于其具有可在无电源的情况下继续保留信息的优点，已经成为计算机、手机、数码相机等电器必备的存储元件。

目前已有一些基于巨磁电阻效应的非晶丝磁敏特性的磁传感器，这无疑具有重要的现实意义和广阔的应用前景。这项具有里程碑意义的开拓性工作，不仅引发了过去十几年中凝聚态物理新兴学科——磁电子学和自旋电子学的形成与快速发展，也极大地促进了与电子自旋性质相关的新型磁电阻材料和新型自旋电子学器件的研制和广泛应用。

我国科学工作者和相关企业在过去十几年里也持续开展了有关新型磁电阻材料和器件及其物理研究，并取得了显著的科研成果。例如，国际上至今发现具有"巨磁电阻"效应的 20 多种金属纳米多层膜中，有 3 种是我国学者发现的。

此外，我国学者在纳米环状磁性隧道结及其新型磁随机存储器原理型器件研制方面也取得了创新性的重大进展；在相关磁电子学和自旋电子学基础物理研究方面也获得了许多有创新性的成果。采用电镀的方法获得具有"巨磁电阻"效应的镀层，就是一个重要的进展。

6.3.3.2 "巨磁电阻"效应镀层的电沉积

就如电镀获得纳米材料一样，采用电镀的方法可以获得具有"巨磁电阻"效应的镀层也是电化学加工工艺学的新进展。

有人采用异常电沉积法在厚度为 $60\sim80\mu m$ 的铜基片上制备了非晶镍铁磁敏薄膜，镍铁磁敏薄膜的厚度为 $25\sim30\mu m$。其工艺流程如下：铜基片—电解除油—混酸浸蚀—清洗—弱酸浸蚀—电沉积镍铁合金—磁敏薄膜成分分析及性能测试。

复合 NiFe/Cu/NiFe 磁敏薄膜与单层 NiFe 磁敏薄膜相比，在频率为 40kHz、饱和磁场下，"巨磁电阻"变化率达到最大值 30%，复合 NiFe/Cu/NiFe 磁敏薄膜比单层 NiFe 磁敏薄膜具有更明显的"巨磁电阻"效应[2]。

具有优良软磁性能的另一种合金镀层是同样具有"巨磁电阻"效应的钴磷复合镀层（CoP-Cu）。"巨磁电阻"效应的一个重要特征是当非晶丝中通过交流电时，频率从 1kHz 到几 MHz，在一小的直流磁场作用下，材料的交流阻抗随外加磁场的变化而有很灵敏的变化。这一效应最早是在 CoFeSiB 非晶丝中发现的，其后发展到 Fe 基非晶丝和薄带，现在已扩展到夹心薄膜中。已经探明，非晶丝和薄带中"巨磁电阻"效应的来源归于某些特殊的磁畴结构和较强的趋肤效应。在膜厚为 $1\sim$

$4\mu m$ 的单层铁磁薄膜中，出现"巨磁电阻"效应的频率在 80MHz 以上，这时趋肤效应非常强烈。高频电磁信号的这种趋肤效应对利用电沉积法获得各种电磁性能镀层是非常有利的。因为功能性镀层要想保持其镀层的各部位和较厚镀层中的各向同性是有难度的，而薄层镀层，特别是化学镀层，比较容易获得这种性能。同时，电磁波的这种表面传导特性也为一些新材料和新技术的应用提供了理论上的支持。

从以下镀液中获得的钴磷镀层，表现出具有"巨磁电阻"效应的特性[3]。所用基体材料为 $200\mu m$ 的铜丝，在电镀完成后，相当于制成了以铜丝为内导体，以钴磷为外导体的同轴电缆。

硫酸钴	50g/L
次亚磷酸钠	60g/L
硼酸	30g/L
pH 值	2
温度	室温
阴极电流密度	$0.1\sim0.5A/dm^2$
阳极	铂网

工艺流程如下：电解除油—热水洗—清水洗—酸蚀—清水洗—去离子水洗—电镀—二次水洗—干燥。

从这种镀液中获得的钴磷镀层为非晶态合金镀层，其合金的组成和软磁性能随电流密度变化而变化。

测试结果显示，当阴极电流密度在 $0.17\sim0.25A/dm^2$ 时，镀层的含磷量为 11.48% 左右。这种铜-钴磷复合丝的巨磁电阻与软磁性能的关系符合式（6-1）的关系。镀层的巨磁电阻比的最大值为 441%，"巨磁电阻"效应非常显著。

6.3.4 陶瓷电镀

6.3.4.1 陶瓷电镀概述

陶瓷不仅是生活器皿和艺术品，而且是重要的工业材料，对其进行的研究和所取得的进展，都非常令人振奋。从无线电工业到航天工业，无一不用到陶瓷制品。由此也产生了将陶瓷作为涂层开发的各种研究，这样既可以利用其高抗蚀和高耐热性，又避免了其质量大和脆性大的缺点，如在塑料表面生成一层陶瓷就是最近由日本专家研究出的一种新技术。其方法是，首先在塑料表面涂上特殊的无机材料，并应用一种特殊的处理方法，使它的表面结构具有瞬间的超耐热性，容易与陶瓷紧密结合。然后，再采用等离子熔射法，在 2 万℃的超高温下，高速喷出陶瓷粒子，从而使塑料与陶瓷一体成型。这样制成的复合材料其表面硬度是钢铁的 2 倍以上，具有质量轻、强度高、耐冲击、加工性能好等优点，用途广泛。

陶瓷在各工业领域的持久应用，使得与之相关的工艺和技术的研究都有很大进步，其中就包括对其表面进行金属化的电镀技术。那么，陶瓷表面金属化究竟有什么意义呢？无非是工业价值和工艺价值两大方面的需要。原来与生活息息相关的陶瓷制品，作为一种实用工艺品已经发展出完全艺术化的美术陶瓷制品，给了艺术家无限的创意空间。在陶瓷表面进行金属化处理早已有之，但是自从开发出陶瓷电镀技术以后，在这些美术陶瓷中就多了一个新品种。有些制作传统美术陶瓷工艺品的厂商，将同一个品种的瓷器工艺品，一种上釉，一种电镀成古铜或青铜，结果在市场上均受到欢迎，使陶瓷电镀制品成为陶瓷工艺品中的新秀。

在对陶瓷进行电镀后，再在镀层上进行图形处理，使有些部位重现出陶瓷，成为金属包覆陶瓷艺术品，也是一种新产品。由于可以镀上各种金属镀层，又可以对镀层进行各种效果的镀后处理，从而为具有创意的人们提供了多种多样的选择。由此我们也很自然地想到，陶瓷的表面金属化，在工业上一定更有用武之地。事实确实也是这样的。陶瓷是良好的电介质，因此在电子工业一直有着广泛的应用。从电容器到高频线圈等，都有用到陶瓷。陶瓷表面电镀以后，可以方便地焊接，可以再加工出图形或线路，凡此种种，都是陶瓷电子器件可以发挥的场合。现在纳米陶瓷正在加紧开发中，可塑性陶瓷也是很多研究机构的重要课题，与之相关的表面处理技术，包括电镀技术，也会有相应的跟进。陶瓷这一古老的材料，还在散发着青春的活力。

6.3.4.2　陶瓷的组成与粗化

陶瓷的化学组成主要为二氧化硅、三氧化二铝和结晶水，同时含有少量碱金属、碱土金属的氧化物，均为在地球上大量存在的物质。依它们之间含量、比例的不同而在性质上有很大差别。一般，当酸性氧化物含量增高、碱性氧化物含量相对减少时，它的烧成温度提高，质地也最硬。所谓酸性氧化物主要是二氧化硅（SiO_2），它在陶瓷中所占的比例在 $60\%\sim75\%$ 之间；其次是三氧化二铝（Al_2O_3），一般占 $15\%\sim20\%$；其他成分为 Fe_2O_3、FeO、MgO、CaO、Na_2O、K_2O、TiO、MnO 等。吸水率也因烧制技术不同而有较大差别，现代陶瓷的吸水率均在 1% 以下。

陶瓷外表面的釉质也是金属氧化物，尤其是各种色彩的瓷质，都是金属氧化物在熔融后分布在表面的结果。各种金属离子在不同价态时的特殊颜色，都可以在彩釉中得到充分反映。常用的有铜盐、钴盐、铁盐等。通常将没有上过釉的陶瓷称为素烧瓷。素烧瓷的表面是无光且多孔的，经过处理容易亲水化。因此，需要电镀的陶瓷以素烧瓷为好。

陶瓷的主要成分是二氧化硅，粗化液主要是氢氟酸（HF）。但是电镀前仍然必须进行必要的除油等前处理。流程如下：化学除油—清洗—酸洗—清洗—粗化—清洗—表面金属化。

化学除油采用碱性除油。可以采用氢氧化钠、碳酸钠、磷酸钠等任何一种或混合物以 50～100g/L 的浓度煮沸处理。

酸洗是为了中和碱洗中残余的碱液，也是为粗化做准备。常用重铬酸盐与硫酸的混合液进行，组成如下：

10％重铬酸钾（钠）水溶液　1份

浓硫酸　　　　　　　　　　3份

配制时要将硫酸非常慢地滴加到重铬酸钾（钠）的水溶液中，并充分搅拌，使温度不要上升太快。最好外加水浴降温，以策安全。也可以在 1L 的硫酸中加入重铬酸钾（钠）30g，比较安全。从环保的角度，现在可以不用重铬酸盐，完全采用 1∶1 的硫酸也是可以的。酸洗操作均在常温下进行，浸入时间以表面可以完全亲水为标准。对于表面比较干净的制品，可以只用 10％的硫酸中和。

酸洗完成后，将制品清洗干净就可以进行粗化处理。粗化是为了使表面出现有利于增强金属镀层与基体结合力的微观粗糙。由于陶瓷的主要成分是二氧化硅，对其进行粗化的有效方法是使用氢氟酸。因为有以下反应发生：

$$SiO_2 + 4HF = SiF_4 + 2H_2O$$

SiF_4 是水溶性盐，这样仅用氢氟酸就可以获得陶瓷表面粗化的效果。

粗化液的组成如下：

氢氟酸（55％）　　　　　　200mL/L

实际上氢氟酸的浓度还可以调整，时间不宜过长，以防出现过腐蚀现象。由于氢氟酸也是对环境有污染的酸，所以现在有改良的粗化法，就是在硫酸溶液中加入氟化物盐，取其同离子效应来进行粗化。相对氢氟酸对环境的危害要小一些。如果想避免化学法对环境的污染，也可以采用湿式喷砂法，对于有釉的陶瓷，有时也采用湿式喷砂法去釉。

6.3.4.3　陶瓷的金属化与电镀

(1) 敏化与活化

陶瓷表面进行金属化处理的方法和塑料表面的金属化方法大同小异。完成粗化以后的陶瓷，即可以进入以下流程：敏化—水洗—蒸馏水洗—活化—水洗—化学镀镍或铜—水洗—电镀加厚。

实践证明，对陶瓷进行金属化处理，采用胶体钯活化比较好：胶体钯活化—回收—水洗—加速—水洗—化学镀镍—电镀加厚。

由于陶瓷的粗化效果不同于塑料，其粘附敏化和活化剂的能力要低于塑料。而胶体钯具有较好的粘附性能，因此，采用胶体钯活化，效果会好一些。同时，对于陶瓷来说，有比塑料高得多的耐高温性能，采用钯活化后，可以采用高温型化学镀镍，这对提高效率和质量都是有利的。

推荐的胶体钯活化工艺的配方和工艺要求如下：

氯化钯　　　　　　　　　　0.5～1g/L

氯化亚锡	10～20g/L
盐酸	100～200mL/L
温度	20～40℃
时间	3～5min

胶体钯由于配制方法不当而导致催化活性不足，以至于完全没有活性的情况比较常见，这里介绍的是在实践中所用的方法。因为在实际生产过程中，精确地称量是不可能完全保证的。并且溶液的变化是绝对的，不变只是暂时的，即使采用精确计量的方法配制、存放和使用，特别是使用会改变其原始状态。

以 1L 液量计，将 200mL 盐酸分成两份：一份约 150mL，溶入 800mL 去离子水中，然后将 20g 氯化亚锡溶入其中，待用；将另约 50mL 盐酸加热，将 1g 氯化钯溶入其中，直至完全溶解后，冷却至室温。然后在充分搅拌下将氯化钯盐酸溶液倒入溶有氯化亚锡的溶液中，这时溶液的颜色将由深绿色转为深棕色，最后成为暗褐色。这是因为二价锡离子与二价钯离子发生反应：

$$Sn^{2+} + Pd^{2+} \Longrightarrow Pd + Sn^{4+}$$

还原出来的活性金属钯很快被四价锡胶团包围，并且经由生成二合、四合、六合金属钯胶团而分别显示出绿、棕和褐色。配好后，不要当时使用，放置一天后再用，效果最好。

有些人配好后就用，发现活性不好，甚至完全没有活性，以为是配制过程出了错，其实不然。因为当胶体钯液显示深绿色时，那肯定是没有活性的。放置一天以后，就转化为褐色了。如果放了一天还没有变成褐色，可以适当加温，加速其转化。

当然，也有等着要用的情况，这时就要加温来加速成熟。可以在配制液混合前加温，然后再在 60℃ 下保温几小时，可以保证其活性。如果配制时温度过高，或加温温度偏高，会发现有金属钯薄膜浮在溶液表面，这就是过度了，虽然活性很高，但活化液的寿命会很短。

因此，在配制胶体钯时要注意这些细节。最好是保证配好的活化液有一个诱导期，让金属钯胶体处于最佳状态。

（2）化学镀镍

陶瓷上化学镀宜采用高温型化学镀镍。这是因为陶瓷有很好的耐高温性能，高温化学镀的反应能力强一些，有利于获得完全的镀层沉积。

可供选择的化学镀镍工艺如下。

① 氯化物型。

氯化镍	30g/L
氯化铵	50g/L
次亚磷酸钠	10g/L
pH 值	8～10（用氨水调）
温度	90℃

时间	5～15min

② 硫酸盐型。

硫酸镍	20～30g/L
柠檬酸钠	5～10g/L
醋酸钠	5～15g/L
次亚磷酸钠	10～20g/L
pH 值	7～9
温度	50～70℃
时间	10～30min

(3) 化学镀铜

有些陶瓷制品要求化学镀铜后加镀铜，不能用镍。这时可以采用银作活化剂，配方前面已经有几种可供选用。化学镀铜也举出两种供选用。

① 普通型。

硫酸铜	7g/L
酒石酸钾钠	34g/L
氢氧化钠	10g/L
碳酸钠	6g/L
甲醛	50mL/L
pH 值	11～12
温度	室温
时间	30～60min

可根据受镀面积来计算镀液中原料的消耗。从理论上讲，每镀覆 30～50dm² 的铜膜，将消耗 1g 金属铜。这样，可以根据镀液所镀制品的表面积来补充铜盐和相应的辅盐以及还原剂。并且在计算时应取面积的上限，还要考虑到无功消耗的补充。

② 加速型。

A 液：硫酸铜	60g/L
氯化镍	15g/L
甲醛	45mL/L
B 液：氢氧化钠	45g/L
酒石酸钾钠	180g/L
碳酸钠	15g/L

使用前将 A 液和 B 液按 1∶1 混合，然后调 pH 值至 11 以上，这时甲醛的还原作用才能得到最大发挥。反应要在室温下进行，并充分加气搅拌。

(4) 电镀加厚

完成了化学镀以后的陶瓷制品即可以装挂具进行电镀加厚。注意接点要多，且接触面要大一些。也可以用去漆的漆包线缠绕后与阴极连接。尽管陶瓷的比例较大，但仍然不能采用重力导电连接，因为陶瓷易碎，所以要特别小心。

对于要制作古铜效果的制品，电镀铜的厚度要更厚一些，这样可以在化学处理时多一些余量。

6.3.5 玻璃电镀

6.3.5.1 玻璃电镀概述

玻璃表面金属化是非金属表面金属化的先驱。最早的银镜法就是在玻璃上镀银以制造银镜而开发的工艺，并一直沿用至今。在现代仪器仪表中，玻璃由于其极高的化学稳定性而常用作化学过程传感器的结构材料，例如 pH 计、玻璃电极等，而这些传感器需要与电子线路互连，在玻璃上电镀也就成为一种技术需求。

随着表面处理技术的进步，现在在玻璃上镀覆金属的方法已经很多，除了银镜法以外，还有以下一些物理的或化学的方法可以在玻璃表面获得金属镀层。

① 真空蒸镀法。用真空镀铝来取代镀银而获得了很好的效果，但是镀膜效率较低，膜层耐磨性差，成本也较高，有被其他物理方法取代的趋势。

② 阴极溅射法。阴极溅射法是近年较多采用的物理镀膜法，特别是磁控溅射镀膜，由于提高了效率，又可以镀合金膜和连续镀多层膜，还可以通入气体进行反应镀膜，因此已经成为替代真空蒸镀的物理镀方法。

③ 离子镀法。这是将真空蒸镀与溅射镀相结合的方法。这种方法获得的膜层与玻璃的结合力强，密度高，镀层分散能力好。同时镀膜效率高，沉积速度快，并可以镀各种金属膜和化合物膜，是一种优良而有效的物理镀方法。

④ 导电涂料法。方法简单，主要用于电子工业，也可以用于装饰性电镀。但均匀性比较差，精密度不高。

⑤ 气相分解法和有机金属分解法。主要用于电子工业和光学制镜等，方法简单，但是不能获得厚膜，只能用于专业领域。

⑥ 化学镀和电镀法。这是在银镜法基础上发展起来的方法。工艺过程比较简单，但是要借助机械或化学粗化来增加镀层结合力，所以不能用来制镜。但是可以用于装饰、工艺等方面，也可以用在建筑玻璃需要焊接的场合。

6.3.5.2 银镜法

银镜法虽然是很古老的方法，但至今都还在采用这种方法来获得镀银膜层。这是因为这种方法简单、经典且成熟，效率也比较高。

银镜法是托伦（Tollen）最先发现的，他在装有银氨络合物的试管中加入葡萄糖，发现有漂亮的银色膜出现在试管壁上。这个试验被称为托伦试验，银镜法也就这样诞生了。银镜法的反应原理如下：

$$2Ag(NH_3)_2OH + RCHO \longrightarrow 2Ag + RCOONH_4 + 3NH_3 \uparrow + H_2O$$

银镜反应的还原剂有多种，依照所用还原剂的名称可以将反应分别称作葡萄糖法、福尔马林法、罗谢尔盐法等。但化学反应原理基本是一样的。

以银镜的制作为例，工艺流程分为三组：

基体清洗—敏化处理—银镜反应。

(1) 基体清洗

玻璃基体的清洗可以有两种方法，化学法和物理法。

① 化学法。

化学法的流程为：碱性去油—水洗—酸洗—水洗—粗化—水洗。

碱性去油：将玻璃放入碱性溶液中煮沸，利用皂化作用去掉表面的油污。可以采用氢氧化钠、碳酸钠或磷酸三钠中的任何一种，用量为 50～100g/L。

酸洗：根据玻璃表面的状况可以采用下列方法中的一种。

A 液：重铬酸钾或钠　　　1 份

　　　硫酸　　　　　　　3 份

B 液：重铬酸钾或钠　　　30g

　　　硫酸　　　　　　　1L

B 液效果好过 A 液。

C 液：硫酸或盐酸　　　　5%～10%

这主要是用于中和碱洗时的残碱。

粗化：使用氢氟酸对玻璃进行粗化是可行的方法，但要防止过腐蚀发生而导致玻璃变成毛玻璃。

② 物理法。

物理法也就是喷砂法，属于机械粗化法，之前仍要进行物理清洗，用酒精或丙酮对表面进行清洗去油后，再喷砂。仍然推荐使用湿法喷砂或研磨，这样可以大大增加镀层结合力。机械粗化后，把制件清洗干净后再进行以下工序。

(2) 敏化

这是在经粗化处理的玻璃表面吸附一层具有还原能力的敏化液膜的方法。这个工序对镀膜的均匀性、结合力、沉积速度以及膜层厚度都有影响。最常用的敏化液是氯化亚锡水溶液。推荐的配方如下。

A 液：氯化亚锡　　　　　10g/L

　　　盐酸　　　　　　　40mL/L

　　　温度　　　　　　　20～40℃

　　　时间　　　　　　　3～5min

B 液：氯化亚锡　　　　　40g/L

　　　盐酸　　　　　　　180mL/L

　　　温度　　　　　　　20～40℃

　　　时间　　　　　　　1～3min

敏化工序可以采用浸涂，也可以采用喷涂。喷涂时用塑料制的喷壶和喷枪，以防敏化液中的二价锡氧化成四价锡而失效。

（3）银镜反应

敏化完成后的玻璃就可以进行银镜反应了，以在所需的玻璃表面获得银镀膜。施工的方法也分为浸涂和喷涂两种。所用的银镜反应液主要是溶于一定量氨水中的硝酸银溶液，也就是银氨络离子溶液。以下对两种方法分别加以介绍：

① 浸涂法。

a. 葡萄糖法。

这是典型的银镜反应法，银盐液的配制是在 200mL 蒸馏水中加入硝酸银，然后再加入 20％的氨水至溶液透明，再滴加少量氨水，以保持溶液的稳定性。但氨水不要过量，否则沉积速度会太慢，甚至镀不出来。

经过敏化处理的玻璃可以直接在这种硝酸银溶液中镀出银层。但这种浸渍法会在玻璃的所有部位都镀上银，所以就开发了一种将还原剂与银溶液在使用前混到一起的直接还原法，这时要另外配制还原液。

还原液的配制：葡萄糖 100g，硝酸 5mL，乙醇 200mL，加水至 1L。配好后放置 2 周以后再用效果更好。使用时取硝酸银溶液 20mL 与还原液 10mL 混合即可。

这种方法的优点是可以将银镜反应控制在刷过或浸过的玻璃表面，但混合后的药水要一次用完。

b. 甲醛法。

经敏化处理的玻璃制品先在下述溶液（甲醛 70％，甲醇 30％）中处理 3min；然后经蒸馏水清洗干净，再浸入以下镀银液：

将 30g 硝酸银溶于 300mL 蒸馏水中，加入适量氨水使之透明，再取蒸馏水 600mL，溶入 30g 酒石酸钾钠，将二液混合，即可使用。

在这种银镜反应液中镀 20min 可以获得满意的镀层，但不要超过 1h。超过时间的镀层结合力明显变差。

② 喷涂法。

喷涂法是采用双联式喷枪，让两种溶液分别从两个喷嘴喷出，在玻璃表面混合后镀出银层，此法在制镜中用得较多。一般流程如下：前处理（水洗、粗化）—喷水清洗（10s）—敏化喷涂（氯化亚锡溶液，90s）—喷水清洗（10s）—蒸馏水洗（3s）—银镜反应（35s）—纯水洗净（10s）—干燥

双联喷枪间距 12～16cm，空气压力为 3～6kg/cm²，温度 20℃。

a. 葡萄糖法。

硝酸银液的配制：

40％硝酸银溶液	10～20mL
20％氢氧化钾溶液	20mL
蒸馏水	100mL

氨水	滴加至透明

在第一只喷壶中将上述溶液 400mL 与 4500mL 蒸馏水混合。

还原液的配制：

葡萄糖	45g
硝酸	5mL
蒸馏水	400mL

在第二只壶内将还原液 50mL 与 4750mL 蒸馏水混合。

然后以喷镀液和喷水洗各 20s 交替进行，即可获银镀层。

b. 甲醛法。

硝酸银	20g/L
氨水	15mL/L
还原液：37%甲醛	72mL
三乙醇胺	7mL

以相等的分量分别装入两个喷壶，即可以进行喷涂。

喷涂法与浸渍法相比，反应速度快，用料省，并能很清楚地看到效果，容易控制膜层厚度。但是需要必要的设备和排气装置。另外，由于还原液等的浓度、空气的压力、喷出速度以及添加剂等都对膜层的美观有微妙作用，因此要根据不同条件的产品进行试验以确定适合的喷涂工艺条件。

6.3.5.3 导电性涂料法

(1) 导电材料与树脂

所谓导电性涂料法，是将金属等导电粉末和胶体混合在一起涂在玻璃表面，经干燥或高温烧结使胶分解而留下导电膜的方法。可以作为导电性粉料的有以下三类：一类是银、金、铂等贵金属；一类是铜、铝、铁等普通金属；一类是碳类。

在实际中用得最多的是银粉，原因是银的导电性好，成本也相对可以接受。所以在电子工业中常有应用。当然近年采用铜、碳等的涂料也已经问世，还有用铜的氧化物的，在固化过程中使其还原为铜。但由于技术较为复杂的原因，成本反而会比用银还高。

所用的胶体材料有如下几种：纤维素树脂、丙烯系树脂、环氧系树脂和苯酚系树脂。

(2) 常温型导电涂料

常温导电涂料是靠银粉在胶体中分散的同时，还能互相连接而具有导电性能。在胶体硬化后，表面即获得导电性。要达到这种效果，金属粉末和树脂要符合下列条件：粉末微观是片状的；纯净且不能有油污；在树脂中容易分散；树脂不要妨碍银粉之间的接触；粘接力强；固化简单。

常温型干燥的关键是要使金属粉末之间的接触不受影响，因为粉末实际上是片状结构。如果是球状，点与点的接触面小，要有极大量才能保证互相之间的完全连接。因此，在同一电阻值下，提高接触面比提高粉末量要经济得多。这一技术的关键也就是这种片状粉末的制造，因此，这种银粉是商业化的，所制成的导电胶也称为银浆。另外，不同施工方法所用银浆中银的含量是不同的，喷涂法只需35%，笔涂法则要达到50%，丝印法更高，要达到60%。

(3) 高温型导电涂料

高温型导电涂料是将银粉与涂料混合后，涂覆到玻璃表面，再经高温烧结而使有机物分解或碳化，剩下结合力良好的银导电层。这种银层由于含银量高达98%，所以导电性很好。例如将65%的银粉与35%的醋酸纤维（以醋酸作溶剂）混合，涂到玻璃基体上，经440～650℃烧结后，即可获得导电银膜。

6.3.5.4 化学镀法

(1) 化学镀镍法

如果要想在玻璃上获得有一定厚度的真正金属镀层，又要求有较好的结合力，就要用到化学镀和电镀的方法。这里先介绍化学镀镍法，其流程如下。

① 粗化。要进行电镀，粗化是关键。对玻璃进行粗化的方法有物理法和化学法。物理法就是前面提到过的喷砂法，当然适合用湿法，最终是使玻璃表面呈现"毛玻璃"状态。这种方法纯粹是为了在玻璃表面镀上金属镀层，而不是制镜，因此表面只有金属的性质，不是只为反光。

化学粗化是利用氢氟酸对玻璃进行腐蚀。配方如下：

氢氟酸	300mL/L
温度	30～40℃
时间	5～10min

当然，化学粗化前要进行除油。可以用洗液，也可以用前面银镜法中介绍的方法。

② 敏化与活化。用胶体钯法可以重复地在玻璃表面活化几次，以增强活性，使化学镀易于成功。如果采用分步活化法，则氯化亚锡的含量要适当提高。

敏化：氯化亚锡	10g/L
盐酸	15mL/L
表面活性剂	1mL/L
活化：氯化钯	1.5g/L
盐酸	8mL/L
表面活性剂	1mL/L

③ 化学镀。可以采用弱酸性的高温化学镀镍：

硫酸镍	10～40g/L
酒石酸钾钠	10～40g/L

氯化铵	30～50g/L
pH 值	5～6
温度	55～65℃

④ 电镀。玻璃制品电镀主要是设计好挂具。由于玻璃制品重且易碎，必须要有良好的固定措施，导电的接点也要多一点。电镀加厚可以采用酸性光亮镀铜。加厚以后可以再进行其他表面精饰。

(2) 化学镀铜法

化学镀铜在室内装饰中可以用来制出茶色玻璃镜，以代替在茶色玻璃上镀银。所用的镀铜液如下：

硫酸铜	5～10g/L
氯化镍	1～2g/L
酒石酸钾钠	30～45g/L
无水碳酸钠	4～8g/L
氢氧化钠	9～12g/L
无水乙醇	60mL/L
1％亚铁氰化钾	0～3mL/L
37％甲醛	14mL/L

玻璃在镀铜前，先用纱布沾去污粉擦洗表面以除去油污，再在含有 5％的重铬酸钾的硫酸中浸 30min。清洗后经敏化和活化后，即可以进行化学镀铜。

敏化液：	
氯化亚锡	0.01％
活化液：	
硝酸银	1～2g/L

镀铜后要清洗干净并充分干燥。如果不再电镀，只做镜子用，要对镀层进行二次涂漆保护，一次底漆，一次面漆。

如果要镀其他金属就要在酸性镀铜液中进行加厚电镀，操作的注意事项与化学镀镍后的电镀相同。

参考文献

[1] 高井等．電析法による高比抵抗 Ni-Fe 系軟磁性薄膜の作制 [J]．表面技術，1998（3）．

[2] 叶芸，蒋亚东．非晶镍铁磁敏薄膜的巨磁阻抗效应 [J]．仪器仪表学报，2003（Z2）：136-137.

[3] 姚素薇．电化学合成 Co-P-Cu 复合丝及其巨磁阻抗效应的研究 [C] //全国电子电镀学术研讨会论文集．重庆：重庆电镀工程技术学会，2004.

第7章

家电和电子玩具类整机的电镀

7.1 家电和玩具产品

7.1.1 家电产品的分类与特点

家用电器是随着科技进步和人类追求更方便美好地生活而持续发展的一个大集群，特别是进入 21 世纪以来，家用电器整机的智能化和多姿多彩的各类生活电子产品已经广泛地进入千家万户。由于市场庞大，竞争激烈，家用电子产品的更新换代也十分频繁。表 7-1 是家电产品的大致分类。

表 7-1　家用电器产品的分类

产品类别	产品类型	整机产品示例
影音产品	电视机、音响、家庭影院、多媒体电视机、收音机	数码电视组合音响、卡拉、数码相机、全频道收音机、数码摄像机、拍摄无人机、各类遥控器等
家居电器	洗衣机、空调、吸尘器、热水器、照明	双桶洗衣机、单桶洗衣机、卧式洗衣机、电风扇、空调机、电灶具、电暖器、浴霸、电吹风、剃须刀、干手器、皂液机、电熨斗、空气净化器、LED 灯等
厨房电器	电冰箱、微波炉、抽油烟机、电子灶具、洗碗机、饮水机、豆浆机、榨汁机	净水器、电热杯、电热壶、电饭煲、多士炉、洗碗机、消毒柜、油烟机、微波炉、燃气灶、面包机、电烤箱、咖啡机、搅拌机、榨汁机、豆浆机、煮蛋器等

产品类别	产品类型	整机产品示例
通信、安防产品	电话机、门禁可视对讲电话、监控安全系统	录音电话、无线电话、可视电话、视频监控器、电子门锁等
学习娱乐类家电产品	各式电脑、各式学习机、打印机	台式电脑、笔记本电脑、复读机、喷墨打印机、激光打印机等

7.1.2　电子玩具类产品的分类与特点

玩具是伴随儿童成长的重要物品，同样是随着时代进步而发展的产品。在电子化时代，电子玩具已经是当代玩具的主流。同时，随着电子玩具科技含量的提升，电子玩具的吸引力已经超越年龄限制，也成为成人的喜好物品，特别是电子游戏类和虚拟社会视频类电子产品更是受到广泛欢迎。

7.1.2.1　实体类电子玩具

实体电子玩具主要是针对儿童开发的具有形体的各类电子玩具，如机器人，各种电子玩偶、动物等；电动交通工具，如汽车模型、飞行器模型、游船模型等；学习类电子玩具，如电子画板、电子书等。这类玩具是从传统机械玩具进化来的，但其仍然是由金属和塑料等制成的。在制造过程中要用到防护和装饰性表面处理，包括电镀。而其电子线路则几乎都要用到印制线路板，而无线遥控和智能化还要用到芯片等电子产品。这些产品也都需要电镀技术的支持。

7.1.2.2　虚拟类电子玩具

这主要是以电子游戏为主的各类软件载体类机型，是以各种视频技术为基础的视频电子玩具。有类似笔记本电脑的平板型，有类似手机的手机型，有类似手表的手表型，也有类似眼镜的眼镜型等。

而最为典型而又奇特的则是眼镜型，又称虚拟现实头戴显示器设备，即 VR 头显，也称为 VR 眼镜。VR 是 virtual reality（虚拟现实）的缩写。VR 头显是利用仿真技术与计算机图形学、人机接口技术、多媒体技术、传感技术、网络技术等多种技术集合的产品，是借助计算机及最新传感器技术创造的一种崭新的人机交互手段。虚拟现实眼镜 VR 头显设备是一个跨时代的产品，不仅让每一个爱好者带着惊奇去体验，更因为对它的诞生与前景的未知而深深着迷。

这类电子产品的核心结构是智能电子系统，由芯片载板等电子器件组成，也需要用到电子电镀技术。

7.1.3　家电产品与电子玩具类产品的特殊要求

7.1.3.1　产品安全的认证

家电产品，特别是玩具类产品，由于与使用者接触的频率高，出事故的概率也相应升高。特别是涉及少年儿童时，产品的安全性十分重要。当这种问题由各种个案的积累发展为社会关注的问题时，安全性的认证就成为必然的要求。

产品认证制度起源于 20 世纪初的英国，随着时代的变迁，已成为国际上通行的，用于产品安全、质量、环保等特性评价、监督和管理的有效手段。世界大多数国家和地区设立了自己的产品认证机构，使用不同的认证标志，来标明认证产品对相关标准的符合程度，如美国 UL 标志、欧盟 CE 标志、德国 VDE 标志、中国 CCC 标志和 CCTP（简称萌芽）标志等。在经济全球化的背景下，产品的安全认证制度已经成为各国互相认可的标准制度，为了降低认证成本和防止借认证制度设置新的贸易壁垒，除了少数例外，现在各国已经互相承认国家级的认证标准和机构。

我们以最有名的 UL 认证为例，对这种认证和所采用的标准加以介绍。

UL 是英文保险商试验所（Underwriter Laboratories Inc.）的简写。UL 保险商试验所是美国最有权威的，也是世界上从事安全试验和鉴定的较大的民间机构。它是一个独立的、非营利的、为公共安全做试验的专业机构。它采用科学的测试方法来研究确定各种材料、装置、产品、设备、建筑等对生命、财产有无危害和危害的程度；确定、编写、发行相应的标准和有助于减少及防止造成生命财产受到损失的资料，同时开展实情调研业务。总之，它主要从事产品的安全认证和经营安全证明业务，其最终目的是为市场筛选出具有相当安全水准的商品，为人身健康和财产安全得到保证作出贡献。就产品安全认证作为消除国际贸易技术壁垒的有效手段而言，UL 为促进国际贸易的发展发挥着积极的作用。

UL 标准是一部不断完善的文件。UL 标准的修订要求由工业界人士、用户、UL 工程师或其他感兴趣的人士提出。工业界修改程序：当需要修改 UL 标准的某些内容时，对产品的要求就会产生相应的变化，为此，UL 制定了正规的工业界修改程序。

在发表每一项 UL 标准变更部分时都会公布有效日期。从有效之日起，属于 UL 跟踪检验服务的有关产品必须按照新的要求做相应的改变，所以，从标准修改之日起到公布的有效日期之间留有充足的时间，以便工厂更改自己的产品并再次递交 UL 测试。正式通过变更要求后，就执行工业界修订程序。该程序包括：给申请人发送正规通知、变更的起始日期，并由 UL 工程师按照鉴定产品的相同方法，帮助申请人检查产品需变更的部分以及在有效之日前修改 UL 工厂跟踪检验文件。新的标准生效后，UL 检验代表将访问制造厂商，按修订要求审查相应变更的部分。

典型产品认证的基本过程包括型式试验、工厂检查和获证后的监督三部分，前面两个过程是产品取得认证证书的前提条件，后一个过程是认证后的监督措施。

(1) 型式试验

选择具有代表性的典型型号规格的样品，按规定的数量送样，依据产品标准规定的或引用的方法和标准进行检验。

(2) 工厂检查

指对生产厂地按照规定的检查依据进行工厂质量保证能力检查和产品一致性检查，覆盖申请认证的所有产品和生产厂地。

(3) 获证后的监督

包括工厂质量保证能力检查、产品一致性检查和产品抽测。

7.1.3.2 对家电产品的安全要求

家电产品因为经常与使用人接触，若设计不良或使用不当，将可能导致灾害的发生，进而造成生命财产的损失，因此家用电器产品的安全保护设计非常重要。

家电产品的"安全防护设计"不可由厂商自己随意进行，而是要遵守一定的安全设计标准。在家电方面较常采用的 UL 标准有 UL982、UL1005、UL1026、UL1082、UL1083、UL499、UL507 等。这些标准在安全要求方面，会因不同的产品种类而有所分别，但所运用的基本原则及概念却是相同的。以下就 UL 标准对家电产品的一般安全要求做概略陈述，以期产品开发者在进行产品研发设计时，有更清晰的概念。

(1) 一般安全原则

① 家电的安全设计不仅须注意正常的使用状态，亦须预估可能发生的故障问题、可能的误用状况及外在环境对产品的影响。

② 必须假设消费者并未接受任何有关辨识产品危险的训练，也就是说消费者随时可能接触产品的危险部位，因此须通过警告卷标或使用说明书，告知消费者正确的使用方法及可能因误用而引发的危险。

③ 需要考虑产品维修人员可能接触的范围，故必须在维修手册中标明产品应先去除电气及机械危害后，才可进行维修，同时标明维修人员必须具备的防护器具，并于产品的明显位置加上警告卷标。

(2) 五种潜在危险

电器产品的五种潜在危险包括触电、能量、火灾、高温、机械等五大项。

① 触电的防护。触电是因电流流经人体而产生，对于人的生理机能影响可依电流量、时间及流经人体的路径而定。大约 $0.5\mu A$ 电流即会影响健康，而更高的电流则会造成如烧伤或心室颤动等伤害。触电可能产生的原因包括使用者接触危险电压的裸露部位、零件之间的绝缘失效或使用者会接触的绝缘失效等。

预防触电的方法：提供基本的绝缘措施，并且将可接触到的导线及线路接地；

使用可靠的固定或锁定的外壳以及安全内断开关等；提供过电流保护；在零件间提供接地的金属保护幕或在零件间提供双层或增强的绝缘；使用者可接触部位的绝缘必须通过机械强度及耐高压测试。

检测方式：可利用漏电电流测试仪及耐压测试仪来测量与触电有关的漏电电流及绝缘效果。

② 能量危险的防护。能量危险的产生可能是经由高电流供应器或高电容线路的相邻端短路引起，可造成燃烧、电弧或热熔化的金属喷出。在此种情况下，即使产品的线路上仍是可触摸的安全电压，也可能造成危险。

预防能量危险的方法：采用隔离、防护罩或提供安全内断开关等。

能量检测方式：可借助异常操作测试及零件短路测试来判断。

③ 火灾的防护。产品在非正常操作下或由于过负载、零件失效、绝缘失效、接头松脱等而产生超过材料或零件所能正常承受的温度，均可能导致火灾的发生。因此产品设计须预防内部过温现象的发生，即使产生火源亦不会扩散至邻近地方，不会造成外围设备的损坏。

预防火灾的方法：提供产品的过电流保护；依产品实际用途，采用适当的防火材料；选择适当的零件及材料，以避免因高温造成的火灾意外；使用阻燃性材料，将之与起火源隔离；使用适当防火外壳，以阻绝或避免产品内部起火时所产生的火源扩散。

火灾检测方式：可借温升测试、异常操作测试及零件短路测试判断当产品出现过温时，是否会造成危险。

④ 高温的防护。产品非正常操作时所产生的高温，可能会导致使用者接触高热部位时造成烧伤，并使产品降低绝缘功能和关键零件的安全性以及点燃产品的易燃性液体或气体。

预防高温的方法：在使用者可接触的区域，采取避免产生高温的措施；避免温度超过液体的燃点；若接触热区域无法避免，则必须加上警告使用者的卷标。

高温的检测方式：可借温升测试仿真可能发生的最坏状况，以进一步判断是否会造成危险。

⑤ 机械危险的防护。

机械危险的来源包括产品的尖锐边缘及边角，具潜在性危险的移动或旋转零件，不稳定的产品装备以及由破裂零件所飞出的物体等。

预防机械危险的方法：将产品的尖锐边缘及边角磨圆；产品外部提供遮蔽措施；设计安全内断开关；无支撑的部分必须有充分的稳定性；若无法避免使用者的接触，必须提供警告卷标。

机械危险的检测方式：可借由结构检查、正常操作测试、异常操作测试及零件短路测试来判断产品的危险程度。

(3) 外壳的设计

① 产品的外壳可依其功能分为三大类。防触电外壳：防止触碰具有高电压或

高能量的线路或电信线路。防火外壳：防止在内部产生的火焰延燃至外部，并将扩散程度减至最低。机械外壳：减少因机械或其他物理性损害所造成的危险伤害。

② 产品外壳的物料及检测方式。

金属外壳：其厚度、刚性强度、抗锈能力、材料阻抗、与危险电压间距或接地均需符合标准。该物料的检测方式有冲击测试、推力测试、接地导通测试、耐压测试、坠落测试、锐边测试及稳度测试。

塑料外壳：其强度、操作温度、耐燃等级及电气特性等均需符合标准。该物料的检测方式包括冲击测试、坠落测试、球压测试、稳度测试及热应力释放变形测试。

(4) 电源线的设计

电源的导线一般可分为火线、中性线及地线，设计上所需注意的事项包括：火线和中性线皆为带电体；地线与大地同电位，为非带电体；火线通常为黑色，中性线通常为白色，地线通常为绿色。

7.1.3.3 对电子玩具类产品的安全要求

自 2007 年 6 月 1 日起，原国家质检总局对质量水平直接影响儿童健康与安全的童车、电玩具、弹射玩具、娃娃玩具、塑胶玩具、金属玩具等 6 类玩具产品实施了强制性产品认证，未获得 3C 强制性产品认证证书和未加施 3C 认证标志的，不得出厂、销售、进口或在其他经营活动中使用。

为进一步提高玩具产品质量安全，切实保护儿童身体健康，维护我国出口玩具产品的国际声誉，国家相关部委发布公告，自 2008 年 1 月 1 日起，凡列入 3C 强制认证目录的玩具产品未获得 3C 认证证书、未标注 3C 认证标志的，不得继续销售。

那么什么是 3C 认证？对电子玩具类产品又有何要求？本小节将略加介绍。

3C 认证的全称为"强制性产品认证制度"，是"中国强制认证制度"英文名称 China Compulsory Certification 的缩写。它是各国政府为保护消费者人身安全和国家安全、加强产品质量管理、依照法律法规实施的一种产品合格评定制度。3C（或CCC）也是国家对强制性产品认证使用的统一标志。作为国际通行做法，它主要对涉及人类健康和安全、动植物生命和健康以及环境保护与公共安全的产品实施强制性认证，确定统一适用的国家标准、技术规则和实施程序，制定和发布统一的标志，规定统一的收费标准。

我国政府为兑现加入世贸承诺，于 2001 年 12 月 3 日对外发布了强制性产品认证制度，从 2002 年 5 月 1 日起，国家认监委开始受理第一批列入强制性产品目录的 19 大类 132 种产品的认证申请。

由于电子玩具类产品涉及儿童安全，所以必须执行更为严格的产品安全标准，也就是电子产品的 3C 安全认证许可。

为了使强制性标准与国际产品分类标准一致，我国的玩具类产品也采用了 HS

编码制（表7-2）。所谓 HS 编码（HS Code）是 Harmonized System Code 的缩写，是国际海关公认的进出口产品分类标准。

表 7-2   与电子玩具有关的 3C 强制性认证产品与对应 HS 编码

产品名称	对应的 HS 编码
电动童车	9503 80 00 各种款式的电动童车，如二轮式、三轮式、四轮式等
其他玩具车辆	9501 00 00 各种类型的踏板车
电动玩具	9503 80 00 其他各种不同控制方式（手动开关式、遥控式等）的电驱动玩具； 9503 10 00 各种玩具电动火车及配件； 9503 49 00 各种电动动物玩具，如电动玩具狗、遥控玩具恐龙等
视频玩具	9503 90 00 各种带视频的玩具，如学习机玩具等
声光玩具	9503 50 00 各种电驱动发声光的玩具，如乐器玩具； 9503 90 00 各种电驱动发声（光）的语音玩具

7.1.3.4   家电产品和电子玩具类产品中尽可能避免采用的镀层

为了使家电和电玩类整机产品符合以上所说的安全要求，对于这类整机产品的表面镀层的安全性需要进行论证或筛选，在没有统一标准的情况下，应该避免使用一些可能有潜在危险或有争议的镀层。将可能引起安全问题的镀层列于表7-3，可供选用镀层时参考。

表 7-3   对家电和电子玩具类产品可能存在安全隐患的镀层

镀层类别	镀层	可能引起危害的离子	危害的方式
装饰性镀层	表面镀装饰镍、镀装饰铬	镍、铬	接触过敏或致癌
防护性镀层	6价铬钝化、多层镀镍	6价铬 镍	可能致癌，金属过敏
功能性镀层	镀锡铅合金	铅	铅中毒

7.2 家电和玩具类整机的电镀

7.2.1 防护与装饰性电镀概要

7.2.1.1 防护性电镀

家电产品和电玩类产品中的防护性镀层，对于钢铁制件，仍然主要采用镀锌工艺。这是因为对于钢铁制品，锌镀层不失为具有较好防护性能的阳极镀层。当然以前也有采用多层镀即组合镀层来作为防护性镀层的，比如多层镍或铜镍铬等。但是，由于产品本身的安全性要求和对加工过程的安全性要求，使现在用于防护的镀层有所改变。对于镀锌，采用无氰电镀锌，然后进行三价铬或无铬钝化工艺的较多。对于机箱、机壳等外装镀层的防护，现在更流行的是采用镀锌彩塑板直接成型工艺，即先对材料进行表面防护处理，然后使用这种表面（单面或双面）有镀层加涂料的板材，进行机箱等的成型加工。其中底镀层就是电镀锌层。

镀锌复合彩板的电镀和涂塑采用大型连续自动生产方式，将整卷的薄板上线后从前处理到电镀到涂塑一次在线完成。这种加工方式生产出来的复合彩板不仅在家电行业，在其他电子整机、办公家具、房屋建筑等各个领域都有应用，是现代制造中比较流行的新工艺。

家电和电玩类整机的防护性镀层也有采用多层组合镀的，比如无论是从资源节约的角度，还是从镍本身存在的环保问题的角度，节镍和代镍电镀都是必要的。一个沿用至今的镀种就是大家熟悉的铜锡合金电镀。但是，传统的四价锡铜锡合金镀层中的锡含量偏低，镀层性能不是很好，因此，现在流行一种二价锡铜锡合金电镀工艺：

焦磷酸钾	240～280g/L
焦磷酸铜	55～75g/L
焦磷酸亚锡	1.5～2.5g/L
磷酸氢二钠	30～40g/L
柠檬酸钠	5～10g/L
pH 值	8.2～8.8
温度	25～35℃
阳极	电解铜板
阴极电流密度	0.5～1.0A/dm²
阴极移动	20～25 次/min

这种低锡铜锡合金镀层的含锡量可达 10% 以上，外观呈金黄色，孔隙率较低，

耐蚀性超过镀铜和镀镍，表面也可以再镀装饰铬或其他装饰性镀层。

大气暴露试验结果表明，铜锡合金的耐蚀性高于镀铜或镀镍层。根据在温带海洋性气候中暴露试验［铜锡合金镀层组合（含锡 17%～20% 的铜锡合金 13μm/铬 0.25μm）暴露 5 个月以后］的外观结果，比镀铜 25μm／镍 13μm／铬 0.25μm 的镀层暴露 3 个月的镀层外观还要好一些[1]。

表 7-4 是铜锡合金镀层在大气暴露试验中与镀镍层质量减少的对比。从表中可以看出，同样厚度的铜锡合金镀层的耐蚀性能比镀镍层要好得多。

表 7-4　镀镍与镀铜锡合金在大气暴露试验中质量减少量

镀层基体	镀层	暴露天数 /d	质量减少量 / (mg/dm²)
钢铁	镀镍（12.5μm）	295 684 1172	225 396 633
钢铁	高锡青铜（12.5μm）	372 759 1729	1 86 157

7.2.1.2　装饰性电镀

家电和电玩类整机的装饰性电镀的要求也是很高的，除了用户的眼光挑剔以外，产品本身的性能也对镀层提出了较高的要求。

7.2.2　特殊装饰性电镀

7.2.2.1　冰花镀锡

冰花镀锡是 20 世纪 80 年代流行起来的，用于家用电器产品的金属箱体、外壳等构件的表面装饰性电镀。这种镀层实际上是一种多层组合镀层，最表面是一层纯锡镀层，经热熔后采用不同的冷却方式可以获得不同的冰花样金属结晶状花纹，如果再罩上彩色透明清漆，即呈现出一种独特的表面装饰效果。

(1) 工艺流程

除油和酸洗—水洗—电解除油—热水洗—水洗—弱腐蚀—水洗—镀镍或镀铜—水洗—碱性镀锡—热水洗—水洗—酸性镀锡—水洗—干燥—浸助熔剂—水洗—风干—锡层热熔—冷却—弱腐蚀—水洗—再次酸性镀锡—水洗—干燥—表面涂装—烘干。

(2) 工艺配方与操作条件

① 电解除油：

氢氧化钠　　　　　　　　10～20g/L

磷酸三钠	50～70g/L
硅酸钠	10～15g/L
温度	40～50℃
阳极电流密度	8～10A/dm²
时间	15～20s

② 镀镍：

硫酸镍	200g/L
柠檬酸三钠	220g/L
氟化钾	5g/L
pH 值	6.4～6.8
温度	55～65℃
阴极电流密度	0.5～0.8A/dm²

③ 镀铜：

硫酸铜	220～280g/L
硫酸镁	60～90g/L
氯化钠	15～20g/L
硼酸	35～45g/L
十二烷基硫酸钠	0.05～0.1g/L
pH 值	4.4～5.2
温度	25～35℃
阴极电流密度	0.8～1.0A/dm²
时间	25～60min

④ 碱性镀锡：

锡酸钠	60～100g/L
氢氧化钠	8～15g/L
醋酸钠	20～30g/L
过氧化氢	3mL/L
温度	60～70℃
阴极电流密度	2～3A/dm²
阳极板	99.5%以上纯锡板

⑤ 酸性镀锡：

硫酸亚锡	54g/L
硫酸	100g/L
硫酸钠	30g/L
苯酚	20g/L
阿拉伯树胶	5g/L

阴极电流密度	$0.8 \sim 1.2 A/dm^2$
阳极	99.5％以上纯锡板
时间	第一次 $15 \sim 20 min$
	第二次 $5 \sim 10$（以冰花清晰为好）

⑥ 助熔剂：

氯化铵	$15g/L$
氯化锌	$45g/L$
温度	室温
时间	$2 \sim 3s$

⑦ 弱腐蚀：

硫酸	5％

(3) 注意事项

① 要注意控制碱性镀锡和酸性镀锡的厚度：一般碱性镀锡厚度为 $5 \sim 6\mu m$；第一次酸性镀锡约为 $3\mu m$，第二次酸性镀锡约为 $2\mu m$。这时要注意观察，以花纹清晰为准。

② 热熔在烘箱内进行，注意控制温度，钢铁基体的温度为 $350 \sim 380℃$，如果是铝基体则为 $250 \sim 280℃$。当然如果是铝上镀冰花锡，需要在镀前进行二次浸锌处理，工艺可参见本书 4.3.1.1 节铝上电镀部分。热熔的时间不要过长，热熔时表面有颜色变化，当变化到黄色时即可取出，如果过度热熔，会导致失败。

③ 冷却的方式不同，所得到的花纹也不同，一般自然冷却，花纹较大；快速冷却（风冷），花纹较小，呈冰花状；人工局部冷却（喷水），花纹呈烟花状，图案美丽。

7.2.2.2 化学砂面

砂面工艺是铝表面的一种消光性表面处理工艺，在电子整机，特别是家用电器和仪器仪表面板等结构中经常用到。以往在铝表面获得砂面效果主要靠人工机械喷砂或喷丸处理，这些处理方法对操作者和生产环境会造成粉尘污染，因此属于淘汰的老工艺。为了取代机械喷砂工艺，早在 20 世纪 80 年代，表面处理技术人员就开发出了化学砂面工艺，现在仍然不失为铝表面精饰的一种可取工艺[2]。

7.2.2.3 枪色电镀

枪色电镀是近些年来电子产品和家电装饰件中常用的一种金属表面装饰电镀工艺。枪色镀层的特点是典雅古朴，实际上是在光亮镀层的表面镀一层锡镍钴或锡钴合金。目前流行的枪色电镀工艺主要是锡镍合金，其典型工艺如下：

氯化镍	$75g/L$
氯化亚锡	$10g/L$

焦磷酸钾	250g/L
柠檬酸钠	60g/L
乙醇胺	5～10mL/L
蛋氨酸 D	2～5g/L
温度	55～60℃
pH 值	8～9
阴极电流密度	0.1～1.5A/dm² （吊镀）
时间	3min

目前国内普遍采用武汉风帆电镀有限公司开发的枪色添加剂和枪色盐工艺。也有人推荐采用锡钴合金来获得枪色镀层，其典型的工艺如下[3]：

焦磷酸钾	230～270g /L
锡酸钠	45～55g /L
氯化钴	15～20g/L
辅助配位剂 A	10mL/L
辅助配位剂 B	10mL/L
枪色添加剂	4～5mL/L
pH 值	10～11
温度	40～50℃
阴极电流密度	挂镀 0.5～1.2A/dm²
	滚镀　80～120 A/dm²
阳极	0 号或 1 号锡板
镀液连续过滤	

7.3　安全性镀层和工艺

7.3.1　直接接触类安全镀层

7.3.1.1　镀锡

(1) 纯锡镀层

纯锡镀层有许多优点，如可焊性、延展性、导电性、耐蚀性等，是电子工业中无铅电镀工艺的首选。但是也有人提出纯锡晶须、镀层变色等问题，是影响其在电子电镀中应用的基本障碍。不过从环保，特别是安全的角度，由于纯锡的各种盐类毒性大大低于其他金属，锡镀层在家用电器行业中有特别的意义，比如电冰箱内的镀锡制件、儿童电子玩具中的镀锡件都是现在流行采用的镀层，以替代镀镍、铬等对健康有潜在危险的镀层。

（2）钎焊性镀层

电子元器件之间的互联从可靠性角度，仍然广泛采用锡焊工艺。锡具有良好的可焊性、延展性、导电性及导热性，并具有较低的熔点和良好的耐蚀性，因此锡及锡合金作为可焊性及防护性镀层已经被广泛地应用于电子行业中。锡及锡基合金的电镀已经成为电子电镀中的重要组成部分。但是，如果其工艺控制不得当，会出现各种各样的问题，包括虚焊、锡晶须等。

① 虚焊。

焊接过程中产生虚焊的原因之一是出现焊点空洞，纯锡比锡铅及其他锡合金更容易产生空洞。因为纯锡熔体的表面张力比锡铅等大，助焊剂产生的气体就不容易穿过熔体层跑出去；且纯锡的密度比锡铅等小，对气体的挤压作用小；同时，纯锡的熔点高也是使气体不易释放的原因之一（不易熔融易凝固）；此外还有镀层中杂质、表面氧化及污染、镀层缺陷及孔隙等。在锡熔融后，这些氧化层或杂质会聚集在锡熔体表面，阻止气体向外释放，从而形成空洞，造成虚焊。而合金镀层可以减少这类故障。

② 晶须。

晶须是锡镀层在环境因素（应力等）改变时产生的晶体异常生产的现象，其机理仍有许多不明之处。生产出的晶须在电子线路间如果形成桥接，会导致短路而引发电子故障，因此是电子产品的一种隐患，特别是在微电子时代，微小电子器件的焊点对短路故障更为敏感，在选择镀锡工艺时应该十分重视这一问题。

a. 镀层的微结构。晶粒的形貌是影响锡晶须的一个关键因素。当镀层中结晶颗粒为柱状结构时（如纯锡镀层），金属间化合物会沿着晶粒边界增长而产生应力，因为存在着垂直方向的应力释放通路，当发生垂直方向的应力释放时就产生了锡晶须。所以柱状的结晶结构会促进锡晶须的生长。但是当晶粒为等轴状时，不存在这样的应力释放通路，在整个镀层中应力是均匀分布的，不存在应力集中现象，所以就不易产生锡晶须。通过形成合金可以使纯锡镀层的结晶结构由柱状转变为等轴状，所以合金化是解决锡晶须问题的一个重要方法。

b. 镀层中的杂质。镀层中的杂质主要来自电镀中的夹杂，通常用碳含量关联。在电沉积层中，杂质通常聚集于晶粒的边界上，由于锡晶须是通过晶界生长的，这些杂质的存在会加剧锡沉积层中锡晶须的形成。实验数据表明，两种相似厚度的镀层在 50℃ 的环境下放置 4 个月，其中碳含量为 0.2%（质量分数）的镀层锡晶须长度为 $235\mu m$，而碳含量为 0.05%（质量分数）的镀层锡晶须的长度只有 $12\mu m$。

c. 基体材料。基体材料对锡晶须的形成有很大影响。各种基材按生成锡晶须的倾向由大到小的顺序排列为：黄铜＞C151＞C194＞C7025＞纯铜＞FeNi42 合金＞Ni。但在工业生产中，在对镀纯锡的 FeNi42 框架进行热试验时，如热冲击试验

（TCT试验）和高温高湿试验（55℃/85％）时，却经常发现有大量的锡晶须产生，不能通过锡晶须的试验考核。其主要是由纯锡镀层与基材的热膨胀系数（CTE）的差别引起。纯锡的热膨胀系数为 $23 \times 10^{-6}/K$，而 FeNi42 合金的热膨胀系数为 $4.3 \times 10^{-6}/K$。由于 FeNi42 合金与纯锡的热膨胀系数有非常大的差别，所以在受热时就会在纯锡镀层中产生额外的热应力，它引发了锡晶须的生成。

③电镀过程防止锡晶须的措施。

电镀过程的控制决定了镀层的质量和性能，需要控制的参数主要有：镀层厚度（大于 $8\mu m$）、晶粒尺寸（$1 \sim 8\mu m$）、杂质含量［碳含量小于 0.05%（质量分数）］及表面形貌等。维护好镀液，保持镀液澄清，经常进行清缸及镀液部分更新，避免杂质积累。

作为一种预防措施，工业上通用的方法是镀后对镀层在 150℃下烘烤 1h。目前已经证实，这种高温处理方法的作用主要是在锡镀层/铜基体的界面处生长出一层厚度均匀的金属间化合物层。由于金属间化合物层均匀分布，不会产生不均匀的应力分布，因此就不易生成锡晶须。但是，这要消耗一定厚度的锡层，使锡层减薄，所以锡镀层应保持一定的厚度。

7.3.1.2　代镍镀层

用于代镍的铜锡合金镀层除了低锡青铜外，还有高锡青铜。高锡青铜由于其外观白亮，很像光亮镍镀层，因此可以用在产品的外装饰件上，用来取代镍镀层。这种镀层用在家电和电玩产品的外装饰件上，对于防止直接接触镍产生的皮肤刺激是非常有意义的。

焦磷酸钾	$180 \sim 230g/L$
焦磷酸铜	$14 \sim 16g/L$
焦磷酸亚锡	$7 \sim 10g/L$
氨三乙酸	$100 \sim 120g/L$
四氯化锡	$10 \sim 15g/L$
磷酸氢二钠	$40 \sim 50g/L$
硫酸镁	$5 \sim 8g/L$
尿素	$4 \sim 6g/L$
pH 值	$8.5 \sim 8.8$
温度	$40 \sim 50℃$
阴极电流密度	$1 \sim 3A/dm^2$
滚镀	$2.5 \sim 5.0A/dm^2$
阳极	含锡 $12\% \sim 14\%$ 的铜锡合金板

本合金电镀液的配制需要注意：主盐需要分别以不同的络合剂溶解后再加入镀槽。即先将氨三乙酸溶于氢氧化钠，然后络合铜盐；再以焦磷酸钾络合锡盐。具体

步骤如下。

① 将计量的氨三乙酸溶解于少量水中，然后将另行溶解好的氢氧化钠加入其中，完全溶解后的溶液 pH 值接近 7；

② 将焦磷酸铜用少量水调成浆状，加入到上述氨三乙酸钠中，加热到 80℃，使焦磷酸铜完全溶解；

③ 将焦磷酸钾按量溶于 60℃ 热水中，加入磷酸氢二钠，使之全部溶解。另用热水溶四氯化锡，并将其溶解于焦磷酸钾溶液中，以生成焦磷酸高价锡；

④ 将上述各液混合，再加入尿素、硫酸镁，待温度下降至室温后，再将焦磷酸亚锡用冷水调成糊状，加入到混合液中，使其完全溶解；

⑤ 将上述镀液静置过夜，然后过滤到镀槽中，补水至所要的液量，然后调整 pH 值，加温至工作所需的温度电解，直至得到所需要的合格的镀层色泽。

本工艺的管理要点是严格按工艺规范控制各种成分和操作条件。

另有一种柠檬酸盐镀高锡青铜的工艺，成分相对简单，主要是靠有机合成光亮剂来达到所需要的镀层效果：

硫酸亚锡	22g/L
硫酸铜	25g/L
柠檬酸铵	100g/L
硫酸铵	50g/L
氨水	20g/L
添加剂 A	1～2g/L
添加剂 B	0.1～0.2g/L
pH 值	6.2

本工艺中所说的添加剂 A 为环氧化合物与甘油按 1：1（摩尔比）的量在 60℃ 以三氟化硼为催化剂进行反应的产物。添加剂 B 为醛类，如茴香醛、丙醛等[4]。

7.3.1.3 三价铬或无铬钝化

多少年来镀锌钝化膜一直都采用铬酸盐工艺，随着环境保护意识的增强，对铬酸使用的限制越来越严，甚至由高浓度铬酸钝化进化来的低铬钝化也不符合环保要求，由此开发了三价铬钝化和无铬钝化工艺。

三价铬因为其毒性比六价铬低得多而成为无铬电镀中的重要过渡性工艺，已经有较为成熟的钝化工艺，而无铬钝化则是环保型电镀的目标工艺。

(1) 三价铬钝化

三价铬盐	20g/L
硫酸铝	30g/L
钨酸盐	3g/L

无机酸	8g/L
表面活性剂	0.2mL/L
温度	室温
时间	40s

(2) 无铬钝化工艺

已经有应用或正在研究中的无铬钝化工艺有非铬盐钝化,包括钛盐、钒盐、锰盐、钨盐、钼盐、锗盐、锆盐等。

① 钼盐钝化:

钼酸钠	30g/L
乙醇胺	5g/L
pH 值	3（磷酸调整）
温度	55℃
时间	20s

② 钛盐钝化:

硫酸氧钛	3g/L
双氧水	60g/L
硝酸	5mL/L
磷酸	15mL/L
丹宁酸	3g/L
羟基喹啉	0.5g/L
pH 值	1.5
温度	室温
时间	10～20s

7.3.2 环境安全性镀层

所谓环境安全性镀层,实际上就是绿色制造中所要求的制造过程无害化。对电镀工艺而言,氰化物电镀无论是对操作环境,还是对社会和自然环境,都有很大威胁,因此环境安全电镀层首先就是指采用无氰电镀工艺获得的镀层。

因此,家电产品的绿色概念不仅指产品本身的结构材料是环保和安全的,而且加工制造的流程中所采用的工艺也要是环保和安全的,这就使家电整机电镀工艺基本上都要采用绿色环保型工艺,其中很多镀种都涉及无氰化问题。无氰电镀重新又成为现代环保型电镀的重要组成部分[5]。

氰化物作为络合物电镀液的络合剂是电镀工业中的重要原料,为世界各国所普遍采用。但氰化物又是剧毒化学品,其致死量仅仅为5mg,并且一旦吸收就根本无法救治。而氰化物电镀液中的氰化物含量少则十几克,多达一百多克,工作槽的液量少则几十升,多达几千升,甚至上万升,使得这些电镀的排水中含有氰根而对环境造成污染。对此,各国先后出台了治理方案和规定了排放标准。最终目标是取消氰化物镀种,以其他工艺技术取代这一有毒的工艺。这就是开始出现无氰电镀的原因。

我国开展无氰电镀技术开发已经有三十多年的历史,并且在20世纪70年代曾经掀起了一个高潮,也取得了一些成果,比如现在的锌酸盐镀锌、HEDP镀铜等。随着我国工业结构的变化和国际加工业的转移,我国氰化物电镀的规模越来越大,对我国的生态环境构成了严重威胁。加之氰化物的生产、运输、储存、使用等各个环节都必须十分注意安全,不容有丝毫疏忽。因此,国家对氰化物的销售和使用严加控制,规定了严格的管理制度,包括限制直至取消落后的氰化物电镀工艺。

事实上各国电镀技术界从来都没有停止对无氰电镀的研究和开发,并且随着相关技术的进步,新的电镀添加剂或电镀中间体进入电镀市场,使已有的无氰电镀工艺的质量进一步提高,如碱性无氰镀锌,使原来难度较大的无氰电镀工艺有了新的进展,如碱性无氰镀铜。还有一些镀种的无氰电镀工艺有了不同程度的改进,但还不能完全取代这些镀种的含氰工艺。本书第9章对无氰电镀有较详细的介绍,本节主要对适合家用电器的若干无氰电镀工艺加以介绍。

7.3.2.1 无氰镀锌

镀锌作为钢铁制品的阳极性保护镀层,是世界上使用量最大的镀种,在我国也不例外。约占全部电镀产品面积的1/3。由于氰化物镀锌有良好的分散能力,镀层细致且镀后钝化性能好,镀层脆性小,是镀锌中的主流工艺。加之其所用原料相对便宜,而钢铁制品的面积往往较大,所以镀锌槽的规模也是电镀中较大的,上万升的镀液也是常见的,而如机车车辆厂电镀列车冷藏箱交换器的镀锌槽达到十万升。而这些大型镀锌的工艺恰恰都选择氰化物电镀。由于镀锌是常用镀种,用量也大,涉及面广,所以推广无氰镀锌有重要意义。

无氰镀锌在我国20世纪70年代的无氰电镀运动中就已经趋于成熟,到现在已经是无氰电镀中最为成熟的工艺。实现镀锌无氰化将使电镀业氰化物用量大幅度下降,而无氰镀锌恰好有较好的技术背景。依据不同的需要和所采用的不同技术,无氰镀锌分为碱性、中性(弱酸性)和酸性三大系列,其中以碱性镀锌与氰化物镀锌的性能最为接近,并且现有的含氰镀锌可以通过低氰向无氰过渡,厂家容易接受。

碱性镀锌是以锌酸盐为主的无氰镀锌工艺,基本成分是氢氧化钠和氧化锌,而主要起作用的是电镀添加剂,如果没有这些添加剂,要想镀出合格的产品是不可能的。从开发沿用至今的有DPE、DE等工艺。现在更有从国外引进的多种碱性镀锌工艺,从分散能力,镀层的韧性、光亮度等方面都可与氰化物镀锌媲美。

从无氰镀锌技术开发中成熟起来的另一系列是氯化物弱酸性镀锌,这是以光亮添加剂为主的镀锌工艺,分铵盐型和钾盐型两大类,其中钾盐在我国已经很盛行,尤其是滚镀中的大多数选用了氯化钾镀锌工艺。钾盐镀锌的光亮度很高,但分散能力比碱性差一些，且镀后钝化性能稍稍不如碱性镀锌，脆性也稍大，但仍是现在日用五金电镀中大量采用的工艺。

还有硫酸盐镀锌工艺，这也是电镀添加剂技术进步的产物，现在在线材电镀业几乎都采用硫酸盐镀锌工艺。

由于无氰镀锌可供选择的工艺较多且都已经是成熟的工艺，所以已经可以取代原来的氰化物电镀工艺。对于简单产品，上氯化物电镀就可以了；要求分散性能较好的，可以采用锌酸盐等碱性镀锌；线材或铸造件可以选取硫酸盐镀锌。有条件和产品需要的企业可以同时上两种或三种镀锌工艺，从而满足各种不同产品的需要。

以下是硫酸盐镀锌的典型工艺：

硫酸锌	300～400g/L
硼酸	20～25g/L
光亮添加剂	15～20mL/L
pH 值	4.5～5.5
温度	10～50℃
阴极电流密度	1～10A/dm²
阳极	99.9％以上纯锌板

7.3.2.2　无氰镀铜

氰化物镀铜主要是用作钢铁制品上的预镀铜层，用来防止产生置换镀层，也是其他镀层的底镀层，取其分散能力好、与基体的结合力好的优点。氰化镀铜不仅要用氰化物，而且还要加温，所以一直都有人在努力开发取代它的产品。在国外盛行的是焦磷酸盐镀铜，可以在钢铁基体上镀得结合力好的镀层，且结晶比氰化物镀铜还细一些，由于其 pH 值较氰化物镀铜低，所以特别适合用在锌、铝等基材上。我国沿海地区现在已经开始有厂家在采用。

现在以取代氰化镀铜为目标的无氰镀铜工艺是碱性无氰镀铜工艺，国内外的电镀工艺公司都已经在广告上推出其产品。由于表面活性剂技术的进步，开发出类似以往出现过的含高效表面活性剂的碱性无氰镀铜工艺完全是可能的。由于已有商品推出，相信用于实际生产只是时间问题。

镀铜的另一大体系是光亮酸性镀铜，由于它不能在钢铁上直接电镀而不能作为取代氰化物镀铜的工艺。但是近来开始有人推出可直接在钢铁上电镀的酸性镀铜工艺，这是采用适合酸性条件下高效表面活性剂应用的例子。也有开发其他无氰预镀工艺以取代氰化物镀铜的技术，比如 HEDP 镀铜等。

典型的焦磷酸盐镀铜工艺如下：

焦磷酸铜	70～100g/L
焦磷酸钾	300～400g/L
柠檬酸铵	20～25g/L

pH 值	8～9
温度	30～50℃
阴极电流密度	0.8～1.5A/dm²
阴极移动	25～30 次/min

镀液维护和注意事项：

焦磷酸镀铜维护的一个重要参数是焦磷酸根离子与铜离子的比值，简称 P 比。通常要保证焦磷酸根离子与铜离子的比值在 7～8 之间；对分散能力有较高要求时，比值要保持在 8～9 之间。低了阳极溶解不正常，高了电流效率下降。

阳极采用电解铜板，最好经过压延加工，有时也会有铜粉产生，可加入双氧水消除。

杂质对焦磷酸盐镀铜有较大影响，所以要严防杂质的带入。影响较大的是氰化物和有机杂质，其次是金属杂质，如铁、铅、镍、铬等。

在正常镀液中，只要有 0.01g/L 氰化钠，镀层就会粗糙，光亮范围缩小。处理的方法是在镀液中加入 1～2mL/L 30%的双氧水，充分搅拌后加热至 50～60℃，继续搅拌 2h。如果要除掉有机杂质，可同时加入活性炭 2～4g/L，充分搅拌后，静置过滤。

7.3.2.3 其他无氰电镀

除了镀锌和镀铜这两大氰化物镀种外，其他氰化物镀种按其使用的情况依次是铜锡合金电镀、镀银和镀金等，还有在少数军工企业保留的镀镉，其中无氰镀铜锡合金和镀银一直是电镀技术工作者关注的课题。由于无氰镀银对于整机电镀有重要意义，本书将在 9.4.2 节中专门加以介绍。

(1) 无氰镀铜锡合金

氰化铜锡合金作为取代镍镀层的镀种在我国曾经非常流行，只是由于需要机械抛光而效率较低，在镍材供应缓解后用户有所减少，加上光亮镀镍技术进步很快，可以在很薄的镀层上获得光亮镀层，使用铜锡合金工艺的就更少。但是随着限制镀镍使用范围的法规出台，合金代镍还会重新兴起，无氰镀铜锡合金仍然是很有潜力的镀种。已经开发的无氰铜锡合金有焦磷酸-锡酸盐工艺，柠檬酸盐镀铜锡合金等。以下是焦磷酸盐无氰镀铜锡合金工艺：

焦磷酸铜	20～25g/L
锡酸钠	45～60g/L
焦磷酸钾	230～260g/L
酒石酸钾钠	30～35g/L
硝酸钾	40～45g/L
明胶	0.01～0.02g/L
pH 值	10.8～11.2
温度	25～50℃

电流密度	$2\sim3A/dm^2$
阳极	含锡 $6\%\sim9\%$ 的铜锡合金

加入一定量的明胶可以使镀层结晶细化，外观色泽均匀，但是用量过多会使镀层发脆，不能超过 $0.03g/L$。一些有机添加剂也可以用于这种合金镀液，比如邻菲罗啉、苯并三氮唑等杂环化合物。但用量都不能过多，以防造成镀层脆性等不良影响。

(2) 无氰镀金

镀金有装饰性镀层和功能性镀层两大类。装饰性镀层大多用在首饰等饰物上，是极薄的镀层，镀槽规格都比较小。而功能性镀层主要用在电子工业中，其用量比装饰性电镀要大得多。无氰镀金工艺中的柠檬酸盐镀金已经有很多用户在采用，只不过金盐仍用氰化金钾。完全无氰的有碱性亚硫酸盐镀金，是比较理想的无氰镀金工艺：

亚硫酸金钾	$5\sim10g/L$
亚硫酸钾	$80\sim100g/L$
磷酸二氢钾	$10\sim20g/L$
乙二胺四乙酸钴	$0.1\sim0.3g/L$
pH 值	$8\sim10$
温度	$45\sim55℃$
电流密度	$0.5\sim1.0A/dm^2$
阳极	纯金板或钛上镀铂不溶性阳极
阴极移动	$10\sim20$ 次/min

(3) 无氰镀银

镀银是电子工业大量采用的镀种，从接插件到波导，从印制线路板到连接线，很多制品和零配件都要镀银，目前所采用的镀银工艺全部是氰化物工艺。采用氰化物的镀液进行生产，对操作者、操作环境和自然环境都存在极大的威胁。因此，世界各国都在努力开发无氰镀银技术。我国在 20 世纪 70 年代曾经推广过一批无氰镀银工艺，但此后没有什么进展，所有曾经试过无氰镀银的厂家，都又重新采用氰化物镀银。曾经推出的无氰镀银工艺有黄血盐镀银，硫代硫酸盐镀银，磺基水杨酸镀银，NS 镀银、烟酸镀银、丁二酰亚胺镀银[6]等，这些工艺虽然都各有特点，但是没有一个可以完全取代氰化物镀银，因而都没能成为商品而进入工业化实用阶段。因此，开发无氰电镀新工艺，一直是电镀技术工作者努力的目标之一，并且在许多镀种已经取得了较大的成功，比如无氰镀锌、无氰镀铜等，都已经在工业生产中广泛采用。但是，无氰镀银，则一直是一个难题。美国在 20 世纪 80 年代推出了一批无氰镀银专利，主要采用有机胺类络合剂，包括丁二酰亚胺，磺酰胺，马来酰亚胺等，其中专利号为 4246077 的专利标题明确说明是用于无氰光亮镀银的银化合物的制造方法。

无氰镀银工艺所存在的问题，主要有以下三个方面。

① 镀层性能。

目前许多无氰镀银的镀层性能不能满足工艺要求，尤其是工程性镀银，比起装饰性镀银有更多的要求。比如镀层结晶不如氰化物细腻平滑；或者镀层纯度不够，镀层中有机物有夹杂，导致硬度过高、电导率下降等；还有焊接性能下降等问题。这些对于电子电镀来说都是很敏感的问题。有些无氰镀银由于电流密度小，沉积速度慢，不能用于镀厚银，更不要说用于高速电镀。

② 镀液稳定性。

无氰镀银的镀液稳定性也是一个重要指标。许多无氰镀银镀液的稳定性都存在问题，无论是碱性镀液还是酸性镀液或是中性镀液，都不同程度地存在镀液稳定性问题，这主要是替代氰化物的络合剂的络合能力不能与氰化物相比，使银离子在一定条件下会产生化学还原反应，积累到一定量就会出现沉淀，给管理和操作带来不便。同时令成本有所增加。

③ 工艺性能。

无氰镀银往往分散能力差，阴极电流密度低，阳极容易钝化，使其在应用中受到一定限制。综合考查各种无氰镀银工艺，比较好的至少存在上述三个方面问题中的一个，差一些的存在两个，甚至三个方面的问题。正是这些问题影响了无氰镀银工艺实用化的进程。

尽管如此，还是有一些无氰镀银工艺在某些场合中有应用。特别是在近年对环境保护的要求越来越高的情况下，一些企业已经开始采用无氰镀银工艺。这些无氰镀银工艺的工艺控制范围比较窄，要求有较严格的流程管理。

以下介绍的是有一定工业生产价值的无氰镀银工艺，包括在中早期开发的无氰镀银工艺中采用新开发的添加剂或光亮剂。

① 黄血盐镀银。

黄血盐的化学名是亚铁氰化钾，分子式为 $K_4[Fe(CN)_6]$，它可以与氯化银生成银氰化钾的络合物。由于镀液中仍然存在氰离子，因此，这个工艺不是彻底的无氰镀银工艺。但是其毒性与氰化物相比，已经大大降低。

氯化银	40g/L
亚铁氰化钾	80g/L
氢氧化钾	3g/L
硫氰酸钾	150g/L
碳酸钾	80g/L
pH 值	11~13
温度	20~35℃
阴极电流密度	0.2~0.5A/dm²

这个镀液的配制要点是要将铁离子从镀液中去掉。而去掉的方法则是将反应物混合后加温煮沸，促使二价铁氧化成三价铁从溶液中沉淀而去除：

$$2AgCl + K_4[Fe(CN)_6] = K_4[Ag_2(CN)_6] + FeCl_2$$

$$FeCl_2 + H_2O + K_2CO_3 = Fe(OH)_2 + 2KCl + CO_2\uparrow$$

$$Fe(OH)_2 + 1/2O_2 + H_2O \Longrightarrow 2Fe(OH)_3 \downarrow$$

具体的操作（以 1L 为例）如下：先称 80g 亚铁氰化钾、60g 无水碳酸钾分别溶于蒸馏水中，煮沸后混合。再在不断搅拌下将氯化银缓缓加入，加完后煮沸 2h，使亚铁完全氧化成褐色的三价氢氧化铁并沉淀。过滤后弃除沉淀，得滤液为黄色透明液体。再将 150g 的硫氰酸钾溶解后加入上述溶液中，用蒸馏水稀释至 1L，即得到镀液。

这个镀液的缺点是电流密度较小，过大容易使镀件高电流区发黑甚至烧焦。温度可取上限，有利于提高电流密度。其沉积速度在 $10\sim20\mu m/h$。

② 硫代硫酸盐镀银。

硫代硫酸盐镀银所采用的络合剂为硫代硫酸钠或硫代硫酸铵。在镀液中，银与硫代硫酸盐形成阴离子型络合物 $[Ag(S_2O_3)]^{3-}$。在亚硫酸盐的保护下，镀液有较高的稳定性。

硝酸银	40g/L
硫代硫酸钠（铵）	200g/L
焦亚硫酸钾	40g/L（采用亚硫酸氢钾也可以）
pH 值	5
温度	室温
阴极电流密度	$0.2\sim0.3A/dm^2$
阴阳面积比	$1:(2\sim3)$

在镀液成分的管理中，保持硝酸银：焦亚硫酸钾：硫代硫酸钠＝1：1：5 最好。

镀液的配制方法如下：先用一部分水溶解硫代硫酸钠（或硫代硫酸铵）。将硝酸银和焦亚硫酸钾（或亚硫酸氢钾）分别溶于蒸馏水中，并在不断搅拌下进行混合；此时生成白色沉淀，立即加入硫代硫酸钠（或硫代硫酸铵）溶液并不断搅拌，使白色沉淀完全溶解，再加水至所需要的量。将配制成的镀液放于日光下照射数小时，加 0.5g/L 的活性炭，过滤，即得清澈镀液。

配制过程中要特别注意，不要将硝酸银直接加入到硫代硫酸钠（或硫代硫酸铵）溶液中，否则溶液容易变黑。因为硝酸银会与硫代硫酸盐作用，首先生成白色的硫代硫酸银沉淀，然后会逐渐水解变成黑色硫化银：

$$2AgNO_3 + Na_2S_2O_3 \Longrightarrow Ag_2S_2O_3 \downarrow （白色）+2NaNO_3$$
$$Ag_2S_2O_3 + H_2O \Longrightarrow 2AgS \downarrow （黑色）+H_2SO_4$$

新配的镀液可能会显微黄色，或有极少量的浑浊或沉淀，过滤后即可以变清。正式试镀前可以先电解一定时间。这时阳极可能会出现黑膜，可以用铜丝刷刷去，并适当增加阳极面积，以降低阳极电流密度。

在补充镀液中的银离子时，一定要按配制方法中的程序进行，不可以直接往镀液中加硝酸银。此外，保持镀液中焦亚硫酸钾（或亚硫酸氢钾）的量在正常范围也很重要。因为它的存在，有利于硫代硫酸盐的稳定，否则硫代硫酸根会出现析出硫的反应，而硫的析出对镀银是非常不利的。

③ 磺基水杨酸镀银。

磺基水杨酸镀银是以磺基水杨酸和铵盐作双络合剂的无氰镀银工艺。当镀液的 pH 值为 9 时，可以生成混合配位的络合物，从而增加了镀液的稳定性。这样镀层的结晶比较细致，其缺点是镀液中含有的氨容易使铜溶解而增加镀液中铜杂质的含量。

磺基水杨酸	$100\sim140g/L$
硝酸银	$20\sim40g/L$
醋酸铵	$46\sim68g/L$
氨水（25%）	$44\sim66mL/L$
总氨量	$20\sim30g/L$
氢氧化钾	$8\sim13g/L$
pH 值	$8.5\sim9.5$
阴极电流密度	$0.2\sim0.4A/dm^2$

总氨量是分析时控制的指标，指醋酸铵和氨水中氨的总和。例如总氨量为 20g/L 时，需要醋酸铵 46g/L（含氨 10g/L）；需要氨水 44mL/L（含氨 10g/L）。

镀液的配制（以 1L 为例）的方法如下：将 120g 的磺基水杨酸溶于 500mL 水中；将 10g 氢氧化钾溶于 30mL 水中，冷却后加入到上液中；取硝酸银 30g 溶于 50mL 蒸馏水中，再加入到上液中；再取 50g 醋酸铵，溶于 50mL 水中，加入到上液中；最后取氨水 55mL 加到上液中，镀液配制完成。

磺基水杨酸是本工艺的主络合剂，同时又是表面活性剂。要保证镀液中的磺基水杨酸有足够的量，低于 90g/L，阳极会发生钝化；高于 170g/L，则阴极的电流密度会下降。以保持在 $100\sim150g/L$ 为宜。

硝酸银的含量不可偏高，否则会使深镀能力下降，镀层的结晶变粗。

由于镀液的 pH 值受氨挥发的影响，因此要经常调整 pH 值，定期测定总氨量。用 20%氢氧化钾或浓氨水调整 pH 值到 9，方可正常电镀，并要经常注意阳极的状态，不应有黄色膜生成。如果有黄膜生成，则应刷洗干净，并且要增大阳极面积，降低阳极电流密度，也可适当提高总氨量。

参考文献

[1] 屠振密. 电镀合金原理与工艺 [M]. 北京：国防工业出版社，1993.

[2] 武汉电子仪器厂. 铝质表面化学喷砂工艺 [C]//第二次全国电子测量仪器工艺交流会资料. 1983.

[3] 陶森. 无镍枪色电镀工艺 [J]. 电镀与环保，2006，26（4）：45-46.

[4] 冯绍彬. 电镀清洁生产工艺 [M]. 北京：化学工业出版社，2005.

[5] 刘仁志. 无氰镀银的工艺与技术现状 [J]. 电镀与精饰，2006，28：21-24.

[6] 王宗礼，邹津耘，刘仁志. 丁二酰亚胺镀银 [C]//第一届全国电子电镀年会论文. 1979.

第8章

电镀与电子制造

电镀技术在金属和非金属表面处理中的重要作用已经不言而喻。但是，对于电子产品来说，电镀技术不仅是一项表面处理技术，而且也是一种重要的生产手段，是一种可以直接或间接生产电子产品的加工工艺。

电镀之所以可以作为直接加工或生产电子产品制件的工艺，与其属于电沉积技术的特点有关。电镀技术是电沉积技术中研究得最多、应用也最广的技术。

电沉积技术的应用包括电化学冶金（湿法冶金）、电镀和电铸等三大领域。这三大领域所依据的原理是完全一样的，工艺特点也有许多相似的地方，以至于在很多时候电铸都被作为电镀技术的一部分纳入各种电镀著作中，很少单独进行专业化的活动。因此，电镀在电子制造中的重要作用之一就是以电铸的形式进行电子制造，在一定程度上，印制板的图形电镀也是一种图形的电铸成型。而以电镀法获得纳米材料，则是电冶金技术的一种新应用。纳米材料的应用经过一阵炒作之后，现在已经开始真正在有实用价值的领域起作用。

随着微电子技术的发展和进步，电子产品的微型化趋势日益明显，微电子加工和在产品结构表面集成电子线路也要用到电镀，如 3D 激光电镀、微电铸等。凡此种种，都是电镀技术在电子制造中发挥新作用的重要应用。我们在本章将对这些应用做详细的介绍。

8.1　印制板制造技术

印刷线路板（PCB）又称为印制电路板或印制板，是电子元器件的支撑体和电气连接载体，全球 PCB 产业产值占电子元件产业总产值的 1/4 以上，产业规模达 600 亿美元。由于中国巨大的内需市场以及较低廉的劳动成本和完善的产业配套等优势，全球 PCB 产能从 2000 年开始持续向中国转移，自 2006 年开始，中国超越日本成为全球第一大 PCB 生产国。而在印制板制造过程中，电镀技术有着举足轻重的作用。

8.1.1　印制板制造中的电镀工艺

电镀是制造印制线路板不可缺少的加工过程，印制线路板的使用功能需要电镀作为最终的表面处理工艺来实现。

双层以上的印制线路板存在将两面的线路连接起来的问题，以前是用金属铆钉来进行连接。但是这显然不适用于大批量和高效率的生产，更不能用于高密度和多层板。因此必须要有孔金属化技术来将这些线路连接起来。在非金属材料的基板上的孔内制造这些金属连接层，完全是靠化学镀铜和电镀铜实现的。同时，线路板图形的加厚，提高导电性以及抗变色性能等都要用到电镀技术[1]。

用于印制板制造的电镀工艺有化学镀铜、酸性光亮镀铜、镀锡等。用于功能性镀层的电镀工艺有镀金、镀镍、镀银、化学镀镍和化学镀锡等。这些工艺基本上可以采用常规电镀工艺，但是，要获得良好的印制线路板产品，还是要采用针对印制线路板行业的需要而开发的电镀技术，也就是电子电镀工艺技术，如酸性镀铜，要求有更好的分散能力，镀层要求有更小的内应力，这样才能满足印制板的技术要求。镀锡则要求有很高的电流效率和高分散能力，以防止电镀过程中的析氢对抗蚀膜边缘的撕剥，影响图形的质量。镀镍则要求是低应力和低孔隙率的镀层。

8.1.2　全板电镀和图形电镀

对整个印制板进行电镀就叫全板电镀；只对需要的图形部分进行电镀就是图形电镀。这是印制线路板制造中经常用到的制造方法。

全板电镀时，完成钻孔后的线路板经过去钻污、微蚀、活化后，进行化学镀铜，再进行全板电镀。电镀完成后再进行图形的印制（正像图形，即所需要的线路形成图形），然后将非图形部分脱膜、蚀刻，就形成了印制线路，脱去线路上的抗蚀膜后即成为印制线路板。

图形电镀法在进行图形电镀前仍需要进行全板电镀，区别在于图形印制的是负像图形，即将线路的空白区进行保护。这样线路就是裸露的铜镀层，再在其上进行图形电镀锡，然后去掉保护膜，再进行蚀刻，这时锡对图形进行保护，而将没有锡层的空白区全部蚀掉，留下的就是印制线路。对锡层有两种不同的应用：一种是保留，用作锡层印制板；另一种是再将锡层退除后镀其他镀层（热风整平，化学银或化学镍金等）。在实际制作过程中，由于所采用的工艺不同，所用的电镀流程也有所不同。

8.1.2.1　加成法

在印制板制造工艺中，加成法是指在没有覆铜箔的胶板上印制电路后，以化学镀铜的方法在胶板上镀出铜线路图形，形成以化学镀铜层为线路的印制板。由于线路是后来加到印制板上去的，所以叫做加成法。加成法对化学镀铜的要求很高，对镀铜与基体的结合力要求也很严格，这种工艺的优点是工艺简单，不用覆铜板（材料成本较低），不担心电镀分散能力的问题（完全是采用化学镀铜），因此这种工艺大量用于制造廉价的双面板。

加成法的制造工艺流程如下：无铜基板—钻孔—催化—图形形成（负像图形、网版印制抗镀剂）—图形电镀（化学镀铜）—脱模—进入后处理流程。

全加成法的特点是工艺流程短，由于不用铜箔，加工孔位简单，成本低，采用化学镀铜，镀层分散能力好，因而也适合多层板和小孔径高密度板的生产。

全加成法的技术关键是化学镀铜技术。因为所有图形线路都是由化学镀铜层形成的，因此要求化学镀铜层的物理性能好，有高的韧性和细致的结晶。同时，还要求化学镀铜有较高的选择性，即在有抗镀剂的区域不发生还原反应，否则会引起短路事故。

半加成法采用覆铜板制作印制线路板，其中线路的形成用减成法，即用正像图形保护线路，而让非线路部分的铜层被减除。再用加成法让通孔中形成铜连接层，将双层或多层板之间的线路连接起来，这是大部分线路板的主要制作方法。由于只是孔金属化采用的是加成法，所以叫半加成法。

半加成法的工艺流程如下：覆铜板—钻孔—催化（孔壁）—图形形成（在表面制负像图形、抗蚀层）—蚀刻（除去非图形部分的铜箔）—脱膜（完成外层线路）—阻焊剂（网版印刷、抗镀层）—通孔电镀—往后工序。

8.1.2.2 减成法

减成法是指在覆铜板上印制图形后，将图形部分保护起来，再将没有抗蚀膜的多余铜层腐蚀掉，以减掉铜层的方法形成印制线路，就是减成法。最早的单面印制线路板就是采用这种方法制造的，现在的双面板、多层板在采用半加成法时，也要用到减成法，即覆铜板（用于普通多层板内层制程）—图像形成—蚀刻—脱膜—表面粗化—层压—外形整形—内层线路层压板—钻孔—除钻污—全板电镀—线路图像形成—蚀刻—脱膜—前工序完成。

如果是有埋孔的内层板，要增加钻孔—全板电镀（先化学镀铜，再电镀铜）后再进入图像形成流程。

前工序完成后，即可进入后工序：（镀铜线路板）金手指电镀—阻焊剂（照相法、干膜片、丝网印刷）—字符印刷—热风整平—外形加工；（镀锡线路板）金手指电镀—热熔—阻焊剂—字符印刷—外形加工。

8.1.3 双面板与多层板技术

制造印刷线路板的基板材料主要是酚醛树脂纸板、环氧树脂纸板、聚乙烯对苯二酚纤维增强环氧树脂板、玻璃纤维增强环氧树脂板以及玻璃纤维树脂增强硅树脂板等。还有采用聚酰胺塑料软片制作的挠性板，以陶瓷为基板的陶瓷板和为了解决大功率散热问题而采用的铝基板。当然这种铝基板早已不是早期的纯粹铝板，而是利用现代氧化技术和掩膜技术在铝表面制作出图形，并将非图形部分加以氧化的新型铝基板。

线路板的主要作用是对电子元器件的连接提供线路，对于简单的电子产品，单面线路板就足够保证其连接了。但是，随着电子产品的复杂化，元器件增多，一面的线路已经不够连接，需要两面甚至更多面的线路才能够完成所有电子元件的连接。为了适应这种需要，首先开发出了双面印制板。

双面印刷线路板各层面之间的导通，最开始依靠导线手工焊接相连，后来发展为以铜铆钉铆接。但是，手工连接和铆接，存在虚焊、漏铆等质量问题，同时还严重影响效率，因为双面板之间的连接孔越来越多，每块板要一个一个孔地铆接后才能进入安装程序，安装完分立的元件后，再一个一个焊点地焊接，这种效率在电子产品生产中是难以容忍的。这种在生产过程中由于竞争产生的需求，很快就在技术上取得了突破，从而诞生了通过一次性加工就可以大批量导通所有双面板通孔的孔金属化技术。

8.1.3.1　孔金属化

孔金属化是指采用加成法在双面板的通孔中形成金属导通层，让两面的线路连接起来的工艺方法。由于这些孔原来都是在非金属材料基板上钻成的，只有将其通过化学镀和电镀形成金属层，才能起到导电的作用。在没有这种工艺方法之前，将双面板线路连接起来的方法是在这些孔内一个一个地安装铆钉。有了小孔金属化工艺后，也就是用化学（加成）法在这些小孔内一次制造出金属铆钉，显然，小孔金属化对提高印制板的制造效率起到了关键的作用。

孔金属化后就成为导电孔，如图 8-1 所示。这些导电孔分为穿孔（通孔）、盲孔（应用于表面层和一个或多个内层的连通）和埋孔（内层间的通孔，压合后两面都无法看到，所以不占用表层面积）。

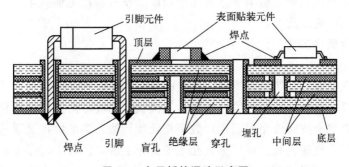

图 8-1　多层板的通孔示意图

孔金属化也是多层板生产过程中最关键的环节，关系到多层板上各种元器件的互连互通，其质量的好坏直接影响电子整机的性能。

孔金属化过程又分为去钻污和化学镀铜两个过程。去钻污的作用是去除高速钻孔过程中因高温而产生的环氧树脂钻污（特别是铜环上的钻污），从而保证化学镀铜后电路连接的高度可靠性；化学镀铜是对内外层电路互连的过程，电子元件组成线路、发挥各自功能全靠线路板提供功能元件之间的连通。

制造多层印制线路板工艺分为凹蚀工艺和非凹蚀工艺。凹蚀工艺同时要去除环氧树脂和玻璃纤维，形成可靠的三维结合。非凹蚀工艺仅仅去除钻孔过程中脱落和汽化的环氧钻污，得到干净的孔壁，形成二维结合。单从理论上讲，三维结合要比二维结合可靠性高，但通过提高化学镀铜层的致密性和延展性，完全可以达到相应的技术要求。非凹蚀工艺简单、可靠，并已十分成熟，因此在大多数厂家得到广泛应用。高锰酸钾去钻污是典型的非凹蚀工艺。

(1) 孔金属化的工艺流程

双面板的孔金属化的工艺流程如下：印刷线路板—钻孔—去钻污—清洗—活化—清洗—解胶—清洗—化学镀铜—清洗—电镀铜—清洗—干燥—图形印刷（光致抗蚀膜）—第二次镀铜（图形电镀）—清洗—图形保护电镀锡—清洗—去掉抗蚀膜—蚀刻—退锡—清洗—干燥—检查—进入后工序。

以上是所谓的减成法（也叫减法）图形电镀印刷线路板的制作工艺流程。实际上在第一次镀铜后，孔金属化的工作就已经完成了，但就双面印刷线路板的制作而言，还要在完成后工序（比如镀镍、金，镀银，热镀锡和热风整平等）以后才是全工序的完成。

还有一种加成法（加法）是廉价生产双面印刷线路板的工艺。这种工艺不用有铜箔的基板，在材料成本上已经比减法低。其后的工艺流程也简单许多：无铜树脂板—钻孔—图形印刷（抗镀膜）—活化—清洗—解胶—清洗—化学镀铜—清洗—干燥—检查—进入后工序。

这一方法完全依靠化学镀铜技术在树脂基板上镀出线路图形，并且只能让化学镀铜在没有抗镀膜的线路上沉积。同时要求化学镀铜工艺有良好的物理性能，比如低脆性、厚镀层性和低电阻率等。因为全加成法没有利用电镀技术，是完全的化学镀制成的双面印刷线路板。

(2) 孔金属化工艺

① 去钻污。

钻孔是孔金属化的第一道工序，钻孔的质量直接影响孔金属化的质量。现在的钻孔工序已经完全由电脑控制的全自动加工机械来完成，采用的是多钻头的高速群钻。孔的位置完全按照线路图形进行数字化处理后输入到电脑控制系统，由电脑指引钻孔。由于是高速钻孔，可以保证孔壁的高光洁度，以利于进行孔金属化加工。

由于现在印刷线路板的孔径越来越小，加上孔壁的光洁程度也不可能完全一致，并且有可能会有钻头带来的污染。因此，在进行孔金属化加工前对孔壁进行清理是十分必要的，只有将孔壁清理干净，才能使其后的孔金属化获得良好的效果。

孔壁的清洗相当于塑料电镀的除油和预粗化工序。清洗可以采用碱性洗液清洗、有机溶剂清洗和过硫酸铵溶液处理。对于深孔还要采用超声波增强清洗效果，并同时采用几种方法以保证孔壁的清洁。

双面和多层板的清洗可采用以下工艺。

有机溶剂清洗：

三氯甲烷	CP 溶剂
温度	75～85℃
时间	2～5min

预粗化：

过硫酸铵	10％溶液
温度	25～35℃
时间	1～3min

② 粗化。

粗化有几种方案可供选择，用得较多的是浓硫酸粗化：

硫酸	98％
温度	室温
时间	1～2min

混合液粗化：

硫酸	60％
氢氟酸	40％
温度	室温
时间	1～2min

在采用浓硫酸，特别是混合酸处理时，要十分小心，穿戴好防护用品，包括眼镜、橡胶手套、工作服等，防止发生意外。

③ 活化和解胶。

在粗化完成后，经过充分清洗，即可以进行活化处理。流程中介绍的是胶体钯活化法。也可以采用分步活化法，也就是增加敏化处理。

敏化：

氯化亚锡	4g/L
盐酸	40mL/L
OP 乳化剂	2mL/L

活化：

氯化钯	0.5g/L
盐酸	10mL/L

OP 乳化剂　　　　　　　　2mL/L

在活化过程中，由于发生了氧化还原反应，除了生成具有催化作用的金属钯外，还会有胶体状的四价锡离子生成。这些胶体状的锡盐残留在孔内会影响化学镀铜的效果。因此，在活化之后，要进行去锡盐处理，也就是所谓的解胶工序。可以采用表 8-1 所列举的任何一种溶液作为去锡胶体的溶液。

表 8-1　可供选用的解胶液

工序	可以选用的化学品	推荐的浓度
解胶 （加速去锡）	盐酸	10％
	过氯酸	10％
	硫酸	5％
	磷酸	10％
	氢氧化钠	5％
	碳酸钠	5％
	重铬酸钠	5％

为了使活化的效果更好，也可以在其中加入少许表面活性剂。不过现在流行的方法是选用商业化销售的活化等全套的孔金属化学镀化学品，这样可以由供应商保证产品质量，对加工过程中出现的技术问题，提供有针对性的技术服务。但是，由供应商提供产品和服务也有其负面的影响。

事实上，了解和掌握所有工艺流程中的化学配方对于无论是现场操作人员还是现场技术人员都是至关重要的。产品质量的保证最终还是由一线操作者的技能和态度所决定的。没有高技术素养的操作人员，高效率和高质量是难以保证的。那种认为只要有供应商提供服务就万事大吉，工人只是不用动脑的操作者的管理理念是错误的。

供应商出于商业机密的考虑，对所提供的化学品的成分和性质一般都是保密的，但这里边也不排除是出于保护其经济利益的考虑。有很多处理剂如果公开了配方，其成本就一清二楚了，但是一旦冠以"某某剂"的商业名，其价格就可以高出成本几倍，甚至十几倍。因此，目前我国印刷线路板行业所使用的进口化学品，基本上都是暴利产品。随着我国自己开发的电子电镀化学品进入市场以及世界上更多国家印刷线路板厂迁往我国，使竞争更为激烈，相信这对降低不合理的进口化学品的价格将是有利的。

④ 化学镀铜。

在解胶完成之后，经过仔细清洗，即可以进行孔金属化的重要工序——化学镀铜。必须保证在孔内获得 $0.25 \sim 0.5 \mu m$ 的金属铜。

可以使用以下化学镀铜工艺：

硫酸铜	7g/L
酒石酸钾钠	35g/L
氢氧化钠	10g/L
甲醛	50mL/L
pH 值	12.5
温度	25℃
时间	30min

⑤ 化学镀镍。

在双面板孔金属化工艺中，也有采用化学镀镍工艺的。这是因为化学镀镍的稳定性比化学镀铜好，且沉积速度快，获得与化学镀铜一样的厚度只需要 5min。缺点是延展性差，导电性也没有化学镀铜好。

用于印刷线路板的化学镀镍分为酸性液和碱性液两种，并且温度都不能太高。

a. 酸性化学镀镍

硫酸镍	10～40g/L
柠檬酸钠	10～40g/L
氯化铵	30～50g/L
次亚磷酸钠	10～40g/L
pH 值	5.0～6.2
温度	55～63℃

b. 碱性化学镀镍

硫酸镍	10～40g/L
焦磷酸钾	20～60g/L
次亚磷酸钠	10～40g/L
pH 值	8.3～10.0
温度	20～32℃

8.1.3.2　印制线路板电镀工艺

对于双面板和多层板，在化学镀完成以后，还必须进行电镀加厚，使铜层的厚度达到 25μm 左右，并且要求镀铜分散能力好，镀层脆性小，镀液对基板的侵蚀小等。

成熟的镀铜工艺有很多，如氰化物镀铜、硫酸盐镀铜、焦磷酸盐镀铜、氟硼酸盐镀铜、氨基磺酸盐镀铜等。氰化物镀铜由于操作环境的安全问题和环境污染的问题很少选用，还有一个原因是在这种镀液中获得厚镀层的效率很低，镀层质量也无法保证。

对于孔金属化电镀来说，镀液的分散能力是很重要的指标。一般要求镀铜层在孔内的厚度与基板表面的厚度要接近 1:1。如果分散能力差，就会出现当孔内达到厚度要求后，表面厚度已经大大超差，使其后的蚀刻时间延长而影响线路精度。

相比而言，焦磷酸盐镀铜的分散能力较好，因此，有些印制板的加厚电镀采用焦磷酸盐镀铜。

(1) 焦磷酸盐镀铜

焦磷酸盐镀铜的组成和操作条件如下：

焦磷酸铜	$80\sim100g/L$
焦磷酸钾	$300\sim400g/L$
P 比（$C_{P_2}C_{P_2O_7^{4-}}/C_{cu^{2+}}$）7.0～8.0	
正磷酸	$90g/L$ 以下
pH 值	$8.4\sim9.0$
氨水（28%）	$2\sim5mL/L$
光泽剂	$0.5mL/L$
阴极电流密度	$2\sim3A/dm^2$
阳极	无氧铜
阳极电流密度	$1\sim2A/dm^2$
温度	$55℃$
搅拌	阴极移动或空气搅拌

P 比是管理焦磷酸盐镀铜的一个重要参数。

另外正磷酸是焦磷酸水解生成的：

$$P_2O_7^{4-}+H_2O\longrightarrow2HPO_4^{2-}$$

正磷酸盐超过一定浓度，就会对电镀的质量带来不利影响。而这个反应是不可逆的，因此，当正磷酸盐累积到一定量时，只有用新的镀液置换一部分旧的镀液，甚至完全弃掉旧液而换用新的镀液。这显然是很不经济的做法。另外，聚酰亚胺多层板不能耐受焦磷酸镀液，因此不能适用所有的印刷线路板，特别是细微线路板的加工。同时，焦磷酸根对铜离子的络合也造成废水处理的困难。因此，当硫酸盐镀铜技术有了新的进步以后，焦磷酸盐镀铜已经逐渐被硫酸盐镀铜取代。

(2) 硫酸盐镀铜

铜作为印制电路制造中的基本导线金属，已经得到了广泛的认可，成为标准的导电层和线路图形的基本材料。它具有极为优越的导电性（仅次于银），容易电镀，成本低，并具有高可靠性。铜是很容易活化的，因此在铜和其他电镀金属之间，可以获得良好的金属结合力。对于镀铜工艺的选择，现在已经基本上有完全采用硫酸盐镀铜的趋势。这是因为现在的添加剂技术使酸性镀铜工艺无论是分散能力还是镀层性能都已经能够满足印制板生产的要求，并且形成了专门用于印制线路板的镀铜工艺。

硫酸盐镀铜的组成和操作条件如下：

硫酸铜	$60\sim80g/L$
硫酸	$90\sim115mL/L$
氯离子	$50\sim70ppm$（$1\times10^{-6}mg/kg$）

光亮剂	适量
阳极	磷铜（P 含量 0.003%～0.005%）
阳极电流密度	1～2A/dm²
阴极电流密度	2～3A/dm²
温度	25℃
搅拌	阴极移动或空气搅拌

如果用自来水配制，可以不另外添加氯离子。但印刷线路板行业所有工作液基本上采用去离子水配制，所以要另外加入氯离子，这时一定要注意添加量的控制，千万不可过量，宁少勿多，否则要想去掉多余的氯离子就很麻烦了。

光亮剂基本上是商业化的，要根据说明书的用量添加和补充，一般在 1～2mL/L，也是宁可少加而不要过量。

硫酸盐酸性镀铜的阳极管理也很重要，这是对镀层质量有重要影响的因素。为了防止阳极呈一价铜溶解而产生歧化反应生成铜粉，要让阳极处于半钝化状态，以二价铜离子的形式溶解。这主要是靠阳极中含有的一定量的磷来实现。但阳极的电流密度也很重要，要保证阳极电流密度在正常半钝化状态，就要保证一定的阳极面积，这时使用钛篮是很重要的。它可以基本保证阳极的面积，同时方便添加磷铜阳极球或块。钛篮外面要加阳极袋。

另外，酸性硫酸盐光亮镀铜的工作温度是室温，并且不宜超过 30℃，最好在镀液内装有降温的交换器，以便在镀液温度升高超过工艺规定的范围时，进行降温。

（3）电镀锡

电镀锡在印制电路板制造中也有着举足轻重的作用，这是因为镀锡在减成法中既有保护线路图的作用，又可以是最终的焊接性镀层。作为图形保护用的镀锡在图形制作成型后，有时还会将其退除。但有些简单的单面板或双面板，会保留锡层作为最终镀层。

目前印制板电镀采用较多的有氟硼酸镀锡和氨基磺酸盐镀锡，这些镀锡的成本较高且存在环保问题，因此现在开始流行硫酸盐镀锡。

由于用于印制板的镀锡有特别的要求，因此，不能采用常规的硫酸盐镀锡。这两种镀锡工艺的异同可参见表 8-2。

表 8-2　图形保护镀锡和焊接性镀锡的性能要求比较

性能	图形保护镀锡	焊接性镀锡
焊接性能	不要求	主要要求
装饰性能	不要求	有要求
分散能力	有要求	有一定要求
均镀能力	有要求	有一定要求
阴极电流效率	有要求	不作要求

由表 8-2 可见，对于图形保护镀锡来说，装饰性和焊接性都可以不作要求，但是对镀液的分散能力和镀层的均匀性则有很高的要求。这是因为对于图形来说，尤其是双面以上的印刷线路板，有很多的小孔，同时在线路板的有些部位，有很细和很密的线路，如果分散能力不好和镀层分布不均匀，就会导致孔位镀层不够厚而在蚀刻中出现孔位的破坏或线路的缺损，造成印刷线路板报废。

用于印制板的镀锡工艺如下。

① 氟硼酸盐镀锡。

氟硼酸锡	25g～50g/L
氟硼酸	260～300g/L
硼酸	30～35g/L
甲醛	20～30mL/L
平平加	30～40mL/L
2-甲基醛缩苯胺	30～40mL/L
β-萘酚	1mL/L
温度	15～25℃
阴极电流密度	1～3A/dm^2
阴极移动	20～30 次/min

② 磺酸盐镀锡。

甲基磺酸锡	30g/L
羟基酸	125g/L
乙醛	15mL/L
光亮剂	25mL/L
分散剂	10mL/L
稳定剂	20mL/L
温度	15～25℃
阴极电流密度	1～5A/dm^2
阴极移动	1～3m/min

③ 硫酸盐镀锡。

相比之下，硫酸盐镀锡的成本要低一些，典型的硫酸盐镀锡的工艺如下[1]。

硫酸亚锡	60g/L
硫酸	150g/L
添加剂 A	8mL/L
添加剂 B	5mL/L
温度	10～25℃
阴极电流密度	1～5A/dm^2
阴极移动	20～30 次/min

硫酸盐镀锡最常见的问题是二价锡的稳定性问题。在镀液中二价锡氧化为四价锡时，不仅使有效的主盐浓度减少，而且会使镀液出现混浊，镀层质量下降。除了选用强力还原抗氧化添加剂外，只要严格控制工艺条件，硫酸盐镀锡的工作周期是可以延长的。

(4) 电镀镍金

有些印制电路板在完成线路上的电子元件安装后，成为一个功能块。这种功能块在电子整机中使用时，为了维修或更换方便，采用了插拔的方式，也即在线路板上的一个边上制作有一排像手指一样张开的线路插脚，以便在插入电子整机的插槽中时，与整机的线路完成连接。为了提高连接性能，并经受住多次插拔，这种连接线接口部位要特别镀上耐磨金镀层，以便可以长期使用而不出现腐蚀。为了节省宝贵的金资源，就只能对这种像手指一样的连接部位进行镀金，而不是对全板进行镀金，所以叫金手指电镀。这是一种局部镀的技术，即只对需要的部位进行电镀。

印制板上的金镀层有几种作用。金作为金属抗蚀层，它能耐受所有一般的蚀刻液。它的电导率很高，其电阻率为 $2.44\mu\Omega \cdot cm$。由于它有很正的电位，使得它是一种抗锈蚀的理想金属和接触电阻低的理想表面金属。同时，金作为可焊性的基底，是多年来争论的问题之一。显然，不能只为了焊接才选择镀金，但是镀金层易于焊接也是事实。

近年来已经发展了一些新的镀金工艺，它们大多数是专利性的。这表明为避开有毒的碱性氰化物镀金及其对电镀抗蚀剂的破坏作用所做的努力。

① 电镀镍。

a. 硫酸型。

硫酸镍	300g/L
氯化镍	45g/L
硼酸	40g/L
添加剂	适量
pH 值	4.0～4.6
温度	55℃
阴极电流密度	1.0～4.0A/dm²

b. 氨基磺酸型。

氨基磺酸镍	350g/L
氯化镍	5g/L
硼酸	40g/L
添加剂	适量
pH 值	3.5～4.5
温度	55℃
阴极电流密度	1.0～5.0A/dm²

② 电镀金。

a. 酸性硬金（金手指用）。

金盐	2～8g/L
柠檬酸钾	60～80g/L
柠檬酸	10～20g/L
钴、镍、铁离子	100～500mg/L
pH 值	4.0～4.5
温度	30～50℃
阳极	铂金镀钛膜
阴极电流密度	0.5～2.0A/dm²

b. 镀金（导线连接用）。

金盐	6～12g/L
磷酸钾	40～60g/L
氯苯酸钾	微量
pH 值	6.0～8.0
温度	60～80℃
阳极	铂金镀钛膜
阴极电流密度	0.1～0.5A/dm²

(5) 化学镀镍金

由于线路板上的线路之间存在绝缘和分立的布线，完全实现全线路的电镀是比较困难的，如需要在分立和相互绝缘的线路之间留工艺导通线路，在完成电镀后再断开。这显然影响制造效率。为了解决这个问题，现在对需要镀镍金的线路板采用的是化学镀镍金技术。

对于不需要镀镍金的印制板，以往采用的是热风整平工艺来对印制线路板做最后的表面处理。由于高密度线路板和多层、盲孔等结构的出现，使热风整平在新型线路板上根本无用武之地，同时芯片引线材料的轻金属化和贵金属化对线路板的最后镀覆要求进一步提高。适应这种变化的是化学镀镍金技术。

化学镀镍金是取代热风整平而用于精细印制板的最可靠技术。它是在完成的PCB上先化学镀镍，再化学镀金，从而获得外观和物理性能都好的表面处理层。与电镀镍金相比，化学镀镍金有良好的分散能力，可以在任何部位获得均匀一致的镀层，同时不受图形是否互连的影响，是现代微电子技术中重要的镀覆工艺。

化学镀的明显优点是分散能力好，无论是孔内、孔外，还是通孔、盲孔，所有部位都可以获得均匀的镀层，同时镀层平整、光洁。对化学镀镍和化学镀金而言，与铝基导线或金丝导线都可以有良好的焊接，并且抗变色性能好，可以适应多次焊接的要求。

在化学镀镍金工艺中，化学镀镍是作为金与铜基体之间的阻挡层而起作用的，以防止生成金与铜的金属间化合物而导致表面性能变化。化学镀镍的厚度在 $3\sim 5\mu m$，含磷 $6\%\sim 10\%$，无磁性。化学镀金分为两种：一种是浸金，也叫置换金、薄金，其厚度只有 $0.1\mu m$ 左右；另一种是化学镀金，采用了还原剂，可以沉积出较厚的镀金层，厚度在 $1\mu m$ 左右，但它需要在浸金的基底上施镀。

典型的化学镀镍/金的工艺流程如下：

酸性除油—水洗—微蚀—水洗—预浸—活化—水洗—后浸—水洗—化学镍—水洗—纯水洗—浸金—水洗—纯水洗—化学镀厚金—水洗—热纯水洗—干燥。

适合印刷线路板的化学镀镍应该是延展性好的，且以酸性镀液为好，镀液的温度在 $70℃$ 左右为宜。活化是本工艺中的重要工序，否则不能引发自催化过程。现在商业化的活化液中的 Pd 离子含量只有 10ppm（1×10^{-6} mg/kg）。由于自配的化学镀镍液诸多参数不能很好地被控制，所以大部分印刷线路板制造商都采用商业化学镀镍液，以保证其产品的质量。

化学浸金是利用金和镍的电位差使镍将金从镀液中置换到镍层表面的过程。金的标准电位为 1.68V，而镍的标准电位只有 -0.25V，二者电位差很大，初始反应速度很快，当表面镍层全部被覆盖后，反应就会停止。

化学镀厚金虽然称为厚金，其实金层的厚度最多不过 $2\mu m$，一般只有 $0.5\sim 1.0\mu m$。所用的还原剂也是以次亚磷酸钠为主，金盐以氰化金钾的方式加入，其浓度在 $0.5\sim 1.5$g/L，所需的镀覆时间也比化学浸金的时间要长。

影响化学镀镍金完全取代热风整平的原因是热风整平成本高，且工艺过于复杂，从化学镀镍到化学浸金、化学镀金都要在比较高的工艺温度下进行，并且化学镀镍在铜基体上只有经过钯活化后才能沉积，这些都增加了操作难度和成本。只有那些附加值高的产品才会采用这种工艺。当然这一工艺技术的改进工作仍在进行中，降低成本是最主要的课题。

8.1.3.3　印制板的水平电镀

随着微电子技术的飞速发展，印制电路板制造向多层化、积层化、功能化和集成化方向迅速发展，促使印制电路设计大量采用微小孔、窄间距、细导线进行电路图形的构思和设计，使得印制电路板制造技术难度更大，特别是多层板通孔的纵横比超过 5∶1，以及积层板中大量采用较深的盲孔，使常规的垂直电镀工艺不能满足高质量、高可靠性互连孔的技术要求。通过对印制板实际电镀过程的观察发现，孔内电流的分布呈现腰鼓形，出现孔内电流分布由孔边到孔中央逐渐降低，致使大量的铜沉积在表面与孔边，无法确保孔中央需铜的部位的铜层厚度达到标准厚度。有时铜层极薄，甚至无铜层，严重时会造成无可挽回的损失，导致大量的多层板报废。为解决批量生产中产品质量问题，以往都是从改善电流及添加剂方面去解决深孔电镀问题。在高纵横比印制电路板电镀铜工艺中，大多是在优质的添加剂的辅助作用下，配合适度的空气搅拌和阴极移动，在相对较低的电流密度条件下进行的。

使孔内的电极反应控制区加大，电镀添加剂的作用才能显示出来，再加上阴极移动非常有利于镀液深镀能力的提高，镀件的极化度加大，镀层电结晶过程中晶核的形成速度与晶粒长大速度相互补偿，从而获得高韧性铜层。

但是，当通孔的纵横比继续增大或出现深盲孔时，这两种工艺措施就显得无能为力了，正是在这种背景下产生了水平电镀技术。它是垂直电镀技术的发展，也就是在垂直电镀工艺的基础上发展起来的新电镀技术。这种技术的关键是制造出相适应的、相互配套的水平电镀系统，能使高分散能力的镀液，在改进供电方式和其他辅助装置的配合下，显示出比垂直电镀法更为优异的功能作用。

(1) 印制板水平电镀原理简介

水平电镀与垂直电镀方法的原理基本上是相同的，都必须具有阴阳两极，通电后发生电极反应使电解液主成分产生电离，使带电的正离子向电极反应区的负相移动；带电的负离子向电极反应区的正相移动，于是产生金属沉积镀层和放出气体。因为金属在阴极沉积的过程分为三步：第一步即金属的水化离子向阴极扩散；第二步金属水化离子在通过双电层时，逐步脱水，并吸附在阴极的表面上；第三步吸附在阴极表面的金属离子接受电子而进入金属晶格中。实际观察到作业槽的情况是固相的电极与液相电镀液的界面之间无法观察到异相电子传递反应，其结构可用电镀理论中的双电层原理来说明。当电极为阴极并处于极化状态下，被水分子包围并带有正电荷的阳离子，因静电作用力而有序地排列在阴极附近，最靠近阴极的阳离子中心点所构成的相面称之为亥姆霍兹（Helmholtz）外层，该外层距电极的距离约为 $1 \sim 10 \mathrm{nm}$。但是由于亥姆霍兹外层的阳离子所带正电荷的总电量不足以中和阴极上的负电荷，而离阴极较远的镀液受到对流的影响，其溶液层的阳离子浓度要比阴离子浓度高一些。此层由于静电力作用比亥姆霍兹外层要小，又要受到热运动的影响，阳离子排列并不像亥姆霍兹外层那样紧密而又整齐，此层称之为扩散层。扩散层的厚度与镀液的流动速率成反比。也就是镀液的流动速率越快，扩散层就越薄，反之则厚，一般扩散层的厚度为 $5 \sim 50 \mu \mathrm{m}$，离阴极就更远，对流所到达的镀液层称之为主体镀液。因为溶液产生的对流作用会影响到镀液浓度的均匀性。扩散层中的铜离子靠镀液扩散及离子迁移的方式输送到亥姆霍兹外层。而主体镀液中的铜离子却靠对流作用及离子迁移方式将其输送到阴极表面。所以在水平电镀过程中，镀液中的铜离子是靠三种方式输送到阴极的附近形成双电层的。

镀液对流由机械搅拌、泵的搅拌、电极本身的摆动或旋转方式以及温差引起的电镀液的流动产生。在越靠近固体电极表面的地方，由于其摩擦阻力的影响，致使电镀液的流动变得越缓慢，此时固体电极表面的对流速度为零。从电极表面到对流镀液间所形成的速率梯度层称之为流动界面层。该流动界面层的厚度约为扩散层厚度的 10 倍，故扩散层内离子的输送几乎不受对流作用的影响。

在电场的作用下，电镀液中的离子受静电力而引起离子输送称之为离子迁移。其迁移的速率公式如式（8-1）：

$$u = Ze_0 E / (6\pi r\eta) \tag{8-1}$$

式中，u 为离子迁移速率，Z 为离子的电荷数，e_0 为一个电子的电荷量（即 1.61019C），E 为电位，r 为水合离子的半径，η 为电镀液的黏度。

根据式 (8-1) 可知，电位 E 越大，电镀液的黏度越小，离子迁移的速率也就越快。

根据电沉积理论，电镀时，位于阴极上的印制电路板为非理想的极化电极，吸附在阴极表面上的铜离子获得电子而被还原成铜原子，而使靠近阴极的铜离子浓度降低。因此，阴极附近会形成铜离子浓度梯度。铜离子浓度比主体镀液浓度低的这一层即为镀液的扩散层。而主体镀液中的铜离子浓度较高，会向阴极附近铜离子浓度较低的地方进行扩散，不断地补充阴极区域。印制电路板类似一个平面阴极，其电流的大小与扩散层厚度的关系符合式 (8-2)：

$$i = \frac{ZFAD \ (C_b - C_o)}{\delta} \tag{8-2}$$

式中，i 为电流，Z 为铜离子的电荷数，F 为法拉第常数，A 为阴极表面积，D 为铜离子扩散系数，C_b 为主体镀液中铜离子浓度，C_o 为阴极表面铜离子的浓度，δ 为扩散层的厚度。

当阴极表面铜离子浓度为零时，其电流称为极限扩散电流 i_i：

$$i_i = \frac{ZFADC_b}{\delta} \tag{8-3}$$

从式 (8-3) 可看出，极限扩散电流的大小取决于主体镀液的铜离子浓度、铜离子的扩散系数及扩散层的厚度。当主体镀液中铜离子的浓度高、铜离子的扩散系数大、扩散层的厚度薄时，极限扩散电流就越大。

根据上述公式得知，要达到较高的极限电流值，就必须采取适当的工艺措施，即加温。因为升高温度可使扩散系数变大，加快对流速率可使其成为涡流而获得薄而均一的扩散层。从上述理论分析，增加主体镀液中的铜离子浓度，提高电镀液的温度，以及加快对流速率等均能提高极限扩散电流，从而达到加快电镀速率的目的。水平电镀基于镀液的对流速度加快而形成涡流，能有效地使扩散层的厚度降至 10μm 左右。故采用水平电镀系统进行电镀时，其电流密度可高达 8A/dm²。

印制电路板电镀的关键是确保基板两面及导通孔内壁铜层厚度的均匀性。要得到厚度均一的镀层，就必须确保印制板的两面及通孔内的镀液流速要快而稳定。要实现薄而均一的扩散层，就目前水平电镀系统的结构看，尽管该系统内安装了许多喷嘴，能将镀液快速垂直地喷向印制板，以加快镀液在通孔内的流动速度，致使镀液的流动速率很快，在基板的上下面及通孔内形成涡流，使扩散层厚度降低而又较均一。但是，通常当镀液突然流入狭窄的通孔内时，通孔的入口处镀液还会有反向回流的现象产生，再加上一次电流分布的影响，也常常造成入口处孔部位电镀时，由于尖端效应导致铜层厚度过厚，通孔内壁构成哑铃形状的铜镀层。根据镀液在通孔内流动的状态，即涡流及回流的大小，导致电镀通孔质量分析，只能通过工艺试验法来确定控制参数，从而达到印制电路板电镀厚度的均一性。因为涡流及回流的大小至今还是无法通过理论计算获知，所以只能采用实测的工艺方法。从实测的结果得知，要控制通孔电镀铜层厚度的均匀性，就必须根据印制电路板通孔的纵横比来调整可控的工艺参数，甚至还要选择高分散能力的电镀铜溶液，再添加适当的添加剂及改进供电方式，即采用反向脉冲电流进行电镀才能获得具有高分布能力的铜镀层。

特别是积层板，微盲孔数量增加，不但要采用水平电镀系统进行电镀，还要采用超声波震动来促进微盲孔内镀液的更换及流通，再改进供电方式，利用反脉冲电流及实际测试的数据来调整可控参数，方能获得满意的效果。

(2) 水平电镀系统基本结构

根据水平电镀的特点，它是将印制电路板放置的方式由垂直式变成平行于镀液液面的电镀方式。这时的印制电路板为阴极，有的水平电镀系统采用导电夹子和导电滚轮两种电流供应方式。

从操作系统方便的角度，采用滚轮导电的供应方式较为普遍。水平电镀系统中的导电滚轮除作为阴极外，还具有传送印制电路板的功能。每个导电滚轮都安装有弹簧装置，其目的是能适应不同厚度（0.10～5.00mm）的印制电路板电镀的需要。但在电镀时会出现与镀液接触的部位都可能被镀上铜层，久而久之该系统就无法运行的情况。因此，目前所制造的水平电镀系统，大多将阴极设计成可切换的阳极，再利用一组辅助阴极，便可将被镀滚轮上的铜电解溶解掉。为维修或更换方便起见，新的电镀设计也考虑到容易损耗的部位便于拆除或更换。阳极采用数组可调整大小的不溶性钛篮，分别放置在印制电路板的上下位置，内装有直径为 25mm 圆球状、含磷量为 0.004%～0.006% 的可溶性铜极球，阴极与阳极之间的距离为 40mm。

镀液的流动采用泵及喷嘴组成的系统，使镀液在封闭的镀槽内前后、上下交替迅速地流动，并能确保镀液流动的均一性。镀液垂直喷向印制电路板，在印制电路板面形成冲壁喷射涡流。其最终目的为印制电路板两面及通孔的镀液快速流动形成涡流。另外槽内装有过滤系统，其中所采用的过滤网网眼为 $1.2\mu m$，以过滤去除电镀过程中所产生的颗粒状的杂质，确保镀液干净无污染。

在制造水平电镀系统时，还要考虑到操作方便和工艺参数的自动控制问题。因为在实际电镀时，由于印制电路板尺寸的大小、通孔孔径的尺寸的大小及所要求的铜厚度的不同，传送速度、印制电路板间的距离、泵马力的大小、喷嘴的方向及电流密度的大小等工艺参数的设定都需要实际测试，从而进行调整及控制，才能获得合乎技术要求的铜层厚度。

(3) 水平电镀的发展优势

水平电镀技术的发展不是偶然的，而是由于高密度、高精度、多功能、高纵横比多层印制电路板产品特殊功能的需要，是个必然的结果。它的优势是要比现在所采用的垂直挂镀工艺方法更为先进，产品质量更为可靠，能实现大规模化的生产。它与垂直电镀工艺方法相比具有以下优点：①适应尺寸范围较宽，无需进行手工装挂，实现全部自动化作业，确保了作业过程对基板表面无损害，对实现大规模化的生产极为有利。②在工艺过程中，无需留有装夹位置，增加了实用面积，大大节约原材料的损耗。③水平电镀全程采用计算机控制，使基板在相同的条件下，确保每块印制电路板的表面与孔的镀层的均一性。④从管理角度看，电镀槽从清理到电镀液的添加和更换，可完全实现自动化作业，不会因为人为的错误造成管理上的失控问题。⑤从实际生产中可知，由于水平电镀采用多段水平清洗，大大节约了清洗水的用量及减少了污水处理的压力。⑥由于该系统采用封闭式作业，减少了对作业空间的污染和热量的蒸发对工艺环境的直接影响，大大改善了作业环境。特别是烘板时由于减少热量的损耗，节约了能量的无谓消耗，从而提高生产效率。

8.1.4 其他特殊基材印制板

8.1.4.1 铝基印制板

金属 PCB 基板中应用最广的属铝基覆铜板，该产品是 1969 年由日本三洋国策发明的，1974 年开始应用于 STK 系列功率放大混合集成电路。20 世纪 80 年代初我国金属基覆铜板主要应用于军工产品，当时金属 PCB 基板材料完全依赖进口，价格昂贵。20 世纪 80 年代中后期，随着铝基覆铜板在汽车、摩托车的电子产品中的广泛使用及用量的扩大，推动了我国金属 PCB 基板研究及制造技术的发展及其在电子、通信、电力等诸多领域的广泛应用。

(1) 应用和市场

铝基印制板在许多电子产品中都有应用，特别是在大功率和需要有良好散热性能而又要求有较小重量的电子整机中，都会采用铝金属基板的印制板。其主要的应用产品有以下几类：①通信电源类，如电源中的稳压器、调节器、DC-AC 适配器等；②电子控制类，继电器、晶体管基座、各种电路中元器件的降温等；③交换机、微波器件散热器、半导体器件绝缘热传导、马达控制器等；④汽车工业，点火器、电压调节器、自动安全控制系统、灯光变换系统等；⑤电脑，电源装置、软盘驱动器、主机板；⑥家电，输入-输出放大器，音频、功率平衡放大器；等等。

市场情况。随着大功率产品市场需求的不断增长，金属基板的应用也越来越广泛。我国科技高速发展，生产力明显提升，主要依赖进口的局面正在发生改变。目前，我国金属 PCB 基板的市场正在逐年扩大，国外许多电子装配商亦纷纷在国内投资建厂，仅珠江三角洲地区铝基覆铜板需求量每月约需数千平方米，国内每月需求量则高达上万平方米，市场前景十分广阔。

有代表性的金属基板生产厂家有日本住友、日本松下电工、DENKA HITY

PLATE 公司、美国贝格斯公司等。日本住友金属 PCB 基板有三大系列（即铝基覆铜板、铁基覆铜板、硅钢覆铜板）。铝基覆铜板、铁基覆铜板、硅钢覆铜板商品牌号分别为 ALC-1401 和 ALC-1370、ALC-5950 和 ALC-3370 及 ALC-2420。国内最早研制金属基覆铜板的生产厂家是国营第 704 厂、20 世纪 90 年代后期国内有许多单位也相继研制和生产铝基覆铜板。704 厂的金属基板有三大系列，即铝基覆铜板、铜基覆铜板、铁基覆铜板。704 厂的铝基覆铜板按其特性差异分为通用型和高散热型及高频电路用三种型号。

(2) 主要性能

铝基板由于是金属基印制板的主流产品，其产品性能要求和标准有许多。表 8-3 列举了铝基板的产品性能及试验条件。

表 8-3　铝基板的产品性能与试验条件

序号	产品性能	指标	试验条件	中国指标
1	抗剥强度	15N/cm	IPC-TM-650	1.8N/mm^2
2	拉伸强度	15N/mm^2	—	—
3	平均热阻	0.1 (0.5835℃/W)	ASTM D5470	1.5～2.0 (0.5835℃/w)
4	热导率	1.3W/ (m·K)	ASTM D5470	—
5	表面电阻	10^{13} Ω	ASTM D247	10^{11} Ω
6	体积电阻	10^{14} Ω	ASTM D247	10^{12} Ω
7	击穿电压最小值	2kV	ASTM D149	2kV
8	燃烧性	FV-0	GB/T 4722—2017	FV-0
9	介电常数最大值	5.5～6.0MH	—	—

(3) 制造工艺要点

金属基印制板由于基板采用了金属材料，在制造过程中有一些事项需要加以注意。

① 工程设计线宽补偿。由于所用的导电铜层较厚，在线宽上要作一定补偿，否则蚀刻后线宽超差，将影响制品的质量。线宽补偿值则要依靠经验积累。

② 印阻焊的均匀性。因为图形蚀刻后线路铜厚超常规，印阻焊是很困难的，跳印、过厚、过薄在质量上都是不能接受的。如何印好这一层绿油是工艺难点之一。

③ 蚀刻。蚀刻后线宽必须符合客户图纸要求。残铜是不允许的，也不能动刀子刮去，动刀子会刮伤绝缘层，引起耐压测试起火花、漏电。

④ 机械加工。铝基板钻孔可以，但钻后孔内孔边不允许有任何毛刺，否则会影响耐压测试。铣外形是十分困难的，而冲外形，需要使用高级模具，模具制作很有技巧，这也是作铝基板的难点之一。外形冲后，边缘要求非常整齐，无任何毛刺，不碰伤板边的阻焊层。通常使用专用模具，孔从线路冲，外形从铝面冲，线路板冲制时受力是上剪下拉，这些都是技巧。冲外形后，板子翘曲度应小于 0.5%。

⑤ 整个生产流程不许擦花铝基面。铝基面经手触摸，或经某种化学药品都会表面变色、发黑，这都是绝对不可接受的，重新打磨铝基面有的客户也不接受，所以全流程不碰伤、不触及铝基面是生产铝基板的要点之一。有的企业采用钝化工艺，有的在热风整平（喷锡）前后贴上保护膜。

⑥ 过高压测试。通信电源铝基板要求 100% 高压测试，有的客户要求直流电，有的要求交流电，电压要求 1500V、1600V，时间为 5s、10s，100% 印制板作测试。板面上脏物、孔和铝基边缘毛刺、线路锯齿、碰伤任何一丁点绝缘层都会导致耐高压测试起火、漏电、击穿。耐压测试板出现分层、起泡，均拒收。

以上说的都是单面铝铝基板制作时要克服的生产和工艺上的难题。现在，一些单位作铝基芯印制板，即双面铝基印制板及盲孔多层铝基板，用于汽车、通信、仪表行业。

(4) 质量要求

铝基印制板的质量要求较高，这主要是因为产品涉及电性能安全等问题，当然还有功能性、装饰性等方面的问题。

① 基材表观质量。铝基上任何明显的擦痕、划伤、针孔、凹点、条纹状磨刷印都是不合格的，这不仅仅是外观不良的原因，更重要的，这也是导致其他潜在质量事故的诱因。

② 电性能。通过破坏多个被击穿了的铝基板的实验，查找被击穿的原因，发现绝缘介质层仅为树脂、无纤维，厚度 $75\mu m$，涂覆均匀；凡绝缘层上一丁点针孔、微粒、黑点、垃圾都是造成铝基板被高压击穿的原因，所以绝缘层涂覆的环境控制非常重要。

8.1.4.2 铝箔印制板

铝箔印制板是用铝材取代铜材的一种节约铜金属的线路板，基板可以是传统的树脂板，也可以是金属板。要注意这里介绍的不是以铝材做基板，而是做导电线路。

(1) 铝代铜工艺

当采用铝箔来代替铜箔时，制作工艺没有什么大的变化，只是将原来用的铜箔换成铝箔即可，其构成如图 8-2 所示。

采用铝箔代替铜箔，既可以制作单面板，也可以制作双面板，这两种柔性板的

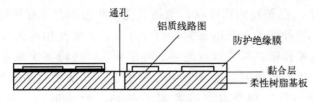

图 8-2　铝箔柔性印制线路板结构示意图

典型构成如下所示：①单面板。绝缘性树脂软片/黏合剂/铝箔/绝缘性树脂保护膜。②双面板。铝箔/黏合剂/绝缘性树脂软片/黏合剂/铝箔；导电性油墨/铝箔/黏合剂/绝缘性树脂软片/黏合剂/铝箔/绝缘性保护膜。

由于柔性板多数用于手机、录音笔等小型或微型电子产品内，对其总厚度有一定的要求和控制，各种材料叠加后的总厚度要求如表 8-4 所示。

表 8-4　柔性板总厚度的构成

绝缘膜		聚酰胺类	聚酯类
厚度/μm		25 50	25 50 75 100 125
黏合剂/μm		6~7	4~5
铝箔/μm		7~50	7~50
油墨	标记用/μm	3~4	3~4
	导电性/μm	10~15	10~15

(2) 铝代铜工艺的特点

采用铝箔代替铜箔制造柔性印制板有以下特点：①成本低。铝材的价格不到铜材的一半，这对于降低制品成本有明显的经济效益。②重量轻。铝材的重量只有铜材的 1/3，这对于减轻整机的重量是很有意义的。③厚度选择性好。铝箔可以方便自由地加工成各种厚度，比铜材的加工性好，从而增加了线路板厚度的选择性。④挠性好。铝箔的柔软性好，用在柔性印制板上是非常适合的。⑤散热性好。铝是热的良导体，因此有良好的散热性能。

(3) 制作铝箔印制板的材料

① 铝箔。铝箔的质量对印制板的性能有重要影响，用作印制板的铝箔应该是高纯铝，纯度和杂质含量应该符合国家标准或行业标准的相应要求。同时对其厚度、强度、导电性等都有相应的要求。

② 黏合剂。黏合剂不仅是将铝箔与基片牢牢黏合的重要材料，而且要具有耐

热性和抗蚀刻性能。因为在电子装配中电烙铁的使用以及工作中的高温环境，都会影响到黏合剂的稳定性。

③ 绝缘性树脂软片。用来制作柔性印制板的软片要求尺寸精度较高，其热收缩率至少要保持在±0.05mm 以下。同时要有良好的阻燃性。

（4）制作流程

典型的柔性印制板的制作流程是：金属箔与基板的黏合和层压—图形印制—线路蚀刻—表面防护—冲制成型。

① 黏合与层压。铝箔与软性基片的黏合是制造柔性印制板的首道工序，现在已经采用连续生产方式成卷地进行层压黏合。具体的方法是在铝箔的黏合面喷涂用有机溶剂溶解了的黏合剂，在烘道中适当干燥以蒸发掉溶剂后，再进入与基片黏合的工序，在带加热装置的金属辊和橡胶辊之间通过，从而压成铝箔线路基板。

② 图形印制。对已经覆有金属铝箔的基片，要进行电子线路图形的印制，可以是连续的滚印，也可以是丝网印制，可根据线路的精细度和蚀刻工艺的需要选择印制方法。印制线路工序要保持高度的清洁，线路上的细微灰尘都会成为影响线路连接的因素。

③ 线路蚀刻。对于铝箔线路板，蚀刻液通常采用碱性溶液，但也有采用酸性溶液的。由于铝与碱或酸的反应速度比铜要快得多，所以在工艺控制上要充分加以注意。要通过控制蚀刻液的浓度、工作温度和反应时间等来加以控制。

④ 表面防护。印制线路制作完成后的线路板表面需要进行涂膜加以防护。一般采用喷涂绝缘树脂的方法，也有采用印制的方法，在涂膜的同时将各种标记印上去，还可以用热压的方法。无论采用哪一种，都要保持印制线路板的柔软性。

⑤ 外形成型。印制线路板的成品一般都需要根据产品外形的设计而有一定的形状，在完成所有线路制作和外层保护后，还要按图纸设计的形状进行外形加工。如果对外形尺寸精度要求比较严格，需要用模具进行精冲成型。

（5）应用和开发

由于金属铝本身所具有的优良物理性能以及印制板制作技术的进步，采用铝箔替代铜箔制作柔性印制板是完全可行的。使铝箔的应用受到一定限制的原因是金属铝本身的易氧化性使其在表面电镀有一定困难，这对于需要进一步表面镀覆的印制板存在一定技术困难。在铝上电镀有成熟的工艺，但在铝箔上应用则还需要进一步开发适应其特点的工艺。

另外，由于铝材在金属基板中已经是主流的基板材料，在其上粘贴铜箔已经是流行的做法。但也有人在开发利用铝材易进行氧化处理的特点，在铝上用阻镀漆印制线路图后，再进行电化学氧化，直至在图形以外的区域形成氧化膜。这样除了线路图形保持了导电性以外，其他部位，包括作为基板的底部，都形成了绝缘性能良好的基板，是一种整体性更好的铝金属基铝导体印制板，已经可以在简单线路、但抗热性能要求高的大功率单面板中应用。

8.1.4.3 高频微波印制板

在通信领域，通常将 300MHz 以上的无线电波，即波长 1m 以上的短波频率范围，称为高频，其中波长达厘米级的称为微波。由于高频波具有定向传导性和良好的通信载波性，且具有高的保密性和传送质量，在现代移动通信中应用日益增多。与高频率相关的电子产品以及元器件，包括波导器件和印制板，都已经有了相应的产品并推向市场。

近年来，在华东、华北、珠三角、长三角地区已有众多印制板企业开始关注高频微波板市场，注意收集高频波、聚四氟乙烯（Teflon，PTFE）的动态和信息，将这类印制板新品种视为电子信息高新科技产业必不可少的配套产品，加强调研和开发。一些企业认定高频微波板为未来印制板行业新的经济增长点。

从市场需求情况看，国内不少雷达、通信研究所的印制板厂所需的高频微波板材在逐年增大。国内华为、贝尔、武汉邮科院等大通信企业需求高频微波印制板在逐年增多，国外从事高频微波产品的企业亦搬迁来中国，就近采购高频微波用印制板。种种迹象表明，高频微波板在我国已经成为新的市场增长点。

(1) 高频微波印制板的特性

在电工学中，ε 或 D_k 叫介电常数，是电极间充以某种物质时的电容与同样构造的真空电容器的电容之比，通常表示某种材料储电能力的大小。当 ε 大时，储电能力大，电路中电信号传输速度就会变低。通过印制板上电信号的电流方向通常是正负交替变化的，相当于对基板进行不断充电、放电的过程。在互换中，电容量会影响传输速度。而这种影响，在高速传送的装置中显得更为重要。ε 低表示储电能力小，充、放电过程就快，从而使传输速度加快。所以，在高频传输中，要求介电常数低。这就是高频微波印制板所具有的特性，也就是低介电性能。

另外还有一个概念，就是介质损耗。电介质材料在交变电场作用下，由于发热而消耗的能量称之为介质损耗，通常以介质损耗因数 $\tan\delta$ 表示。ε 和 $\tan\delta$ 是成正比的，高频电路亦要求 ε 低，介质损耗 $\tan\delta$ 小，这样能量损耗也小。

在印制板基材中，聚四氟乙烯基材的介电常数 ε 最低，典型的仅为 2.6～2.7，而一般的玻璃布环氧树脂基材的 FR4 的介电常数 ε 为 4.6～5.0，因此，Teflon 印刷板信号传输速度要比 FR4 快得多（约 1.4 倍）。Teflon 板的介质损耗因数为 0.002，为 FR4（0.02）的十分之一，能量损耗也小得多。加上聚四氟乙烯被称为"塑料王"，电绝缘性能优良，化学稳定性和热稳定性也好（至今尚无一种能在 300℃ 以下溶解它的溶剂），所以，高频高速信号传递优先选用 Teflon 或其他介电常数低的基材。

(2) 高频板的基本要求

① 线宽。由于是高频信号传输，严格要求成品印制板导线的特性阻抗，板的线宽通常要求 ±0.02mm（最严格的是 ±0.015mm）。因此，蚀刻过程需严格控制，

光成像转移用的底片需根据线宽、铜箔厚度做工艺补偿。

② 表面光洁度。这类印制板的线路传送的不是电流，而是高频电脉冲信号，导线上的凹坑、缺口、针孔等缺陷会影响传输，任何这类小缺陷都是不允许的。有时候，阻焊厚度也会受到严格控制，线路上阻焊过厚、过薄几个微米也会被判不合格。

③ 热冲击。许多电子产品需要通过热冲击试验，温度达 288℃，要求 10s，1～3 次，不发生孔壁分离。对于聚四氟乙烯板，要解决孔内的润湿性，做到化学沉铜孔内无空穴，电镀在孔内的铜层经得起热冲击，这是做好 Teflon 孔化板的难点之一。

④ 翘曲度。高频板对翘曲度有一定要求，通常要求成品板控制在 0.5%～0.7%。

(3) 高频微波板的加工难点

基于聚四氟乙烯板的物理、化学特性，其加工工艺有别于传统的 FR4 工艺，因此若按常规的环氧树脂玻纤覆铜板相同条件加工，则无法得到合格的产品。

① 钻孔。基材柔软，钻孔叠板张数要少，通常 0.8mm 板厚以二张一叠为宜；转速要慢一些；要使用新钻头，钻头顶角、螺纹角有其特殊的要求。

② 印阻焊。板子蚀刻后，印阻焊绿油前不能用辊刷磨板，以免损坏基板。推荐用化学方法做表面处理。要做到不磨板、印完阻焊后线路和铜面均匀一致、没有氧化层绝非易事。

③ 热风整平。基于氟树脂的内在性能，应尽量避免板材急速加热，喷锡前要做 150℃、约 30min 的预热处理，然后马上喷锡。锡缸温度不宜超过 245℃，否则孤立焊盘的附着力会受到影响。

④ 铣外形。氟树脂柔软，普通铣刀铣外形毛刺非常多，不平整，需要合适的特种铣刀铣外形。

⑤ 工序间运送。不能垂直立放，只能隔纸平放筐内；全过程不得用手指触摸板内线路图形；全过程防止擦花、刮伤。线路的划伤、针孔、压痕、凹点都会影响信号传输，板子会被拒收。

⑥ 蚀刻。严格控制侧蚀、锯齿、缺口，线宽公差严格控制在 ±0.02mm。用 100 倍放大镜检查。

⑦ 化学沉铜。化学沉铜的前处理是制造 Teflon 板的最大难点，也是最关键的一步。有多种方法做沉铜前处理，但总结起来，能稳定质量，适合于批量生产的，不外乎两种方法：

a. 化学法。金属钠加萘四氢呋喃等溶液，形成萘钠络合物，使孔内聚四氟乙烯表层原子受到浸蚀，从而达到润湿孔的目的。这是经典方法，效果良好，质量稳定。但毒性大，金属钠易燃，危险性大，需专人管理。

b. 等离子体法。在抽真空环境下，在两个高压电极之间注入四氟化碳（CF_4）或氩气（Ar_2）、氮气（N_2）、氧气（O_2），印制板放在二个电极之间，腔体内形成等离子体，从而把孔内钻污、脏物除掉。这种方法可获得满意均匀的效果，批量生产可行。但要投资昂贵的设备。

8.1.4.4　陶瓷多层板

陶瓷印制板大多作为厚膜和薄膜以及混合电路板用于汽车发动机控制电路、录像机等装置中的电源、发热元件部分的电路板。此类印制板多数含有阻容等元件，故也可作为多片电路封装和电调谐器板。

陶瓷基板有异常低的介电常数和热膨胀系数，使其可在一个宽广的温度范围内获得一致的电气性能，因而在微波印制板中也有较广泛的应用。通常将微波陶瓷基印制板分为硬陶瓷基板和软陶瓷基板两大类。其各自组成的不同，将直接导致其可能采取的制造工艺流程存在差异。

硬陶瓷基板是采用陶瓷粉填充到热固性树脂中而制成的聚合物复合材料，专为高可靠性带状线和微带线应用而设计，有助于发挥陶瓷和传统 PTFE 微波电路层压板的各自特性，且无需专用生产技术进行此类电路板材料的加工。对于需孔金属化的层压板材料，在进行化学沉铜前，无需进行钠萘溶液处理。

陶瓷层压板材料具有三维尺度的热膨胀系数，与铜非常匹配，可用来生产高可靠性金属化孔，且其有低蚀刻皱缩值。此外，陶瓷系列层压板材料的热导系数大约为传统 PTFE/陶瓷层压板材料的 2 倍，因此，其易于散热。由于陶瓷层压板材料是建立在热固性树脂基础之上的，因此当受热时不会变软。此特性可被用于电装过程中，元器件引脚和线路焊盘之间的连接，且可不必考虑焊盘的漂移或基板的变形。

陶瓷多层板的制造工艺有一次烧结多层法和厚膜多层法。简单的工艺流程如下。

① 一次烧结多层法。陶瓷坯料—冲压成型—印刷导电层—层压或印刷绝缘层—外形冲切—烧结—镀贵金属。

② 厚膜多层法。陶瓷坯料—冲压成型—烧结—印刷导电层—烧结—印刷绝缘层—印制导电层—烧结（按层数往返操作）。

陶瓷板采用的是真正意义上的"印制"技术，即将导电涂料（通常是导电银浆）按光蚀法制作的线路丝印到基板上，经烧结去掉有机成膜物而形成银质线路。现在已经开发出无需烧结的直接印刷导电涂料，除了银质涂料，还有碳质（石墨）、铜质涂料等。有机导电膜技术也在研发中，这些技术上的突破将使印刷线路板的制造回归印刷制造的本义。当然，在多层板制造和大功率板制造方面，电镀制造技术现在仍然是主角。

8.1.4.5　仿生基材印制板

医学用仿生材料现在已有部分用于临床，如人工骨、人工皮等，还有一些仿生材料正在开发中。而现代仿生技术中的一个重要领域就是现代电子技术与生物技术的结合，即使是完全物理学的需要，从起搏器到收集生命体征信号的电极和传感器，都有复杂和精细的电子线路，这些电子器件的线路板如果能与生物体有机地结合在一起，对减少生物机体的排异性和提高机体的适应性能，都将有重要意义。

目前用于医学上植入机体的线路板基本采用抗氧化性极好的金或铂金，这是非常昂贵的材料，目前还没有好的替代材料，即使采用镀金也是有风险的。但是如果开发出新的导电性生物材料，则有望在生物基线路板上应用，这不是科学幻想，而是可以开发的重要课题。

8.2 模型制造中的电铸工艺

电铸在电子制造中有很特殊的地位，由于这一工艺有良好的、称得上是精密的复制性能，特别是在异形模具制造方面既可以比较完美地复制设计原型，又可以大大提高复制效率，在电子制造和其他精密制造中已经广泛采用[2]。

8.2.1 电铸加工需要的资源

8.2.1.1 整流电源

电铸电源是电铸工艺中最主要的设备之一，是为电铸过程提供工作能量的能源设备。在选择电铸电源时要注意以下几点。

① 电压选择。在电铸过程中，电源的直流输出额定电压一般应不小于电铸槽最高工作电压的 1.1 倍。如果电沉积过程中需要冲击电流时，整流电源的电压值应该能满足要求。可供选择的直流电源的电压值有以下系列：6V、9V、12V、15V、18V、24V、36V 等。用户还可以根据自己的需要来设定电源的最大电压值。

② 电流选择。电铸的直流额定电流应该不小于根据所加工产品尺寸计算出来的电流值，并且要加上当需要冲击电流时的过载能力。

③ 电源波形。直流整流电源根据供电和整流方式的不同而有几种电源波形：单相半波、单相全波、单相桥式、三相半波、三相全波、双反星形带平衡电抗器，还有周期换向电流、脉冲间歇电流等。

现在常用的电源可控硅整流电源，其输出电流根据不同的规格可以有 5A、10A、50A、100A，甚至 20000A 等好多种选择。对于对电流的波形有特别要求的电铸过程，可以选用脉冲电源或周期换向电源，以获得更为细致的金属结晶和表面质量。对于要求纯正直流的电铸过程，可以选用开关电源等更为高级的供电方式。

在需要自动控制的场合，则可以加入电脑自动控制系统，使电铸过程获得稳定的电流供应而不出现较大的波动。

电铸过程中对电流的监控实际上是对电流密度的监控，因此选择电源功率的依据是所需要加工的电铸制品的表面积。通常以所能加工的最大表面积和最大的电流密度的积为选取电源功率的依据，并且还要加上10%～15%的裕度。

8.2.1.2 电铸槽

电铸用的槽体因所加工的制品不同而有所不同，和电镀槽一样属于非标准设备。槽体所用的材料要能防止电铸液的腐蚀和温度等变化的影响。由于电铸所用的镀液有不少是高温型，因此，电铸用镀槽宜于用钢材衬软PVC，也可以采用增强的硬PVC制作镀槽。

电铸槽的大小视所加工的电铸制件的大小而定。如果是体积较小的电铸制品，还要考虑单个电铸槽的承载量。或者根据所需要加工的电铸制品的产量，来确定所需要的设备。需要注意的是这种根据实际生产需要计算出的镀槽的容量并不包括日后发展时对电铸设备的需要。因此，一般都要对镀槽的容量适当放大，以留有产能的裕量。因此，电铸槽的容量可以从几十升至几千升不等。同时，尽管传统的电铸槽的形状与电镀槽大同小异，但现在电铸槽的形状有很多已经与电镀用镀槽的形状有所不同。

对于不同的电铸加工，要根据所加工制品的形状、大小和具体的要求专门设计镀槽和辅助装置。比如连续镀用带滚轮的镀槽，光盘电铸需要旋盘电极等。有些槽体也会因为电铸制品的形状特殊而要采用特制的镀槽。

对于电铸液量不大而又可以另外设置循环过滤槽的电铸槽，可以采用陶瓷槽体。对于不需要加温的常温型电铸或加温不超过60℃的镀液，可以采用普通PVC镀槽或玻璃钢镀槽。

有些产品生产型电铸，例如镍质剃须刀网罩、波导管等大批量生产的制品，可以采用电铸自动线生产，由自动或半自动控制系统按设定的流程程序进行操作，可以提高生产效率和适应大规模的生产。

对于近年出现的微电铸加工，则可以在更小型的镀槽内进行。并且这种电铸槽对所有工艺参数都尽可能采用自动控制系统加以控制，以保证过程的高度重现性。

8.2.1.3 电铸用阳极

电铸的阳极通常都要求是可溶性阳极，并且对纯度也有一定的要求。根据电铸制品的精度和硬度等的不同，对阳极的要求也不一样。普通电铸可以采用99.9%的阳极，但是，对于镀层纯度有较高要求的电铸，则要采用99.99%的阳极，以保证镀层的柔软性和镀液的纯净。对于电铸而言，由于阴极的工作电流密度高，工作时间长，因此，要求阳极与阴极的面积比要比电镀的大一些。阳极的面积至少是阴极面积的2倍。同时，一定要配置阳极篮，这样可以保证在可溶性阳极不足时，阳极仍然可以起导电作用，缓冲由于阳极消耗过大时，可溶性阳极面积减小引起的电流密度和槽电压的变化过大。

无论是采用阳极篮还是阳极都要加上阳极套，以防止阳极泥落入镀液内而使沉积层表面出现刺瘤等质量问题。

对于阳极有较高要求的电铸，可以在镀槽中设置专门的阳极室，以隔膜与阴极区隔开，以免阳极泥等影响电铸过程。

8.2.1.4　化学原材料

这里所说的电铸所需原材料主要指化工原料。这些化工原料可以根据电铸工艺的需要分为几类。

(1) 主盐

主盐是配制电铸液的主要材料，需要进行什么样的金属电铸，就需要这种金属的主盐，比如铜电铸要用到铜盐，镍电铸要用到镍盐等。并且同一种金属的电铸，由于所采用的工艺不同要用到不同的主盐。比如，硫酸盐镀铜用硫酸铜做主盐，而焦磷酸铜镀铜用焦磷酸铜做主盐。对于合金电铸，则要有与合金成分一样的主盐，特别是对于没有合金材料做阳极时，镀层中的金属成分完全是靠主盐提供的。

电铸所用主盐的浓度一般比电镀的要高一些，当然有些电镀液也可以直接用作电铸液。另外，电铸同样对主盐的质量有要求。为了防止杂质从主盐中带入镀液，要求主盐的纯度要高一点，最好采用化学纯级的主盐。如果使用工业级的材料，则在镀液配好以后要加入活性炭进行过滤，有些镀种还要小电流电解。

(2) 辅助盐

除了极个别的镀液是由单纯的简单盐配制成的外，电铸液还要用到各种辅助盐，比如导电盐、络合剂、辅助络合剂、pH调节剂等。对这些盐类同样有质量的要求，以防不纯的材料将金属杂质或有机杂质带入到镀槽中。如果用工业级材料，一定要进行过滤处理。

(3) 添加剂

添加剂是现代电镀技术中的重要化工原料，在电铸中同样有重要作用。有很多镀种没有添加剂就根本不能工作，比如酸性镀铜，没有光亮剂是不可能获得合格镀层的。

电镀或电铸中用的添加剂主要是有机物，并且现在有不少是人工合成的有预设功能的有机物中间体，最常用的是光亮剂（在电铸中主要用作镀层结晶的细化剂）、镀层柔软剂、走位剂（分散能力的通俗说法）等。

有些镀种仍然可以采用天然有机物或其他有机物作添加剂，如明胶、糖精、尿素、醇类化合物、醛类化合物等。

还有一些镀种则要用到无机添加剂，比如增加硬度或调整镀层结晶的非主盐类的金属盐。作为添加剂用的金属盐的用量通常都非常低，在1g/L以下。

(4) 前后处理剂

对于电铸来说，前后处理剂主要是常规酸、碱或盐。其中前处理主要用到的是去油所用的碱类，如氢氧化钠、碳酸钠、磷酸钠，还有表面活性剂。再就是去掉金属表面氧化皮的酸，如硫酸、盐酸、硝酸等。对于电铸的后处理，要用到酸碱的场合主要是一次性金属原型从电铸完成后的型腔中脱出的场合。这时要用酸或碱将金属原型溶解，以获得电铸成品。其他前后处理剂包括脱模剂、隔离剂等。

8.2.2 电铸工艺

电铸工艺可以分为四大部分，即原型的选定或制作、电铸前处理、电铸和电铸后处理。每一个部分又包括完成这个部分的多个子流程或工序。

8.2.2.1 电铸原型的制作

对于电铸过程来说，首先要确定的是原型，因为电铸是在原型上进行的。因此，如何选定原型和如何根据设计要求制作原型是电铸的关键。

采用什么样的原型要根据所加工产品的结构、造型、材料和适合的加工工艺来确定。当然，在需方有明确要求的情况下，完全可以按照需要来进行原型的设计和制作。对于选定了的原型形式，要采用相应的方法按设计意图加工成原型，以便用于电铸。

原型的制作有很多方法，包括手工制作原型，机械加工制作原型，利用快速成型技术制作原型和从成品上翻制原型等。

电铸是在原型上获得厚的电沉积层后，将原型脱出后获得与原型同形的模腔的加工过程。因此，电铸的原型对于电铸的质量有很重要的影响。电铸过程与原型的制作，与导电层的获得方法（化学的或物理的）、利用酸和碱的剥离方法、电沉积金属的性质、所采用的设备和装置都有关系，系统主要包括电沉积的金属、电解液、模型、设备等。系统原型的制作，与原型所用的材料有关。同时，非导体的电铸、导体的电铸有不同的电铸液和工艺。

(1) 电铸原型及材料的选择

电铸是从原型表面生长成型的。因此，电铸用的原型是实现电铸过程的重要工具。

所谓原型，就是原始的造型，也被叫作模板、芯模或样件。电铸的目的就是从原型上进行复制。对于以复制为目的的加工来说，电铸技术是各种成型物外形最好的克隆技术。因此，电铸原型的设计和制作是电铸加工最重要的前期技术。

如果是以电铸的方法制造模具的型腔，这时的原型相当于一个阳模，而电铸成型制品就是用来复制这个原型的阴模。由于电铸过程是以电沉积金属对原型进行包覆式镀覆的，所以通常将原型称为芯模。

电铸原型对电铸的成败起着关键的作用。因此，在电铸之前，要在电铸的原型上多用功夫，才能收到事半功倍的效果。如果对电铸原型缺乏全面的认识，要想做好电铸加工是有困难的。

但是，电铸不仅只是用来制造模具，也用来直接或间接生产产品。这时，电铸过程的产物就是一件产品，而不是用作再加工的模具。

电铸的另一个应用是用来生产特殊材料，比如金属箔或网，或者制造异形管、曲面等。对于这些不同用途的电铸，要选用不同的原型。

有时原型就是一件成品，是一件准备拿来仿制的样件。这种样件有时还是不能被破坏的，但是却又要一模一样地复制出来，这就要用到各种原型的复制技术，再在复制出的原型上进行电铸。

总之，电铸用的原型非常重要而又五花八门。人们经过一百多年的实践，对电铸原型的认识也在进一步深化。随着材料技术和电沉积技术的进步，以前不可能作为原型的材料和制品，现在也可以用作电铸的原型。可以说在不同的生产力水平下，使用着不同的原型材料和制作方法。

以碟片的制造为例，在采用钢盘做平面载音器记录声音之后，制造录音的原型曾经用过的材料有涂石蜡的锌盘、纯蜡盘、涂有硝化纤维的铝盘和镀有光亮铜层的耐蚀钢盘。经历了近百年发展的唱片工业生产，制造原型的材料经历过 4 次改变。而现在，在用激光技术来记录和复制声音的情况下，原型材料已经是特殊的光学玻璃。

原型材料的选择要考虑到材料科学的当代水平，以及材料技术和经济上的合理性。同时，还要考虑材料的物理、化学和力学性能。

① 材料的表面导电性。制作原型的材料表面应该是导电的，因此很多原型采用金属材料制作。如果是非金属材料制作的原型，则要进行表面金属化处理。使其表面具有导电性，才能进行电铸加工。

② 材料的热性能。由于涉及原型的制作、脱出和电铸精度等问题，制作电铸原型的材料的热物理性能对电铸制品的质量有着直接的影响，包括材料的体积和线膨胀系数、熔点、热导率、热容量、热稳定性、耐冷性等。在对原型进行化学和物理加工而涉及温度变化时，所用材料应不受影响和损坏，在尺寸方面要考虑易于与母型分离。

③ 材料的物理性能。用于制作电铸原型的材料的密度、抗拉强度、屈服强度、延伸率、弹性模量、冲击韧性、硬度等，要根据不同电铸制品的不同要求而有所考虑，所采用的材料应能允许进行机械加工和承受一定的载荷。

④ 材料的化学性能。材料的抗蚀性、耐浸蚀能力、形成氧化膜的速度、导电层与非金属基体的附着力、氢脆性、溶胀性、金属钝化性、腐蚀疲劳极限等都是要加以考虑的因素。要使原型能经受溶液的侵蚀作用还要与电铸材料不产生相互作用。

⑤ 材料的特殊性能。所谓特殊性能，是指光学、磁性、表面粗糙度、抗表面

渗氢能力、熔点、导电性、绝缘性等，有时某些性能可能是决定性的，例如对于易熔性原型的熔点。

根据以上电铸原型选用材料的原则，我们可以将电铸原型分成两大类：一类是金属原型类；另一类是非金属原型类。

如果从模具原型的使用情况来看，电铸原型又可以分为一次使用原型和反复使用性原型。

(2) 金属原型

金属原型是电铸加工中常用的原型。一方面，由于金属具有良好的导电性能，在其表面获得电沉积金属层很方便；另一方面，金属又具有良好的加工性能，可以获得很高的光洁度，可以抛光至镜面，也可以加工成各种特殊的形状。因此，在选用电铸原型材料时，金属原型是首选。

以前对可以用作电铸原型的金属有一些限定，也就是说并不是所有金属都可以用作电铸原型。而现代的材料和表面处理技术可以使任何金属都可以用作电铸原型，至少在理论上是这样的。

虽然金属有着许多共性，但是毕竟金属本身也有自己的分类和不同的特性，有时这种性质的差别还非常大。因此，即使用金属来做电铸原型，也会因材而异，不可一概而论。细分起来，有如下几种。

① 低熔点金属或合金。

低熔点金属或合金适合做一次性电铸原型，但是材料本身则是可以通过回收而反复使用的，比如铅、锡和它们的合金。这是与非金属一次性原型最大的不同，也是低熔点金属或合金原型材料的优点之一。

锌和镉以及它们的合金也可以用作制造一次性或反复使用型原型。低熔点金属制作原型的优点是成型方便，也可以利用模具（包括胶膜）进行成型。但是其缺点是不易获得主光亮度的表面，并且表面硬度不高，容易划伤。

② 易溶金属或合金。

易溶金属是指能在化学溶液里被溶解的金属，这种金属最为典型的是铝及其合金。由于铝的加工成型性能比低熔点金属或合金要好得多，力学性能也要好许多，且表面可以获得有方便脱模作用的氧化膜，因此既可以作为反复使用性原型，也可以用作一次性使用原型。当用作一次性使用原型时，不是靠高温熔化来脱出芯模，而是以化学溶解的方法让铝在碱性腐蚀剂中溶解掉。镁及其合金也和铝一样可以用作这类电铸原型。

③ 易加工高强度金属。

铜及其合金等属于这类原型材料。因为铜合金有良好的加工性能和力学性能，可以制作出精密的原型制品，并且可以通过表面镀镍和铬而使之具有良好的脱出性能。

耐蚀钢和普通钢也可以制作原型，比如 45 钢。耐蚀钢在工业中被用来制作电铸波导管。有些原型是在钢上电镀光亮铜后用于电铸，比如唱片制造中的镍膜就是以这种材料为原型在氨基磺酸盐镀镍中制取的。而用于纺织品染色的带孔滚筒，是在铜质圆柱状原型上电铸获得的。

采用不锈钢或钛制成的空心圆柱体原型是用来连续电铸金属箔或网的工具。这时将圆柱的两端用塑料等进行屏蔽，随着原型的缓慢旋转，就可以从其表面揭下电铸出来的箔或网，因为不锈钢和钛表面的天然钝化膜对电铸层与原型的分离有较好的效果。

有些金属原型仅仅对表面做简单的处理就可以进行电铸，比如以铝合金制成的原型。但是有些金属原型要经过比较复杂的前处理才能够进入电铸程序。

(3) 非金属原型

非金属原型由于加工成型性能好，容易较快和较方便地表达形状复杂的造型，因此是制造电铸原型的主流材料。

常用的非金属原型材料有各种树脂、塑料、石膏、石蜡、木材等。但是，非金属原型在电铸前必须要对表面进行金属化处理，否则是不能进行电铸的，比如塑料、石蜡等。因此，从方便电铸的角度，尽量采用金属原型为好。但是，金属原型只适合于形状简单和加工周期短的制品，对于复杂的制品，如果采用金属制作原型，所费的工夫不亚于人工开金属模，不如就直接制造金属模，不必再用电铸。因此，无论是从成本，还是从加工周期、精细程度等各个方面来看，采用非金属制作原型都比金属原型方便。

在快速成型技术产生以后，快速成型机所用的材料也多数为非金属材料，比如光固化树脂、激光烧结陶瓷、硅溶胶粘接陶瓷、热压胶纸等。

8.2.2.2　电铸前处理

电铸的前处理也被称为电铸原型的表面改性处理。我们知道，电铸的原型分为金属原型和非金属原型两大类。无论是金属原型还是非金属原型，在电铸前都要进行适当的前处理加工，使电铸层能可靠地在原型表面生长出来。

对于金属原型，其前处理包括表面整理和除油、除锈等类似于电镀前处理的流程，但是这种前处理不是为了获得良好的结合力，而是要获得均匀平整的表面镀层，以利在其上生长电铸层，还要方便以后的脱模处理。因此电铸的前处理中有时还要加入一个最重要的工序，那就是脱模剂或隔离层的设置。

对于非金属原型，首先使其表面金属化，以便使后续的电铸加工可以顺利进行。而表面金属化则要经过表面整理、敏化、活化、化学镀等一系列流程，使非金属原型表面金属化。

简单地讲，非金属原型表面金属化的过程，是通过一系列化学反应，在非金属表面获得金属化学沉积层的过程。

以下是典型的非金属表面金属化的工艺流程：

表面预处理—清洗—除油—清洗—中和—清洗—敏化—清洗—蒸馏水洗—活化—清洗—化学镀—清洗—电铸—电铸后处理。

（1）预处理和除油

对于将要进行电铸的非金属原型，在进行表面金属化处理前，对表面进行预处理是非常重要的。这一过程包括对表面外观的检查，对于有明显表面缺陷并会影响电铸质量的部位，要予以修整。在确认表面质量符合设计要求以后，才能进入下道工序，进行除油处理。

我们知道，许多非金属材料表面都是疏水的，特别是塑料、石蜡、玻璃等。对于木材和石膏，虽然是易亲水的材料，但是要对其进行电铸，在进行金属化处理前要用石蜡等进行表面封闭处理，同样也不亲水。这使得这些材料在主要以水溶液为载体进行的化学处理过程中，表面的化学反应不易进行得彻底。当然，也不排除有些非金属原型表面在加工过程中有油污染，至少还会有人工接触的痕迹。因此，要使其后的各项流程得以顺利实施，去掉这些表面油污是非常重要的。

非金属表面的除油一般也可以沿用金属表面处理的除油工艺。但是要充分考虑被处理材料的物理、化学性质，不能造成表面的严重损害。

对塑料表面的油污可以用碱性除油工艺，如采用合成洗涤剂在 60℃ 以下进行处理，也可以用下述碱性除油液进行处理：

Na_2CO_3	20～30g/L
Na_3PO_4	10～30g/L
NaOH	10～20g/L
表面活性剂	2～5mL/L
温度	60～70℃
时间	10～30min

表面活性剂要选用低泡和具有可逆吸附特性的物质，如烷基苯酚聚氧乙烯醚（OP 乳化剂）。

对于表面有蜂蜡、硅油及其他有机油污的制件，也可以先采用有机除油的方法，但所用有机溶剂应不会使塑料发生溶解、溶胀或产生龟裂。常用的有丙酮、酒精、二甲苯、三氯乙烯等。

对于玻璃类原型，也可以采用酸性除油液，即采用通常用作洗涤玻璃器皿的"洗液"来作为表面的除油剂：

$K_2Cr_2O_7$	15g
H_2SO_4	300mL
H_2O	20mL
温度	室温
时间	1～2min

这种除油的效果比较好，它依据的原理不是对油污的皂化作用、溶剂的溶解作

用，而是以强氧化作用来破坏有机物。但是，要防止时间过长对表面造成伤害。同时，这种方法也不适合于大生产。在实验室做试验时或只用来做小批量样品时，用这种方法比较可靠。

检查除油是否达到效果的方法很简单，就是看经过除油处理的制品表面是否亲水。如果完全不亲水或不完全亲水，都要重新来过，至少要基本亲水。

(2) 敏化

敏化的英文是 sensitize，字面意思是使之变得敏感或者具有感光性。但是，在对非金属进行金属化处理的过程中，是在经过粗化的表面吸附上一层具有还原作用的化学还原剂，为下一道活化工序做准备。

① 敏化的原理。

要使非金属表面镀出金属，先要在非金属表面以化学的方法镀出一层金属来，这被称为化学镀。而要实现化学镀，非金属表面必须有一些具备还原能力的催化中心，通常叫做活化或活性中心。实际上是要以化学方法在非金属表面形成生长金属结晶的晶核。形成这种活性中心的过程是一个微观的金属还原过程，并且通常是分步实现的。这就是先在非金属表面形成一层具有还原作用的还原液体膜，然后再在含有活化金属离子的处理液中还原出金属晶核。这种具有还原性作用的处理液就是敏化剂。

许多在溶液中可以提供电子的化学物质都具有还原能力，并且在不同的条件下，不同的氧化还原配体既可表现为氧化剂，也可以表现为还原剂。因此作为敏化剂，可以有很多选择，比如有人提出用二价锗、二价铁、三价钛、卤化硅、铅盐以及某些染料或还原剂等，都可以用作敏化液。但是，敏化过程所依据的原理是让具有还原作用的离子在一定条件下能较长时间地保持其还原能力，还要能控制其反应速度。要点是，敏化所要还原出来的不是连续的镀层，而只是活化点，即晶核。由于大多数还原剂会过快地消耗并会还原出连续的镀层，所以并不适合用作敏化剂。目前最适合的敏化剂还只有氯化亚锡。

氯化亚锡是二价锡盐，很容易失去两个电子而被氧化为四价锡：

$$Sn^{2+} - 2e \longrightarrow Sn^{4+}$$

这两个电子可以供给所有氧化还原电位比它正的金属离子还原，如铜、银、金、钯、铂等：

$$Sn^{2+} + Cu^{2+} = Sn^{4+} + Cu$$
$$Sn^{2+} + 2Ag^+ = Sn^{4+} + 2Ag$$
$$6Sn^{2+} + 4Au^{3+} = 6Sn^{4+} + 4Au$$
$$Sn^{2+} + Pd^{2+} = Sn^{4+} + Pd$$

氯化亚锡的特点是在很宽的浓度范围内，它都可以在非金属材料表面形成一个较恒定的吸附值，如从 1g/L 到 200g/L，都可以获得敏化效果。

为了合理地选择敏化液的成分，首先一定要弄清敏化过程的机理。很多研究都已经证实，二价锡在表面的吸附过程并不是发生在敏化溶液中，而是在下一道工序——用水清洗时，由于发生水解而产生微溶性产物：

$$SnCl_4^{2-} + H_2O \Longrightarrow Sn（OH）Cl + H^+ + 3Cl^-$$

这种 $Sn(OH)_{1\sim4}Cl_{0\sim4}$ 是二价锡水解后的微溶性产物，正是这些产物在凝聚作用下沉积在非金属表面，形成一层厚度从十几至几千埃的膜。因此，如果敏化液中的二价锡不水解，则无论在其中浸多长时间，都不会增加二价锡的吸附量。但是后面的清洗条件和酸及二价锡的浓度则与二价锡的吸附量有重要关系。实验表明，提高敏化液的酸度和降低二价锡的含量都将导致表面水解产物的减少。

另外，表面的粗糙度、组织结构以及清洗水的流体力学特性都与二价锡水解产物在表面的沉积数量有直接关系。酸性或强碱性溶液易于将表面上的二价锡薄层膜洗掉而导致敏化效果消失。

沉积在非金属表面上的二价锡的数量对化学镀的成败起着决定性作用。二价锡的数量越多，在下一道催化处理时所形成的催化中心密度越高，化学镀时的诱导期就越短。且获得的镀层也越均匀一致。但是，过量的二价锡吸附，会导致催化金属过多地沉积，致使镀层结合力下降。所以应根据不同的活化液和化学镀液来确定敏化液中二价锡的浓度。

不论是由于氧化剂的影响将二价锡氧化成四价锡，还是光照或空气中长时间暴露的氧化过程都会使敏化效果失效。因此保持敏化液的稳定性也是很重要的，当镀液中的四价锡的含量超过二价锡的含量时，化学镀铜层呈暗色且不均匀。

尚没有找到完全抑制氧化的办法。通常的做法是，在敏化液配制成后，在敏化液内放入一些金属锡的锡条或锡粒，这也是为了减少四价锡的危害：

$$Sn^{4+} + Sn \Longrightarrow 2Sn^{2+}$$

② 敏化的工艺。

一个典型的敏化工艺如下：

SnCl	10g/L
HCl	40mL/L
温度	10～30℃
时间	3～5min

在配制时，要先将盐酸溶于水中，再将氯化亚锡溶入盐酸水溶液中，这是为了防止发生水解：

$$SnCl_2 + H_2O \Longrightarrow Sn（OH）Cl + HCl$$

由反应式可知，在盐酸存在的条件下，有利于氯化亚锡的稳定。

根据敏化的机理，在敏化过程中，Sn^{2+} 在非金属表面的吸附层是在清洗过程中形成的，所以敏化时间的长短并不重要。实际上清洗确实很重要，这时因为二价锡外面多少都会有四价锡胶体存在，特别是对于使用过一段时间后的敏化液更是如此，如果清洗不好，会影响敏化效果。但过度的清洗会使二价锡也脱附，导致敏化效果下降。

实际生产过程中，敏化可以有多种工艺。分述如下。

a. 酸性敏化液。上面介绍的典型敏化工艺即属于这种类型。酸与锡的摩尔比在4～50之间，最常用的是每升含氯化亚锡10～100g和盐酸10～50mL的敏化液。随着酸浓度的升高，二价锡氧化的速度也会加快。也有用其他酸来作为介质酸的工艺，比如采用硫酸亚锡或硼氟酸亚锡盐时，所用的酸就应该是同离子的硫酸或硼氟酸，若对玻璃、陶瓷、氟塑料进行敏化时，可以用以下配方：

硼氟化亚锡（$SnBF_6$）　　　15g/L

硼氟酸（H_2BF_6）　　　250mL/L

氯化钠（NaCl）　　　100g/L

当敏化表面难以被水湿润时，可以在敏化液中加入表面活性剂，加入的含量在0.001～2g/L，常用的有十二烷基硫酸钠。

b. 酒精敏化液。这同样是对付表面难以亲水化的某些非金属制品的方法。在酒精溶液中加入20～25g/L的二价锡盐即可，也可以用酒精与水的混合液或加入适当的酸或碱。

c. 碱性敏化液。由于有些非金属材料不适合在酸性介质中处理，因此就要用到碱性的敏化液：

氯化亚锡　　　100g/L

氢氧化钠　　　150g/L

酒石酸钾钠　　　175g/L

实际生产中很少用到碱性敏化液，这主要是针对特殊制品所用的方法。

经过敏化处理的表面，如果后边的活化工序所用的是银盐，还要经过蒸馏水清洗才能进入下道工序。这是为了防止将敏化离子带入活化而引起活化的无功反应，消耗活化的资源。

(3) 活化

活化液主要由贵金属离子（如金、银、钯等金属）的盐配制的。在分步活化法中，用得最多的是银，这是因为相对来说，银的成本是最低的。但是银也有其局限性，一个是其稳定性不是很好，见光以后会自己还原而析出银来，使金属离子浓度下降；另一个原因是银只能催化化学镀铜，对化学镀镍没有催化作用。因此，很多时候要用到其他的贵金属，用得最多的是钯，当然现在也有了新的活化工艺或直接镀工艺，但采用量最大的还是银和钯的活化工艺。

① 活化的原理。

活化原理简单说就是当表面吸附有敏化液的非金属材料进入含有活化金属盐的活化液时，这些活化金属离子与吸附在表面的还原剂锡离子发生电子交换，二价锡离子将两个电子供给两个银离子或者一个钯离子，从而还原成金属银或钯。这些金属分布在非金属表面，成为非金属表面的活化中心。当这种具有活化中心的非金属材料进入化学镀液时，就会在表面催化化学镀发生而形成镀层：

$$Sn^{2+} - 2e = Sn^{4+}$$
$$2Ag^+ + 2e = 2Ag$$
$$或者 Pd^{2+} + 2e = Pd$$

在化学镀的开始阶段，先是个别催化中心开始由晶核成长为晶格，然后逐步增大形成连续的金属膜。从结晶开始成长到出现可以肉眼看见的金属膜的这段时间，称为化学镀的诱导期。其诱导期的长短与敏化与活化的作用和效果有密切关系，如式（8-4）和式（8-5）所示：

当 $0 \leqslant t \leqslant 1/c \, (\delta\pi)^{1/2}$ $d = 2\pi\delta ct \, (r_0^2 + r_0 ct + 1/3 c^2 t^2)$ (8-4)

当 $t \geqslant 1/c \, (\delta\pi)^{1/2}$ $d = 2r_0 \, [i + r_0 \, (\delta\pi)^{1/2} - 1/3 \, (\delta\pi)^{1/2} + ct]$ (8-5)

式中，d 为膜层厚度（按单位面积上的体积单位计）；c 为化学镀瞬时速度；δ 为单位面积上催化剂中心的数量；r_0 为催化中心的半径；t 为化学镀持续的时间。

式（8-4）表示诱导期阶段个别半圆颗粒的成长情况；式（8-5）则表示连续膜生长的情况。当 $r_0 = 5\text{Å}$（$1\text{Å} = 1 \times 10^{-10}$ m）时，实验数据与公式完全吻合。

当以银盐为活化剂时，催化中心颗粒的直径为 30～100Å，而以钯为催化中心时，其颗粒的平均直径约为 50Å；在 $1\mu m^2$ 上的数量为 10～15 个。

催化中心的密度与催化中心的大小、沉积在表面上敏化剂的数量和种类、活化条件（催化剂种类、活化离子浓度、酸度和温度等）和持续的时间有关。

敏化后的清洗和所持续的时间对颗粒的大小影响较大。经彻底清洗后，所形成的钯颗粒的直径小于 20Å，在这种尺寸的颗粒下所获得的化学铜镀层平滑且结合力良好。

当用强酸性或强碱性溶液进行活化时，一部分敏化剂（如锡的化合物）将被溶解，并使钯离子还原而形成混浊液。这时最好采用银氨活化液，因为二价锡盐的水解产物在银氨溶液中不会被溶解。

经过活化处理后的制件最好进行干燥，干燥后再进入化学镀的制件结合力有所提高。

② 活化的工艺。

以银离子作活化剂的工艺如下：

AgNO₃	3～5g/L（蒸馏水）
NH₄OH	滴加至溶液透明
温度	室温
时间	5～10min

加盖避光存放，每次使用后都要加盖。

以钯离子作活化剂的工艺如下：

PdCl₂	0.5～1g/L
HCl	30～40mL/L

温度	室温
时间	5～10min

分步活化法不适合自动生产线的生产，因为敏化液如果不清洗干净，稍有残留就会带进活化液而导致活化液提前失效，特别是当采用银离子做活化剂时，要经常更换蒸馏水，以保证活化液的稳定，这也是分步活化法的一个主要的缺点。作为改进，人们开发了一步活化法。

③ 敏化活化一步法。

一步活化法是将还原剂与催化剂置于一液内，在反应生成活化中心后，在浸入的非金属表面吸附而生成活性中心的方法，因此也叫敏化活化一步法。由于通常采用的是胶体钯溶液，所以也称为胶体钯活化法。

这种方法是将氯化钯和氯化亚锡在同一份溶液内反应生成金属钯和四价锡，利用四价锡的胶体性质形成以金属钯为核心的胶体团，这种胶体团可以在非金属表面吸附，通过解胶流程，将四价锡去掉后，露出的金属钯就成为活性中心。

胶体的配制方法如下：

$PdCl_2$	1g
HCl	300mL
$SnCl_2 \cdot H_2O$	37.5 g
H_2O	600mL

配制：取 300mL 盐酸溶于 600mL 水中，然后加入 1g 氯化钯，使其溶解。再将 37.5g 氯化亚锡边搅拌边加入其中，这时溶液的颜色由棕色变绿，最终变成黑色。如果绿色没有即时变成黑色，就要在 65℃ 保温数小时，直至颜色变成黑色以后才能使用。

严格按上述配制方法进行配制是非常重要的，如果配制不当，会使活化液的活性降低，甚至没有了活性。

活化液配制过程中出现的颜色变化是不同配位数胶体的反应显示。当配位数为 2 时，显示为棕色；当配位数为 4 时，显示为绿色；进一步增加锡的含量，当配位数达到 6 时，溶液的颜色就成为黑色。这时胶团的分子式可能是 $[PdSn_6Cl_x]^{y-}$。

由于一步活化法中金属离子是以胶体状存在于活化液中的，因此，在非金属制品浸过活化液后，还必须经过一道解胶工序。比如用 HCl 100mL/L，经过 5min 或更长时间的处理，就可以进行化学镀了。

(4) 化学镀和化学镀铜

化学镀是非金属电镀的主要工艺。经过活化处理后，非金属表面已经分布有催化作用的活性中心。这些活性中心作为化学镀层成长的晶核，使化学镀层从这里生长成连续的镀层。当最初的镀层形成后，化学镀层具有的自催化作用使化学镀得以持续进行。

化学镀所依据的原理仍然是氧化还原反应。由参加反应的离子提供和交换电子，从而完成化学镀过程。因此化学镀液需要有能提供电子的还原剂，而被镀金属离子当然就是氧化剂了。为了使镀覆的速率得到控制，还需要有让金属离子稳定的络合剂以及提供最佳还原效果酸碱度的调节剂（pH 值缓冲剂）等。

① 化学镀铜原理。

下面是一个典型的化学镀铜液配方：

硫酸铜　　　　　　　5g/L

酒石酸钾钠　　　　　25g/L

氢氧化钠　　　　　　7g/L

甲醛　　　　　　　　10mL/L

稳定剂　　　　　　　0.1mg/L

这个配方中硫酸铜是主盐，是提供我们需要镀出来的金属的主要原料。酒石酸钾钠称为络合剂，是保持铜离子稳定和使反应速率受到控制的重要成分。氢氧化钠可以维持镀液的 pH 值并使甲醛能充分发挥还原作用。而甲醛则是使二价铜离子还原为金属铜的还原剂，是化学镀铜的重要成分。当镀液被催化而发生铜的还原后，稳定剂能对还原的速率进行适当控制，防止镀液自己剧烈分解而导致镀液失效。

当以甲醛为还原剂时，化学镀铜是在碱性条件下进行的。铜离子需要有络合剂与之形成络离子，以增加其稳定性。常用的络合剂有酒石酸盐、EDTA、多元醇类化合物、胺类化合物、乳酸盐、柠檬酸盐等。可以用如下通式表示铜络离子：$Cu^{2+} \cdot complex$，则化学镀铜还原反应的表达式如下：

$$Cu^{2+} \cdot complex + 2HCHO + 4OH^- \longrightarrow Cu + 2HCOO^- + 2H_2 + 2H_2O + complex$$

这个反应需要催化剂催化才能发生，因此正适合于经活化处理的非金属表面。但是，在反应开始后，当有金属铜在表面沉积出来，铜层就作为进一步反应的催化剂而起催化作用，使化学镀铜得以继续进行。这与化学镀镍的自催化原理是一样的。当化学镀铜反应开始以后，一些副反应也会发生：

$$2HCHO + OH^- \longrightarrow CH_3OH + HCOO^-$$

这个反应也叫"坎尼扎罗反应"，它也是在碱性条件下进行的，并消耗掉一些甲醛。

$$2Cu^{2+} + HCHO + 5OH^- \longrightarrow Cu_2O + HCOO^- + 3H_2O$$

这个是不完全还原反应，所产生的氧化亚铜会进一步反应：

$$Cu_2O + 2HCHO + 2OH^- \longrightarrow 2Cu + H_2 + H_2O + 2HCOO^-$$

$$Cu_2O + H_2O \longrightarrow 2Cu^+ + 2OH^-$$

也就是说，一部分还原成金属铜，另一部分还原成一价铜离子。一价铜离子的产生对化学镀铜是不利的，因为它会进一步发生歧化反应，还原为金属铜和二价铜离子：

$$2Cu^+ \longrightarrow Cu + Cu^{2+}$$

这种由一价铜还原出的金属铜是以铜粉的形式出现在镀液中的，这些铜粉成为进一步催化化学镀的非有效中心，当分布在非金属表面时，会使镀层变得粗糙，而当分散在镀液中时，会使镀液很快分解而失效。因此，化学镀铜的质量和镀液的稳定性一直是一个值得关注的问题。

② 影响化学镀铜质量和镀液稳定性的因素。

a. 镀液各组分的影响。

二价铜离子（主盐）的浓度对化学镀铜沉积速率有较大影响。而甲醛浓度在达到一定值后，对其影响不是很大，但它与镀液的 pH 值有密切关系。当甲醛浓度高时（2g/L），pH 值应为 11～11.5；当甲醛浓度低时（0.1～0.5g/L），镀液的 pH 值要求在 12～12.5。

如果溶液中的 pH 值和溶液的其他组分的浓度恒定，无论是提高甲醛或者是二价铜离子的浓度（在工艺允许的范围内），都可以提高镀铜的速率。

化学镀铜的反应速率（v）与二价铜离子、甲醛和氢氧离子的关系可以用下式表示：

$$v = K\ [Cu^{2+}]^{0.69}\ [HCHO]^{0.20}\ [OH^-]^{0.25}$$

在大部分以甲醛为还原剂的化学镀铜液中，甲醛的含量是铜离子含量的数倍。酒石酸盐的含量也要比铜离子高，当其比例大于 3 时，对铜还原的速率影响并不是很大。但是如果低于这个值，镀铜的速率会稍有增大，但是镀液的稳定性则下降。

除了酒石酸钾钠，其他络合剂也可以用于化学镀铜，比如柠檬酸盐、三乙醇胺、EDTA、甘油等，但其作用效果有所不同，最为适合的还是酒石酸盐。

b. 工艺条件和其他成分的影响。

温度提高，镀铜的速率会加快。有些工艺建议温度为 30～60℃，但是过高的温度也会引起镀液的自分解，因此，最好是控制在室温条件下工作。

pH 值偏低时容易发生沉积出来的铜在表面钝化的现象，有时会使化学镀铜的反应停止。温度过高和采用空气搅拌时，都有引起铜表面钝化的风险。在镀液中加入少许 EDTA 可以防止铜的钝化。

其他金属离子对化学镀铜过程也有一定影响。其中镍离子的影响基本上是正面的。试验表明，在化学镀铜液中加入少量镍离子，在玻璃和塑料等光滑表面上可以得到高质量的镀铜层。而不含镍离子的镀液里，得到的镀层与光滑的表面结合不牢。添加镍盐会降低铜离子还原的速率。在含镍盐时，镀液的沉积速率为 0.4μm/h；不含镍盐时，化学镀铜的沉积速率为 0.6μm/h。当含有镍盐时，镍离子会在镀覆过程中与铜离子共沉积而形成铜镍合金。当化学镀铜液中镍离子的浓度为 4～17mg/L 时，镀铜层中镍的含量为 1%～4%。

需要注意的是，在含有镍的化学镀铜液的 pH 值低于 11 时，镀液偶尔会出现凝胶现象。这是由于甲醛与其他成分（包括镍的化合物）发生了聚合反应。

在化学镀铜中，钴离子也有类似作用，但是从成本上考虑还是采用添加镍较好。当镀液中有锌、锑、铋等离子混入时，都将降低铜的还原速率；当超过一定含量时，镀液将不能用于镀铜。因此，配制化学镀铜应液时尽量采用化学纯级别的化工原料。

c. 影响化学镀铜液的稳定性因素。

以甲醛作还原剂的化学镀铜不仅可以在被活化的表面进行，还可以在溶液本体内进行，而当这种反应一旦发生，就会在镀液中生成一些铜微粒，这些微粒成为进一步催化铜离子还原反应的催化物，最终导致镀液在很短时间内完全分解，变成透明溶液和沉淀在槽底的铜粉。这种自催化反应的发生引发了化学镀铜稳定性的问题。

在实际生产中，希望没有本体反应发生，铜离子仅仅在被镀件表面还原。由于被镀表面是被催化了的，而镀液本体中尚没有催化物质，因此，化学镀铜在初始使用时不会发生本体的还原反应，同时由于非催化的还原反应的活化能较高，要想自发发生需要克服一定的阻力。但是很多因素会促进非催化反应向催化反应过渡，最终导致镀液的分解。以下因素可能会降低化学镀铜液的稳定性。

镀液成分浓度高。铜离子和甲醛以及碱的浓度偏高时，虽然镀速可以提高，但镀液的稳定性会下降。因此，化学镀铜有一个极限速率，超过这一速率，在溶液的本体中就会发生反原反应。尤其在温度较高时，溶液的稳定性明显下降。因此，不能一味地让镀铜在高速率下沉积。

过量的装载。化学镀铜液有一定的装载量，如果超过了每升镀液的装载量，就会加快镀液本体的还原反应。比如空载的镀液，当碱的浓度达到 0.9N 时才会发生本体还原反应。而当装载量为 $60cm^2/L$ 时，碱的浓度在 0.6N 时就会发生本体的还原反应。

配位体的稳定性下降。如果配位体不足或所用配位体不足以保证金属离子的稳定性，镀液的稳定性也跟着下降。比如当酒石酸盐与铜的比值从 3：1 降到 1.5：1 时，镀液的稳定性就会明显下降。

厚度在 $1\mu m$ 以下的薄导电性镀层。这种类型的化学镀铜液稳定性高，便于在生产线上维持稳定的生产流程。另一类是用于印刷线路板加厚或电铸的化学镀铜液，沉积层的厚度在 $20\sim30\mu m$ 以上。这时对镀层的厚度和延展性有一定要求，对镀液的要求是以反应快速为主。镀液的温度通常在 $60\sim70℃$ 之间，而不像前一种类型是在常温下操作。

镀液中存在固体催化微粒。当镀液中有铜的微粒存在时，会引发本体发生还原反应。这可能是从被活化表面上脱落的活化金属，也可能是从镀层上脱落的铜颗粒，还有就是配制化学镀铜液的化学原料的纯度问题，如有杂质的原料配制的化学镀铜液，稳定性肯定是不好的。

③ 提高化学镀铜稳定性的措施。

为了防止这些不利于化学镀铜的副反应发生，通常要采取以下措施。

在镀液中加入稳定剂。常用的稳定剂有多硫化物，如硫脲、硫代硫酸盐、2-巯基苯并噻唑、亚铁氰化钾、氰化钠等。但其用量必须很小，因为这些稳定剂同时也是催化中毒剂，稍一过量，将会使化学镀铜停止反应，完全镀不铜出来。

采用空气搅拌。空气搅拌可以有效地防止铜粉的产生，抑制氧化亚铜的生成和分解。但对加入槽中的空气要进行去油污等过滤措施。

保持镀液在正常工艺规范。不要随便提高镀液成分的浓度，特别是在补加原料时，不要过量。最好是根据受镀面积或分析来较为准确地估算原料的消耗。同时，不要轻易升高镀液温度，在调整各种成分的浓度和在调高 pH 值时都要很小心。并且在不工作时，将 pH 值调整到弱碱性，并加盖保存。

保持工作槽的清洁。采用专用的化学镀槽，槽壁要光洁，避免化学铜在壁上沉积，如果发现有沉积要及时清除，并洗净后，再用于化学镀铜。去除槽壁上的铜可以采用稀硝酸浸渍。有条件时要采用循环过滤镀液。

(5) 化学镀铜工艺

用于非金属电镀的化学镀铜工艺如下：

硫酸铜	3.5～10g/L
酒石酸钾钠	30～50g/L
氢氧化钠	7～10g/L
碳酸钠	0～3g/L
37%甲醛	10～15mL/L
硫脲	0.1～0.2mg/L
pH 值	11.5～12.5
温度	室温（20～25℃）
搅拌	空气搅拌

在实际操作中为了方便，可以将主盐和络合剂配制成不加甲醛的浓缩液备用。比如按上述配方将所有原料的含量提高 5 倍，制成浓缩液。在需要使用时再用蒸馏水按 5∶1 的比例进行稀释。用精密试纸或 pH 计检测 pH 值，如果不在工艺范围，则加以调整。然后在开始工作前再加入甲醛。无论是调整镀液的 pH 值还是加入甲醛，都要在充分搅拌下进行，防止局部浓度偏高而影响镀液的稳定性。

要想获得延展性好又有较快沉积速度的化学镀铜，建议使用如下工艺：

硫酸铜	7～15g/L
EDTA	45g/L
甲醛	15mL/L
用氢氧化钠调整 pH 值到 12.5	
氰化镍钾	15 mg/L
温度	60℃
析出速度	8～10μm /h

如果不用 EDTA，也可以用酒石酸钾钠75g/L。另外，现在已经有商业的专用络合剂出售，这种商业操作在印刷线路板行业很普遍，用的是 EDTA 的衍生物，其稳定性和沉积速度都比自己配制的要好一些。一般随着温度上升，其延展性也要好一些，在同一温度下，沉积速度慢时所获得的镀层延展性要好一些，同时抗拉强

度也增强。为了防止铜粉的影响，可以用连续过滤的方式来当作空气搅拌。

研究表明，通过化学镀铜获得的铜层是无定向的分散体，其晶格常数与金属铜一致。铜的晶粒在 $0.13\mu m$ 左右。镀层有相当高的显微内应力（$18kg/mm^2$）和显微硬度（$200\sim215kg/mm^2$），并且即使进行热处理，其显微内应力和显微硬度也不随时间延长而降低。

降低铜的沉积速度和提高镀液的温度，铜镀层的可塑性增加。有些添加物也可以降低化学镀铜层的内应力或硬度，比如氰化物、钒、砷、锑盐离子和有机硅烷等。当温度超过 $50℃$，含有聚乙二醇或氰化物稳定剂的镀液，镀层的塑性会较高。

化学镀铜层的体积电阻率明显超过实体铜（$1.7\times10^{-6}\Omega\cdot cm$），在含有镍离子的镀层，电阻会有所增加。因此，对铜层导电性要求比较敏感的产品，以不添加镍盐为好。比如印刷线路板的化学镀铜。但是对于电铸用的化学镀铜来说，这种情况可以忽略。

表 8-5 是根据资料整理的稳定性较好的一些化学镀铜液的配方。这些配方都选用了至少一种稳定剂。有些稳定剂的用量非常少，在添加时一定要控制用量，稍有过量，就会造成镀液的过稳定而无法获得化学镀层。

表 8-5 各种实用化学镀铜液配方

组分	各组分含量									
	1	2	3	4	5	6	7	8	9	10
硫酸铜	7.5	7.5	10	18	25	50	35	10	5	10
酒石酸钾钠	—	—	—	85	150	170	170	16	150	—
EDTA 二钠	15	15	20	—	—	—	—	—	—	20
柠檬酸钠	—	—	—	—	—	50	—	—	20	—
碳酸钠	—	—	—	40	25	30	—	—	30	—
氢氧化钠	20	5	3	25	40	50	50	16	100	15
甲醛（37%）/（mL/L）	40	6	6	100	20	100	20	8（聚甲醛）		9（聚甲醛）
氰化钠	0.5	0.02								
丁二腈			0.02							
硫脲			0.002							
硫代硫酸钠				0.019	0.002	0.005				
乙醇/（mL/L）				0.003	0.005					
2-乙基二硫代氨基甲酸钠							0.01			0.1
硫氰酸钾								0.005		
联喹啉									0.01	
沉积速度/（mg/h）		0.5				5~10	3		6	

(6) 化学镀镍

化学镀镍镀液主要由金属盐、还原剂、pH 缓冲剂、稳定剂或络合剂等组成。

镍盐用得最多的是硫酸盐，还有氯化物或者醋酸盐。还原剂主要是亚磷酸盐、硼氢化物等。pH 值缓冲剂和络合剂通常采用氨或氯化铵等。

以次亚磷酸钠作还原剂的化学镀镍是目前使用最多的一种。其反应机理如下。

在酸性环境：

$$Ni^{2+} + H_2PO_2^- + H_2O \longrightarrow Ni + H_2PO_3^- + 2H^+$$

在碱性环境：

$$[NiX_n]^{2+} + H_2PO_2^- + 3OH^- \longrightarrow Ni + HPO_3^{2-} + nX + 2H_2O$$

磷的析出反应如下：

$$H_2PO_2^- + 2H^+ \longrightarrow P + 2H_2O$$

$$2H_2PO_2^- \longrightarrow P + HPO_3^{2-} + H^+ + H_2O$$

化学镀镍的沉积速度受温度、pH 值、镀液组成和添加剂的影响。通常温度上升，沉积速度也加快。每上升 10℃，速度约提高 2 倍。

pH 值是最重要的因素。不仅对反应速度，对还原剂的利用率、镀层的性质都有很大的影响。

镍盐浓度的影响不是主要的，次亚磷酸钠的浓度提高，速率也会相应提高。但是到了一定限度以后反而会使速率下降。每还原 1g 分子的镍，消耗 3g 分子的次亚磷酸盐（即 1g 镀层消耗 5.4g 的次亚磷酸钠）。同时，一部分次亚磷酸盐在镍表面催化分解。常常利用系数来评定次亚磷酸盐的利用率，它等于消耗在还原金属镍上的次亚磷酸盐与整个反应中消耗的次亚磷酸盐总量的比：

$$次亚磷酸盐利用系数 = \frac{用于还原镍的次亚磷酸盐}{化学镀中次亚磷酸盐消耗总量}$$

次亚磷酸盐的利用系数与溶液成分（如缓冲剂和配位体）的性质和浓度有关。当其他条件相同时，在镍还原速率高的溶液里，利用系数也高，利用系数也随着装载密度的增大而提高。

在酸性环境里，可以用只含镍离子和次亚磷酸盐的溶液化学镀镍。但是为了使工艺稳定，必须加入缓冲剂和络合剂。因为化学镀镍过程中生成的氢离子使反应速率下降，乃至停止。常用的有醋酸盐缓冲体系，也有用柠檬酸盐、羟基乙酸盐、乳酸盐等的。络合物可以在镀液的 pH 值增高时也保持其还原能力。当调整多次使用的镀液时，这一点很重要，因为在陈化的镀液里，亚磷酸的积累会增加，如果没有足够的络合剂，镀液的稳定性会急剧下降。

酸性体系里的络合剂多数采用的是乳酸、柠檬酸、羟基乙酸及其盐。有机添加剂对镍的还原速率有很大影响，其中许多都是反应的加速剂，如丙二酸、丁二酸、氨基乙酸、丙酸以及氟离子。但是，添加剂也会使沉积速率下降，特别是稳定剂，会明显降低沉积速率。

在碱性化学镀镍溶液里，镍离子配位体是必需的成分，以防止氢氧化物和亚磷酸盐沉淀。一般用柠檬酸盐或铵盐的混合物作为络合剂，也有用磺酸盐、焦磷酸盐、乙二胺盐的镀液。

提高温度可以加速镍的还原。在 $60\sim90℃$，还原速率可以达到 $20\sim30\mu m/h$，相当于在中等电流密度（$2\sim3A/dm^2$）下电镀镍的速度。

采用硼氢化物为还原剂的反应机理如下：

$$4NiCl_2+2NaBH_4+8NaOH \longrightarrow Ni+2NaBO_2+8NaCl+6H_2O$$

$$4NiCl_2+2NaBH_4 \longrightarrow 2NiB+8NaCl+6H_2O+H_2\uparrow$$

$$NaBH_4+2H_2O \longrightarrow NaBO_2+4H_2\uparrow$$

由上式可见，析出物就是镍硼合金。与用次亚磷酸盐作还原剂相比，还原剂的消耗量较少，并且可以在较低温度下操作。但是由于硼氢化物价格高，在加温时易分解，使镀液管理存在困难，一般只用在有特别要求的电子产品上。镍磷和镍硼化学镀的特点见表 8-6。

表 8-6　化学镀镍磷和化学镀镍硼的性能比较

	各项指标	化学镀镍磷	化学镀镍硼
镀层的性质	合金成分	Ni 87%～98%（质量分数） P 2%～13 %（质量分数）	Ni 99%～99.7%（质量分数） B 0.3%～1%（质量分数）
	结构	非晶体	微结晶体
	电阻率/（$\mu\Omega\cdot cm$）	30～200	5～7
	密度/（g/cm^3）	7.6～8.6	8.6
	硬度/HV	500～700	700～800
	磁性	非磁性	强磁性
	内应力	弱压应力-拉应力	强拉应力
	熔点/℃	880～1300	1093～1450
	焊接性	较差	较好
	耐腐蚀性	较好	比镍磷差
镀液特性	沉积速度/（$\mu m/h$）	3～25	3～8
	温度/℃	30～90	30～70
	稳定性	比较稳定	比较不稳定
	寿命/MTO	3～10	3～5
	成本比	1	6～8

注：1MTO=配槽时的金属离子数=配槽时添加镍（g/L）×槽体积（L）。

(7) 化学镀镍工艺

化学镀镍根据其含磷量的多少可分为高磷、中磷和低磷三类；以镀液工作的

pH 值范围可分为酸性镀液和碱性镀液两类；根据镀液的工作温度又可以分为高温型和低温型两类。

由于非金属电镀的基材大多数不宜在高温条件下作业，因此，非金属电镀只适合采用低温型镀液。当然有些耐高温材料（如陶瓷），也可以为了获得快速和性能良好的镀层而采用高温型镀液。

低温碱性化学镀镍磷工艺：

硫酸镍	10～20g/L
氯化铵	20～30g/L
柠檬酸钠	20～30g/L
次亚磷酸钠	10～20g/L
pH	8～9
温度	35～45℃
时间	5～15min

这是典型的用于塑料电镀的化学镀镍磷工艺，其特点是温度比较低，不至于引起塑料的过热变形。但由于要求用氨水调节 pH 值，所以存在有刺激性气味等缺点。

8.2.2.3 电铸

电铸过程也就是金属的电沉积过程。在电铸工作液中，以经过前处理的原型作为阴极，以所电铸的金属为阳极，在直流电的作用下，控制一定的电流密度，经过一定时间的电沉积，就可以在原型上获得金属电铸的制品。

根据所设计的电铸制品的要求，电铸所用的金属可以是铜、镍、铁、稀贵金属及其合金等。电铸制品的厚度可以从几十个微米到十几个毫米。

由于电铸过程所经历的时间比较长，电铸过程中的工艺参数可以采用自动控制的方法加以监控。如工作液的温度、电流密度、pH 值、浓度等，可以采用不同的控制系统加以控制。

电铸过程中所用的阳极通常要求采用可溶性阳极。这是因为电铸过程金属离子的消耗比电镀要大得多，并且电铸过程所采用的阴极电流密度也比较高，如果金属离子得不到比较及时的补充，电铸的效率和质量都会受到影响。

(1) 镍电铸工艺

镍电铸是模具制造中用得较多的电铸工艺。常用的镍电铸因所采用的主盐不同而有不同的工艺。镍电铸通用的工艺流程如下：母型前处理—清洗—电铸镍—出槽清洗—母型脱出—型腔质量检查—型腔镀铬（选择采用）。

母型的前处理包括对母型的外观与设计的符合性进行检查。对于金属母型，和铜电铸一样，要进行常规除油和弱酸活化；对于非金属母型则要按照前面介绍的非金属表面金属化的方法让表面导电化。

由于镍的自钝化性能较强，中间断电很容易出现镀层分层，所以电铸过程中出槽观察要特别小心，尽量少将电铸过程中的制品取出槽外观察，并且取出时也不要清洗，出槽时间不要过长，然后带电下槽继续电铸。

① 氨基磺酸镍工艺。最常用的镍电铸工艺是低应力和有较高沉积速率的氨基磺酸镍电铸工艺，其组成和工艺见表 8-7。

表 8-7　氨基磺酸镍镀液的组成

成分	工艺参数	在镀液中的作用
氨基磺酸镍	450～500g/L	提供镍离子
硼酸	35～40g/L	缓冲 pH 值
表面活性剂	1.5mL/L	调整表面张力
pH 值	3.5±2	维持电流效率、电流密度的稳定性
温度	30～50℃	助力离子的扩散
表面张力	(33±3) mN/m	防止气体的聚集

② 硫酸盐电铸镍工艺。硫酸盐电沉积镍是目前镀镍的主流工艺。这种镀液以硫酸镍为主盐，氯化物、硼酸等为辅助添加物，加上各种镀镍添加剂技术，可以获得各种性能的镀镍层，在镍电铸中有着广泛的应用。

硫酸镍　　　　　　　250～350g/L
氯化镍　　　　　　　35～50g/L
硼酸　　　　　　　　30～45g/L
pH 值　　　　　　　 3.0～4.2
温度　　　　　　　　45～65℃
电流密度　　　　　　$3～10A/dm^2$
阴极移动或空气搅拌

这种镀镍液比氯化铵型的沉积速率要高，即使在较低温度也能在较高电流密度下工作，镀液分散能力也较好，且 pH 值的缓冲能力也较强，是通用的电铸液。

(2) 铜电铸工艺

铜电铸在电子制造中也有重要作用，它除了可以用作某些产品的模具外，也可以直接用来进行异形铜构件的制造。

铜电铸的典型工艺流程如下：原型表面处理（对于非金属材料则需要在表面修整后进行表面金属化）—清洗（常规除油—弱酸活化）—小电流预镀—正常电流电铸—出槽清洗—原型脱出—检验。

原型如果是导电性材料，检验造型和表面质量符合设计或用户的要求后，即可以进行清洗。注意这里的清洗不同于电镀过程中的除油和酸蚀，因为电铸不要求镀层与基材有良好的结合力，但是不能有油污。否则会在电铸过程中起泡，模具表面质量就被破坏了。所以要有常规除油和弱酸活化。

在完成清洗后，即可以在镀槽内进行小电流电镀，确定整个表面有镀层沉积以后，就可以调整到正常电铸的工作电流进行电铸加工。预镀和电铸可以在一个槽子内完成，也可以分槽完成，但通常采用同一个镀液，只要对电镀电流密度进行调整就行了。电铸过程中最好不要经常取出观察，以免不小心发生镀层分层现象。如果需要检查沉积状况，取出后不用清洗表面进行观察，然后带电下槽，这样可以避免镀层分层现象。当然，在必要的时候还是需要取出清洗并进行镀面的整理，比如发现镀层上起瘤，如果不及时清除会越镀越大和变多，这样会额外消耗金属镀层，对电铸质量产生影响。这时就需要将起的瘤清除掉，用水砂纸打磨粗糙面，重新经除油和酸蚀后再带电下槽继续电铸。

① 酸性硫酸铜镀液。

酸性硫酸铜电镀液是电铸工业中广泛采用的电镀液，它具有成分简单、镀液稳定和可以在高电流密度下工作的优点。由于电镀添加剂技术的进步，在酸性硫酸铜电铸中使用光亮剂的也多起来。在没有专业电镀添加剂以前，是靠在镀液中加蜜糖来细化镀层结晶的。现在有专业电镀添加剂，可以获得高速和整平性好的光亮镀层，这种镀层的结晶细致，并且镀层的内应力和硬度都可以得到一定程度的控制。

a. 工艺配方和操作条件：

硫酸铜	$220\sim300g/L$
硫酸	$60\sim70g/L$
氯离子	$0.02\sim0.08g/L$
添加剂	$0.5\sim2mL/L$
温度	$20\sim30℃$
电流密度	$5\sim20A/dm^2$
阳极	专用磷铜阳极

阴极移动、镀液搅拌或循环过滤。

专用磷铜阳极是指含磷量在 0.02% 左右的阳极。关于这种阳极的电化学行为将在铜电铸的阳极中专门讨论。

阴极移动是为了保证镀液可以在较大电流密度下正常工作。当然，能采用循环过滤更好。因为这不仅可以保证在大电流密度下工作，而且可以保证镀液的干净，将铜粉等机械杂质随时滤掉，镀层的物理性能得以保证。

b. 镀液的配制

先将计量的硫酸在不断搅拌下加入到 2/3 体积的水中，因为这是放热反应，所以要小心，边加边充分搅拌。利用加入硫酸所获得的热量，再将计量的硫酸铜溶入其中，也需要充分搅拌，直到硫酸铜完全溶解。如果是工业级材料，还要加入 $2mL/L$ 双氧水和 $1g/L$ 活性炭，进行净化处理后，过滤备用。

如果是用自来水配制，可以不加氯离子。直接在配好的镀液内加入计量的光亮剂即可以试镀。如果是用纯净水配制（印制板行业流行这种方法，但对于电镀，特别是电铸，完全可以用自来水），则需要另外加入计量的氯离子，通常是加入盐酸。最好按下限加入，宁可少了补加而千万不可过量加入。

c. 各组分的作用

（a）硫酸铜

硫酸铜是电铸铜液中提供铜金属离子的主盐。在高电流密度下工作时需要高的主盐浓度，但是硫酸铜的溶解度与镀液中硫酸的含量有关。当硫酸含量高或者因为镀液水分蒸发而使硫酸铜的浓度超过其溶解度时，镀液中将会有蓝色硫酸铜结晶析出，有时会附着在阳极上而影响阳极的导电和正常工作。

正常情况下，镀液中的铜离子的补给，要依靠阳极的正常工作。但是定期对镀液进行分析，以确认镀液中硫酸铜的含量在正常的工艺范围是非常重要的。并且应当根据分析化验报告，即时补充或调整镀液中铜离子的浓度。

（b）硫酸

硫酸在电铸铜镀液中的主要作用是增加镀液的导电性和分散能力，同时可以防止碱式铜盐的产生和降低阴极和阳极的极化，对改善镀层性能也有作用。但是过高的硫酸用量会降低硫酸铜的溶解度，同时会使阳极的溶解速率过快和阴极电流效率下降。

（c）氯离子

氯离子是酸性光亮镀铜中不可缺少的一种无机阴离子。没有氯离子的存在，光亮剂不可能发挥出最佳的效果，但是如果过量，镀层也会产生麻点等，镀层的光亮度和整平性都会下降。研究表明，氯离子和某些光亮剂，如苯基聚二硫丙烷磺酸钠和 2-四氢噻唑硫酮一起作用于阴极过程时，可以使镀层的内应力减至最小，甚至几乎完全消失。可见氯离子是铜电沉积的一种很好的应力消减剂。

（d）添加剂

对硫酸盐镀铜来说，添加剂是关键成分。没有添加剂的镀液所镀得的镀层是暗红色的，并且只能在非常低的电流密度下工作，否则镀层马上就会变得粗糙，甚至出现粉状颗粒样镀层。只有加了添加剂的酸性镀铜液，才能获得光亮细致的镀层。

早期的添加剂多数是天然有机物或某些有机化合物，如蜜糖、明胶、糊精、硫脲、甘油、萘二磺酸等。随着电镀添加剂技术的进步，开始出现组合的有机光亮剂、整平剂、走位剂等多种商业化的酸性镀铜添加剂。对于生产企业来说，主要是选用合适的商品添加剂，并根据供应商提供的管理技术资料对添加剂的使用进行管理。

添加剂主要是在阴极区内起作用，并且是以分子级的水平参与电极反应，所以添加量都非常少，通常只有 $0.1\sim2mL/L$。因此在使用和管理中要注意不要一次过量，并严格按资料报告的以通过的电量来补加光亮剂或添加剂。

② 焦磷酸盐镀铜。

焦磷酸盐镀铜在电铸中的应用不是很普遍，对于分散能力有要求的才会用到。其工艺配方和操作条件如下：

焦磷酸铜	105g/L
焦磷酸钾	335g/L
硝酸钾	15g/L
氢氧化铵	2.5mL/L
添加剂	适量
pH 值	8.1～8.6
温度	55～60℃
电流密度	1.1～6.8A/dm²

焦磷酸盐镀铜的分散能力好，镀层结晶细致，适合于镀形状复杂的模具，但是镀层的沉积效率比较低。可以加适当的导电盐，或者降低镀液 pH 值来提高效率。但是在低 pH 值时镀层比较粗糙，所以有时要用到商业添加剂，以提高镀层质量。

（3）铁电铸工艺

由于电沉积可以获得纯度较高的纯铁制件，可以具备电工软铁的性质，从而在电子制造中有一定价值。铁电铸因主盐不同而有以下几种。

① 硫酸盐镀液。硫酸亚铁镀液的腐蚀性低，较稳定，但分散能力比较差，低温型的沉积速率慢，不适合用作电铸液。高温型可用较大电流密度，沉积速率可以适当提高。

其工艺配方如下：

硫酸亚铁	500g/L
硫酸钾	200g/L
硫酸锰	3g/L
草酸	3g/L
pH 值	2.6～3.5
温度	80～90℃
电流密度	2～15A/dm²

配制硫酸盐镀液时，先在水中加少量硫酸，可防止硫酸亚铁水解。然后再将其他成分分别溶入镀液中即可以试镀。

工作液要经常过滤，以保持镀液的整洁。同时，要保持硫酸亚铁的高浓度和高含量的硫酸钾。这样镀液比较稳定，镀层也较细致。

镀液的 pH 值大于 3.5 时，可加入硫酸进行调整。如果 pH 值小于 2.5，则可以用通电处理的方法进行调整。这时可将报废的铁件作阴极进行电解析氢处理。氢气的大量析出会使镀液的 pH 值有所上升。

电镀时，制品要带电入槽，先以小电流进行电镀，镀一定时间后再调整到正常的电流密度。硫酸盐镀铁的沉积速率较快，当电流密度为 $10A/dm^2$ 时，电镀 1h 可以得到大约 0.1mm 厚的镀层。

② 氯化物镀液。氯化物镀铁有低温型和高温型两种。高温氯化亚铁镀铁采用高浓度和大电流密度，沉积速率快，镀层纯度高，硬度低，韧性好，内应力小。但镀液稳定性较差，主要是二价铁容易氧化成三价铁而使镀液失调，镀层质量变差。工艺配方如下：

氯化亚铁	300g/L
氯化铵	80g/L
二氯化锰	150g/L
pH 值	1.5～2.5
温度	65～70℃
电流密度	8～12A/dm^2

镀液中加入氯化铵可提高硬度和减慢亚铁的氧化速度；二氯化锰有细化结晶的功能，同时也可抑制亚铁的氧化。注意要经常测调 pH 值，一定要控制在 2.5 以内，pH 值升高将会使三价铁生成胶状物而导致镀层脆性增加、电流效率下降等。

低温型镀铁的工艺如下：

氯化亚铁	350～400g/L
氯化钠	10～20g/L
二氯化锰	1～5g/L
硼酸	5～8g/L
pH 值	1～2
温度	30～55℃
阴极电流密度	15～30A/dm^2

(4) 钴电铸工艺

钴电铸主要用于特殊的场合。其镀液主要有硫酸盐、氯化物和氨基磺酸盐。其中以氨基磺酸盐用得较为广泛。氨基磺酸铵有明显的增加镀层光亮度的作用。

① 硫酸盐镀钴。

硫酸钴	300～500g/L
硼酸	40～45g/L
氯化钠	15～20g/L
温度	20～40℃
电流密度	4～10A/dm^2

② 氯化物镀钴。

氯化钴	300～400g/L
硼酸	30～45g/L

盐酸	调 pH 值至 2.3~4.0
温度	55~70℃
电流密度	5.0~6.5A/dm^2

③ 氨基磺酸盐镀钴。

氨基磺酸钴	260g/L
氨基磺酸铵	50g/L
氨基磺酸	调整 pH 值至 1
温度	20~50℃
电流密度	0.5~2A/dm^2

(5) 金电铸工艺

金电铸也可以说就是镀厚金,只有在极特殊的情况下,如外太空航天器产品或耐蚀性要求极高的高科技产品的制件等,才会采用金电铸来制造异形构件,这样可以控制加工余量,成为一种无切削加工方法。

氰化金钾	8g/L
氰化银钾	0.2g/L
磷酸二氢钾	5g/L
EDTA 二钠	10g/L
pH 值	7.0
电流密度	0.3A/dm^2

(6) 银电铸工艺

银电铸也用于电子制造的特殊场合,当然与金电铸一样,其在装饰业(首饰)中的应用也是广泛的。

① 普通镀银。

氰化银	35g/L
氰化钾	60g/L
碳酸钾	15g/L
游离氰化钾	40g/L
光亮剂	适量
温度	20~25℃
阴极电流密度	0.5~1.5A/dm^2

② 高速镀银。

氰化银	75~110g/L
氰化钾	90~140g/L
碳酸钾	15g/L
氢氧化钾	0.3g/L
游离氰化钾	50~90g/L

光亮剂	适量
pH 值	>12
温度	40~50℃
阴极电流密度	5~10A/dm²
阴极移动或搅拌	

高速镀银与普通镀银的最大区别是：高速镀银主盐的浓度是普通镀银的 2~3 倍，镀液的温度也高一些。因此，可以在较大电流密度下工作，从而获得较厚的镀层，特别适合于电铸银的加工。镀液的 pH 值要求保持在 12 以上，这是为了提高镀液的稳定性。同时对改善镀层和阳极状态都是有利的。

③ 硫代硫酸盐镀银。

硫代硫酸盐镀银所采用的络合剂为硫代硫酸钠或硫代硫酸铵。在镀液中，银与硫代硫酸盐形成阴离子型络合物 $[Ag(S_2O_3)]^{3-}$。在亚硫酸盐的保护下，镀液有较高的稳定性。

硝酸银	40g/L
硫代硫酸钠（铵）	200g/L
焦亚硫酸钾	40g/L（采用亚硫酸氢钾也可以）
pH 值	5
温度	室温
阴极电流密度	0.2~0.3A/dm²
阴阳面积比	1:(2~3)

在镀液成分的管理中，保持硝酸银：焦亚硫酸钾：硫代硫酸钠＝1:1:5 最好。

8.2.2.4 电铸后处理

电铸加工完成后，还要经过一些技术处理，才能得到合格的电铸制品。这些对电铸出来的制品进行的技术处理可以称为后处理。电铸的后处理与电镀的后处理有很大的不同。电镀的后处理是对表面质量的进一步保护，包括清洗、脱水、钝化、涂防护膜等。而电铸的后处理第一是脱模，就是将电铸完成的电铸制品从原型或芯模上取下来，然后才是对电铸制品的清理。这种清理包括去除一次性原型，特别是破坏性原型的残留物，尤其是内表面（如果是腔体类模具）的清理。

(1) 脱模

由于电铸所用的原型有金属材料和非金属材料两大类，同时又分为反复使用性原型和一次性原型，因此，从原型上脱除的工艺是不同的。如果对电铸的外表面以及结构等方面的加工，最好在脱模前进行，这样可以防止电铸模的变形或损坏。对于不同的电铸原型，可以选择以下不同的脱模方法。

① 机械外力脱模法。对于反复使用性原型，多半采用机械外力脱模法。简单的电铸模可以用锤子敲击脱模。如果是有较大接触面的电铸模，则需要采用水压机

或千斤顶对原型施加静压力脱模。

② 热胀冷缩脱模法。当原型与电铸金属的热膨胀系数相差较大时，可以采用加热或冷却的方法进行脱模。加热通常可以采用烘箱、喷灯、热油等加热的方法，在铸型和原型因热胀程度不同的情况下产生松动，可以比较方便地进行脱模。如果电铸原型是不适合加温的材料，则可以采用冷却法进行冷缩处理。这时可以采用在干冰或酒精溶液中进行冷却，同样可以利用冷缩率的差别而使铸模与原型脱离。

③ 熔化脱模法。对于一次性原型，无论是低熔点合金还是蜡制品，都可以采用加热使其熔化的方法进行脱模。对于涂有这类低熔点材料作隔离层或脱模剂的原型，也采用这种加热的方法脱模。对于热塑型原型的脱模，在加热后可以将大部分软化后的原型材料从模腔内脱出，剩余的部分可以再用溶剂加以清洗，直至模腔内没有残留物。

④ 溶解脱模法。对于适合采用溶解法脱模的原型，也要根据不同的材料选用不同的溶解液，如对于铝制原型，可以采用加温到 $80℃$ 的氢氧化钠溶液溶解。这时氢氧化钠的含量为 $200\sim250g/L$。如果所用的是含铜的铝合金，则可以在以下的溶解液里进行溶解：

氢氧化钠	$50g/L$
酒石酸钾钠	$1g/L$
EDTA	$0.4g/L$
葡萄糖	$1.5g/L$

(2) 脱模剂

电铸完成后，要使原型与铸模容易分离，必须借助原型与电铸层之间存在的脱模剂的作用。当然，对于一般非金属原型来说，脱模并不困难，尤其是一次性原型，可以用破坏原型的方法将原型与电铸模分离。但是对于反复使用的原型，既要保证电铸模的完好，又要保证原型可以再次使用，脱模剂就十分重要了。下面介绍几种常用的脱模剂。

① 非金属涂覆层脱模剂。有机物脱模剂是用得最多的一种脱模剂，如涂料、橡胶等，可以用于各种金属原型。这类脱模剂成本低，操作方便。但是对于不导电的有机质，由于要进行导电性处理，因此最常用的还是石墨粉。

② 金属表面氧化物膜脱模剂。这主要是指在金属原型表面生成氧化物薄膜的方法，如生成铬酸盐、硫化物等，是金属原型用得比较多的方法。

由于不同金属的氧化或钝化性能不同，需要根据不同的金属选用不同的氧化方法或钝化方法。铜、镍、铬等表面可以用电解法氧化，也可以用化学法氧化。

有些金属有自钝化性能，如铝，会生成天然氧化膜，在其上电铸，容易脱模。但是天然氧化膜往往是不致密或不完全的，这对于反复使用性原型存在脱模失败的风险。因此，正确的做法仍然是人工生成隔离层。对于金属铝及其合金，这时要采用电化学氧化生成的脱模层。

③ 低熔点合金脱模剂。在金属原型表面镀覆一层铅锡合金，即低熔点合金，然后再在其上电铸。电铸完成后，再高温熔掉隔离层而便于电铸模腔脱出。这种方法的缺点是脱模层比较厚，对尺寸要求较严的制品不宜采用。

(3) 加固与最后修饰

对于有些电铸制件，特别是用来做模具用的制件，为了能适用于各种使用模具的机械，需要配制模架等配制加工和加固加工。对于有些电铸制品还存在装饰、抛光、喷油漆等后处理。

8.2.3 电子产品的显微制造技术

显微制造或者说显微机械加工（micromachining）是从半导体器件生产到集成电路制造一直在采用的高新技术。在微电子技术时代，显微制造已经是不可或缺的现代加工技术。但是，我们以往所知道的显微制造，最多的还是显微光刻和显微蚀刻，而很少听说微型电铸。但是，在微型机器人等微型器件的研制进入实用化以后，微加工技术中的微型电铸很快成为一个重要的加工方法。这种方法实际还是在微蚀方法的基础上发展起来的微加工方法[5]。

微型电铸技术的应用最早可追溯到 20 世纪 70 年代末，德国卡尔斯鲁厄研究中心（FZK）当时开发出了被称为 LIGA 的微电铸技术[6]。这是在涂覆有聚甲基丙烯酸甲酯膜（PMMA）的基片上以高能 X 光进行光刻制成掩膜图形后，再进行电铸加工成型的方法。所用的电铸液为镍电铸液。完成电铸后，将 PMMA 除去，使电铸成型体裸露出来，从基板上取下，即为电铸成品。

这种微加工技术当初是为了研制光导纤维连接器和光导开关而进行的工艺技术开发。现在已经发展成为微加工制造中的重要加工方法。

8.2.3.1 微型电铸技术

微蚀技术是在极小的硅片等微面积上蚀刻出各种线路图或区间，形成微器件和线路，以制成集成电路。微蚀加工因为是在平面上进行凹型的蚀刻，所涉及的深度只有 $1\sim10\mu m$，相对比较容易。但是如何获得更深的蚀刻凹型，一直是显微加工中的难题。追求高深度比的蚀刻技术被称为 HARMS（high aspect ratio micro structure），即高深度比微型构造。近年来，这种高深度比的蚀刻技术已经获得很大发展，从而使微电铸加工成为可能。

根据微蚀可以在平面上制作各种凹型的技术特性，可以将所需要的电铸原型先在这种平面上制作出凹型，然后在这种凹型中进行微型电铸，让镀层填充这个凹型，去掉凹型后，裸露出来的就是与凹型的阳模同型的电铸制品。

8.2.3.2 微型电铸的母型

电铸是在电铸原型上进行电沉积而获得电铸制品的。电铸原型多数是阳型，电铸在其上成型后获得的是阴模。那么微型电铸的原型是怎样的呢？我们在前面提到过微型电铸实际上是在阴模中成型的电铸阳型的加工方法。这种方法平常只有在制作某些金属浮雕类制品时才会用到。但是在微型电铸中，则是主要的加工方法。

由于这些微电铸制品的最小直径只有数十微米，因此，适合用来制作微电铸母型的只有已经有成熟蚀刻工艺的硅片材料。

利用硅片材料制作微电铸母型的流程如下。

① 铝掩膜和图形的制作。这是利用传统硅片加工中的流程进行的母型图形制作。首先在硅片上蒸发铝，并按图形制成所需要的掩膜。制作完成后的硅片上的图形根据需要可能会是两种完全相反的模式。如果所要电铸的制成品是阴模方式，则掩膜保护的就是阳模部分；相反，如果制成品是阳模方式，则掩膜保护的就是阴模部分。这一工序的关键是让下道工序可以方便地对基片进行后续的加工。

② 深孔加工出阴模。采用等离子催化的离子扫描蚀刻技术进行图形的深孔位加工，形成阴模式母型。这一步骤与集成电路中的光刻过程大同小异。只不过这里要进行的加工的难度比集成电路的加工难度要大一些，这是由于微型加工技术所要求的深度大大超过了原来硅片的光刻深度。

③ 制作阻挡层。在阴模加工完成后，再在阴模母型内以物理方法形成阻挡层，通常是沉积铬或铜，以便再在其上电沉积出作为牺牲层的隔离层，并防止镀层金属向模腔内扩散。

④ 沉积隔离层。在已经有阻挡层的膜腔内，进行作为牺牲层的铜隔离层的电沉积，以保证其后的电铸镍或者电铸镍合金能从这个层面上生长成铸型。同时，能在微电铸加工完成后，使电铸制品能从母型上顺利地脱下来，这样模型还可以重复使用。

⑤ 电铸镍。对完成隔离层的模型进行电铸镍。为了改善电铸沉积物的物理性能，现在多数进行镍钴合金的电铸。

⑥ 隔离层去除。在电铸过程完成后，要将隔离层去除，也就是牺牲掉隔离层而使电铸制品能从作为原型的腔内脱出。

⑦ 取出电铸制品。在除掉隔离层后，原型模腔与电铸成型品之间已经有了很小的间隙，这样可以使镍电铸层从母型上取下，而母型可以再重复流程③及其后续的流程，使原型可以重复使用。

8.2.3.3　微型电铸的工艺

微型电铸由于制件非常微小，对电铸沉积层的脆性和应力非常敏感。因此，如果采用普通镍电铸工艺，会存在应力变形或硬度不够等问题，虽然可以在 200℃进行热处理以调整电铸沉积物的力学性能，但是加热会导致生成硫化物膜，这显然是有害的。

为了避免上述问题，比较可靠的方法是采用电铸镍钴合金工艺。镍与钴在一般简单盐溶液中的析出电位很接近，比如在 0.5mol/L 的硫酸盐镀液中，在 15℃时镍的析出电位是 -0.57V，而钴的析出电位是 -0.56V。仅仅从析出电位上看，镀液中镍和钴的含量比例基本上应该是镀层中的比例。但是实际电铸过程中并非如此，在镍钴合金镀液中，当电流通过镀液时，钴将优先析出。测试表明，镀液中只要钴的含量达到镍与钴总量的 5%，镀层中的含钴量就可以接近 50%（质量分数），镀层的硬度也随着钴含量的增加而增加。

采用氨基磺酸镍工艺的配方如下：

氨基磺酸镍	225g/L
氨基磺酸钴	0～110g/L
硼酸	30g/L
氯化镁	15g/L
润湿剂	0.2mL/L
温度	室温
电流密度	2～5A/dm^2

对镀层中钴含量和电流密度的影响的试验表明，采用 2A/dm^2 的阴极电流密度，镀层中钴含量为 7.5%时，所获得的电铸镍钴合金的性能最好。

也可以采用硫酸盐工艺，可以有较高的沉积速率：

硫酸镍	240g/L
氯化镍	45g/L
硫酸钴	15g/L
硼酸	30g/L
pH 值	4.0～4.2
温度	55～60℃
电流密度	3～8A/dm^2

镀液的 pH 值对镀层中的钴含量有一定影响。在 pH 值低于 3.5 时，镀层中的钴含量随 pH 值的升高而降低；当 pH 值高于 3.5 时，pH 值对镀层中钴含量的影响变小。

镍钴合金电镀的阳极可以采用纯镍作阳极。只有当镀层中钴含量比例较大时，才要求镀液中钴含量保持相对稳定的状态。这时可以采用联合阳极，即同时挂入镍和钴阳极，但是要分别给不同阳极供电以控制其正常溶解，也可以采用合金阳极。

8.2.3.4 微型电铸的应用

微型电铸技术在微电子制造中有广泛应用，包括微型机器人的硬件制造，都要用到这种微小异型结构的电铸技术。

微型电铸使电铸加工进入了纳米级时代，这是与微型制造和分子工艺学等一系列现代高科技的发展和进步分不开的，特别是现代医学中要用到的微测量仪器，需要有各种微型构件和异形齿轮等。对于这些微型构件都可采用、也只能采用微型电铸技术进行加工制作。

分子工艺学涉及分子级结构的制作或加工。分子器件需要用到的构件要求有一定的刚性，在这么小的量级下采用传统的机械加工方法是根本做不到的。而这类结构采用微电铸加工却是可行的。因此，微型电铸的主要应用领域是微型制造，并且将随着微制造产业的发展而获得进一步的完善和发展。可以预期微电铸这种引人注目的应用将对电铸在宏观制造业中的应用及扩展起到推波助澜的作用。

8.3　纳米材料的电化学制造工艺

8.3.1　电镀是获取纳米材料的重要技术

采用电化学方法制备纳米材料虽然是近十几年的事，但有关这方面的研究则可以追溯到 20 世纪 30 年代末。早在 1939 年，Brenner 就在其博士论文中论述了在含不同成分电解液的两个电解池中交替进行电沉积制备纳米叠层膜的研究。此后他一直从事这项研究，于 1949 年提出了工艺改进，并在 1963 年提出了单槽电沉积制备纳米金属多层膜的技术，成为电沉积获得金属纳米材料的开端。进入 20 世纪 90 年代，随着表面技术的迅速发展，纳米叠层膜的研究也越来越深入，电沉积法制备纳米叠层膜已经成为一个比较成熟的获得纳米晶体的方法。

电镀是电化学沉积工艺中应用最广泛的技术，由于通过电镀也可以获得纳米级的电沉积物，因此，采用电沉积法制取纳米材料是纳米电镀的重要内容。并且已经成为电子电镀总概念中的一个重要子概念。

以电沉积的方法制备纳米材料经历了早期纳米薄膜、纳米微晶制备到现代电化学制备纳米金属线等的过程，已经有几十年时间的发展，在 20 世纪 90 年代则集中研究了脉冲电沉积纳米晶体的各种影响因素，将复合镀中的微细粒子以纳米级微粒替代则是近十来年的事。

8.3.2　电沉积法的优点

用电沉积法制备纳米材料是目前纳米材料制备中最为活跃的一个领域。这是因为与其他方法比较，电化学法有以下优点。

(1) 可以获得各种晶粒尺寸的纳米材料

采用电化学沉积法制取的纳米晶粒尺寸在 1～100nm 之间，并且可以获得多种物质的纳米材料，如纯金属，包括铜、镍、锌、钴等，合金，如钴钨、镍锌、镍铝、铬铜、钴磷等，还可以制取半导体（硫化镉等）、纳米金属线、纳米叠层膜以及复合镀层等。

(2) 方法简便

电化学沉积法制备纳米材料的方法与其他方法比较，是相当简便的，很少受到纳米晶粒尺寸或形状的限制，并且具有高的密度和极少的孔隙率。

(3) 所获纳米晶体的性能独特

采用电沉积法获得的纳米晶体材料的性能独特，以电沉积纳米镍为例，所获得的纳米镍有硬度高、温度效应好和催化活性高等特点。

(4) 成本低、效率高

采用电化学沉积法制备纳米材料的成本相对物理法和其他方法要低得多，并且可以获得大批量的纳米材料，这是极具工业价值的优点，为纳米材料的生产提供了一个切实可行的工业化规模方法。

8.3.3　模板电沉积制备一维纳米材料

在电化学制备纳米材料的各种方法中，一维纳米材料的制备特别引人注目[3]。一维纳米材料的制备方法很多，其中物理方法如气固相生长法、激光烧蚀法、分子外延法等，都需要昂贵的设备，而金属电沉积的方法则由于成本低、镀覆效率高、可控性能好和在常温下操作等优点而成为制备纳米管的重要方法。电化学制备纳米管的方法也称为模板电沉积法。

所谓模板电沉积是通过电化学方法使目标材料在纳米孔径的孔隙内沉积的方法。由于纳米孔隙的限制，电沉积物保持在纳米孔径内成长，从而制成纳米线或管。一维纳米材料的一维概念，指的就是纳米材料只在直径上保持纳米级尺寸，而可以在长度上达到宏观材料的尺寸。

因此，获得具有纳米孔径的模板对于电沉积法制备一维纳米材料是一个关键技术[4]。

(1) 模板的制备

常用的模板分为两类，一类是有序模板，如铝经氧化获得的氧化铝孔隙阵列，另一类是无序孔洞模板，如高分子模板、金属模板、纳米孔洞玻璃模板、多孔硅模板等。

① 高分子模板。高分子模板采用厚度为 $6\sim20\mu m$ 的聚碳酸酯、聚酯等高分子膜，通过核裂变或回旋加速器产生重核粒子轰击，使其出现很多微小缺陷，再用化学腐蚀法将这些缺陷扩大为孔隙。这种模板的特点是孔隙呈圆柱形，膜内存在交叉现象，孔的分布不均匀且无规律，孔径可以小到 $10nm$，孔的密度大约在 10^9 个/cm^2。显然这种制模方法的成本很高。

② 氧化铝模板。氧化铝膜的多孔性是众所周知的性能，利用氧化铝的特点来制作纳米材料模板是一种比较理想的方法。将经退火处理的纯铝在低温的草酸、磷酸或硫酸的电解氧化槽液中进行低温阳极氧化，可以获得排列非常规律和整齐的微孔。这些孔全部与基板垂直，大小一致，形状为正六边形。这种孔的密度最高可达

到 10^{11} 个 $/cm^2$，且孔径可调，制备简单，成本低，是工业化制备模板的重要方法。

③ 金属模板。金属模板法是在铝模板上真空镀上一层金属膜，再将含有过氧化苯甲酰的甲基丙烯酸甲脂单体在真空下注入模板，通过紫外线或加热使单体聚合成聚甲基丙烯酸甲酯阵列，然后用氢氧化钠溶液除去氧化铝模板，获得聚甲基丙烯酸甲酯的负复型，将负复型放在化学镀液中，在孔底金属薄膜的催化作用下，金属填充了负复型的孔洞，最后用丙酮溶去聚甲基丙烯酸甲酯，就可以得到金属孔洞的阵列模板。

④ 其他材料模板。其他材料的微孔模板有孔径为 33nm、孔密度达 10^{10} 个 $/cm^2$ 的玻璃膜，也有新型微孔离子交换树脂膜，生物微孔膜等。

（2）纳米材料的电沉积

电沉积制备一维纳米材料的方法可分为直流法和交流法。从镀液的组成可以分为单槽法和双槽法。

① 直流电沉积法。直流电沉积法也就是我们熟知的电镀方法。这种方法可以采用非金属材料的筛状模孔，在孔的一端用非金属电镀的方法镀上一层金属底层后，再在底板上沿孔隙电沉积出金属镀层而获得与纳米孔径同型的纳米金属线。

② 交流电沉积法。这是基于铝阳极氧化膜的单向导通性而采用的交流电沉积方法，这种方法在铝材的阳极氧化电化学着色中有过应用。铝阳极氧化膜孔内的阻挡层因为有较高电阻，通常是不利于阴极电沉积过程的，但是在交流电作用下，处于阳极状态时，其电阻作用不至于引起溶解过程。但在负半周时，却有利于电沉积过程的进行，这种周期脉冲作用加强了阴极过程，从而实现了交流电作用下的电沉积，使金属沉积物得以在孔内以纳米尺寸成长。

③ 交流双槽法。这是为了获得多层纳米结构材料而采用的方法，是以交流电沉积为基础、在两个电解槽中获得多层金属纳米材料的方法。

④ 直流双脉冲法。直流双脉冲法也是用于制备多层纳米线的方法，是通过恒电位仪产生双脉冲电流，在不同电位下沉积出不同的金属，从而构成多层纳米金属线的方法。在同一电解液内溶解具有不同电沉积电位的金属离子，根据电沉积比例和电极过程行为确定其浓度，然后以模板为阴极进行电沉积，先以一个电位进行电沉积，这时金属 A 沉积出来，然后变换电位沉积另一种金属，从而可以在一槽内以不同电位获得不同金属来组成多层纳米材料。

8.4 激光电镀与 3D 电镀

8.4.1 激光电镀

激光电镀是采用激光增强的电镀过程，是利用激光的高能量、高密度、单色性和相干性等优点使电镀过程得到强化和改善。

1978年，IBM公司首次研究了激光增强Ar＋的电沉积过程。此后，这项研究不断引起人们的兴趣和重视。美、德和日本等国相继进行了研究，发表了不少专利。部分甚至已转化为实用生产技术。

由于激光电镀具有很高的空间分辨率（最小线宽可达$2\mu m$），可在不同电子产品结构材料（陶瓷、微晶玻璃、聚酰亚胺、硅等）上镀覆各种功能性金属线，也可借用CAD技术实现制作各种图形及连线。因此已引起电子制造业界的广泛重视。

激光电镀技术或者称激光辅助金属沉积技术可大致分以下四类[5]。

① 激光辅助化学气相沉积（LCVD）或激光辅助物理气相沉积（LPVD）。作为一种可在局部增强的手段，可以获得与普通真空镀不同的镀层结构。由于须用真空装置且应用优势并不明显，虽然开发较早但应用不多。

② 激光增强电沉积。利用激光进行微区电沉积，可结合喷镀技术、刷镀技术施镀，经过激光增强的过程，能够提高沉积速率2～3个数量级，同时能改善镀层的结晶结构（图8-3）。

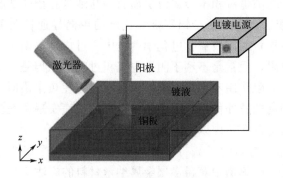

图8-3　激光增强电镀示意图

③ 激光诱导化学镀。在无外电源作用时，在液相中激光诱导产生热分解、光分解、光电化学还原或自催化金属沉积。激光诱导化学镀最早出现于1979年，目前已在原有直接诱导化学镀的基础上，发展了激光预置晶种-化学镀复合法和激光直接照射选区活化基板-化学镀复合法（两步法）两种工艺，先后在Al_2O_3、ZrO_2、金刚石、SiC、PPQ高分子表面制备出了Al、Cu、Pt、Pd、Ni-P合金等金属线，最小线宽也可达到$2\mu m$。Wang在聚酰亚胺表面用Nd：YAG激光诱导化学沉积铜获得了附着良好的镀层。如采用KrF准分子激光在聚酰亚胺基体上激光诱导化学沉积铜，获得了理想的铜线构成的图案（图8-4）。

④ 固态膜法激光分解沉积。这是将含有金属微粒的涂料固化在需要布线的材料表面后，用激光照射还原出金属镀层线路的方法。这种方法相对于化学还原法要更直接和简便，但是线路精度和还原金属材料的纯度等都存在一定问题，对于更精密和高品质的需求，仍难以胜任。

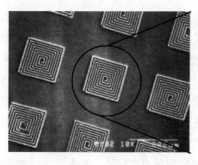

图 8-4　激光诱导化学镀铜图形

8.4.2　三维塑模互联技术（3D-MID）

随着电子产品的小型化和微型化，在各种电子产品结构内安装刚性印制板这种电子连通模式已经受到很大限制，作为一种替代技术，出现了柔性材料印制板工艺。但是，这种柔性印制板仍然会占有一定物理空间，对于复杂结构和小空间结构的电子应用带来困难。为了进一步节约结构空间，并简化装配流程和提高生产效率，在结构件内部表面直接制作电子线路成为一种正在兴起的模式。支持这种现代制造的技术基础是一系列新技术和新工艺开发的结果，包括 3D 打印技术、激光技术等[6]。

3D-MID 开发之初采用的物理方法，工艺复杂，成本较高，产能受到影响。开发出 LDS 技术后，三维集成技术的应用迅速发展。首先在手机内置天线上获得应用（图 8-5）。实现这一技术的要点是首先在需要布线的结构材料（如手机后盖壳）中填充具催化作用的微粒，通常是碳或银微粒。经激光扫描的部位将有机结构成材料碳化而露出富集催化微粒区域，也就是需要布线的部位，经过其后的流程，实现化学镀布线。这个过程被称为激光扫描催化化学镀（LDS）。这一技术使手机体积进一步缩小的同时，提高了天线接收和发射信号的能力，推动了移动通信技术的进步。

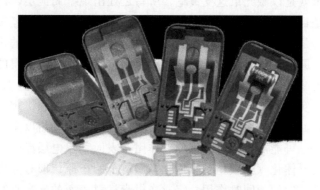

图 8-5　激光镀在手机壳上实现直接布线

这一技术的优势在于可以利用 3D 激光扫描技术在 3D 结构件表面实现各种复杂的线路布置，从而节省专业印制板配置所需要的空间而使产品结构小型化或微型化。这样在许多结构复杂的电子器件和整机配件中都可以获得应用。许多汽车配件，特别是需要电子智能配合的汽车配件都使用了这项技术，如应用于转向轮毂、制动传感器和定位传感器等领域。在医疗领域用于制造静脉调节器、血糖仪、牙科工具、助听器、手钳、温度诊断笔和清洗台；在工业中的应用包括集成连接器、全自动加样器、运动传感器等。

当这些结构件的布线区间经激光扫描出现催化剂后，在普通化学镀铜或化学镀镍镀液中即可实现线路上的金属沉积。为了保证导线的导通性能，可采用加厚的化学镀工艺，并且在镀层表面再进行贵金属化学镀处理，以进一步提高线路可靠性。常用的是化学镀金镀层。

这一技术的缺点是需要专业的结构材料，即填充有催化剂微粒的成型材料，尽管已经有企业专业生产这类复合材料树脂产品，从产业链上给予了保障，但是仍然在材料使用上有一定限制。并且在结构材料本体内部和所有不需要线路的地方，有大量多余的催化材料，这既是一种浪费，也有介电性受影响的隐患。

作为一种改进，现在已经有一种用于激光催化化学镀的涂料[7]。这种涂料是将催化剂分布在涂料中，将这种涂料涂布在任何一种材料表面，经激光扫描后同样可以催化化学镀。其优点是可以使用传统树脂材料 3D 成型，只在需要线路的部位涂布涂料后，经激光扫描即可。这样节约了材料成本，也节约了催化剂材料，还可以在陶瓷等其他成型材料上应用这一技术。

8.4.3　激光直写电镀技术探索

前面介绍的几种与激光催化有关的 3D 线路制造技术都使用过"激光直写"这一概念，是指采用激光直接在材料表面写出催化线路或还原线路。但是，真正意义上的激光直写电镀技术指的是在任何材料表面，激光束所写到的部位立即出现金属镀层的技术。也就是以激光束这支镀笔，所写之处出现金属镀层，以此实现线路的直接写作。这是目前发达国家正在积极开发的技术。这不同于已经实现的激光金属熔融涂覆技术，是基于金属离子还原的金属激光催化还原并结晶的过程。因为只有这种原子级的还原过程，才能实现极细线路的制造。如果采用金属的熔融布线，其线径是难以实现微米级别的。

这项技术的实现需要突破已经实现的各种激光镀的实践和机理，发挥创新思维进行开发实践，如可以参照刷镀的原理配置镀液供给系统，而以激光作用于需要还原的区间或表面。可能需要双激光束分别作用于表面和双电层界面，以分别同步地实现基体局部的导体化（如碳化）和催化金属离子的还原，即有分别作用于镀液和表面的两束激光。它们的同时作用，完成在树脂材料表面的激光直写电镀，以实现真正的"激光直写电镀"。

8.4.4　3D制造与电镀

现在3D打印制造已经是一种成熟的现代制造技术,其应用领域越来越宽广。从成本和效率等多个方面考虑,以树脂为材料的3D制造是目前这一技术应用的主流。尽管树脂产品的应用已经非常广泛,但是,不可否认,在许多场合仍然需要金属材料的功能,这也是金属材料3D制造有其重要应用价值的原因。同样明显的是,有些产品只需要表面具备金属功能,而产品本身可以是树脂等材料,这在塑料电镀中已经有多年的应用实践。根据塑料电镀的原理,人们很容易想到在树脂材料的3D制造中应用电镀技术[8]。

目前已经实现的3D制造电镀技术实际上是将3D打印产品与真空镀膜技术相对接。以实现非金属3D制造的产品表面金属质感化。由于真空镀膜技术本身的限制,镀膜的厚度非常有限,要实现金属的物理功能是很困难的。因此人们仍然希望借助电镀技术在非金属3D打印制造的产品中获得金属镀层,尤其当使用ABS为打印材料时,这种产品采用ABS塑料电镀技术很容易在3D制造的产品表面获得金属镀层。另一种常用的3D制造材料是尼龙,而尼龙的电镀也已经是成熟的技术。因此,在3D制造中应用的电镀技术,首先是塑料电镀技术。这是已经很成熟的电镀技术,有大量技术资料可供参考[9]。

结合前面已经介绍的激光电镀的相关技术,可以在3D制造中采用材料改性的技术来实现3D打印产品的直接电镀,也就是在3D成型塑料母线中复合催化剂微粒,经化学粗化后就可以进行化学镀,然后进行电镀加厚。如果研制有适合密度的金属微粒复合材料,也可以采用直接低电流电镀后再常规电流加厚的工艺。目前这种技术尚在研发中,相信不久的将来即会有可直接化学镀或电镀的3D打印材料面市。

参考文献

[1] 刘仁志. 印制板电镀 [M]. 北京:国防工业出版社,2008.

[2] 刘仁志. 实用电铸技术 [M]. 北京:化学工业出版社,2007.

[3] 孔卫西,姚素薇,张璐. 电沉积制备一维纳米材料 [C]. 全国电子电镀学术研讨会论文集,2004.

[4] 李文铸,周银生,李亚均,等. 金属表面上的碳纳米管高耐磨复合镀层及其制备方法,CN1204699A [P]. 1999-01-13.

[5] 王健,郁祖湛. 激光镀技术的研究动态 [J]. 电镀与精饰,1999,21 (3):1-5.

[6] 刘仁志. 激光电镀技术 [C]. 2014电子电镀年会论文集,2014.

[7] 刘仁志. 激光电镀涂料:20150228813.0 [P]. 2015-07-06.

[8] 新技术结合塑料、3D打印和电镀 [EB/OL]. http://info.21cp.com/industry/Qianyan/201710/1339235.htm.

[9] 刘仁志. 非金属电镀与精饰:技术与实践 [M]. 2版. 北京:化学工业出版社,2012.

第9章

绿色制造与绿色电镀

9.1 绿色制造概念

绿色制造是一种现代制造模式，是在经历了全球工业化过程中制造业对环境的严重污染的教训以后，在综合考虑制造业对环境的影响和对资源效率利用的基础上，提出的一种可持续发展的现代制造的新概念。绿色制造的目标是使产品在设计、制造、装配、运输、销售、使用的整个过程中，对资源的利用率最高，对环境造成的有害影响最小。

实现绿色制造目标需要有一系列绿色制造工艺技术的支持。可以说绿色制造工艺技术是绿色制造技术的基础。只有采用绿色制造工艺技术，才可以有效地减少废物和有害物的产生，减少加工业对环境的影响，也可以节约资源，降低能量损耗，以提高产品质量，降低产品成本，使产品具有更大的市场竞争力。

电镀技术在现代制造业中占有重要地位，但是电镀技术又是资源消耗和环境污染严重的行业，特别是电子整机电镀，要用到多种表面处理技术和消耗多种贵金属材料，并且在加工过程和电子整机制造过程中都存在污染环境和影响人体健康的因素。针对这些存在的问题，虽然已经采取了一些有效措施并取得了一些成果，但是与现代制造业的其他专业相比，我国电镀技术的进步还不能完全跟上飞速发展的高新技术和现代制造业的需要。无论是基础原材料、电镀设备和电镀工艺技术，还是电镀生产的管理、资源的节约和环境的保护，与国际先进水平还存在不小的差距。如果说工艺技术的差距只是水平高低的问题，那么资源和价格的飞涨则危及行业的兴旺和企业的生存，而环境污染则更是对人类的生存提出了更为严峻的挑战。因此，希望所有从事电镀工作的读者，通过学习和阅读，增强绿色电镀的观念，并在生产和技术开发实践中加以贯彻，为推进我国绿色电镀技术的发展，不懈努力。

9.2 绿色制造的工艺技术

绿色制造工艺技术是以传统工艺技术为基础，并结合材料科学、表面技术、控制技术等新技术而构建的先进制造工艺技术，其目标是合理利用资源、节约成本、降低对环境的污染。根据这个目标可将绿色制造工艺划分为三种类型：节约资源的工艺技术、节省能源的工艺技术、环保型工艺技术。要想打造绿色电镀工艺技术，也必须从这三个方面入手进行策划。

9.2.1 节约资源型工艺技术

节约资源的工艺技术是指在生产过程中简化工艺系统组成、节省原材料消耗的工艺技术。它的实现可从设计和工艺两方面着手。在设计方面，通过减少零件数量、减轻零件重量、采用优化设计方案、采用替代材料等方法使原材料的利用率达到最高；在工艺方面，可通过优化毛坯制造技术、优化下料技术、少（无）切屑加工技术、干式加工技术、新型特种加工技术等方法减少材料消耗。

特别是采取以低成本和多来源的材料替代高成本和紧缺资源的材料，是节约资源的一项重大措施，这项措施在电镀工艺技术中有很多成功的例子。

由于全球不可再生资源的大量利用，为人类以后的生存提出严峻的挑战。这就是可持续发展的问题，所以节约资源的工艺技术显得尤为重要。

资源节约型电镀技术的着眼点是采取各种可行的措施，使资源得到合理利用，如采用低浓度电镀液技术、替代型技术等。我们将提供这方面技术的示例。

9.2.2 节约能源型工艺技术

节省能源的工艺技术是指在生产过程中，降低能量损耗的工艺技术。目前采用的方法主要有减磨、降耗或采用低能耗工艺等。电镀工艺中以常温工艺取代高温工艺的技术即属于这类工艺技术，还有以化学镀替代电镀等技术改进，是这种类型工艺的例子。

除了常温电镀工艺外，常温除油、常温钢发黑等不用或少用加热手段的工艺，现在也很流行。但是这些技术的应用要以保证产品表面质量不低于原来工艺的指标为前提，如果因为采用这些常温技术而导致产品返工量增加，有时会得不偿失，这是在新工艺的应用中要加以注意的问题。

节约能源的另一个重要工艺关键与电镀电源有关。现在采用脉冲电镀技术来提高电镀效率，从而节省能源和资源在贵金属电镀中已经很流行。还有两类导体的导电性、电极面积和状态、槽电压的大小等，都直接与电能的消耗有关，但是不少电镀企业往往忽视了这方面的管理。

9.2.3　环保型工艺技术

环保型工艺技术是指通过一定的工艺技术，使生产过程中产生的废液、废气、废渣、噪声等对环境和操作者有影响或危害的物质尽可能减少或完全消除。目前最有效的方法是在工艺设计阶段全面考虑，积极预防污染的产生，同时增加末端治理技术。这是绿色制造技术中最为重要的一项技术措施，环境污染所造成的社会问题和对环境的破坏，使人类的生存条件变得越来越恶劣，如果不采取断然的措施，将危及人类的生存和发展。多年来，电镀技术在这方面做了一些工作，但是还有很多工作可以做，并且已经是到了非做不可的地步。

电镀工艺中与环境保护最为相关的是镀液的组成。镀液采用什么体系，选用什么样的化学原料，直接关系到排放物的污染性质和程度。可以说电镀液是电镀工艺污染的源头。采用无公害和少公害的电镀液，是减少电镀工业污染的关键。在镀液中下功夫比在排水处理中下功夫的效果和成本都是不一样的。如果放任有严重污染的镀液继续大量生产，等水排出后再来治理，难度和成本都会增加。同时污染严重的工艺想要进行无排放操作，难度也非常大。因此，只有在镀液上采取技术措施，让排放物中没有或少有污染物，有也容易治理，就会收到事半功倍的效果。

9.3　绿色电镀工艺示例

9.3.1　环保型镀铬

现在无论是电子工业还是汽车工业，都对铬盐的使用提出了禁令，有非常严格的限制，针对这种情况，电镀业首先以三价镀铬作为过渡性措施。由于三价铬毒性被鉴定为只有六价铬的1/100，是暂时可以接受的镀铬工艺。长久之计是采用代铬技术来完全避免铬污染。

9.3.1.1　三价铬镀铬

由于六价铬对人体的影响比较严重，一直都被列为环境污染的重要监测对象，特别是近年各国提高了对铬污染的控制标准，使人们开始重视开发用毒性相对较低的三价铬镀铬来替代六价铬镀铬。因此三价铬镀铬，是目前替代六价铬镀铬的一种新工艺。

三价铬镀铬的研究始于 1933 年，但是直到 1974 年才在英国开发出有工业价值的三价铬镀铬技术。三价铬镀铬与六价铬镀铬的比较见表 9-1。

表 9-1　三价铬镀铬和六价铬镀铬的比较

项目	三价铬镀铬		六价铬镀铬
	单槽法	双槽法	
铬浓度/（g/L）	20～24	5～10	100～350
pH 值	2.3～3.9	3.3～3.9	1 以下
阴极电流/（A/dm²）	5～20	4～15	10～30
温度/℃	21～49	21～54	35～50
阳极	铅锡合金		铅锡合金
搅拌	空气搅拌	空气搅拌	无
镀速/（μm/min）	0.2	0.1	0.1
最大厚度/μm	25 以上	0.25	100 以上
均镀能力	好	好	差
分散能力	好	好	差
镀层构造	微孔隙	微孔隙	非微孔隙
色调	似不锈钢金属色		蓝白金属色
后处理	需要	需要	不需要
废水处理	容易	容易	普通
安全性	与镀镍相同	与镀镍相同	危险
铬雾	几乎没有	几乎没有	大量
污染	几乎没有	几乎没有	强烈
杂质去除	容易	容易	困难

　　三价铬镀铬与六价铬镀铬相比有明显的优点，特别是分散能力及均镀能力好，镀速高，可以达到 0.2μm/min，从而缩短电镀时间，电流效率也比六价铬镀铬高。同时，还有烧焦等电镀故障减少、不受电流中断或波形的影响、不需要特殊的阳极隔膜等优点。而最为重要的是不采用有害的六价铬而没有了环境污染问题，降低了污水处理的成本，对操作者的安全性也大大提高。

　　三价铬镀铬有单槽方式和双槽方式。单槽方式中的阳极材料是石墨棒，其他与普通电镀一样。双槽方式使用了阳极内槽，将铅锡合金阳极置于槽内，另外作为阳极基础液使用了稀硫酸。相对于 6 价铬镀铬，有容易操作和安全的优点。

　　但是三价铬镀铬也存在一次设备投入较大和成本较高的缺点，还有在色度上和耐腐蚀性上不如 6 价铬的说法。同时，镀液的稳定性也是一个问题，在管理上要多下一些功夫。

　　典型的三价铬镀铬工艺如下：

硫酸铬　　　　　　　　　20～25g/L

甲酸铵	55～60g/L
硫酸钠	40～45g/L
氯化铵	90～95g/L
氯化钾	70～80g/L
硼酸	40～50g/L
溴化铵	8～12g/L
浓硫酸	1.5～2mL/L
pH 值	2.5～3.5
温度	20～30℃
阴极电流密度	1～100A/dm²
阳极	石墨

9.3.1.2 代铬镀层

传统镀铬由于环境污染严重，其应用正在受到越来越严格的限制。因此，开发代铬镀层有着非常现实的市场需求。对于耐磨性硬铬镀层，可以有一些复合镀层作为替代镀层，而对于装饰性代铬镀层，由于镀铬层的光亮色泽多年来已经为广大消费者接受，采用其他镀种代替装饰镀铬的一个基本要求是色泽要与原来的镀铬相当。能满足这种要求的主要是一些合金镀层。目前在市场上广泛采用的装饰性代铬镀层是锡钴锌三元合金镀层。而代硬铬镀层则有镍钨、镍钨硼等合金镀层。

(1) 代铬镀层的特点

采用锡钴锌三元合金代铬的电镀工艺有如下特点。

① 光亮度和色度与铬接近。代铬的光亮度和色度与镀铬非常接近，以在亮镍上镀铬的反射率为100%时，在亮镍上镀代铬可达90%。

② 分散能力好。由于采用的是络合物型镀液，代铬的分散能力大大优于镀铬，且可以滚镀，这对于小型易滚镀五金件的代铬是很大的优点。

③ 抗蚀性高。代铬镀层由于采用的也是多层组合电镀，其抗蚀性能较好，在大气中有较好的抗变色和抗腐蚀性能。

(2) 装饰代铬电镀工艺

锡钴锌装饰代铬电镀工艺的流程如下：

镀前检验—化学除油—热水洗—水洗—酸洗—二次水洗—电化学除油—热水洗—二次水洗—活化—镀亮镍—回收—二次水洗—活化—水洗—镀代铬—二次水洗—钝化—二次水洗—干燥—检验。

工艺配方：

氯化亚锡	26～30g/L
氯化钴	8～12g/L
氯化锌	2～5g/L

焦磷酸钾	220~300g/L
代铬添加剂	20~30mL/L
代铬稳定剂	2~8mL/L
pH 值	8.5~9.5
温度	20~45℃
阴极电流密度	0.1~1A/dm²
阳极	0 号锡板
阳极∶阴极	2∶1
时间	0.8~3min

阴极移动，连续过滤

滚镀工艺：

氯化亚锡	21~30g/L
氯化钴	9~13g/L
氯化锌	2~6g/L
焦磷酸钾	220~300g/L
代铬添加剂	20~30mL/L
代铬稳定剂	2~8mL/L
pH 值	8.5~9.5
温度	20~45℃
阴极电流密度	0.1~1A/dm²
阳极	0 号锡板
阳极∶阴极	2∶1
时间	8~20min
滚筒转速	6 ~12r/min

连续过滤

(3) 代硬铬电镀工艺

代硬铬镀层的主要指标是其硬度和耐蚀性能，目前性能比较优良的有镍钨和镍钨硼等合金镀层。

硫酸镍	30~40g/L
钨酸钠	80~120g/L
柠檬酸	50g/L
pH 值	5~6
温度	45~60℃
阴极电流密度	4~12A/dm²

镀层经过 500℃、1h 热处理后，硬度可以达到最大值。

(4) 配制与维护

镀代铬三元合金镀液的配制要注意投料次序，否则会导致镀液配制失败。

先在镀槽中加入镀液量 1/2 的蒸馏水，加热溶解焦磷酸钾。再将氯化亚锡分批慢慢边搅拌边加入其中，每次都要在其完全溶解后再加。另外取少量水溶解氯化钴和氯化锌，再在充分搅拌下加入到镀槽中，加水至预定体积，搅拌均匀。取样分析，确定各成分在工艺规定的范围。

加入代铬稳定剂和代铬添加剂，目前国内流行使用的是武汉风帆电镀技术有限公司的代铬 90 添加剂。

加入添加剂后，以小电流密度（0.1A/dm²）电解数小时，即可试镀。

代铬稳定剂在水质不好时才加，如果水质较好可以不加。

镀液维护的主要依据是化学分析和霍尔槽试验结果，添加剂的补充可根据镀液工作的安培小时数进行，代铬 90 的补加量为 150～200mL/（kA·h）。

镀液 pH 值的管理也很重要，一定要控制在 8.5～9.5 之间，pH 值偏低焦磷酸钾容易水解，过高镀液也会混浊。调整 pH 值宜用醋酸和稀释的氢氧化钾。

当镀层外观偏暗时，可能是氯化亚锡偏低或氯化钴偏高或偏低，可适当提高温度后试验。阳极要采用 0 号锡板，否则由阳极带入杂质会影响镀层性能。阳极面积应为阴极面积的 2 倍，并且可以加入 5% 的锌板。

(5) 镀后处理

为了提高镀层的抗变色性能，可以镀后进行钝化处理，钝化工艺如下：

重铬酸钾	8～10g/L
pH 值	3～5
温度	室温
时间	1～2min

9.3.2 资源节约型电镀工艺

电镀技术界开发节约型电镀技术已经有多年的历史。特别是在 20 世纪 70 年代的第一次世界能源危机时期，以日本为主的能源消耗大国十分重视节约型电镀技术的开发，曾经推出过一系列低浓度电镀技术[1]，我国则早在 20 世纪 60 年代就已经开发并大量采用替代技术，以铜锡合金代镍。现在这些技术仍然具有现实意义。近年来，随着电镀添加剂中间体等技术的进一步发展，新的节约型电镀技术不断涌现，如表面膜技术，新的表面处理材料也相继出现。这些对于建立节约型电镀模式将有推动作用。

9.3.2.1 低浓度电镀技术

(1) 低浓度酸性光亮镀铜

酸性光亮镀铜自 20 世纪 60 年代开发以来，已经得到非常广泛的应用，现在已经有不少系列产品。在金属制品的装饰性电镀、塑料电镀、电铸加工、印制线路板、孔金属化电镀等领域都获得了广泛应用，是目前仅次于镀锌的最大电镀镀种。

但是，作为酸性光亮镀铜的基础镀液，一直使用 20 世纪 30 年代就已经有的高浓度镀液，这就是：

硫酸铜   200～250g/L

硫酸   50～70g/L

使用这种镀液，加入某些商业酸性镀铜光亮剂即可以获得光亮效果。但是这种镀液由于硫酸铜浓度太高，不仅排水中铜离子浓度高，而且在阳极上结晶严重，影响导电和阳极的正常工作。因此，开发低浓度酸性镀铜工艺是有实用价值的。韩国在 20 世纪 70 年代就已经有工业化生产的报道。日本电镀技术专家小西三郎在实验室规模的基础上，在一些工厂又做了中试，获得了满意的结果[1]。

小西三郎以霍尔槽试验为主，对不同浓度的酸性镀铜工艺的最大电流密度、均镀能力、覆盖能力以及槽电压、光亮度、整平性等做了试验，以确定一个合适的低浓度酸性镀铜工艺配方。最后确定的具有实用价值的低浓度酸性镀铜工艺为：

硫酸铜   80～100g/L

硫酸   100～150g/L

温度   10～30℃

电流密度   3～5A/dm²

日本一家塑料电镀工厂根据这一工艺，对自己 2000L、5600L 和 8000L 的三个酸性镀铜槽进行低浓度改造，取得了成功。根据统计，在采用高浓度镀液时，每周要添加硫酸铜 35kg、硫酸 15kg；在采用低浓度酸性镀铜工艺后，每周添加硫酸铜 15kg、硫酸 13kg，硫酸铜的添加量下降了 57%。由于低浓度镀液的槽电压有所下降，由原来的 4.5V 下降到 2.7V，因此使用电量也有所下降。

可以采用停止补加硫酸铜而逐步增加硫酸的办法来改造现在的高浓度镀液，不过光亮剂供应商要开发适合低浓度酸性镀铜的光亮剂，以满足广大用户的需要。这也是一种商机。

采用低浓度酸性镀铜还使排放水中铜离子的浓度大大下降，这对环保也是有意义的。

(2) 低浓度镀镍

低浓度镀镍开发的依据是以较大幅度下降硫酸镍的含量而适当提高氯化镍的含量，从而让镍金属的总量维持在较低的水平，比正常情况下低约 40%（表 9-2）。

表 9-2 低浓度镀镍与常规镀镍金属浓度

常规镀镍含金属镍/（g/L）		低浓度镀镍中的
西欧国家、美国	日本	金属镍/（g/L）
80	60	35～45

我们假定镀镍的极限电流密度与镍离子的浓度和硫酸镍、氯化镍的扩散系数成

比例，当温度是 20℃ 时，硫酸镍和氯化镍的扩散系数和温度系数见表 9-3。

表 9-3　硫酸镍和氯化镍的扩散系数和温度系数

项目	硫酸镍	氯化镍
扩散系数/（cm^2/s）	$0.38×10^{-5}$	$0.89×10^{-5}$
温度系数	0.035	0.029

我们可以据此求出 50℃ 时两种镍盐的扩散系数：

硫酸镍 $0.38×10^{-5}×$ （$1+0.035×30$）$=0.78×10^{-5} cm^2/s$

氯化镍 $0.89×10^{-5}×$ （$1+0.029×30$）$=1.66×10^{-5} cm^2/s$

对于标准镀镍液，硫酸镍的浓度是 0.85mol/L，占镍总量的 82%，而氯化镍的浓度是 0.19mol/L，占镍总量的 18%。我们由此可以列出一个恒等式：

$$0.85×0.78×10^{-5}+0.19×1.66×10^{-5}=1.00×10^{-5}$$

当我们将左边的氯化镍的浓度设为零时，如果要保持镀液扩散系数不变，则可设硫酸镍的浓度为 X：

$$X×0.78×10^{-5}=1.00×10^{-5}$$
$$X=1.28mol/L=359g/L$$

同理，可以令硫酸镍的浓度为零，求得完全用氯化镍时的浓度为 143g/L。由于完全不用氯化镍阳极会发生钝化，而全部采用氯化镍只能得到灰色镀层，因此镀镍要采用同时含有硫酸镍和氯化镍的镀液。经试验确定的低浓度镀镍配方如下：

硫酸镍　　　　　75g/L

氯化镍　　　　　110g/L

硼酸　　　　　　30g/L

pH 值　　　　　　4

温度　　　　　　50℃

阴极移动　　　　10～20 次/min

这个配方可以用于光亮镀镍和半光亮镀镍，只要选用合适的光亮添加剂就可以进行工业化生产。采用这种低浓度镀液，低电流区的光亮范围还有所扩大。从几种不同镀液中获得的镀层的力学性能见表 9-4。

表 9-4　不同浓度镀镍层的力学性能

镀液种类		抗拉强度/（kg/mm^2）	延伸率/%	柔软性/%
标准镀液	无光	55	35	100
	半光亮	60	35	100
	全光亮	100	3.2	3.4

镀液种类		抗拉强度/（kg/mm²）	延伸率/%	柔软性/%
低浓度镀液	无光	63	35	100
	半光亮	79	26	100
	全光亮	91	2.4	2.8

（3）低浓度镀铬

镀铬现在已经是严格限制使用的电镀技术，主要是 6 价铬的污染过于严重。作为过渡，现在已经在推行 3 价铬镀铬技术，同时积极开发代铬技术。但是完全取消镀铬从目前来看是不可能的，在这种情况下，采用低浓度镀铬技术，对环境保护和节约资源都是有意义的。

标准的镀铬液含有 250g/L 的铬酸，与硫酸的质量比值是 100∶1。而低浓度镀铬的目标首先是将铬酸定在 100g/L，这个浓度很快得到工业界的认可，与硫酸的质量比值仍然维持在 100∶1。随后将铬酸的浓度降低至 50g/L，结果也取得了令人满意的结果。据小西三郎介绍，很多参观这家低浓度镀铬工厂产品的人，几乎不相信那些产品是从 50g/L 铬酸的镀液中镀出来的。这种低浓度镀铬的硫酸含量适当要下调一点，让铬酸与硫酸的质量比值略大于 100。

采用低浓度镀铬技术的最大优点是排水成本大大降低，镀液的成本也大大下降。当然低浓度镀铬的槽电压会有所上升，这是可以理解的。

9.3.2.2　替代型电镀技术

替代型电镀技术很早以前就已经有过，所谓替代性镀层就是以相对廉价的金属或合金镀层替代较为贵重的金属镀层。如我们前面提到的以铜锡合金代镍，就是为了节约资源而一直在工业中应用的镀种。当然随着电镀技术的进步和市场需求的推动，现在对替代型镀层的要求比以前更高。就拿代镍镀层来说，现在希望代镍镀层不仅仅在抗蚀性和装饰性上有替代性，连外观上也要求与镍有相同或相似的色调。

（1）代镍和节镍镀层

以往的铜锡合金代镍镀层主要用于铜镍铬多层电镀，因此对于在最里层的铜锡合金是铜合金的颜色并不在意。同时，当时是靠磨光和抛光来获得光亮镀层的，而镀铜锡合金层的抛光性能比镍要好一些。这使得铜锡合金电镀工艺得到了较为广泛的应用。但是，由于老的铜锡合金电镀工艺采用的是剧毒氰化物镀液，使其应用受到一定限制，从而促进了其他代镍镀种的出现。还有一种工艺是采用镍合金镀层，从而减少镍的消耗。如镍铁合金镀层、锌镍合金镀层等。

① 锌铁合金代镍。锌铁合金镀层呈光亮银白色或银白色，具有较好的套铬性能，与基体有良好的结合力。最重要的是它是阳极型镀层，抗蚀性能较好，在汽车工业中已经广泛采用。推荐的配方和工艺见表 9-5。

表 9-5　焦磷酸盐锌铁合金工艺

组成成分	1 型（含锌 85%）	2 型（含锌 75%，适合套铬）
焦磷酸锌/（g/L）	36～42	18～24
三氯化铁/（g/L）	8～11	12～17
焦磷酸钾/（g/L）	250～300	300～400
磷酸氢二钠/（g/L）	80～100	60～70
光亮剂（醛类化合物）	0.05～0.12	0.007～0.01
pH 值	9～10.5	9.5～12
温度/℃	55～70	40～50
阴极电流密度/（A/dm²）	1.5～2.5	1.2～1.5
阴极移动/（次/min）	20～25	20～25
阳极构成（锌铁板面积比）	1：1.5	1：3

如果没有市售的焦磷酸锌，可以自己制备：

$$2ZnSO_4 \cdot 7H_2O + Na_4P_2O_7 =\!=\!= Zn_2P_2O_7 \downarrow + 2Na_2SO_4 + 14H_2O$$

由其化学反应式计算可知，每制备 1g 焦磷酸锌，要用 1.9g 硫酸锌和 0.9g 焦磷酸钠。对于生成的焦磷酸锌沉淀，要充分漂洗几次，以将钠离子和硫酸根离子清洗除掉。

②镍铁合金工艺。镍铁合金很早以前就在电铸加工中有所应用。其后随着电子计算机对磁性镀层的需要而在电子计算机领域开始应用。近些年则开始用于装饰性电镀，并表现出良好的工艺性能。首先是具有良好的整平作用，可以在较短时间内获得光亮镀层。同时具有良好的套铬性能，并且镀层本身具有一定硬度（550～650HV），其韧性比光亮镍好。最重的是这种工艺可以节约金属镍 15%～50%，成为优良的节镍电镀工艺。其典型的工艺如下：

硫酸镍	180～200g/L
硫酸亚铁	20～25g/L
氯化钠	30～35g/L
柠檬酸钠	20～25g/L
硼酸	40g/L
苯亚磺酸钠	0.3g/L
十二烷基硫酸钠	0.05～0.1g/L
糖精	3g/L
光亮剂	2～5mL/L
pH 值	3～3.5
温度	60～63℃

电流密度　　　　　　　　2.0～2.5A/dm²
阳极　　　　　　　　　　Ni：Fe＝4：1

电镀镍铁合金的光亮剂一般有两种类型：一种是糖精与苯并磺酸类的混合物；另一种是磺酸盐类和吡啶盐类的衍生物[2]。随着镀镍中间体技术的发展，现在已经有各种商业化的光亮剂可供选用。

(2) 镀层减薄

除了各种取代或替代有色金属镀层的措施外，直接减少有色金属镀层的用量是最为直接和容易见效的节约模式。现在全世界有色金属的消耗惊人，作为世界加工中心，大量的有色金属，特别是贵重金属通过我们制造的产品流向世界各地。如果不采取有效可行的办法节约有色金属和贵重金属，不断减少的稀缺原材料将成为企业和社会的沉重负担。

说到镀层减薄，很容易被当成是偷工减料的借口。实际上，随着技术的进步，客观上在有些产品上可以用较薄的镀层来代替原来较厚的镀层，从而直接降低有色金属的消耗。一种情况是随着表面膜技术的进步，一些有机分子膜可以极大地改善表面性能。这种表面膜技术甚至可以在很薄的化学置换层表面起防护作用，从而使原来需要电镀的工艺改用化学镀工艺。在许多镀层上都可采用这类表面膜，从而使许多有色金属镀层的厚度下降，包括镀锌、铜、镍、锡、银等。

另一种情况是使用条件良好的产品镀层，厚度可以下调。有些功能不需要厚镀层的制品，镀层的厚度也可以下调，如基站微波器件，特别是高频微波器件的镀银层，就可以明显地减薄，以往要求在 $5～10\mu m$，现在只用 $1～5\mu m$ 就可以了[3]。还有一些行业也存在类似的情况。由于有些标准对镀层厚度做了较严格的规定，建议在修订相应标准时要对可以减薄镀层的情况加以肯定，这将为全国电镀业中有色金属的节约带来可观的效益。

(3) 局部电镀

局部电镀与双色或多色电镀、图形电镀一样，是早已有的电镀技术。由于主要是在装饰、电子或修复性电镀中应用，并没有引起特别的注意。现在，当提出建立节约型社会以后，特别是为了降低贵重金属的消耗，在贵金属电镀中采用局部镀技术已经是一种普遍的趋势。

其实，在电子电镀，特别是印制板电镀中，局部电镀是常用工艺。从印路图形的电镀到接插部的金手指电镀，都是用的局部电镀技术，并且基本上采用的是胶膜阻镀技术。现在这一技术已经在其他类产品中有了应用，如高压输电线路中的强电接插件的局部镀银，各种电刷电接点上的局部镀银、镀金等，刷镀也是一种典型的局部电镀技术。

如果说局部电镀开发的初衷基于功能方面的考虑，那么现在则已经有明显的节约贵重金属的考虑。同时，社会的需要也会促进技术的进步。一些过去需要全部镀覆的产品，通过采用新的结构模式，也只需要局部电镀就可以了。即在产品的设计时就选用了局部电镀制造工艺。典型的如手机外壳，可以用嵌入方式，有多种外形选择，其中的一种就是塑料电镀的外壳，也有用镁合金外壳的。其他电子产品、仪器仪表、电子玩具等，都有用到局部电镀的结构。

9.3.3 用于印制板电镀的环保型新工艺

9.3.3.1 无氟无铅镀锡

镀锡在PCB电镀中有两个用途：一个是作为中间工序的保护性抗蚀镀层；另一个是用作PCB制作完成后的最终镀层。目前大多数PCB加工厂仍在使用氟硼酸体系镀锡或锡铅工艺。这种工艺不仅有氟和铅的污染，而且在当作中间抗蚀层使用时，成本偏高。针对这种情况，市场上出现了无氟无铅镀锡工艺。

(1) 无氟无铅镀锡工艺

所谓无氟无铅酸性镀锡，就是通常所说的酸性硫酸盐光亮镀锡[4]。这种光亮酸性镀锡在焊片、引线等焊接件的电镀已经有广泛的应用。由于采用了光亮剂，其外观也很光亮，加之镀液成分简单，成本比氟硼酸盐要低，所以受到用户的好评。

对印制板制造中图形保护用的硫酸盐酸性镀锡来说，最重要的性能是镀层分散性能好，在孔内、孔外、边缘和中央的镀层厚度都接近，绝不可以出现漏镀或低电流区镀层过薄现象，否则对图形就不能完整地加以保护。同时，要求镀层致密、无孔隙，以防在蚀刻过程中出现对图形的侵蚀。至于镀层外观的装饰性不必作为要求，其镀层的焊接性能，也不用作为要求。因为这层镀锡层在完成图形保护任务后，就会被从图形上退除。值得一提的是，纯锡的退除比锡铅的退除要容易一些，使得退锡剂的寿命得以延长。

氟硼酸镀锡与硫酸盐镀锡的性能价格比参见表9-6。

表9-6 两类酸性光亮镀锡性价比

镀液种类	氟硼酸镀锡	硫酸镀锡
镀液组成	氟硼酸锡　15～20g/L 氟硼酸铅　44～62g/L 氟硼酸　260～300g/L 硼酸　30～35g/L 甲醛　20～30mL/L 平平加　30～40mL/L 2-甲基醛缩苯胺　30～40mL/L β-萘酚 1mL/L	硫酸亚锡　40～60g/L 硫酸　60～80mL/L 光亮剂　3～5mL/L 走位剂　5～10mL/L
阳极	铅锡合金阳极	纯锡阳极
设备要求	耐氟酸槽、降温设备、阴极移动	耐酸槽、降温设备、阴极移动

镀液种类	氟硼酸镀锡	硫酸镀锡
污染因素	氟离子、铅离子	基本无
退镀	退镀废液含铅，易产生大量沉淀	退镀快于退锡铅
镀液成本比	1	0.6
镀液管理	稳定，但分析控制铅含量较困难	较稳定，但有定期处理四价锡问题

（2）镀液的配制和管理

由于硫酸亚锡溶解比较困难，同时在水溶液内会因水解而生成沉淀导致溶液浑浊：

$$SnSO_4 + 2H_2O = H_2SO_4 + Sn(OH)_2 \downarrow$$
$$Sn(SO_4)_2 + 4H_2O = 2H_2SO_4 + Sn(OH)_4 \downarrow$$

由上式可见，只有在足够硫酸存在的溶液内，才能保持硫酸亚锡的稳定性。因此，在配制镀液时先将计量的硫酸小心溶入水中，注意用水量要在打算配制的镀液量的 1/2～2/3 之间，等各种成分投入并充分溶解后，再补齐到所需体积。

可以利用在加入硫酸时产生的热量来加快硫酸亚锡的溶解，要小心操作，以防酸性镀液溅起腐蚀皮肤、衣物，特别是眼睛。

在镀液酸制完成后，要以小电流电解处理，电解处理的时间视所有原材料的纯度而定，如果所用的是纯水和化学纯以上的原料，电解时间可以很短，如 0.1A/dm^2、1～2h，如果所用的原料是工业级（仅仅指硫酸亚锡，硫酸不能用工业级！），则需要 24h 的电解处理，以除去其他金属杂质的影响。在印刷线路板业，建议所用原料都应是化学纯以上的级别。

管理中要注意硫酸、硫酸亚锡、添加剂等成分的含量和补加方式。

硫酸。尽管有资料认为过多的硫酸不会影响电流效率，还有利于提高导电性和分散能力，但是在有光亮剂等极化添加剂存在的前提下，过高的酸度会增加析氢的量。因此，建议对硫酸的管理控制在配方的下限，约 110g/L。

硫酸亚锡。硫酸亚锡是该镀锡工艺中的主盐，提高亚锡离子的浓度可以提高阴极电流密度，加快沉积速度。不过过高的浓度会影响分散能力。对图形保护而言，建议采用配方中的中、上限来维持其浓度，即 50～60g/L 为宜。

光亮添加剂。在硫酸镀锡工艺中，如果没有光亮添加剂，就无法得到合格的镀层。但是，在图形保护的酸性镀锡中，过多的光亮剂不但没有好处，而且是有害的。因此，添加剂的维护应该是勤加少加，并防止在镀液内有过多的光亮剂。测试表明，添加有光亮剂的酸性镀锡的电流效率会有所下降，只有 90%，而通常硫酸镀锡的电流效率在 99% 以上。

为了去除镀液中的有机杂质，需要定期对镀液进行活性炭过滤，有些进口光亮剂的资料建议的过滤周期为每月一次，但实际上如果不是加入光亮剂过量或积累太多，三至六个月一次也是可以的，也可以与去除四价锡的过程同步进行。活性炭的添加量为1~4g/L，活性炭的粒径不可太小，否则过滤较为困难。

(3) 其他取代氟硼酸镀锡的工艺

可以取代氟硼酸镀锡的电镀工艺除了硫酸盐镀锡，还有羟基磺酸镀锡（如甲基磺酸、氨基磺酸等）。典型的羟基磺酸镀锡工艺如下：

羟基磺酸锡	15~25g/L
羟基酸	80~120g/L
乙醛	8~10mL/L
光亮剂	15~25mL/L
分散剂	5~10mL/L
稳定剂	10~20mL/L
温度	15~25℃
阴极电流密度	1~5A/dm²
阴极移动	1~3m/min

磺酸盐镀锡被认为是现代镀锡工艺中较为成功的工艺，但其成本较高，对杂质的容忍度也偏低，特别是氯离子，不仅影响深镀能力，而且会使镀层出现晶须，在管理上要加以留意。

9.3.3.2 化学镀铜和直接镀技术

(1) 化学镀铜

PCB底板的绝缘性使化学镀铜在孔金属化中起重要作用，至今仍是印制板孔金属化的主流。但是，目前化学镀铜所使用的还原剂是被认为对人体有危害的甲醛，因此，其使用正在受到限制。有工业价值的取代技术一经出现，用甲醛作还原剂的化学镀铜就会被淘汰。

可以取代甲醛作为化学镀铜还原剂的有次亚磷酸钠、硼氢化钠、二甲氨基硼烷（DMAB）、肼等。这些还原剂的标准电位都比铜离子的标准电位负，从热力学角度来看用作还原剂是可行的。但是，一个有工业价值的工艺还必须满足动力学条件，才能得到广泛应用。因此，寻求使用非甲醛类还原剂而又能稳定持续生产的工艺，是今后重要的课题。

一种典型的使用次亚磷酸钠作还原剂的化学镀铜工艺如下：

$CuSO_4 \cdot 5H_2O$	50~100g/L
Na_2EDTA	80~160g/L
次亚磷酸钠	20~80g/L
促进剂	1~10g/L
稳定剂	1~20mg/L

pH 值	9～12
温度	60～70℃
时间	5～10min

淘汰甲醛的另一个更直接的办法是采用直接电镀技术。所谓直接电镀实际上是将印制板在电镀前预浸贵金属或导电性化合物等，如钯、石墨、导电聚合物等[5]。这一技术的优点是跳过了化学镀铜工艺，活化后直接进入电镀工艺。但是，由于受到直接电镀工艺的限定，不能垂直装载，于是开发出水平电镀法[6]，使得这一工艺对设备的依赖性很强，并且要获得与垂直电镀法同样的效率，需要更快的镀速和更多的场地。这也是目前化学镀铜法还有很多用户的原因之一，说明改进化学镀铜工艺还有很大的市场。

(2) 直接镀技术

直接镀新工艺是近年来兴起的商业化塑料电镀和孔金属化产品。由于以微电子技术和移动通信为主导的电子工业的迅猛发展，各种印刷线路板的需求量急剧增长，对复杂的印制板孔金属化技术进行改进的需求也与日俱增，从而催生出塑料直接镀技术。

这种直接镀新工艺的要点是去掉化学镀工序，将原来的活化晶核改良成电镀成膜的晶核，这在理论上是成立的，并且在技术上也做到了。

以印制板孔金属化为例，商业化的直接镀技术提供的产品就是这种以活化代替化学镀的产品，并且仍然采用的是金属钯为晶核。但是其名称不再叫活化剂，而是叫导体吸附剂。

这种导体吸附剂的工艺参数是[7]：

金属钯	180～270mg/L
pH 值	1.6～1.9
氧化还原电位	－250～－290mV

而作为商品，供应商提供的是基本液和还原剂两种产品。所谓基本液，是钯盐的盐酸和添加剂的水溶液，而还原剂则是让氯化钯还原成金属钯并提供胶体环境的。

9.4 无氰电镀

氰化物作为一种优良的强络合剂，与多种金属形成的配体都具有极高的稳定性。因此在电镀领域有广泛应用。但是，氰化物同时又是剧毒物质，这给环境和电镀操作者都带来极大风险。为了避免环境和操作人员受到危害，科技工作者为此做了多年的努力，开发出了各种替代氰化物的络合剂和添加剂，以实现无氰电镀的目标。

9.4.1 无氰镀锌

碱性无氰镀锌工艺也称为锌酸盐镀锌，是指以氧化锌为主盐、以氢氧化钠为络合剂的镀锌工艺，这种镀液在添加剂和光亮剂的作用下，可以镀出与氰化物镀锌一样良好的镀锌层。由于这一工艺主要是靠添加剂来改善锌电沉积过程，因此，正确使用添加剂是这个工艺的关键。

9.4.1.1 新型无氰碱性镀锌

以往的碱性锌酸盐镀锌一直存在的一个主要缺点是主盐浓度低和不能镀得太厚，如氧化锌的含量只能控制在 8g/L 左右，超过 10g/L 镀层质量就明显下降。随着电镀添加剂技术的进步，这个问题已经得到解决。

工艺配方和操作条件：

氧化锌	6.8～23.4（滚镀 9～30）g/L
氢氧化钠	75～150（滚镀 90～150）g/L
光亮剂	15～20mL/L
走位剂	3～5（滚镀 5～10）mL/L
温度	18～50℃
阴极电流密度	0.5～6A/dm²
阳极	99.9%以上纯锌板

其中光亮剂由武汉风帆电化科技股份有限公司研发，这一新工艺的显著特点是：

① 主盐浓度宽。氧化锌的含量在 7～24g/L 的范围都可以工作，镀液的稳定性提高。

② 既适合于挂镀，也适合于滚镀。这是其他碱性镀锌难以做到的，这时的主盐浓度可以提高至 9～30g/L，管理方便。

③ 镀层脆性小。经过检测，镀层的厚度在 31μm 以上仍具有韧性而不发脆，经180℃去氢也不会起泡。因此可以在电子产品、军工产品中应用。

④ 工作温度范围较宽。在 50℃时也能获得光亮镀层。

⑤ 具有良好的低区性能和高分散能力。适合于对形状复杂的零件挂镀加工。

⑥ 镀后钝化性能良好。可以兼容多种钝化工艺，且对金属杂质如钙、镁、铅、镉、铁、铬等都有很好的容忍性。

很显然，这种镀锌工艺已经克服了以往无氰镀锌存在的缺点，使这一工艺与氰化物镀锌一样可以适合多种镀锌产品的需要。

这种新工艺的优点还在于它与其他类碱性无氰镀锌光亮剂是基本兼容的，只要停止加入原来的光亮剂，然后通过霍尔槽试验来确定应该补加的这种添加剂的量即可，初始添加量控制在 0.25mL/L，再慢慢加到正常工艺范围，并补入走位剂。在杂质较多时，还应加入配套的镀液净化剂。当对水质纯度不确定时，可以在新配槽时加入相应的除杂剂和水质稳定剂，各1mL/L。

镀前处理仍应该严格按照工艺要求进行，如碱性除油、盐酸除锈和镀前活化等。如果采用镀前苛性钠阳极电解，可不经水洗直接入镀槽。钝化可以适用各种工艺，钝化前应在0.3%～0.5%的稀硝酸中出光。

对镀液的维护可以从两个方面着手：一方面是定期分析镀液成分，使主盐和络合剂保持在工艺规定的范围；另一方面要记录镀槽工作时所通过的电量（安培小时），用作补加添加剂或光亮剂的依据之一，重要的是通过霍尔槽试验检测镀液是否处在正常工作的范围。

9.4.1.2 酸性氯化物光亮镀锌工艺

氯化物镀锌是无氰镀锌工艺的一种，自20世纪80年代开发出来以来，由于光亮添加剂技术的进步，现在已经成为重要的光亮镀锌工艺，应用非常广泛。电子产品中的紧固件滚镀锌就基本上采用氯化物镀锌。

其典型的工艺如下：

氯化锌	60～70g/L
氯化钾	180～220g/L
硼酸	25～35g/L
商业光亮剂	10～20mL/L
pH值	4.5～6.5
温度	10～55℃
电流密度	1～4A/dm^2

氯化物光亮镀锌由于使用了较大量的有机光亮添加剂，在镀层中有一定量夹杂，表面也粘附有不连续的有机单分子膜，对钝化处理有不利影响，使钝化膜层不牢和色泽不好。通常要在2%的碳酸钠溶液中浸渍处理后，再在1%的硝酸中出光后再钝化，就可以避免出现这类问题。

9.4.2 无氰镀银

9.4.2.1 传统无氰镀银

氰化物是剧毒化学品。采用氰化物镀液进行生产，对操作者、操作环境和自然环境都带来极大的安全隐患。因此，开发无氰电镀新工艺，一直是电镀技术工作者努力的目标之一，并且在许多镀种已经取得了较大的成功，如无氰镀锌、无氰镀铜等，都已经在工业生产中广泛采用。但是，无氰镀银则一直都是一个难题。无氰镀银工艺所存在的问题，主要有以下三个方面。

① 镀层性能。目前许多无氰镀银的镀层性能不能满足工艺要求，尤其是工程

性镀银，比起装饰性镀银有更多的要求，存在如镀层结晶不如氰化物细腻平滑，镀层纯度不够，镀层中有有机物夹杂从而导致硬度过高、电导率下降，焊接性能下降等问题。这些对于电子电镀来说都是很敏感的问题。有些无氰镀银由于电流密度小，沉积速度慢，不能用于镀厚银，更不要说用于高速电镀。

② 镀液稳定性。无氰镀银的镀液稳定性也是一个重要指标。许多无氰镀银镀液的稳定性都存在问题，无论是碱性镀液还是酸性镀液抑或是中性镀液，不同程度地都存在镀液稳定性问题。这主要是因为替代氰化物的络合剂的络合能力不能与氰化物相比，使银离子在一定条件下会产生化学还原反应，积累到一定量就会出现沉淀，给管理和操作带来不便，同时令成本有所增加。

③ 工艺性能。工艺性能不能满足电镀加工的需要。无氰镀银往往分散能力差，阴极电流密度低，阳极容易钝化，使得其在应用中受到一定限制。综合考查各种无氰镀银工艺，比较好的至少存在上述三个方面问题中的一个，差一些的存在两个甚至三个方面的问题。正是这些问题影响了无氰镀银工艺实用化的进程。

尽管如此，还是有一些无氰镀银工艺在某些场合中有应用，特别是在近年来对环境保护的要求越来越高的情况下，一些企业已经开始采用无氰镀银工艺。这些无氰镀银工艺的控制范围比较窄，要求有较严格的流程管理。

以下介绍的是有一定工业生产价值的无氰镀银工艺，包括在早期开发的无氰镀银工艺中采用新开发的添加剂或光亮剂。

(1) 黄血盐镀银

黄血盐的化学名称是亚铁氰化钾，分子式为$K_4[Fe(CN)_6]$，它可以与氯化银生成银氰化钾的络合物。由于镀液中仍然存在氰离子，因此这个工艺不是彻底的无氰镀银工艺。但是其毒性与氰化物相比，已经大大减小。

氯化银	40g/L
亚铁氰化钾	80g/L
氢氧化钾	3g/L
硫氰酸钾	150g/L
无水碳酸钾	80g/L
pH 值	11～13
温度	20～35℃
阴极电流密度	0.2～0.5A/dm²

这个镀液的配制要点是要将铁离子从镀液中去掉。而去掉的方法则是将反应物混合后加热煮沸，促使二价铁氧化成三价铁从溶液中沉淀而去除：

$$2AgCl + K_4[Fe(CN)_6] = K_4[Ag_2(CN)_6] + FeCl_2$$
$$FeCl_2 + H_2O + K_2CO_3 = Fe(OH)_2 + 2KCl + CO_2\uparrow$$
$$2Fe(OH)_2 + 1/2O_2 + H_2O = 2Fe(OH)_3\downarrow$$

具体的操作（以 1L 为例）如下。先称取 80g 亚铁氰化钾、60g 无水碳酸钾分别溶于蒸馏水中，煮沸后混合。再在不断搅拌下将氯化银缓缓加入，加完后煮沸2h，使亚铁完全氧化成褐色的氢氧化铁并沉淀。过滤后弃除沉淀，得到的滤液为黄色透明液体。最后将150g的硫氰酸钾溶解后加入上述溶液中，用蒸馏水稀释至1L，即得到镀液。

这个镀液的缺点是电流密度较小，过大容易使镀件高电流区发黑甚至烧焦。温度可取上限，有利于提高电流密度。其沉积速率在$10\sim20\mu m/h$。

(2) 硫代硫酸盐镀银

硫代硫酸盐镀银所采用的络合剂为硫代硫酸钠或硫代硫酸铵。在镀液中，银与硫代硫酸盐形成阴离子型络合物 $[Ag(S_2O_3)]^{3-}$。在亚硫酸盐的保护下，镀液有较高的稳定性。工艺如下：

硝酸银	40g/L
硫代硫酸钠（铵）	200g/L
焦亚硫酸钾	40g/L（采用亚硫酸氢钾也可以）
pH 值	5
温度	室温
阴极电流密度	$0.2\sim0.3A/dm^2$
阴阳面积比	1：（2～3）

在镀液成分的管理中，保持硝酸银：焦亚硫酸钾：硫代硫酸钠＝1：1：5最好。镀液的配制方法如下。

a. 先用一部分水溶解硫代硫酸钠（或硫代硫酸铵）。

b. 将硝酸银和焦亚硫酸钾（或亚硫酸氢钾）分别溶于蒸馏水中，在不断搅拌下进行混合，此时生成白色沉淀。立即加入硫代硫酸钠（或硫代硫酸铵）溶液并不断搅拌，使白色沉淀完全溶解，再加水至所需要的量。

c. 将配制成的镀液放于日光下照射数小时，加0.5g/L的活性炭，过滤，即得清澈镀液。

配制过程中要特别注意，不要将硝酸银直接加入到硫代硫酸钠（或硫代硫酸铵）溶液中，否则溶液容易变黑。因为硝酸银会与硫代硫酸盐作用，首先生成白色的硫代硫酸银沉淀，然后会逐渐水解变成黑色硫化银：

$$2AgNO_3+Na_2S_2O_3 \!\!=\!\!\!= Ag_2S_2O_3\downarrow（白色）+2NaNO_3$$

$$Ag_2S_2O_3+H_2O \!\!=\!\!\!= Ag_2S\downarrow（黑色）+H_2SO_4$$

新配的镀液可能会显微黄色，或有极少量的浑浊或沉淀，过滤后即可以变清。正式试镀前可以先电解一定时间。这时阳极可能会出现黑膜，可以用铜丝刷刷去，并适当增加阳极面积，以降低阳极电流密度。

在补充镀液中的银离子时，一定要按配制方法的程序进行，不可以直接往镀液中加硝酸银。同时，保持镀液中焦亚硫酸钾（或亚硫酸氢钾）的量在正常范围也很重要。因为它的存在，有利于硫代硫酸盐的稳定，否则硫代硫酸根会出现析出硫的反应，而硫的析出对镀银是非常不利的。

(3) 磺基水杨酸镀银

磺基水杨酸镀银是以磺基水杨酸和铵盐作双络合剂的无氰镀银工艺。当镀液的pH值为9时，可以生成混合配位的络合物，从而增加了镀液的稳定性，这样镀层结晶比较细致。其缺点是镀液中含有的氨容易使铜溶解而增加镀液中铜杂质的量。

磺基水杨酸	100～140g/L
硝酸银	20～40g/L
醋酸铵	46～68g/L
氨水（25%）	44～66mL/L
总氨量	20～30g/L
氢氧化钾	8～13g/L
pH 值	8.5～9.5
阴极电流密度	0.2～0.4A/dm²

总氨量是分析时控制的指标，指醋酸铵和氨水中氨的总和。例如总氨量为20g/L时，需要醋酸铵46g/L（含氨10g/L），需要氨水44mL/L（含氨10g/L）。

镀液的配制（以1L为例）：将120g的磺基水杨酸溶于500mL水中；将10g氢氧化钾溶于30mL水中，冷却后加入到上液中；取硝酸银30g溶于50mL蒸馏水中，加入到上液中；再取50g醋酸铵，溶于50mL水中，加入到上液中；最后取氨水55mL加到上液中，镀液配制完成。

磺基水杨酸既是本工艺的主络合剂，同时又是表面活性剂，因此要保证镀液中的磺基水杨酸有足够的量，低于90g/L，阳极会发生钝化；高于170g/L，阴极的电流密度会下降。以保持在100～150g/L为宜。

硝酸银的含量不可偏高，否则会使深镀能力下降，镀层的结晶变粗。

由于镀液的pH值受氨挥发的影响，因此要经常调整pH值，定期测定总氨量。用20%氢氧化钾或浓氨水调整pH值到9，方可正常电镀。并要经常注意阳极的状态，不应有黄色膜生成。如果有黄膜生成，则应刷洗干净。并且要增大阳极面积，降低阳极电流密度，也可适当提高总氨量。

9.4.2.2　新型无氰哑光镀银

电子产品镀银大多数是为了导电导波。由于整机产品有组装工序，操作者长时间看光亮镀层会出现眼疲劳，因此电子产品银镀层以哑光为好。重庆立道新材料科技有限公司（以下简称"重庆立道"）开发的LD7800无氰哑光镀银，适应了这种产品的市场需求。

该镀液非常稳定，抗杂质能力极强，与氰化镀银相当。镀银层均匀，颜色如牛奶白色，抗变色性能强，焊接性能优良，可镀得厚度达1mm的超厚银镀层，被广泛应用于高低压电器、微波通信、雷达、5G通信、航空航天、兵器装备等行业。

(1) 工艺流程

前处理→水洗→活化→水洗→预镀银→镀银→回收→水洗→防变色处理。

(2) 开缸

LD-7800	无氰镀银预镀液
LD-7800M	无氰镀银开缸剂
LD-7892	镀银防变色保护剂

(3) 溶液组成及工艺参数

① 预镀银。

预镀银镀液组成见表9-7。

表 9-7　预镀银镀液组成

镀液成分	标准/（mL/L）	范围/（mL/L）
硝酸银/（g/L）	3	2～5
LD-7800 预镀银	300	250～350
纯水	600	

操作条件见表9-8。

表 9-8　操作条件

项目	条件
阴极电流密度/（A/dm²）	0.02～0.1
pH	9～10
电镀温度/℃	20～35
电镀液的过滤	连续过滤
阳极	银板

预镀液的补加按银的含量进行分析补加，一般要求含银量控制在 1～3g/L。

② 无氰哑光镀银。

无氰哑光镀银镀液组成见表9-9。

表 9-9　无氰哑光镀银镀液组成

镀液成分	标准/（mL/L）	范围/（mL/L）
硝酸银/（g/L）	28	25～32
LD-7800M 开缸剂	450	400～500
纯水	550	500～600

操作条件见表9-10。

表 9-10　操作条件

项目	标准	范围
pH	9.5	8.8~10
温度/℃	30	20~40
阴极电流密度/（A/dm²）	0.5	0.3~1.5
阴极/阳极比例	1：2	1：2~4
搅拌（阴极移动）/（m/min）	3~4	3~4
过滤	连续	连续

（4）镀液控制与维护

无氰哑光镀银开缸剂银浓度为 15g/L，工作液银离子浓度为 12~18g/L。该工艺只需使用 LD-7800M 开缸剂就能全面满足工艺要求，建议添加量：每添加 1g/L 硝酸银，应补加 LD-7800M 30mL/L。

镀液 pH 值应控制在 8.5~10，可用氢氧化钾（45%）或硝酸（50%）调整。为防止镀液中溶入铜离子，工件进镀槽时必须要有完整的预镀银层，并带电入槽；镀液补充必须定期进行，可根据分析银的消耗量进行添加，也可根据霍尔槽实验来补充。

（5）废液处理

对于镀银槽的漂洗水或浓缩液，可用盐酸溶液将废液 pH 值调为 1.0，此时废液将产生沉淀，澄清的溶液应按相应的规定排放，沉淀经脱水后交由有资质的环保公司进行无害化处理。

9.4.3　无氰镀镉

镉对于钢铁基材属于阴极保护镀层，但在高温或海洋气候下，则属于牺牲性阳极保护镀层。室温空气中不变色，在潮湿空气中会氧化形成保护膜，可防止继续氧化腐蚀。镉的氧化物不溶于水，耐腐性强，焊接性与润滑性良好，氢脆性小，光泽性佳，附着力强。镉镀层还易于磷化，并可做油漆的底层。在航空、航海及电子工业零件中被大量使用。重庆立道开发的 LD-5032 无氰镀镉可以获得比氰化物工艺还要好的效果。

该工艺非常稳定，其工艺性能和镀层性能都优于氰化镀镉，可使用的电流密度是氰化镀镉的 2~3 倍。镀层性能完全达到氰化镀镉的性能要求，具有极好的抗氢脆性能，在超高强度 4340 钢上，通过了 216h 的氢脆拉伸试验。

（1）工艺流程

前处理→水洗→活化→水洗→无氰碱性镀镉→回收→水洗→出光（1%~3% HNO₃，中铬、高铬出光，时间 3~5s）→水洗→钝化（彩色或军绿色等）→水洗→水洗→干燥。

注：需要除氢的零部件，先除氢再出光钝化。

(2) 工艺组分及参数

工艺组分及参数见表 9-11。

表 9-11 工艺组分及参数

控制项目	作业范围	最佳值
LD-5032Mu/（mL/L）	450～550	500
氢氧化钾/（g/L）	50～80	70
LD-5032 S/（mL/L）	60～80	70
LD-5032 A/（mL/L）	10～20	15
LD-5032 B/（mL/L）	0～20	15
温度/℃	20～40	25～35
pH 值	≥12	>12
阴极电流密度（滚镀）/（A/dm²）	0.5～2	1
阴极电流密度（挂镀）/（A/dm²）	0.5～4	2
阳极	镉板	
说明：该工艺需要采用阴极移动或槽液循环，以确保镀层质量最佳。		

(3) 辅助设备

槽体设备：聚乙烯槽或聚丙烯槽。

加热/冷却：需要好的加热/冷却系统，且温度精度可严格控制在±1℃，材料可用聚四氟乙烯、石墨或石英。

搅拌：需要适当的阴极移动以达到最佳的电镀均匀性。

循环/过滤：需要循环过滤系统，2 次/h，PP 过滤芯目数为 30μm。

pH 控制：需要控制 pH≥12。

电源：整流器波纹系数应小于 5%。

阳极：纯镉板阳极，要使用 PP 阳极袋。

极间距离：阳极到阴极距离 20～40cm。

抽风系统：工作时需要抽风。

(4) 镀液维护

① 溶液应定期分析、调整和过滤，并按分析结果添加 LD-5032Mu、Cd^{2+} 和氢氧化钾进行控制，根据质量情况添加。

② 阳极采用 Cd-1、Cd-2 材料，使用时应套布套，不用时，应将阳极取出，不要在电镀溶液中反拨零件。铜及锡焊的零件最好带电下槽，以避免溶液中铁、铜、

锡及其他金属杂质增多。

③ 添加剂补加以"少加、勤加"为原则，具体添加方法按产品说明和工件的工艺要求进行。

④ 必须严格控制所加化学药品的杂质含量，特别是影响镀层质量的铅、铁、铜等，含量应严加控制。溶液允许的杂质含量：铜不大于 1g/L，锡不大于 0.05g/L，铁和铝不大于 10g/L，碳酸盐不超过 80g/L。金属杂质可用小电流电解除去，对抗拉强度要求一般的镀液也应该尽量避免杂质的污染。

参考文献

[1] 刘仁志 . 日本低浓度电镀技术 [J] . 电镀与涂饰，1988，5 (1)：12-20.

[2] 石井英雄等 . 日本电镀指南 [M]. 黄健校，译 . 长沙：湖南科学技术出版社，1985.

[3] 刘仁志 . 波导产品镀银层厚度的确定 [J] . 电镀与精饰，2006，28 (3)：31.

[4] 欧阳智章，刘仁志 . 高分散全光亮酸性镀锡添加剂的研究 [J] . 材料保护，2001 (3)：27-28.

[5] 王丽丽 . 印制板直接电镀工艺 [J] . 电镀与精饰，1998，20 (6)：12-14.

[6] 余涛 . 天津市电镀工程学会第九届学术年会论文集 [C] . 天津，2002.

[7] 刘仁志 . 无氰镀银的工艺与技术现状 [J] . 电镀与精饰，2006 (1)：21-24.

第10章

电子整机与环境

10.1 电子工业对环境的影响

10.1.1 环境与环境问题

狭义的环境是指周围的事物、状态或者其效应的集合及对其他人或事物的存在和发展产生影响的要素。而我们所说的环境，则是指我们生活在其中的物质世界，它包括整个地球和太空，如我们呼吸的空气、饮用的水以及土地、河流、海洋、山脉、森林、城市、乡村以及能源、材料、交通工具、生产设备等。这些物质的状态直接影响到生活在地球上的人类、动物、植物的生存和繁衍。

随着社会的发展，人类为了生存的需要对物质的开发和利用依赖越来越大。不可否认，人类的活动开始是朝着生存环境改善的方向发展的，人类在漫长的发展历程中，很长一个时期是处在刀耕火种的生活状态中的。通过多少世纪的努力，人类开始创造出灿烂的物质文明，从自然索取了大量的资源来改善自己的生存环境。这一进程在工业革命过程中得到了充分的体现，在近代达到了高潮。但是人类的这些大量的生产活动在产生积极效果的同时，也带来了直接和间接的问题，这就是现在众所周知的环境问题。

表 10-1 简明地列举了人类活动引起的一些变化。

表 10-1 人类活动引起环境变化的例子

人类活动	带来的变化和影响		
	物理变化	化学变化	生物变化
建筑、农业、工业、运输、娱乐等用地、用水	采伐森林和其他改变土地的方式，改变水流，开山采矿等	土地化学组成的改变（施肥、杀虫剂、酸碱度变化）	栖息地和化学改变导致的生物物种变化、迁移、变异、灭绝等

人类活动	带来的变化和影响		
	物理变化	化学变化	生物变化
向大气、土壤和水体排放化学物质	由煤炭、酸雾和液体化学品引起的房屋、桥梁、设备的改变	空气、水和土壤中污染物浓度的增加，二次污染带来的化学变化	暴露在化学物质及衍生物中或者这些物质积累造成的人类和动植物的损伤或疾病

但是人类在生产力发展的进程中，由于眼前的利益需要和对人类所谓征服自然能力的过度自信，并没有认识到自己的活动会给自己及其子孙带来不良的后果。尽管有不少人对这种活动的后果有所预见，但是人类还是在付出了沉重的代价后，才真正认识到环境保护的重要。

最著名的关于人类活动影响生存环境的明确警示，是恩格斯在他的《自然辩证法》中提出的："我们不要过分陶醉于我们对自然界的胜利。对于每一次这样的胜利，自然界都报复了我们。每一次胜利，在第一步都确实取得了我们预期的结果，但是在第二步和第三步却有了完全不同的、出乎预料的影响，常常把第一个结果又取消了。美索不达米亚、希腊、小亚细亚以及其他各地的居民，为了想得到耕地，把森林都砍完了，但是他们做梦也想不到，这些地方今天竟因此成为荒芜不毛之地，因为他们使这些地方失去了森林，也失去了积聚和贮存水分的中心。阿尔卑斯山的意大利人，在山南坡砍光了在北坡被十分细心地保护的松林，他们没有预料到，这样一来，他们把他们区域里的高山畜牧业的基础给摧毁了；他们更没有预料到，他们这样做，竟使山泉在一年中的大部分时间内都呈枯竭状态，而在雨季又使更加凶猛的洪水倾泻到平原上。在欧洲传播栽种马铃薯的人，并不知道他们也把瘰疬症和多粉的块根一起传播过来了。因此我们必须时时记住：我们统治自然界，决不像征服者统治异民族一样，决不像站在自然界以外的人一样——相反地，我们连同我们的肉、血和头脑都是属于自然界，存在于自然界的；我们对自然界的整个统治，是在于我们比其他一切动物强，能够认识和正确运用自然规律。"

这么精辟的论述，已经不需要再过多地强调，我们就应该明白大自然对人类活动的结果是有所反应的。如果我们的活动没有遵守可持续发展的规律，就会带来恶果。可惜，人类这种没有想到的后果却一再重复发生，直到现在。

10.1.2 工业发展对环境的影响

造成全球严重环境污染的主要原因是人类的生产和生活方式，其中工业污染的影响最大。表10-2列举了20世纪已经困扰人类多年的全球性十大环境问题。这十大问题几乎都与工业污染的影响有关。

表 10-2　20 世纪全球十大环境问题

序号	环境问题
1	气候变暖
2	臭氧层破坏
3	生物多样性减少
4	酸雨蔓延
5	森林锐减
6	土地荒漠化
7	大气污染
8	水体污染
9	固体废弃物污染
10	海洋污染

　　随着工业技术的进步，影响环境的工业领域也从以往的重工业和传统工业转向电子工业等现代工业，这是令许多科技工作者所没有想到的。特别是电子工业，其对环境的影响已经使各国不得不对电子产品专门制定环保要求的法律、法规，电子工业也与汽车工业一样，进入了诸多环保要求限定的环境壁垒时代。

　　电子工业对环境的影响从生产过程到产品废弃物都有，生产过程包括机械加工、表面处理、电子装配等，其中尤以表面处理的影响较大，因为表面处理所涉及的化学品比较多，而化学品是造成环境污染的重要因素之一。至于电子产品的废弃物则更是对环境有很大影响，却又容易为人们所忽视。

　　以几乎所有电子整机都要用到的印制线路板为例，现在已经可以确定，废弃的印制线路板由于含有阻燃剂，在作为垃圾焚烧时，会产生严重污染环境的二噁英，而成为严格禁止的污染物。二噁英属于氯化三环芳烃类化合物，主要来自垃圾的焚烧、农药、含氯等有机化合物的高温分解或不完全燃烧，有极高的毒性，又非常稳定，属于一类致癌物质。由于极难分解，人体摄入后就无法排出，从而严重威胁人类健康。因此，禁止使用含有卤素类阻燃剂的印制板已经成为世界性趋势。

　　至于其他与印制线路板制造有关的影响环境的工艺，包括印制线路板制造中其他工艺所用的化学品，如退锡剂、图形蚀刻液、电镀废水等，都是对环境有不同程度污染的物质。

　　由于电子整机通常都比较复杂，所用到的零部件的品种多，类别杂，从各种有色金属到各种非金属材料都有，因此其加工制造过程肯定会产生许多影响环境的因素，产品成品也要用到一些对环境有影响的物料，因此对电子产品提出环境因素控制和环境保护是很有必要的。

10.2 国际上对电子产品的环保要求

10.2.1 欧盟的要求

自联合国在 20 世纪 70 年代提出"只有一个地球"的概念以来,各国都出台了不少有关环境保护的法律和法规。在一些国家和地区,环境污染得到了控制,特别是发达国家,自己的生活环境得到了很大改善。但是,这种好景是不长久的,发展中国家的环境污染依然严重,而发达国家仍然以高能耗在消费着越来越紧缺的地球资源,这一切使整个地球的总体环境状况不容乐观。这促使一些国家和地区制定更为严格的环境保护法律和法规,并且将其约束力延伸到全世界,对人类的生产和生活中有可能污染环境的过程进行合理的约束。这种趋势在进入 21 世纪后越来越明显。代表性的事件就是已经引起全球电子制造商关注的欧洲的两个环保指令。

《WEEE 指令》和《RoHS 指令》是欧盟通过的旨在限制供应商将有污染的产品引入欧洲市场而做出的至今最为严格的环境保护指令。

WEEE 是 waste electrical and electronic equipment(报废电子电气设备)的缩写。

这一指令已经于 2005 年 8 月 13 日生效。指令规定欧盟市场上流通的电子电气设备的生产商必须在法律上承担起支付报废产品回收费用的责任。同时欧盟各成员国有义务制定自己的电子电气产品回收计划,建立相关配套回收设施,使电子电气产品的最终用户能够方便并且免费地处理报废设备。

RoHS 是 The restriction of the use of certain hazardous substances in electrical and electronic equipment(关于在电子电气设备中限制使用某些有害物质指令)的缩写。

指令规定从 2006 年 7 月 1 日起,新投放欧盟市场的电子电气设备中不得含有以下 6 种有害物质:铅、汞、镉、六价铬、多溴联苯、多溴二苯醚。

对这些物质在均质材料中最高限量分别为:①铅(Pb):1000mg/kg;②汞(Hg):1000mg/kg;③镉(Cd):100mg/kg;④六价铬(Cr^{6+}):1000mg/kg;⑤多溴联苯(PBB):1000mg/kg;⑥多溴二苯醚(PBDE):1000mg/kg。

这些指令的实施,将使许多原来早已经进入欧洲市场的产品的成本明显提高,有些暂时不能达标的产品有可能会在达标前退出欧洲市场,以至于不少人怀疑这是欧洲为了贸易保护而施展的绿色壁垒策略。即使这种策略带有技术壁垒的色彩,但也是一种不得不为之的对以往过于滥用资源的补救措施。全球资源的匮乏如果处理不当,将引起世界性混乱,为争夺资源而爆发战争的潜在危险依然存在,尽管这种争夺的借口表面上与资源往往是极不相关的。

现在，所有输往欧洲的电子电器产品都已经在认真地执行符合这两个指令的制造工艺和原材料结构。这种环保策略的成功，将会导致其他地区和其他类别的产品仿效。这对在全球建立可持续发展的节约型社会是有积极意义的。

10.2.2　美国和世界其他国家的环境法规

欧盟的《RoHS指令》和《WEEE指令》不仅有力地推动了将已颁布的环保法律付诸实践，而且也影响和带动了欧盟以外的地区采取相应的措施来保护环境和资源。

10.2.2.1　美国加州的立法

美国很快就根据两个指令的模式在本国进行了相应的立法。由于美国的司法制度使各州有独立立法权，加利福尼亚州率先制定了本州的法律：《加利福尼亚州电子废物回收法》。

《加利福尼亚州电子废物回收法》规定，对在加州销售的所涉及的电子设备进行收费，当这些电子产品报废时，所收的费用将用来支付处理报废电子产品的费用。该法规还要求在加州销售的所涉及的电子设备，在2007年1月1日以后，必须符合RoHS指令所提出的要求。加州有毒物质管理部（DTSC）负责解释哪些是所涉及的电子设备，哪些不是。DTSC已经规定，屏幕对角线尺寸大于4英寸的新的或翻新的显示器要符合有关法律。

这些产品包括：采用阴极射线管（CRT）或液晶显示屏（LCD）的电视；采用CRT或LCD的计算机显示器；带有LCD显示屏的笔记本电脑；裸CRT或其他任何包含CRT的产品；等离子电视。

被免除的设备包括：用过或未被翻新的电子设备；汽车的零部件或用于替换的汽车零部件；包含家用电器中（洗衣机、烘干机、电冰箱、制冰机、电烤箱、洗碗机、空调、除湿机或空气清洁器）的电子配件。

从2007年1月1日起，不符合标准的电子产品不能在加州生产、销售或进口。

10.2.2.2　美国其他49个州的立法

缅因州（Maine）已经颁布了有关电子有害物质的法规，该法规要求生产商采取切实行动，减少和消除电子产品和器件中的有害物质。新泽西州（New Jersey）、得克萨斯州（Texas）、佛蒙特州（Vermont）、华盛顿州（Washington）、威斯康星州（Wisconsin）等州政府也都提出了类似于RoHS的法规。此外，有10个州制定了针对含水银产品的法律，12个州颁布了针对有毒阻燃剂的法律。美国国会也在听取各方意见，以决定是否有必要制定全国性的法律。如果想了解北美地区的已公布和正在制定的有关电子产品的法律，可以浏览相关网站，网站提供美国各州和加拿大各省的进展情况，并定期更新。

10.2.2.3　世界其他国家和地区的立法

加拿大的 Alberta 省已经实施类似 WEEE 的电子废弃物回收计划。加拿大 Nova Scotia 则参照 RoHS 制定了相应的有害电子废弃物的法规。

4 个非欧盟成员国已经有了或提出了针对处置报废电子产品的法律/法规，包括中国的《废弃电器电子产品回收处理管理条例》和《经济事务 G 计划》、日本的《家用电器回收法》和《JEITA/JEMA 产品回收动议》、韩国的《促进节约和回收资源行动》、瑞士的《要求电器和电子设备生产商、进口商和经销商回收 EOL设备》。

10.3　我国电子产品的污染控制法令

10.3.1　守护绿水青山

对环境的保护需要有对环境清醒的认识。现在，随着"绿水青山就是金山银山"认识的深入人心，保护环境，守护绿水青山不仅是国家意志，而且已经成为全民的共识。

我国是电子整机使用和生产大国，手机的拥有量已经位居世界第一，互联网用户也已经成为世界第一，更不要说日益增长的中小城镇和广大农村市场，这么大量的电子产品从生产到进入用户，很多环节都存在环境污染问题，因此正确控制电子污染，是促进国民经济发展与构建和谐社会的基础。为控制和减少电子信息产品废弃后对环境造成的污染，促进生产和销售低污染电子信息产品，保护环境和人体健康，由我国原信息产业部、国家发改委等部门联合制定的《电子信息产品污染控制管理办法》已于 2006 年 2 月 28 日正式颁布，2007 年 3 月 1 日施行。《电子信息产品中有毒有害物质的限量要求》《电子信息产品中有毒有害物质的检测方法》《电子信息产品污染控制标识要求》三大电子信息产品污染控制行业标准也由原信息产业部于 2006 年 11 月 8 日正式发布并即日生效。这个管理办法和三个标准可以说是我国应对国际上电子产品污染控制法规的重要举措。从事电子产品制造的企业，特别是电镀加工企业，有必要了解这些标准。

10.3.2　我国电子产品的有害物质限量技术要求

《电子信息产品中有毒有害物质的限量要求》是参照各国对电子信息产品有毒有害物质的限量规定而制定的标准，在行业中简称为《限量要求》。

目前许多电子信息产品由于功能和生产技术的需要，仍含有大量铅、汞、镉、六价铬、多溴联苯、多溴二苯醚等有毒有害物质或元素。这些含有毒有害物质或元素的电子信息产品在废弃之后，如处置不当，不仅会对环境造成污染，也会造成资源的浪费。因此，以有害物质或元素的减量化、替代为主要任务的电子信息产品污染控制工作已经提到政府主管部门的议事日程。

为了达到资源节约、环境保护的目的，原信息产业部等国务院七部委"从源头抓起，立法先行"，制定了《电子信息产品污染控制管理办法》（信息产业部第39号令），以立法的方式，推动电子信息产品污染控制工作。旨在从电子信息产品的研发、设计、生产、销售、进口等环节限制或禁止使用上述六种有害物质或元素。

2006年我国原信息产业部特制定了《电子信息产品中有毒有害物质的限量要求》。这个标准在考虑了电子信息产品的生产者和进口者从源头控制有毒有害物质或元素污染需要的同时，又考虑到监督检查机构实施监管或测试的可行性，以及与国际相关标准衔接的要求，结合行业的现状、经济与技术上的可行性等，制定出限制使用的有毒有害物质合理的限值指标。

标准将电子产品需要进行有毒有害物质限量检测的组成单元分为三类。

(1) EIP～A 构成电子信息产品的各均匀材料

这是指采用同一种材料制作的各种零件，特别是各种金属材料、合成材料，如标准件、壳体、腔体、印制线路板基板等。在该类组成单元中，铅、汞、六价铬、多溴联苯、多溴二苯醚（十溴二苯醚除外）的含量不应该超过 0.1%，镉的含量不应该超过 0.01%。

(2) EIP～B 电子信息产品中各部件的金属镀层

各种材料（包括金属材料和非金属材料）上的金属镀层，是有害物质限量控制的重点之一。在该类组成单元中，铅、汞、镉、六价铬等有害物质不得有意添加，也就是说不能以这些禁止的金属作为镀层成分、合金组成成分、电镀光亮添加剂等有意添加使用。作为阳极中的微量杂质，从阳极中溶解进入镀液并在镀层中夹杂的，则不能超过限量的标准。

对有意添加物的标准解释是：生产者或进口者为使其产品达到某种性能指标而故意使用有毒有害物质，并且所使用有毒有害物质符合下列情况之一者，即视为有意添加。

① 利用 SJ/T11365—2006《电子信息产品中有毒有害物质的检测方法》中第5章规定的方法检测铅、汞、镉为不合格的。

② 利用 SJ/T11365—2006《电子信息产品中有毒有害物质的检测方法》中 8.1规定的方法检测出含六价铬的。

(3) EIP～C 电子信息产品中现有条件不能进一步拆分的小型零部件或材料

一般指规格小于或等于 $4mm^3$ 的产品。在该类组成单元中，铅、汞、六价铬、多溴联苯、多溴二苯醚（十溴二苯醚除外）的含量不应该超过 0.1%，镉的含量不应该超过 0.01%。

10.3.3 检测方法

电子信息产品中有毒有害物质的检测方法主要是指对铅（Pb）、汞（Hg）、镉（Cd）、六价铬［Cr（Ⅵ）］、多溴联苯（PBB）和多溴二苯醚（PBDE）等六种限制使用的有毒有害物质或元素的检测方法。

行业标准推荐的检测方法有以下几种。

(1) X 射线荧光光谱法（X-ray fluorescence spectrometry，XRF）

这种方法是用一束 X 射线或低能光线照射待测试样，使之发射特征 X 射线而对物质成分进行定性和定量分析的方法。按激发、色散和探测方法的不同，分为波长散射-X 射线荧光光谱法和能量散射-X 射线荧光光谱法。

① 波长散射-X 射线荧光光谱法（wavelength dispersive X-ray fluorescence spectrometry，WD-XRF）。试样中被测元素的原子受到高能辐射激发而引起芯电子的跃迁，同时发射出具有一定特征波长的 X 射线，根据测得谱线的波长和强度来对被测元素进行定性和定量分析。

② 能量散射-X 射线荧光光谱法（energy dispersive X-ray fluorescence spectrometry，ED-XRF）。试样中被测元素的原子受到高能辐射激发而引起芯电子的跃迁，同时发射出具有一定能量的 X 射线，利用具有一定能量分辨率的 X 射线探测器探测试样中被测元素所发出的各种能量特征 X 射线，根据探测器输出信号的能量大小和强度来对被测元素进行定性和定量分析。

(2) 气相色谱-质谱联用法（gas chromatography -mass spectrometry，GC-MS）

将气相色谱仪与质谱仪连接起来，利用气相色谱高效的分离能力与质谱的特征检测来对有机化合物进行定性与定量分析的方法。

(3) 电感耦合等离子体原子发射光谱法（inductively coupled plasma atomic emission spectrometry，ICP-AES/OES）

利用高频等离子体使试样原子化或者离子化，通过测量激发原子或离子的能量对应的波长来确定试样中存在的元素。

(4) 电感耦合等离子体质谱法（inductively coupled plasma mass spectrometry，ICP-MS）

通过高频等离子体使试样离子化的方法确定试样所含的目标元素。用质谱仪测出产生的离子数量，并由目标元素的质/荷比来分析目标元素及其同位素。

(5) 原子吸收光谱法（atomic absorption spectrometry，AAS）

用火焰或化学反应等方式将欲分析试样中待测元素转变为自由原子，通过测量蒸气相中该元素的基态原子对特征电磁辐射的吸收，来确定化学元素含量的方法。

(6) 冷蒸气原子吸收光谱法（cold vapour atomic absorption spectrometry，CVAAS）

将欲分析试样中的汞离子，还原成自由原子，通过测量该蒸气相中的基态原子对特征电磁辐射的吸收，来确定汞元素含量的方法。

（7）原子荧光光谱法（atomic fluorescence spectrometry，AFS）

利用原子荧光谱线的波长和强度进行物质的定性与定量分析的方法。

10.3.4　电子信息产品污染控制标志

为了方便使用者识别，原信息产业部对电子产品的污染控制标准作出了相应的规定。标准规定电子信息产品应按要求标识电子信息产品污染控制标志，标志应清晰可辨、易见、不易褪色并不易去除。

图 10-1 和图 10-2 为电子信息产品污染控制标志的图样示例。图 10-1 所示标志建议使用绿色；图 10-2 所示标志建议使用橙色。如果电子信息产品颜色与图示标志的推荐颜色相近使其显得不够清晰或图示标志的颜色影响产品的整体美观，也可以使用其他适当的醒目颜色，其中模塑的可以与制品颜色相同。

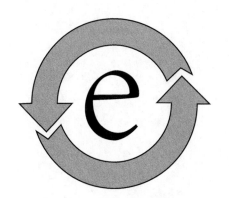

图 10-1　污染控制合格标志

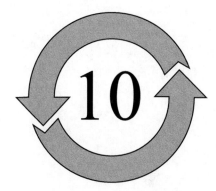

图 10-2　含有某种有害物质的标识

（注：图中数字仅为示例，使用时应替换为电子信息产品相应的环保使用期限）

当采用图 10-2 进行标识时，若电子信息产品最大表面的面积大于或等于 $5 \times 10^3 \, mm^2$ 且形状规则，电子信息产品污染控制标志应以模塑、喷涂、粘贴、印刷的方法直接标识在电子信息产品上；若电子信息产品最大表面的面积小于 $5 \times 10^3 \, mm^2$ 或形状不规则，可以不在产品表面直接标识电子信息产品污染控制标志，但应在产品说明书中予以注明。

需要标明的有害物质包括：铅（Pb）、汞（Hg）、镉（Cd）、六价铬 ［Cr(Ⅵ)］、多溴联苯（PBB）和多溴二苯醚（PBDE）。对于含有有毒有害物质但含量在标准规定的限量以内的，可用○在表中表示；对于含量超出标准规定的，在列表中要用×表示。企业可根据实际情况对表中打"×"的技术原因进行进一步说明。含有有毒有害物质或元素的电子信息产品应按图 10-2 标识产品的环保使用期限，并在产品说明书中对保证产品在环保使用期限内的使用条件、配套件特别标识等给予详细说明。其中，标志中间的数字应替换为被标识产品的实际环保使用期限，单位为年。电子信息产品的生产日期即为产品环保使用期限的起始日期。